时变时滞工业过程鲁棒预测控制

李　平　施惠元　彭　博　苏成利　著

科学出版社

北　京

内 容 简 介

鲁棒预测控制是在预测控制的基础上考虑到实际系统存在着模型不精确或者参数时变、未知扰动等各种不确定性而发展起来的先进控制技术。如何在鲁棒预测控制的基础上有效处理时变时滞对系统的影响成为工业过程控制亟待解决的问题。本书针对具有时变时滞的工业过程可能存在参数时变、强干扰、执行器故障、非线性、多阶段切换、时变跟踪轨迹等问题，重点介绍了基于鲁棒预测控制思想以解决这些问题的先进技术和方法。其主要内容为作者和所在团队的项目经验及科研成果，包括线性控制、容错控制、非线性控制和切换控制等相关内容。

本书可作为自动化、信息技术和计算机学科高年级选修课或控制科学与工程学科研究生的参考书，也可供相关学科科研或工程技术人员参考。

图书在版编目(CIP)数据

时变时滞工业过程鲁棒预测控制 / 李平等著. — 北京：科学出版社，2023.10

ISBN 978-7-03-076011-1

Ⅰ. ①时… Ⅱ. ①李… Ⅲ. ①工业控制系统－过程控制－鲁棒控制－研究 Ⅳ. ①TP273

中国国家版本馆 CIP 数据核字(2023)第 130551 号

责任编辑：闫 悦 / 责任校对：胡小洁
责任印制：师艳茹 / 封面设计：蓝正设计

科 学 出 版 社 出版
北京东黄城根北街 16 号
邮政编码：100717
http://www.sciencep.com

北京九州迅驰传媒文化有限公司印刷

科学出版社发行 各地新华书店经销

*

2023 年 10 月第 一 版 开本：720×1000 1/16
2024 年 8 月第二次印刷 印张：16 3/4
字数：328 000

定价：148.00 元

(如有印装质量问题，我社负责调换)

前　言

工业过程经常受时滞、故障、多阶段、不确定性、未知干扰等特性的影响，给工业过程先进控制实际应用带来了巨大挑战。全书从线性到非线性、无故障到有故障、单阶段到多阶段角度入手，以鲁棒预测控制为主线，结合最优控制、H_∞控制、线性矩阵不等式、模糊控制、随机控制、切换系统和模态依赖平均驻留时间等多种理论，研究了时变时滞工业过程鲁棒预测控制方法，拓展了鲁棒预测控制的应用前景。

全书共 7 章。第 1 章介绍了鲁棒预测控制的研究背景和意义、研究现状和发展动态、预备知识和全书的主要内容；第 2 章阐述了具有区间时变时滞、未知干扰的离散线性系统时滞依赖鲁棒预测控制方法，并依据是否存在部分执行器故障从模型描述、控制器设计和仿真研究等方面分别进行研究；第 3 章重点从状态反馈和输出反馈两方面给出了强非线性工业过程的控制器设计问题，包括 T-S 模型建立、模糊控制器设计和仿真验证等；第 4 章介绍了执行器具有概率故障的情况，分别从问题描述、随机鲁棒预测容错控制器设计、水箱仿真等方面进行研究，并通过三种不同概率的执行故障情形来验证所提方法的有效性；第 5 章论述了多阶段间歇过程鲁棒切换控制器设计方法及其关键问题，包括平均驻留时间、平滑切换、稳定分析过程等，并根据是否具有部分执行器故障分别进行描述；第 6 章介绍了多阶段间歇过程在切换瞬间具有异步切换的情况，从时变设定值和非线性的角度分别给出对应鲁棒预测控制器的设计方法，并通过注塑成型过程进行仿真验证；第 7 章对全书的主要内容进行了总结，并对未来可能的研究方向进行了展望，为读者在本书基础上进行进一步研究给出可行性的建议。

本书是作者在鲁棒预测控制领域多年研究工作的基础上完成的一部学术著作，是作者主持和参与多个国家自然科学基金和省部级基金项目的成果汇总，其中包括作者所指导的多名博士研究生和硕士研究生的研究工作，他们是辽宁科技大学 2021 级博士研究生李辉和王诗棋、辽宁石油化工大学 2019 级硕士研究生刘昕卓等。研究生杨辰、李亚茹、刘宇昂等为本书的校稿做了不少工作。

英国伦敦布鲁内尔大学王子栋教授、浙江大学王宁教授、海南师范大学王立敏教授、辽宁石油化工大学于晶贤副教授对本书提出了宝贵意见，在此一并表示衷心的感谢。作者还要感谢辽宁科技大学和辽宁石油化工大学对本书出版提供的支持。

本书的完成离不开前人所做的贡献，在此对本书所参考的有关书籍、期刊、标准和专利等内容的原作者表示感谢。

由于作者水平有限，错漏和不足之处在所难免，敬请读者批评指正。

作　者

2023 年 3 月

目　　录

第 1 章 概　　述

1.1 引　　言

随着社会的快速发展和当今科技水平的不断提高，为了加快国家经济的发展和改善人民的生活质量，现代化工业的生产规模日益扩大，使得能源消耗大大增加，从而引起环境和生态不断恶化。为此，借助信息自动化技术，通过不断提升工业过程的综合自动化水平，实现生产装置的平稳优化安全长周期运行，降低能源消耗，减少污染物排放，提高企业的经济效益和社会效益已经成为现代化企业可持续发展赖以依靠的重要手段。但是典型的工业生产过程大都具有多变量、非线性、时变时滞、不确定性、干扰、故障和多阶段等复杂特性，往往给整个生产装置的平稳控制和健康运行带来了一定难度，使得单一的传统比例积分微分（proportion integration differentiation，PID）控制[1-3]难以应对如此复杂的工业过程。因此，有必要采用先进控制（advanced process control，APC）技术[4-11]来提高流程工业企业自动化系统的水平。

通常将不同于常规控制并且比常规 PID 控制具有更好的控制效果的技术/方法统称为 APC 技术。在实际的工业应用中，APC 技术一般是建立在现有集散控制系统（distributed control system，DCS）和现场总线控制系统（fieldbus control system，FCS）等常规控制系统的基础上，对现有的常规控制回路进行优化和改造，以抑制生产装置负荷、物料组分、能源系统的波动和复杂工业过程本身的特性对生产运行的影响。基于 APC 技术开发的控制系统称为先进控制系统，在全球流程工业行业中，高校、研究所和相关专业公司投用的 APC 系统[12-15]有上万套以上，为企业带来了可观的经济效益和社会效益。以某石化厂乙烯生产装置裂解炉的 APC 系统为例，其 APC 系统投入为 400 万，每年可增加 1%的双烯收率，为企业带来增收达 1200 万元/年以上，保证了乙烯裂解装置始终在安全健康的状态下长周期运行，减轻了操作人员的劳动强度，保护了操作人员的身心健康。由此可见，APC 技术是一种投资少收益高的技术，是为现代化企业增强自动化水平的一个强有力的手段。在众多 APC 技术中，模型预测控制（model predictive control，MPC）被公认为是最为有效和具有应用潜能的先进过程控制技术，并且已经在全世界数以千计的工业过程系统上获得了大量的经济效益[16]。一般而言，MPC 可以分为两大类。一类是启发式算法的研究，主要是研究其控制方法，然后证明该方法的稳定性。最初，基于工业的需求，许多工业 MPC 算法被提出，包括模型预测启发控制（model predictive heuristic control，MPHC）[17]、动态矩阵控制（dynamic matrix control，DMC）[18]、广义预测控制（generalized predictive control，GPC）[19]和预测函数控制（predictive functional control，PFC）[20]。而后为了获得更好的控制性能，许多改进 MPC 算法被提出[21-29]并应用到工业过程中[30-39]。但这些方法在实际应用中需要更多的测试来决定控制器的参数。同时，其定量分析也遇到了前所未有的瓶颈。另一类是基于系统稳定性的前提来设计控制方法。充分利用最优控制理论、线性矩阵不等式（linear matrix inequation，LMI）、不变集和其他相关理论，MPC 的理论研究已经获得了巨大的突破，并取得了大量的研究成果。其中，鲁棒模型预测控制（robust model predictive control, RMPC）[40-48]得到了广泛关注，它同时具有鲁棒控制和 MPC 的优点，可以改善由于模型不确定对控制性能的影响。然而在实际的工业生产过程中往往具有时滞、故障、非线性、干扰和多阶段等特性，这些复杂特性会极大地影响系统的性能，甚至使系统不稳定。因此，本书正是以上述具有复杂特性的流程工业过程为研究对象，着重从处理系统具有时变时滞、非线性、故障和多阶段等方面入手，结合线性矩阵不等式理论、最优控制理论、鲁棒预测控制理论、H_∞控制理论、模糊控制方法、容错控制方法、Lyapunov 稳定理论以及模态依赖的平均驻留时间方法等，开展具有时变时滞的流程工业过程鲁棒预测控制方法研究，其研究成果对流程工业生产过程的平稳、高效、可靠运行具有重要的学术和工程价值。

1.2　鲁棒预测控制简述

近年来，随着先进控制方法从理论研究逐渐应用到实际控制系统中，被控对象模型具有不确定性的问题被众多科研人员发现，若不能使控制器有效地克服这种模型在一定范围内变化的情况，会造成控制效果低劣、产品质量不佳、生产效率降低的结果，给设备安全运行带来重大隐患。如何处理工业过程中存在的上述问题，一时间引起众多学者的关注。

常规 MPC 方法针对模型完全精确的被控对象来设计控制器，但实际中由于建模误差或设备老化等影响，导致系统模型通常不是固定的。因此，当模型参数发生变化时，MPC 方法的控制效果不佳。为解决这个问题，RMPC 理论逐步形成。通常情况下，具有不确定性的工业系统可以用如下模型表示：

$$\begin{cases} x(k+1) = A(k)x(k) + B(k)u(k) \\ y(k) = Cx(k) \end{cases} \tag{1-1}$$

其中，$x(k)\in\mathbf{R}^{n_x}, u(k)\in\mathbf{R}^{n_u}, y(k)\in\mathbf{R}^{n_y}$ 分别为系统的状态、控制输入和系统输出，$A(k)=A+\Delta_a(k)$，$B(k)=B+\Delta_b(k)$，A, B, C 分别为被控对象模型的状态矩阵、输入矩阵和输出矩阵，$\Delta_a(k)$ 为系统矩阵的不确定部分，$\Delta_b(k)$ 为控制矩阵的不确定部分。

目前，鲁棒预测控制方法主要分为两类，一类是“min-max”方法，该方法考虑的是系统不确定性“最坏”的情况。如果提出的控制方法可以保证系统在“最坏”情况下稳定运行，那么对于将来发生的任何一种不确定性，控制器都可以将系统控制住；另一种是基于 Tube 的方法，这种方法通过分析实际系统，将模型参数中无不确定性的部分分离出来，然后对分离出来的模型进行控制，使其状态控制在名字为 Tube 的约束子集内，来保证系统的稳定。

1）min-max RMPC 方法

针对 min-max RMPC 的优化，主要通过设计如下性能指标：

$$\begin{gathered}\min_{\Delta u(k+m|k),m\geqslant 0}\ \max_{[A(k+m)\ B(k+m)]\in\Omega,m\geqslant 0} J_\infty(k)\\ J_\infty(k)=\sum_{i=0}^{\infty}[(x(k+m\mid k))^{\mathrm{T}}Q(x(k+m\mid k))+\Delta u(k+m\mid k)^{\mathrm{T}}R\Delta u(k+m\mid k)]\end{gathered}\tag{1-2}$$

将系统中存在的不确定性转化为求解上述 min-max 优化的形式，其中，$J_\infty(k)$ 表示系统在 k 时刻具有的鲁棒预测性能指标，$x(k+m\mid k)$ 表示系统在 k 时刻预测的在未来 $k+m$ 时刻状态预测值，$\Delta u(k+m\mid k)$ 表示系统在 k 时刻预测的在未来 $k+m$ 时刻控制输入增量。通常情况下需要将 min-max 优化问题转化成标准的优化问题，因此如何求解 min-max 形式的目标函数和如何使约束摆脱噪声干扰成为转化过程中的两个难点。

①对于目标函数的处理。

首先，使用 Lyapunov 稳定理论，构建系统的能量函数 $x(k+m\mid k)^{\mathrm{T}}Px(k+m\mid k)$，然后通过构建增量形式的能量差值函数与鲁棒预测性能指标相结合，转化为如下优化控制问题：

$$\begin{aligned}&V(x(k+m+1\mid k))-V(x(k+m\mid k))\\&\quad\leqslant -[x(k+m\mid k)^{\mathrm{T}}Qx(k+m\mid k)+\Delta u(k+m\mid k)^{\mathrm{T}}R\Delta u(k+m\mid k)]\end{aligned}\tag{1-3}$$

然后，利用 Schur 补引理，将约束转变为 LMI。这里是通过强制李雅普诺夫函数递减并转化为优化问题中的 LMI 约束来保证闭环系统的稳定性，每一时刻的状态满足不变集约束已蕴含在李雅普诺夫函数递减的条件中，每一时刻对控制变量和输出变量的约束都可以归结为与时间和状态无关的 LMI 约束。由于采用反馈控制律和无穷时域优化，不需要像采用自由控制变量进行有限时域优化时那样构造新时刻的“中间”控制序列并证明它的可行性。

②对于具有约束的系统处理过程可以总结为：通过枚举法列出所有不确定集合上的顶点，然后从中选出“最坏”的情况来制定约束条件，将约束分解为确定和不确定两部分，然后在局部通过求解最优解来保证系统在“最坏”情况下满足约束[49, 50]。

min-max RMPC 方法通常可以通过控制律是否与系统状态有关分为开环和闭环两大类，还可以分为开环 min-max RMPC、定常反馈 min-max RMPC、动态反馈 min-max RMPC 和双模式枚举 min-max RMPC 四种。

2）基于 Tube 的 RMPC 方法

基于 Tube 的 RMPC 方法的主要思想为：将系统状态控制在名为 Tube 的子集 X_{k+j} 中，然后将其放置到一个合适的位置，来达到控制系统可有效处理不确定性的问题。

基于 Tube 的 RMPC 方法可以描述为如下的一般形式：

$$\min: \sum_{i=0}^{N-1}\left[\left|X_{k+j}\right|_{\mathrm{T}}+l_s\left(X_{k+j}\right)+l(v)+l_f\left(X_{k+N}\right)\right] \tag{1-4}$$

其中，$l_s\left(X_{k+j}\right)$ 为对集合 X_{k+j} 的形状惩罚参数，$l(v)$ 为对决策变量 v 的惩罚参数，$l_f\left(X_{k+N}\right)$ 为终端惩罚参数，通常情况下利用递归法使得 $x_k \in X_k \overset{u_k}{\Rightarrow} x_{k+1} \in X_{k+1}$，从而保证系统状态在对应的 Tube 集合中。

通常基于 Tube 的 RMPC 主要有三种，分别为基于 Rigid Tube(RT)的 RMPC、基于 Homothetic Tube(HT)的 RMPC 和基于 Parameterized Tube(PT)的 RMPC。三种方法差别在于，RT RMPC 方法是控制约束子集的中心来改变子集的位置，如图 1-1 所示；HT RMPC 方法在控制约束子集中心的基础上又可以控制约束子集的大小，如图 1-2 所示；而 PT RMPC 方法在 HT RMPC 的基础上增加对约束子集形状的控制，给系统带来更大的灵活性，如图 1-3 所示。

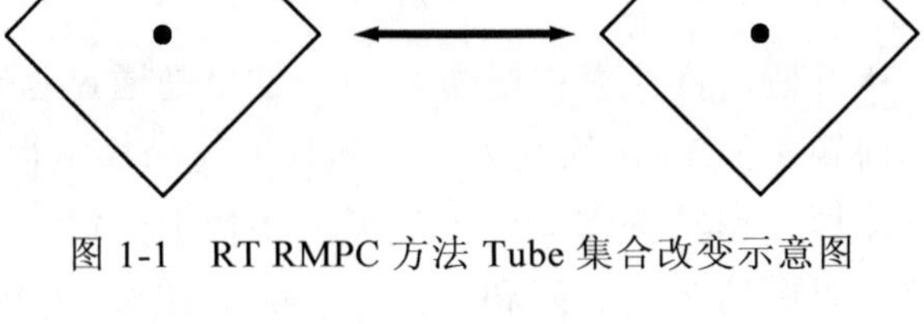

图 1-1 RT RMPC 方法 Tube 集合改变示意图

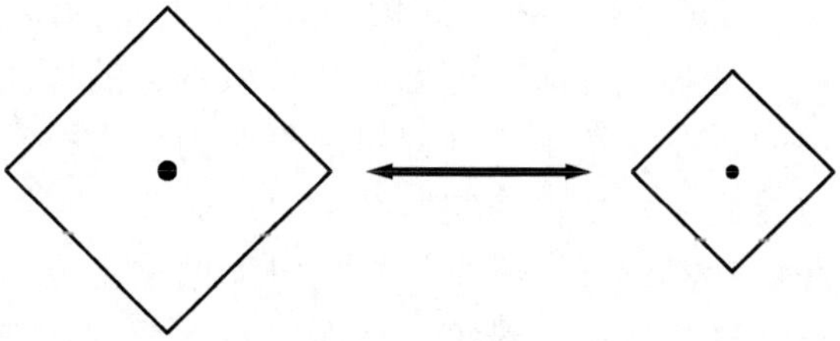

图 1-2　HT RMPC 方法 Tube 集合改变示意图

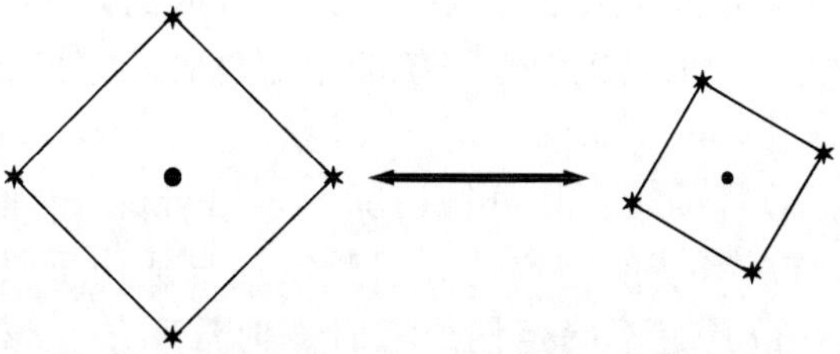

图 1-3　PT RMPC 方法 Tube 集合改变示意图

综上所述，鲁棒预测控制的设计思路主要有上述两类。由于近年来 LMI 理论的发展以及 MATLAB 工具箱的逐渐成熟，使得原先 min-max RMPC 方法无法求解的控制器参数可以被求解，因此 min-max RMPC 成为科研人员的首选方法[51-57]。其中，文献[53]通过构建锥形不变集，针对存在不确定性和时间滞后的系统提出了一种 RMPC 方法。文献[54]针对网络控制中的丢包问题设计了一种鲁棒模型预测控制器来主动补偿由于丢包造成的数据错误。文献[55]设计了一种 min-max 形式的 RMPC 方法来处理工业过程中具有不确定性和时变时滞问题。文献[56]在文献[55]的基础上将 RMPC 与容错控制相结合，用来处理由于设备长时间运行导致的执行器故障问题。文献[57]设计了一种 min-max RMPC 方法来控制生物反应。而基于 Tube 的 RMPC 方法近年来也有一些文献进行研究[58-62]，这些研究都为鲁棒模型预测控制方法的发展提供了强有力的支持。

1.3　鲁棒预测控制研究现状与发展动态分析

近年来，国内外专家、学者和企业针对时滞、非线性、故障以及多阶段等复杂特性的生产过程的控制问题进行了大量理论和应用研究，已经取得了一些研究成果。下面分别从时滞、非线性、故障以及多阶段等角度对这些研究成果进行系统地分析，以得到本文所研究的主题。

在工业过程中经常可以发现时滞的情况，如乙烯裂解炉的出口温度是一个大滞后的对象，在建厂初期该对象一般比较固定，其对象的时滞可以认为是常时滞，但随着时间的推移，裂解炉进行不断的裂解和烧焦，本身的特性不是一成不变的，其对象的时滞可以认为是时变时滞。可见，从对象本身的特性可以将时滞分为常时滞和时变时滞。再如，在注塑生产过程保压阶段的压力控制中，喷嘴阀的动作并不能立刻引起压力的变化，使得控制器经常出现无差拍控制问题，该问题的出现是由于时滞发生在执行器位置。可见，根据时滞的发生位置不同，可以将时滞分为输入时滞、输出时滞和状态时滞等。然而，不管系统具有哪种类型的时滞，时滞现象的出现往往会引起系统的不稳定并且导致系统控制性能变差，给控制器的设计和系统的稳定性分析带来了巨大挑战。该方面的研究一直备受国内学者的关注，其研究成果[55, 63-71]主要集中在系统的稳定性分析、控制器设计和综合，以及系统状态估计等。其中，稳定性分析是其他研究的前提。起初采用频域方法，主要思路是通过特征方程的特征根分布情况[72]或 Lyapunov-Krasovskii 函数矩阵方程的解[73]来分析时滞系统的稳定性。但频域法只适用于具有确定参数的常时滞系统，对于系统参数具有不确定性或者时变时滞系统，该方法不再适用。为此，时域方法得到了相应的研究，主要包括 Lyapunov-Razumikhin 函数方法[74]和 Lyapunov-Krasovskii 函数方法[75]。而后者由于本身的灵活性且得到的结果保守性较弱，故应用更为普遍。其理念是通过构建相应的 Lyapunov-Krasovskii 函数并令其导数或者差分为负定来得到时滞系统稳定的充分条件。同时，随着 LMI 技术的发展和 MATLAB 的 LMI 工具的成熟，使得 Lyapunov-Krasovskii 函数的构建和求解给定的 LMI 条件更为便利，极大地推进了时域方法的发展。但 Lyapunov-Krasovskii 函数的构造以及对其导数/差分的处理手段等都会增加 LMI 条件的保守性，使得降低 LMI 条件的保守性成为时滞系统研究的一个重要主题。Lyapunov-Krasovskii 函数的常见构造形式主要有简单、离散、增广、多重和时滞分割等类型[76]，其导数/差分的处理手段主要有模型变化、自由权矩阵、积分不等式等方法[77]。

在时滞系统稳定性分析的基础上，其控制器的设计与综合又是另外一个主要研究内容。其中，通过 MPC/RMPC 方法[42,50,78-93]来研究时滞系统在近十几年得到了广泛报道。这些方法不仅可以保证时滞系统的稳定性而且可以有效提高系统的控制性能。文献[50]将时滞项拓展到系统的状态中，提出了一种时滞自由的鲁棒约束 MPC 策略，但该策略不适用于系统具有时变时滞或者时滞信息未知的情形；文献[78]通过在价值函数上引入了两个终端加权项来改进 MPC 方法，但没有考虑模型不确定性和输入约束；文献[79]提出一种约束 MPC 方法来处理具有状态时滞和输入约束的不确定系统，但没有考虑未知干扰；文献[42]通过提出的 RMPC 方法解决了具有非线性扰动和多重时滞的不确定系统控制问题；文献[80]针对一类具有不确定性和输入输出饱和约束的时滞系统提出了一种输出反馈 RMPC 方法；

文献[81]设计了时滞依赖 RMPC 控制器来解决多面体不确定系统的控制问题；文献[82]针对具有输入约束的离散时滞系统提出了一种时滞依赖的 RMPC 方法；文献[83]研究了一种同时具有状态和输入时滞的不确定性广义系统的 RMPC 方法；文献[91]设计了输出反馈 RMPC 控制器以有效控制多胞不确定时滞系统；但文献[42, 80-83, 91]均是通过 RMPC 方法解决了具有常时滞的系统，其 LMI 充分条件没有充分考虑时滞上下界信息，具有一定保守性。为此，一些有限的文献[84-90]研究了关于时变时滞的时滞依赖 RMPC 方法。文献[84]研究了具有时变时滞和输入约束的 RMPC 方法；针对具有时变时滞和输入约束的主动制导悬架系统，文献[90]研究了一种 RMPC 控制方法；但这些方法[84, 90]在构建 Lyapunov-Krasovskii 函数时没有充分考虑时滞的上界信息，从而在稳定性分析时增加了一些保守性。对于多胞不确定系统，文献[81]和[86]提出了时滞依赖的 RMPC 算法；文献[85]解决了线性时变系统受变量反馈时滞影响的鲁棒控制问题；文献[87]处理了具有时变时滞和丢包网络控制问题；文献[88]研究了依赖于区间时滞的鲁棒模型预测控制方法；文献[89]针对一类同时存在多重状态时滞、输入时滞和非线性扰动的不确定离散非线性系统的控制问题，提出了一种具有状态反馈控制结构的鲁棒模型预测控制器设计方法。不幸的是，虽然上述方法取得了一定成果，但 Lyapunov-Krasovskii 函数导数/差分的处理手段具有一定局限性，如在求导/差分不等式设计中，对于交叉项使用边界和模型的转化技术，使得时滞依赖 LMI 稳定性条件具有一定保守性。因此，在 RMPC 的框架下如何设计 Lyapunov- Krasovskii 函数以及利用一些简单的放缩手段来降低 LMI 稳定性条件的保守性是值得研究的主题。

虽然上述的研究成果极大地推进了先进控制理论的发展，但这些研究成果都是针对线性系统，因而控制器设计所采用的模型为线性模型，而实际的工业过程一般呈现为非线性，采用线性模型来逼近非线性对象仅适合非线性较弱的过程，对于强非线性过程往往差强人意，难以达到预期的控制效果。为此，工业过程的非线性建模得到了广泛的研究，与此同时非线性研究成果也相继出现，但由于非线性本身的复杂特性以及非线性处理手段和理论尚不完善，使得非线性研究成果很难成为工业过程控制的主流方法。若能找到一种方法既可以较好地描述工业过程的非线性特性又能充分利用已有的线性控制理论相关研究成果，这势必会促进工业过程非线性控制理论的发展。日本学者 Takagi 和 Sugeno 于 1985 年联合发文[94]，提出了非线性过程辨识方法——Takagi-Sugeno（T-S）模糊方法，通过建立的模糊规则，得到相应规则下的局部子模型，再利用非线性隶属度函数加权这些子模型，从而得到线性化的 T-S 模型以无限逼近对应的非线性过程，并采用并行分布式补偿（parallel distributed compensation，PDC）

策略[95]对控制器进行设计。为此，T-S 模型的出现使得大量成熟的线性控制理论的研究成果得以适用，为非线性系统的稳定性分析和控制器综合[96-100]奠定了坚实的基础。其中，对于具有时变时滞的非线性系统，许多学者提出了相应的解决方法[101-109]。文献[101]研究了输入和状态同时具有时变时滞的模糊双线性系统的控制问题；文献[102]研究了一类具有状态时变时滞的离散时间 T-S 模糊系统的稳定性分析和镇定问题；文献[103]针对具有时变时滞的切换非线性系统提出了一种鲁棒 H_∞控制方法；文献[104]处理了具有随机摄动和时变时滞的 T-S 模糊系统的耗散分析和综合问题；文献[105]研究了具有状态时变时滞的不确定 T-S 模糊系统的鲁棒、H_∞和保性能等控制问题；文献[106]研究了一类具有区间时变时滞和测量信号丢失的 2D T-S 模糊系统的 H_∞控制问题；文献[107]研究了具有时变时滞的不确定性非线性系统的模糊鲁棒 H_∞采样控制问题；文献[108]提出了一种具有时变时滞和未知干扰的离散系统的模糊预测控制方法；针对具有区间时变时滞的不确定 T-S 模糊系统，文献[109]进行了时滞依赖稳定性分析和 H_∞控制器的设计和综合。可见，上述方法[101-109]均是在 T-S 模糊理论框架下进行系统稳定性分析、控制器设计和综合，均取得了较好的控制效果，但仅有少量文献考虑到系统的鲁棒性能，并且在稳定性推导中也具有一定的保守性。为此，深入研究基于 T-S 模糊模型的 RMPC 方法来解决具有时变时滞的不确定非线性系统的稳定性分析和控制算法设计等问题是很有必要的。

工业生产过程不仅受时滞和非线性的影响，也经常受各类故障的侵害。由于日益增加的工业产品的需求，工业生产的规模不断扩大，使得在复杂的生产环境中运行的工业设备，常常引起各种故障情况。在此类环境下如果出现的故障不能得到行之有效的处理，将会导致系统控制性能的恶化，甚至引起设备损坏、效益下降和人员伤害。尤其对于化工厂、生物制药厂和冶金厂等，事故的发生会严重地污染当地的生态环境，而对于航空和航天等行业，则是毁灭性的灾难。因此，如何有效地处理工业生产中存在的故障问题，增强控制系统的安全性与可靠性，是现代化企业需应对的一项重要难题。为此，有必要研究容错控制（fault-tolerant control，FTC）方法来解决系统出现的各种故障。FTC 方法是一种可靠控制方法，在故障允许的范围内，通过该控制器来克服系统出现的各类故障，可以较好地保障系统的可靠性和控制性能。近几十年，涌现出了大量的 FTC 方法，尤其是针对执行器故障问题[110-117]。文献[110]提出了一种迭代学习可靠控制方法来处理具有执行器故障和未知干扰注塑成型过程的控制问题；文献[111]提出了一种广义预测控制方法来处理工业过程执行器延迟故障；文献[112]提出了一种自适应 FTC 方法来处理具有执行器故障的多输入单输出最小相位系统的控制问题；文献[113]设计了一种线性二次 FTC 控制器来处理间歇过程的执行器故障问题；文献[114]提出一种鲁棒迭代 FTC 方法来控制具有执行器故障和外界干扰的线性重复过程；文献[115]针对具有不确定性的多阶段批次过程提出了一种鲁棒迭代 FTC 方法；文献[116]研究了具有执行器故障的四旋翼无人机 FTC 方法；文献[117]呈现了统一的被动-主动 FTC 控制策略框架以处理系统受执行器饱和未知干扰等因素影响的问题。上述方法[110-117]仅研究了系统具有故障的情形，并未涉及系统具有时滞的现象。文献[118]提出了 FTC 方法处理了一类时滞系统的间歇性故障问题；文献[119]研究了一种满意的、被动 FTC 方法来解决具有时变状态、输入时滞和可能存在的执行器故障的控制问题；文献[120]和文献[121]研究了间歇过程迭代学习 FTC 方法；文献[122-124]提出了主动 FTC 方法来处理具有执行器故障的时滞系统控制问题；文献[125]研究了具有多时变时滞的 T-S 模糊广义系统的容错控制问题；文献[126]研究了神经网络自适应 FTC 方法来处理一类具有输出约束和执行器故障的不确定性非线性时变时滞系统控制问题；文献[127]设计了一种模糊迭代学习 FTC 控制器以控制具有部分执行器故障和时变时滞的间歇过程。然而，在实际工业应用中，不但要保证系统的鲁棒稳定，更为重要的是保证系统具有鲁棒性能。后者更为关键，因为我们总希望用设计的控制器来控制工业过程以克服系统由于不确定性、时滞和故障等现象带来的影响。保性能方法（guaranteed cost control，GCC）[128]是一种提高系统鲁棒性能的方法，对于具有执行器故障的不确定时滞系统，一些容错保性能的方法[129-132]被提出。然而，GCC 存在离线设计会降低系统性能的缺点。另外一种方法则为 MPC 方法，通过实时滚动优化的方法来提高系统的鲁棒性能。为此，针对不确定时变时滞系统研究一种鲁棒约束模型预测容错控制方法，同时考虑部分执行器故障和输入/输出约束，是一个值得研究的话题。

此外，多阶段特性存在于一些工业生产过程中。以注塑成型为例，其生产过程主要包括关模、注射、保压、冷却和开模五个阶段。其中，注射阶段和保压阶段是两个关键控制阶段。在注射阶段，主要将溶解的塑料注射到模具里，注射速度的快慢直接影响后续生产，并且在此阶段喷嘴的压力不断升高，直到达到指定的压力值，系统将由注射阶段切换到保压阶段。在保压阶段，主要维持模腔内的压力恒定不变，直到满足一定条件后，才会切换到冷却阶段。可见，注射阶段和保压阶段虽然其控制目标有所不同，但是又有关联，且这两个阶段完成一个切换过程。而何时从注射阶段切换到保压阶段以及如何实现平稳的切换，将直接影响生产效率和产品质量。仅仅依靠单阶段的控制方法无法实现整个注射成型生产过程的高效和稳定的生产。为此，有必要对多阶段生产过程的切换控制进行研究。该方面的研究区别于多模态控制，多模态控制是针对一个被控对象而言，多阶段控制是对于一个生产过程的多个被控对象，并且这些对象或多或少有一定的联系，以至于在生产过程中可以实现切换。对于多阶段生产过程的控制研究，除了要保证每个阶段运行时渐近稳定，更重要的是保证切换瞬间的稳定和平滑运行，同时每个阶段的运行时间又是影响生产效率的重要因素。早期，每个阶段的运行时间大多由实际操作人员根据实施的经验给定，但由于操作人员水平参差不齐且生产过程的复杂特性，经验给定方法并不能满足企业追求高效运行的需求，甚至运行时间给定不当会引起系统的波动，带来不必要的损失。因此平均驻留时间方法[133-136]应运而生，来求解每个阶段的运行时间。但该类方法仅仅是求解整个生产过程的平均时间，并不是每个阶段单独的运行时间。模态依赖的平均驻留时间方法[137-140]的出现解决了上述问题，为多阶段控制的研究提供了有力的保障。在最近十年中，一些学者对具有多阶段特性的生产过程进行了一定的研究，得到了部分研究成果[115,141-151]。文献[141]考虑各个阶段遵循一定的基本操作规则，针对多阶段间歇过程提出了一种基于内相分析的统计建模与在线监控方法；文献[142]研究了多阶段间歇过程的统计建模与在线故障诊断问题；文献[143]提出了具有并行阶段划分的质量相关的故障诊断方法以及相对变化的分析；文献[144]针对多阶段间歇过程提出了一种迭代学习 MPC 方法；文献[145]依赖于模态依赖的平均驻留时间方法研究了具有有界干扰的线性连续系统鲁棒切换问题；文献[146]针对多阶段批次过程提出了一种基于平均驻留时间的最优迭代学习控制方法；文献[115]研究了具有部分执行器故障和不确定性的多阶段间歇过程鲁棒迭代 FTC 方法；文献[147]针对具有时变时滞和执行器故障的多阶段间歇过程，设计了混合 2D 容错控制器；文献[148]研究了一种 2D 切换无限时域线性二次型（linear quadratic，LQ）容错跟踪控制方法。上述方法[115,141-148]均为同步切换方法，即达到一定切换条件或者满足一定的运行时间，系统将从一个阶段切换到另外一个阶段，但当切换过程中，由于信号干扰、执行器卡顿、计算时间较长等原因可能会遇到控制器滞后的现象，即系统状态切换到另外一个阶段，但控制器还在上一个阶段，这极有可能导致系统的不稳定，这种系统状态达到切换条件完成切换而控制器还保留在上一个阶段的过程被称为异步切换过程。为了处理在多阶段工业过程切换的过程中出现的异步情况，文献[149-151]依赖于模态依赖的平均驻留时间方法设计了异步切换控制器，计算出控制器滞后的时间，对其进行提前切换，以避免系统状态的逃逸，保证切换的稳定运行。因此，围绕一类多阶段工业过程，将其提炼为变维切换系统，同时考虑不确定、未知干扰、时变时滞以及部分执行故障和输入/输出约束带来的影响，通过 RMPC 方法和模态依赖的运行时间方法，给出系统稳定运行的最优控制律设计算法及实现整个系统运行时间最短设计方法，是值得研究的方向。

1.4 预备知识

1.4.1 主要定义和引理

定义 1.1（鲁棒 MPC 问题）——给定离散时间系统，且状态变量 $x(k)$ 在离散 k 时刻可测量，如果如下的优化问题式（1-5）可解，则鲁棒 MPC 问题是可行的。

$$\min_{\Delta u(k+i|k),i\geqslant 0}\ \max_{[A(k+i)\ A_d(k+i)\ B(k+i)]\in\Omega,i\geqslant 0} J_\infty(k)$$
$$J_\infty(k)=\sum_{i=0}^{\infty}[x(k+i\,|\,k)^{\mathrm{T}}Qx(k+i\,|\,k)+\Delta u(k+i\,|\,k)^{\mathrm{T}}R\Delta u(k+i\,|\,k)] \tag{1-5}$$

约束为

$$\begin{cases}\|\Delta u(k+i\,|\,k)\|\leqslant \Delta u_M\\ \|\Delta y(k+i)\|\leqslant \Delta y_M\end{cases} \tag{1-6}$$

注释 1.1 $x(k+i\,|\,k)$ 为在离散 k 时刻的条件下离散 $k+i$ 时刻的状态变量，该状态变量很容易测得，若状态变量不可测，可以通过选择可测量的输入和输出变量以及它们过去的值作为状态变量。因此，在控制器设计中可以通过状态反馈控制策略满足控制需求。Q 为对应扩展状态变量的加权矩阵，R 为对应控制输入的加权矩阵。

定义 1.2 如果存在一个标量 $\gamma>0$，且对于任意 $w(k)$，在所有可容许的参数不确定性情况下，离散时间系统具有鲁棒 H_∞ 控制性能，需满足如下条件：

①在 $w(k)=0$ 的情况下，离散时间系统是渐近稳定；

②在零初始条件下，$z(k)$ 满足 $\|z\|_{l_2}^2\leqslant\gamma^2\|w\|_{l_2}^2$ 成立，其 $\|z\|_{l_2}^2=\sum_{k=0}^{\infty}\|z(k)\|^2$，$\|w\|_{l_2}^2=\sum_{k=0}^{\infty}\|w(k)\|^2$，则离散时间系统具有 H_∞ 性能。

注释 1.2 为了抑制包含内部和外部干扰的未知有界干扰 $\bar{w}(k)$，在控制器设计中引入鲁棒 H_∞ 性能 γ，而 γ 值越小代表系统具有更好的抵抗干扰的能力或对抵抗干扰敏感性越差。

定义 1.3 在任意时间区间 $[f,O]$ 内，对于任意的 $k=O\geqslant f=T_f^p$ 在区间内，如果存在 $N_v^p(f,O)\leqslant N_0+\dfrac{T^p(f,O)}{\tau^p}$ 并且 $\tau^p>0$，则 τ^p 为最短运行时间。其中，$N_v^p(f,O)$ 表示任何第 p 阶段切换信号 $\upsilon(k)$ 在时间间隔 (f,O) 总的切换次数，

$T^p(f,O)$表示第 p 阶段总的运行时间，N_0为抖动界。

定义 1.4　对于任意离散时间切换系统且 $w^p(k)=0$，定义$\|X_f\|=\sup\{\|X_k\|: k=f,k\geqslant 1\}$。如果存在正的常数$\varsigma$使得 $\lim\limits_{f\to O}\chi_f\leqslant\varsigma^{(O-f)}\chi_f,\chi_f\in R^{n_x^p\times n_x^p}$，则可以保证离散时间切换系统在切换信号$\upsilon(k)$下是指数稳定的。

定义 1.5　对于第 p 阶段子系统，如果可以找到李雅普诺夫函数$V^p(\overline{x}_1(k))$，且满足如下的条件：

①$V^p(\overline{x}_1(k))\geqslant 0$ 且 $\overline{x}_1(k)\in\mathbf{R}^{n_x^p+n_e^p}$，$V^p(\overline{x}_1(k))=0\leftrightarrow\overline{x}_1(k)=0$；

②$V^p(\overline{x}_1(k))=\infty\leftrightarrow\|\overline{x}_1(k)\|=\infty$；

③对于任意边界条件，$0<\partial^p<1$，$V^p(\overline{x}_1(k+1))\leqslant\partial^p V^p(\overline{x}_1(k))$；

则第 p 阶段子系统是渐近稳定的。

定义 1.6　对于具有可测量状态、不确定性和执行器故障的随机系统，定义如下最小-最大优化问题：

$$\begin{gathered}\min_{\Delta u(k+i|k),i\geqslant 0}\quad\max_{[A(k+i)\quad A_d(k+i)]\in\Omega,i\geqslant 0}\tilde{J}_\infty(k)\\ \tilde{J}_\infty(k)=\mathbb{E}\left[\sum_{i=0}^{\infty}[(\overline{x}_1(k+i\mid k))^{\mathrm{T}}Q(\overline{x}_1(k+i\mid k))+\Delta u(k+i\mid k)^{\mathrm{T}}R\Delta u(k+i\mid k)]\right]\end{gathered}\tag{1-7}$$

输入-输出约束为

$$\begin{cases}\|\Delta u(k+i\mid k)\|\leqslant\Delta u_M\\ \|\Delta y(k+i)\|\leqslant\Delta y_M\end{cases}$$

定义 1.7　给定一个标量$\theta>0$，在初始条件为 0 的前提下，对于任意有界扰动$\overline{w}(k)\in L_2[0,\infty]$，离散随机系统都能满足式$\mathbb{E}(\|z\|_{l_2}\leqslant\theta\|\overline{w}\|_{l_2})$，$\|z\|_{l_2}=\mathbb{E}\left\{\left[\sum_{k=0}^{\infty}(z^{\mathrm{T}}(k)z(k))\right]^{\frac{1}{2}}\right\}$，$\mathbb{E}$表示期望，则表示该系统具有鲁棒 H_∞ 性能。

引理 1.1（Schur 补引理[152]）对给定的对称矩阵 $S=\begin{bmatrix}S_{11} & S_{12}\\ S_{12}^{\mathrm{T}} & S_{22}\end{bmatrix}$，其中，$S_{11}$是$n\times n$维的，以下三个条件是等价的：

①$S<0$；

②$S_{11}<0,\ S_{22}-S_{12}^{\mathrm{T}}S_{11}^{-1}S_{12}<0$；

③$S_{22}<0,\ S_{11}-S_{12}S_{22}^{-1}S_{12}^{\mathrm{T}}<0$。

引理 1.2[153]　对于任意矢量$\overline{\delta}(k)\in R^n$，正数$\kappa_0,\kappa_1$和矩阵$0<\overline{R}\in R^{n\times n}$，如下不

等式成立：

$$-(\kappa_1-\kappa_0+1)\sum_{t=\kappa_0}^{\kappa_1}\bar{\delta}^{\mathrm{T}}(k)\bar{R}\bar{\delta}(k)\leqslant-\sum_{t=\kappa_0}^{\kappa_1}\bar{\delta}^{\mathrm{T}}(k)\bar{R}\sum_{t=\kappa_0}^{\kappa_1}\bar{\delta}(k) \tag{1-8}$$

引理 1.3[154] 给定适当维数的正定矩阵 D,F,E,M，且满足 $M=M^{\mathrm{T}}$，对于所有的 $F^{\mathrm{T}}F\leqslant I$，有

$$M+DFE+E^{\mathrm{T}}F^{\mathrm{T}}D^{\mathrm{T}}<0 \tag{1-9}$$

当且仅当存在 $\varepsilon>0$ 满足如下不等式：

$$M+\varepsilon^{-1}DD^{\mathrm{T}}+\varepsilon E^{\mathrm{T}}E<0 \tag{1-10}$$

引理 1.4[155] 对于第 p 阶段，如果可以找到 Lyapunov 函数 $V^p(\bar{x}_1(k))$ 并符合以下条件，则它将确保子系统是渐近稳定的：

①对于 $\bar{x}_1(k)\in\mathbf{R}^{n_x+n_e}$ 有 $V^p(\bar{x}_1(k))\geqslant0$，并且 $V^p(\bar{x}_1(k))=0\leftrightarrow\bar{x}_1(k)=0$；

② $V^p(\bar{x}_1(k))=\infty\leftrightarrow\|\bar{x}_1(k)\|=\infty$；

③对于任何有界条件，$0<\partial^p<1$，$V^p(\bar{x}_1(k+1))\leqslant\partial^pV^p(\bar{x}_1(k))$。

引理 1.5[151] 针对多阶段异步切换系统，如果存在 $0<\varsigma_p^S<1,\ \varsigma_p^U>1$ 和相应的能量函数 $V_S^p(\bar{x}_1(k)),\ V_U^p(\bar{x}_1(k))$，使得

$$\begin{cases}V_S^p(\bar{x}_1(k+1))\leqslant\varsigma_p^SV_S^p(\bar{x}_1(k))\\V_U^p(\bar{x}_1(k+1))\leqslant\varsigma_p^UV_U^p(\bar{x}_1(k))\end{cases} \tag{1-11}$$

此外，存在 $\mu_p^S>1,\ 0<\mu_p^U<1$，使得

$$\begin{cases}V_p^S(\bar{x}_1(k))\leqslant\mu_p^SV_{p-1}^S(\bar{x}_1(k))\\V_p^S(\bar{x}_1(k))\leqslant\mu_p^SV_p^U(\bar{x}_1(k))\\V_p^U(\bar{x}_1(k))\leqslant\mu_p^UV_{p-1}^S(\bar{x}_1(k))\end{cases} \tag{1-12}$$

则多阶段异步切换系统每个批次是指数稳定的。并且每个阶段中稳定情况的平均运行时间和不稳定情况运行时间 $\tau_S^p,\ \tau_U^p$ 分别满足下式：

$$\begin{cases}\tau_S^p\geqslant(\tau_S^p)^*=-\dfrac{\ln\mu_p^S}{\ln\varsigma_p^S}\\[2ex]\tau_U^p\leqslant(\tau_U^p)^*=-\dfrac{\ln\mu_p^U}{\ln\varsigma_p^U}\end{cases} \tag{1-13}$$

其中，$(\tau_S^p)^*,\ (\tau_U^p)^*$ 分别为第 p 阶段稳定情况最短运行时间和不稳定情况最长运行时间。

1.4.2 主要符号说明

R^n	n 维欧几里得空间
$R^{n\times m}$	$n\times m$ 维欧几里得空间
Δ	后移算子
Ω	参数不确定性集合
X^{T}	矩阵 X 或者向量 X 的转置
X^{-1}	矩阵 X 的逆矩阵或算子 X 的逆算子
I	具有适当维数的单位矩阵
J	鲁棒性能指标
θ	鲁棒性能指标上界
s.t.	约束条件
$\begin{bmatrix} A & B \\ B^{\mathrm{T}} & 0 \end{bmatrix}$	0 为所在位置相应维数的 0 矩阵
$\bar{\Phi}_1 < 0$	矩阵 $\bar{\Phi}_1$ 为负定的
L_2	L_2 范数
$\mathrm{diag}[a,b,\cdots,c]$	对角线元素为 $a, b,\cdots, c$ 的对角矩阵
R^i	第 i 个模糊规则
$M^i(x(k))$	第 i 个模糊规则的非线性隶属度函数
$\exp(A)$	e 的 A 次幂
$P\{n\|m\}$	m 条件下 n 发生的概率
$M^{\upsilon(k)+1}(x(k))$	多阶段切换条件
T^p	第 p 阶段的切换时刻
Φ^p	第 p 阶段的状态转移矩阵
τ^p	第 p 阶段的平均驻留时间
$\upsilon(k)$	切换信号
μ_P^S	第 p 阶段稳定情况切换补偿系数
ς_p^S	第 p 阶段稳定情况能量补偿系数
μ_P^U	第 p 阶段不稳定情况切换补偿系数
ς_p^U	第 p 阶段不稳定情况能量补偿系数
$V_p^S(x_1(k))$	第 p 阶段稳定情况能量函数
$V_p^U(x_1(k))$	第 p 阶段不稳定情况能量函数

1.5　本书的主要工作

1.5.1　本书主要研究思路

本书采用线性矩阵不等式理论、最优控制理论、李雅普诺夫理论、鲁棒预测控制理论、H_∞控制方法、模糊控制理论、随机控制理论、切换系统理论和模态依赖平均驻留时间方法等，分别针对线性、非线性、故障和多阶段工业过程，并考虑其受时变时滞、不确定性和未知干扰等因素的影响，研究相应系统的稳定性分析和控制器设计问题，完善和改进了已有研究成果。首先，针对线性工业过程，提出时滞依赖鲁棒预测控制方法，并考虑受执行器故障的影响，提出了鲁棒约束预测容错控制方法；其次，针对非线性工业过程，分别提出了鲁棒模糊预测控制和模糊预测容错控制方法；再次，针对具有执行器随机故障的工业过程，提出了随机鲁棒预测容错控制方法；最后，针对具有多阶段特性间歇工业过程，考虑到同步切换与异步切换、线性系统与非线性系统、固定设定值和时变设定值等情况，提出了多种鲁棒切换预测控制方法。

1.5.2　章节简介

本书共 7 章，内容简介如下。

第 1 章为绪论，是全书研究的背景和意义、国内外研究现状及发展动态分析、预备知识和主要工作的介绍。

第 2 章针对工业过程具有不确定和未知干扰等特性，提出了一种时滞依赖的鲁棒约束模型预测控制方法。考虑工业过程具有部分执行器故障，提出了一种鲁棒约束模型预测容错控制方法。通过 TTS20 水箱系统、多输入多输出温室过程仿真验证了方法的有效性。

第 3 章针对具有区间时变时滞、未知干扰和强非线性的工业过程，提出了一种基于 Takagi-Sugeno（T-S）模糊模型的鲁棒模糊预测控制方法。在此基础上又针对部分执行器故障的问题对控制器进行更为深入的设计。此外，考虑到状态反馈控制器在实际应用中的局限性，从输出反馈的角度进一步对控制器进行设计。最后，通过对连续搅拌釜（continuous stirred tank reactor，CSTR）过程的仿真控制实验验证了所提出方法的有效性。

第 4 章针对具有执行器随机故障和区间时变时滞的工业过程，提出了一种随机鲁棒预测容错控制方法，并在 TTS20 三容水箱的基础上，通过三种不同概率的执行器故障情形的仿真实验检验了所提方法的有效性。

第 5 章针对具有区间时变时滞、不确定性、未知干扰的多阶段间歇过程，根据是否存在部分执行器故障分别提出了对应的鲁棒切换预测控制方法。通过注塑过程的注射阶段和保压阶段的切换过程的仿真结果检验了所提方法的有效性。

第 6 章针对多阶段间歇过程在切换时存在控制器不能跟随系统状态及时切换的不稳定情况，提出了一种鲁棒预测异步切换控制方法。在此基础上结合时变设定值、间歇过程非线性等问题，对控制器进行完善。并通过对注塑成型过程的仿真实验验证所提方法是有效和可行的。

第 7 章对本书的主要内容进行总结，并在目前的研究基础上给出了未来可以研究的内容和方向。

第 2 章　离散线性系统时滞依赖鲁棒预测控制

2.1　引　　言

流程工业往往会发生内部热量的转化和传递，其传递可能相对缓慢，从而出现延迟现象，即时滞情形。在实际工业生产过程中，时滞大多因系统本身特性或者构成实际系统的装置所造成的，大部分时滞现象是对生产有害的，会导致系统的不稳定，甚至造成设备损坏和人员伤害。因此，如何分析时滞对系统的影响以及如何有效地利用这些影响，一直是先进控制理论研究与应用的一个重要话题。本章正是研究该类问题，分别研究离散系统具有时变时滞和常时滞的情况，并且考虑到系统受不确定性、未知干扰等因素的影响，提出具有不确定性和未知干扰的工业过程时滞依赖鲁棒预测控制方法，该方法将具有不确定性、未知干扰、状态时变时滞的线性离散系统表示为状态空间的形式，通过扩展输出跟踪误差到状态变量，形成新型多自由度状态空间模型，基于该模型设计系统的状态反馈控制律。为了获得该控制律，给出一种新的、较小保守性和较为简单的基于线性矩阵不等式形式的时滞依赖稳定条件。同时为克服任意未知有界干扰的影响，将 H_∞ 性能指标引入到稳定性推导中。

此外，流程工业过程还受故障的影响，因流程工业过程本身复杂的特性和长时间的运行，增加了故障发生的概率。故障一旦发生不仅会影响实际的工业生产，还可能给企业带来巨大的损失。为此，有必要研究 FTC 技术对故障进行有效控制。本章也正是在这种背景下，研究执行器具有部分故障的情况。对于卡死故障或者完全故障，不在本章的研究范围内，这两种故障必须及时发现，并要停车处理，否则后果不堪设想。在上述时滞情况的基础上，考虑到工业过程受部分执行器故障影响，提出了鲁棒约束预测容错控制方法，该方法基于扩展的状态空间模型来设计鲁棒约束预测容错控制器，通过用差分不等式来构造 Lyapunov-Krasovskii 函数，结合最优性能指标和 H_∞性能指标，推导得到求解容错控制增益的 LMI 条件。

最终，通过 TTS20 水箱系统、多输入多输出温室过程仿真研究以及开发的 TTS20 水箱液位先进控制系统的工程应用表明所提出的方法具有较好的跟踪性能和抵抗未知干扰、不确定性和执行器故障的能力。

2.2 未知干扰下不确定性系统时滞依赖鲁棒约束预测控制

2.2.1 问题描述

考虑如下一类具有状态时变时滞、不确定性和未知干扰的工业过程：

$$\begin{cases} x(k+1) = A(k)x(k) + A_d(k)x(k-d(k)) + B(k)u(k) + w(k) \\ y(k) = Cx(k) \end{cases} \tag{2-1}$$

其中，$x(k) \in \mathbf{R}^{n_x}, u(k) \in \mathbf{R}^{n_u}, y(k) \in \mathbf{R}^{n_y}, w(k) \in \mathbf{R}^{n_w}$ 分别为在离散 k 时刻系统的状态、控制输入、输出和未知有界外部干扰，$d(k)$ 为依赖于离散 k 时刻的时变时滞，满足如下形式：

$$d_m \leqslant d(k) \leqslant d_M \tag{2-2}$$

其中，d_M 和 d_m 为时滞的上下界，$\begin{bmatrix} A(k) & A_d(k) & B(k) \end{bmatrix} \in \Omega$，$\Omega$ 为参数不确性集合，$A(k) = A + \Delta_a(k)$，$A_d(k) = A_d + \Delta_d(k)$，$B(k) = B + \Delta_b(k)$，$A, A_d, B, C$ 为适当维数的常数矩阵，$\Delta_a(k), \Delta_d(k), \Delta_b(k)$ 为在离散 k 时刻的参数不确定性摄动，满足如下形式：

$$\begin{bmatrix} \Delta_a(k) & \Delta_d(k) & \Delta_b(k) \end{bmatrix} = N\Delta(k)\begin{bmatrix} H & H_d & H_b \end{bmatrix} \tag{2-3}$$

其中，$\Delta^{\mathrm{T}}(k)\Delta(k) \leqslant I$，$N, H, H_d$ 为适当维数的已知常数矩阵，$\Delta(k)$ 为依赖于离散 k 时刻的不确定性对角矩阵。

实际上，在工业生产中为了获得更多的经济效益，控制器经常会操作在输入和输出的约束下，相应的约束条件可以表示为

$$\begin{cases} \|u(k)\| \leqslant u_M \\ \|y(k)\| \leqslant y_M \end{cases} \tag{2-4}$$

其中，u_M 和 y_M 分别为输入和输出变量的边界。因此，针对系统式（2-1）受上述约束式（2-4）和参数不确定性集合 Ω 的影响，RMPC 的控制目标是最小化如下的鲁棒性能指标式（2-5）以获取最优的控制输入。

$$\min_{u(k+i|k),\ i\geqslant 0} \quad \max_{[A(k+i) \quad A_d(k+i) \quad B(k+i)]\in\Omega,\ i\geqslant 0} J_\infty$$

$$J_\infty(k) = \sum_{i=0}^{\infty} [(x(k+i\,|\,k))^{\mathrm{T}} Q(x(k+i\,|\,k)) + u(k+i\,|\,k)^{\mathrm{T}} Ru(k+i\,|\,k)] \tag{2-5}$$

约束：

$$\begin{cases}\|u(k+i\,|\,k)\|\leqslant u_M \\ \|y(k+i\,|\,k)\|\leqslant y_M\end{cases}$$

其中，$u(k+i\,|\,k)$ 和 $y(k+i\,|\,k)$ 为在离散 k 时刻的条件下离散 $k+i$ 时刻的预测输入值和输出值，Q 和 R 为输出跟踪误差和控制输入的相应加权矩阵。

注释 2.1　式（2-5）是一个‘min-max’优化问题，‘max’是指在不确定集合 Ω 内“最坏情况”下 J_∞ 的值，‘min’是最小化该值以获取最优控制输入序列。为此，‘min-max’优化问题不能在有限时域内直接求解。一般而言，传统的 RMPC 方法[85, 87, 90, 150, 151]通过最小化“最坏情况”无限时域性能指标式（2-5）来获取设计的状态反馈控制律 $u(k+i\,|\,k)=Kx(k+i\,|\,k)$。主要思路为：首先考虑到系统稳定运行过程中的能量关系，结合李雅普诺夫稳定性理论，给出强制闭环系统稳定的条件，并结合鲁棒预测性能指标，通过将预测时域的时间进行叠加，利用 LMI 理论将无穷时域的优化问题转化为具有 LMI 约束的凸优化问题，从而实现控制器的设计。

2.2.2　新型多自由度状态空间模型

在式（2-1）左右两边同乘以后移算子 Δ，可得

$$\begin{cases}\Delta x(k+1)=A(k)\Delta x(k)+A_d(k)\Delta x(k-d(k))+B(k)\Delta u(k)+\overline{w}(k) \\ \Delta y(k)=C\Delta x(k)\end{cases} \tag{2-6}$$

其中，$\Delta=1-q^{-1}$，$\overline{w}(k)=(\Delta_a(k)-\Delta_a(k-1))x(k-1)+(\Delta_d(k)-\Delta_d(k-1))x(k-1-d(k-1))+(\Delta_b(k)-\Delta_b(k-1))u(k-1)+\Delta w(k)$。定义设定值为 $c(k)$，可以得到输出跟踪误差为

$$e(k)=y(k)-c(k) \tag{2-7}$$

基于式（2-6）和式（2-7）可得

$$e(k+1)=e(k)+C(A(k)\Delta x(k)+A_d(k)\Delta x(k-d(k))+B(k)\Delta u(k)+\overline{w}(k)) \tag{2-8}$$

将输出跟踪误差和增量的状态作为状态变量，可以得到如下具有状态时滞、不确定性和未知干扰的新型多自由度状态空间模型，可以表示为

$$\begin{cases}\overline{x}_1(k+1)=\overline{A}(k)\overline{x}_1(k)+\overline{A}_d(k)\overline{x}_1(k-d(k))+\overline{B}(k)\Delta u(k)+\overline{G}\overline{w}(k) \\ \Delta y(k)=\overline{C}\overline{x}_1(k) \\ z(k)=e(k)=\overline{E}\overline{x}_1(k)\end{cases} \tag{2-9}$$

其中，$\bar{x}_1(k)=\begin{bmatrix}\Delta x(k)\\ e(k)\end{bmatrix}$，$\bar{x}_1(k-d(k))=\begin{bmatrix}\Delta x(k-d(k))\\ e(k-d(k))\end{bmatrix}$，$\bar{A}(k)=\begin{bmatrix}A+\Delta_a(k) & 0\\ CA+C\Delta_a(k) & I\end{bmatrix}=\bar{A}+\bar{\Delta}_a$，

$\bar{A}=\begin{bmatrix}A & 0\\ CA & I\end{bmatrix}$，$\bar{\Delta}_a(k)=\bar{N}\Delta(k)\bar{H}$，$\bar{A}_d(k)=\begin{bmatrix}A_d+\Delta_d(k) & 0\\ CA_d+C\Delta_d(k) & 0\end{bmatrix}=\bar{A}_d+\bar{\Delta}_d$，$\bar{A}_d=\begin{bmatrix}A_d & 0\\ CA_d & 0\end{bmatrix}$，

$\bar{\Delta}_d(k)=\bar{N}\Delta(k)\bar{H}_d$，$\bar{B}(k)=\begin{bmatrix}B+\Delta_b(k)\\ CB+C\Delta_b(k)\end{bmatrix}=\bar{B}+\bar{\Delta}_b$，$\bar{B}=\begin{bmatrix}B\\ CB\end{bmatrix}$，$\bar{\Delta}_b(k)=\bar{N}\Delta(k)\bar{H}_b$，$\bar{N}=\begin{bmatrix}N\\ CN\end{bmatrix}$，

$\bar{H}=[H\ \ 0]$，$\bar{H}_d=[H_d\ \ 0]$，$\bar{H}_b=[H_b\ \ 0]$，$\bar{G}=\begin{bmatrix}I\\ C\end{bmatrix}$，$\bar{C}=[C\ \ 0]$，$\bar{E}=[0\ \ I]$。

注释 2.2　式（2-9）为新型多自由度状态空间模型，该模型包括系统状态变量和输出跟踪误差，可以分别调节过程的动态响应和输出跟踪误差。基于该模型进行控制律的设计，不但可以保证所设计的控制器具有很好的跟踪性能和快速的收敛性能，还可以为控制器的调节提供更多的自由度。

因此，基于上述分析，系统的控制律可以设计为

$$\Delta u(k)=\bar{K}\bar{x}_1(k)=\bar{K}\begin{bmatrix}\Delta x(k)\\ e(k)\end{bmatrix}\tag{2-10}$$

其中，$\bar{K}$ 为所设计控制器的常数增益矩阵，该增益矩阵可以通过后续的定理计算获得。将式（2-10）代入式（2-9），可得系统闭环状态空间模型为

$$\begin{cases}\bar{x}_1(k+1)=\hat{A}(k)\bar{x}_1(k)+\bar{A}_d(k)\bar{x}_1(k-d(k))+\bar{G}\bar{w}(k)\\ \Delta y(k)=\bar{C}\bar{x}_1(k)\\ z(k)=e(k)=\bar{E}\bar{x}_1(k)\end{cases}\tag{2-11}$$

其中，$\hat{A}(k)=\bar{A}(k)+\bar{B}(k)\bar{K}$。

2.2.3　鲁棒约束预测控制器设计

本节的主要目的是通过给出主要的定理和推论，以求解设计的鲁棒约束预测控制器的控制律 $u(k|k)$，从而保证离散时间闭环系统式（2-11）为鲁棒渐近稳定。

定理 2.1　给定一些标量 $\theta>0$，$0\leqslant d_m\leqslant d_M$，如果存在正定矩阵 $\bar{P}_1,\bar{T}_1,\bar{M}_1,\bar{G}_1,\bar{L}_1,\bar{S}_1,\bar{S}_2,\bar{M}_3,\bar{M}_4,\bar{X}_1,\bar{X}_2\in\mathbf{R}^{(n_x+n_e)}$ 和矩阵 $\bar{Y}_1\in\mathbf{R}^{n_u\times(n_x+n_e)}$，在 $\bar{w}(k)=0$ 和输入输出约束条件下，为保证不确定离散时间闭环系统式（2-11）渐近稳定，则需满足如下 LMI 约束形式的充分条件：

$$\begin{bmatrix} \hat{\phi}_1 & 0 & \bar{L}_1 & \bar{L}_1\bar{A}^{\mathrm{T}}(k)+\bar{Y}_1^{\mathrm{T}}\bar{B}^{\mathrm{T}}(k) & \bar{L}_1\bar{A}^{\mathrm{T}}(k)+\bar{Y}_1^{\mathrm{T}}\bar{B}^{\mathrm{T}}(k)-\bar{L}_1 & \bar{Y}_1^{\mathrm{T}}\bar{R}_1^{\frac{1}{2}} & \bar{L}_1\bar{Q}_1^{\frac{1}{2}} \\ * & -\bar{S}_1 & 0 & \bar{S}_1\bar{A}_d^{\mathrm{T}}(k) & \bar{S}_1\bar{A}_d^{\mathrm{T}}(k) & 0 & 0 \\ * & * & -\bar{M}_4-\bar{X}_1 & 0 & 0 & 0 & 0 \\ * & * & * & -\bar{L}_1 & 0 & 0 & 0 \\ * & * & * & * & -\bar{D}_2^{-2}\bar{X}_1 & 0 & 0 \\ * & * & * & * & * & -\theta I & 0 \\ * & * & * & * & * & * & -\theta I \end{bmatrix}<0$$

（2-12）

$$\begin{bmatrix} -1 & \bar{x}_l^{\mathrm{T}}(k\mid k) \\ \bar{x}_l(k\mid k) & -\bar{\varphi}_l \end{bmatrix}\leqslant 0 \tag{2-13}$$

$$\begin{bmatrix} -\Delta u_M^2 & \bar{Y}_1 \\ \bar{Y}_1^{\mathrm{T}} & -\bar{\varphi}_l \end{bmatrix}\leqslant 0 \tag{2-14}$$

$$\begin{bmatrix} -\Delta y_M^2(\bar{\varphi}_l) & \bar{C}\bar{\varphi}_l \\ (\bar{C}\bar{\varphi}_l)^{\mathrm{T}} & -I \end{bmatrix}\leqslant 0 \tag{2-15}$$

且鲁棒状态反馈控制器增益为 $\bar{K}=\bar{Y}_1\bar{L}_1^{-1}$，其中，$\hat{\phi}_1=-\bar{L}_1+\bar{M}_3+\bar{D}_1\bar{S}_2+\bar{S}_2-\bar{X}_2$，$\bar{D}_1=(d_M-d_m)I$，$\bar{D}_2=d_M I$，“*”指的是在对称位置的转置元素。

证明　在 $\bar{w}(k)=0$ 的情况下，为了确保离散时间闭环系统式（2-11）鲁棒稳定，令 $\bar{x}_1(k)$ 满足如下鲁棒稳定约束：

$$V(\bar{x}_1(k+i+1\mid k))-V(\bar{x}_1(k+i\mid k))\leqslant -[(\bar{x}_1(k+i\mid k))^{\mathrm{T}}\bar{Q}_1(\bar{x}_1(k+i\mid k))+\Delta u(k+i\mid k)^{\mathrm{T}}\bar{R}_1\Delta u(k+i\mid k)] \tag{2-16}$$

对式（2-16）的左右两边从 $i=0$ 到 ∞ 进行累加，因 $V(\bar{x}_1(\infty))=0$ 或 $\bar{x}_1(\infty)=0$，则有

$$\bar{J}_\infty(k)\leqslant V(\bar{x}_1(k))\leqslant \theta \tag{2-17}$$

其中，θ 为 $\bar{J}_\infty(k)$ 的上界。构建如下 Lyapunov-Krasovskii 函数：

$$V(\bar{x}_1(k+i))=\sum_{i=1}^{5}V_i(\bar{x}_1(k+i)) \tag{2-18}$$

其中，$\bar{x}_{1d}(k+i)=\bar{x}_1(k+i-d(k))$，$\bar{x}_{1d_M}(k+i)=\bar{x}_1(k+i-d_M)$，$\bar{\delta}_1(k+i)=\bar{x}_1(k+i+1)-\bar{x}_1(k+i)$，$\bar{\varphi}_1(k+i)=\begin{bmatrix}\bar{x}_1^{\mathrm{T}}(k+i) & \bar{x}_{1d}^{\mathrm{T}}(k+i) & \bar{x}_{1d_M}^{\mathrm{T}}(k+i)\end{bmatrix}^{\mathrm{T}}$，$V_1(\bar{x}_1(k+i))=\bar{x}_1^{\mathrm{T}}(k+i)\bar{P}_1\bar{x}_1(k+i)=\bar{x}_1^{\mathrm{T}}(k+i)\theta\bar{L}_1^{-1}\bar{x}_1(k+i)$，$V_2(\bar{x}_1(k+i))=\sum\limits_{r=k-d(k)}^{k-1}\bar{x}_1^{\mathrm{T}}(r+i)\bar{T}_1\bar{x}_1(r+i)=\sum\limits_{r=k-d(k)}^{k-1}\bar{x}_1^{\mathrm{T}}(r+i)\theta\bar{S}_1^{-1}\bar{x}_1$

$(r+i)$, $V_3(\bar{x}_1(k+i))=\sum\limits_{r=k-d_M}^{k-1}\bar{x}_1^{\mathrm{T}}(r+i)\bar{M}_1\bar{x}_1(r+i)=\sum\limits_{r=k-d_M}^{k-1}\bar{x}_1^{\mathrm{T}}(r+i)\theta\bar{M}_2^{-1}\bar{x}_1(r+i)$，$V_4(\bar{x}_1(k+i))=\sum\limits_{s=-d_M}^{-d_m}\sum\limits_{r=k+s}^{k-1}\bar{x}_1^{\mathrm{T}}(r+i)\bar{T}_1\bar{x}_1(r+i)=\sum\limits_{s=-d_M}^{-d_m}\sum\limits_{r=k+s}^{k-1}\bar{x}_1^{\mathrm{T}}(r+i)\theta\bar{S}_1^{-1}\bar{x}_1(r+i)$，$V_5(\bar{x}_1(k+i))=d_M\sum\limits_{s=-d_M}^{-1}\sum\limits_{r=k+s}^{k-1}\bar{\delta}_1^{\mathrm{T}}(r+i)\bar{G}_1\bar{\delta}_1(r+i)=d_M\sum\limits_{s=-d_M}^{-1}\sum\limits_{r=k+s}^{k-1}\bar{\delta}_1^{\mathrm{T}}(r+i)\theta\bar{X}_1^{-1}\bar{\delta}_1(r+i)$，$\bar{P}_1,\bar{T}_1,\bar{M}_1,\bar{M}_2,\bar{G}_1$为正定矩阵。令$\bar{\xi}(k+i)=\begin{bmatrix}\bar{x}_1(k+i)^{\mathrm{T}} & \bar{x}_1(k+i-d(k))^{\mathrm{T}} & \cdots \\ \bar{x}_1(k+i-d_M)^{\mathrm{T}} & \cdots & \bar{\delta}_1(k+i-1)^{\mathrm{T}}\end{bmatrix}$, $\bar{\psi}_1=\mathrm{diag}\begin{bmatrix}\bar{P}_1 & \bar{T}_1 & \cdots & \bar{M}_1 & \cdots & d_M & \bar{G}_1\end{bmatrix}$, $\bar{\Pi}_1^{-1}=\mathrm{diag}\begin{bmatrix}\bar{L}_1^{-1} & \bar{S}_1^{-1} & \cdots & \bar{M}_2^{-1} & \cdots & d_M\bar{X}_1^{-1}\end{bmatrix}$，可以得到

$$V(\bar{x}_1(k+i))=\bar{\xi}^{\mathrm{T}}(k+i)\bar{\psi}_1\bar{\xi}(k+i)=\bar{\xi}^{\mathrm{T}}(k+i)\theta\bar{\Pi}_1^{-1}\bar{\xi}(k+i) \tag{2-19}$$

则有

$$\Delta V(\bar{x}_1(k+i))=V(\bar{x}_1(k+i+1))-V(\bar{x}_1(k+i))=\sum_{i=1}^{5}\Delta V_i(\bar{x}_1(k+i)) \tag{2-20}$$

其中，$\Delta V_1(\bar{x}_1(k+i))=\bar{x}_1^{\mathrm{T}}(k+i+1)\theta\bar{L}_1^{-1}\bar{x}_1(k+i+1)-\bar{x}_1^{\mathrm{T}}(k+i)\theta\bar{L}_1^{-1}\bar{x}_1(k+i)$，$\Delta V_2(\bar{x}_1(k+i))=\sum\limits_{r=k+1-d(k)}^{k}\bar{x}_1^{\mathrm{T}}(r+i)\theta\bar{S}_1^{-1}\bar{x}_1(r+i)-\sum\limits_{r=k-d(k)}^{k-1}\bar{x}_1^{\mathrm{T}}(r+i)\theta\bar{S}_1^{-1}\bar{x}_1(r+i)\leqslant\bar{x}_1^{\mathrm{T}}(k+i)\theta\bar{S}_1^{-1}\bar{x}_1(k+i)-\bar{x}_{1d}^{\mathrm{T}}(k+i)\theta\bar{S}_1^{-1}\bar{x}_{1d}(k+i)+\sum\limits_{r=k+1-d_M}^{k-d_m}\bar{x}_1^{\mathrm{T}}(r+i)\theta\bar{S}_1^{-1}\bar{x}_1(r+i)$，$\Delta V_3(\bar{x}_1(k+i))=\bar{x}_1^{\mathrm{T}}(k+i)\theta\bar{M}_2^{-1}\bar{x}_1(k+i)-\bar{x}_{1d_M}^{\mathrm{T}}(k+i)\theta\bar{M}_2^{-1}\bar{x}_{1d_M}(k+i)$，$\Delta V_4(\bar{x}_1(k+i))=(d_M-d_m+1)\bar{x}_1^{\mathrm{T}}(k+i)\theta\bar{S}_1^{-1}\bar{x}_1(k+i)-\sum\limits_{r=k+1-d_M}^{k-d_m}\bar{x}_1^{\mathrm{T}}(r+i)\theta\bar{S}_1^{-1}\bar{x}_1(r+i)$。

基于引理 1.2，有

$$\begin{aligned}\Delta V_5(\bar{x}_1(k+i))&\leqslant d_M^2\bar{\delta}_1^{\mathrm{T}}(k+i)\theta\bar{X}_1^{-1}\bar{\delta}_1(k+i)-\sum_{r=k-d_M}^{k-1}\bar{\delta}_1^{\mathrm{T}}(r+i)\theta\bar{X}_1^{-1}\sum_{r=k-d_M}^{k-1}\bar{\delta}_1(r+i)\\&=d_M^2(\bar{x}_1(k+i+1)-\bar{x}_1(k+i))^{\mathrm{T}}\theta\bar{X}_1^{-1}(\bar{x}_1(k+i+1)-\bar{x}_1(k+i))\\&\quad-(\bar{x}_1(k+i)-\bar{x}_{1d_M}(k+i))^{\mathrm{T}}\theta\bar{X}_1^{-1}(\bar{x}_1(k+i)-\bar{x}_{1d_M}(k+i))\end{aligned} \tag{2-21}$$

通过式（2-16），可以得到

$$\theta^{-1}\Delta V(\bar{x}_1(k+i\,|\,k))+\theta^{-1}\bar{J}_i(k)\leqslant 0 \tag{2-22}$$

其中，$\bar{J}_i(k)=(\bar{x}_1(k+i\,|\,k))^{\mathrm{T}}\bar{Q}_1(\bar{x}_1(k+i\,|\,k))+\Delta u(k+i\,|\,k)^{\mathrm{T}}\bar{R}_1\Delta u(k+i\,|\,k)$。

基于式（2-20）～式（2-22），可以得到

$$\theta^{-1}\Delta V(\overline{x}_1(k+i))+\theta^{-1}\overline{J}_i(k)\leqslant\overline{\varphi}_1^{\mathrm{T}}(k)\overline{\Phi}_1\overline{\varphi}_1(k) \tag{2-23}$$

$$\overline{\Phi}_1=\begin{bmatrix}\overline{\phi}_1 & 0 & \overline{X}_1^{-1}\\ * & -\overline{S}_1^{-1} & 0\\ * & 0 & -\overline{M}_2^{-1}-\overline{X}_1^{-1}\end{bmatrix}+\overline{\Lambda}_1^{\mathrm{T}}\overline{L}_1^{-1}\overline{\Lambda}_1+\overline{\Lambda}_2^{\mathrm{T}}\overline{D}_2^2\overline{X}_1^{-1}\overline{\Lambda}_2+\overline{\lambda}_1^{\mathrm{T}}\theta^{-1}\overline{\lambda}_1+\overline{\lambda}_2^{\mathrm{T}}\theta^{-1}\overline{\lambda}_2 \tag{2-24}$$

其中，$\overline{\phi}_1=-\overline{L}_1^{-1}+\overline{M}_2^{-1}+\overline{D}_1\overline{S}_1^{-1}+\overline{S}_1^{-1}-\overline{X}_1^{-1}$，$\overline{\Lambda}_1=\left[\widehat{A}(k)\quad \overline{A}_d(k)0\right]$，$\overline{\Lambda}_2=\left[\widehat{A}(k)-I\ \overline{A}_d(k)\ 0\right]$，$\overline{\lambda}_1=\left[\overline{Q}_1^{\frac{1}{2}}\quad 0\quad 0\right]$，$\overline{\lambda}_2=\left[\overline{R}_1^{\frac{1}{2}}\overline{Y}_1\overline{L}_1^{-1}\quad 0\quad 0\right]$。令 $\overline{\Phi}_1<0$，利用引理 1.1，可以得到如下 LMI 约束条件：

$$\begin{bmatrix}\overline{\phi}_1 & 0 & \overline{X}_1^{-1} & \widehat{A}^{\mathrm{T}}(k) & \widehat{A}^{\mathrm{T}}(k)-I & \overline{L}_1^{-1}\overline{Y}_1^{\mathrm{T}}\overline{R}_1^{\frac{1}{2}} & \overline{Q}_1^{\frac{1}{2}}\\ * & -\overline{S}_1^{-1} & 0 & \overline{A}_d^{\mathrm{T}}(k) & \overline{A}_d^{\mathrm{T}}(k) & 0 & 0\\ * & * & -\overline{M}_2^{-1}-\overline{X}_1^{-1} & 0 & 0 & 0 & 0\\ * & * & * & -\overline{L}_1 & 0 & 0 & 0\\ * & * & * & * & -\overline{D}_2^{-2}\overline{X}_1 & 0 & 0\\ * & * & * & * & * & -\theta I & 0\\ * & * & * & * & * & * & -\theta I\end{bmatrix}<0 \tag{2-25}$$

为了得到时滞依赖充分条件式（2-12），仅需在式（2-25）左右两边乘以对角矩阵 $\mathrm{diag}[\overline{L}_1\quad \overline{S}_1\quad \overline{X}_1\quad I\quad I\quad I\quad I]$，并令 $\overline{L}_1\overline{M}_2^{-1}\overline{L}_1=\overline{M}_3$，$\overline{L}_1\overline{S}_1^{-1}\overline{L}_1=\overline{S}_2$，$\overline{L}_1\overline{X}_1^{-1}\overline{L}_1=\overline{X}_2$，$\overline{X}_1\overline{M}_2^{-1}\overline{X}_1=\overline{M}_4$，$\overline{K}=\overline{Y}_1\overline{L}_1^{-1}$。因此，如果充分条件式（2-12）成立，离散时间闭环系统式（2-11）在 $\overline{w}(k)=0$ 的情况下是渐近稳定的。取状态最大值 $\overline{x}_l(k)=\max(\overline{x}_1(r)\overline{\delta}_1(r))$，$r\in(k-d_M,k)$，可得

$$V(\overline{x}_1(k))\leqslant\overline{x}_l^{\mathrm{T}}(k)\overline{\psi}_l\overline{x}_l(k)\leqslant\theta \tag{2-26}$$

其中，$\overline{\psi}_l=\overline{P}_1+d_M\overline{T}_1+d_M\overline{M}_1+\dfrac{d_m+d_M}{2}(d_M-d_m+1)\overline{T}_1+d_M^2\dfrac{1+d_M}{2}\overline{G}_1$。令 $\overline{\varphi}_l=\theta\overline{\psi}_l^{-1}$，基于引理 1.1，可以得到充分条件式（2-13）。

对于式（2-5）中的输入约束，有

$$\begin{aligned}&\left\|\Delta u(k+i)\,|\,k\right\|^2-\left\|\overline{Y}_1\overline{L}_1^{-1}\overline{x}_1(k+i\,|\,k)\right\|^2-\left\|\overline{Y}_1 O^{-1}\overline{P}_1\overline{x}_1(k+i\,|\,k)\right\|^2\\ &\leqslant\left\|\overline{Y}_1\theta^{-1}\overline{\psi}_l\overline{x}_l(k+i\,|\,k)\right\|^2=\left\|\overline{Y}_1\overline{\varphi}_l^{-1}\overline{x}_l(k+i\,|\,k)\right\|^2\leqslant\overline{Y}_1\overline{\varphi}_l^{-1}\overline{Y}_1^{\mathrm{T}}\end{aligned} \tag{2-27}$$

为此，通过充分条件式（2-14）可得到输入变量小于等于边界 Δu_M，从而充分条件式（2-14）得以证明。

对于式（2-5）中的输出约束，有 $\left\|\Delta y(k+i)\right\|^2=\left\|\overline{C}\overline{x}_1(k+i\,|\,k)\right\|^2$，通过充分条件

式（2-15）可得 $\left\|\bar{C}\bar{x}_1(k+i\,|\,k)\right\|^2 \leqslant \Delta y_M^2 \bar{x}_1(k+i\,|\,k)\bar{\varphi}_l^{-1}\bar{x}_1^{\mathrm{T}}(k+i\,|\,k)$。取最大状态 $\bar{x}_l(k+i)=\max(\bar{x}_1(k+i))$，可得 $\Delta y_M^2\bar{x}_1(k+i)\bar{\varphi}_l^{-1}\bar{x}_1^{\mathrm{T}}(k+i)\leqslant \Delta y_M^2\bar{x}_l(k+i)\bar{\varphi}_l^{-1}\bar{x}_l^{\mathrm{T}}(k+i)\leqslant \Delta y_M^2$，从而通过充分条件式（2-15）可以得到式（2-5）中的输出约束，从而充分条件式（2-15）得以证明。

注释 2.3 不同于传统方法[156-158]，本章中通过差分方法来构建 Lyapunov-Krasovskii 候选函数时，避免了采用过多的冗余自由加权矩阵，该候选函数充分考虑时变时滞的上下界信息，在差分不等式设计中，可以有效地避免了交叉项使用边界和模型的转化技术，从而获得新的、更小保守性的时滞依赖稳定性条件式（2-12）。再者，通过采用一些放缩技术，可以得到更加简化的不变化集式（2-13）、输入约束式（2-14）和输出约束式（2-15）条件。如果时变时滞为常时滞，则可得如下推论 2.1。因此，在本章中时滞的信息被充分考虑。

推论 2.1 给定一些标量 $\theta>0,\ 0\leqslant d\leqslant \bar{d}_1$，如果存在正定矩阵 $\bar{P}_1,\bar{T}_1,\bar{G}_1,\bar{L}_1,\bar{S}_1,\bar{S}_2,\bar{X}_1,\bar{X}_2,\bar{X}_3\in\mathbf{R}^{(n_x+n_e)}$ 和矩阵 $\bar{Y}_1\in\mathbf{R}^{n_u\times(n_x+n_e)}$，在 $\bar{w}(k)=0$ 和输入输出约束条件下，为保证不确定离散时间闭环系统式（2-11）渐近稳定，则需满足如下 LMI 约束形式的充分条件：

$$\begin{bmatrix} \tilde{\phi}_1 & \bar{L}_1 & \bar{L}_1\bar{A}^{\mathrm{T}}(k)+\bar{Y}_1^{\mathrm{T}}\bar{B}^{\mathrm{T}}(k) & \bar{L}_1\bar{A}^{\mathrm{T}}(k)+\bar{Y}_1^{\mathrm{T}}\bar{B}^{\mathrm{T}}(k)-\bar{L}_1 & \bar{Y}_1^{\mathrm{T}}\bar{R}_1^{\frac{1}{2}} & \bar{L}_1\bar{Q}_1^{\frac{1}{2}} \\ * & -\bar{X}_3-\bar{X}_1 & \bar{X}_1\bar{A}_d^{\mathrm{T}}(k) & \bar{X}_1\bar{A}_d^{\mathrm{T}}(k) & 0 & 0 \\ * & * & -\bar{L}_1 & 0 & 0 & 0 \\ * & * & * & -\bar{D}^{-2}\bar{X}_1 & 0 & 0 \\ * & * & * & * & 0 & 0 \\ * & * & * & * & -\theta I & 0 \\ * & * & * & * & 0 & -\theta I \end{bmatrix} \tag{2-28}$$

$$\begin{bmatrix} -1 & \bar{x}_l^{\mathrm{T}}(k\,|\,k) \\ \bar{x}_l(k\,|\,k) & -\tilde{\varphi}_l \end{bmatrix}\leqslant 0 \tag{2-29}$$

$$\begin{bmatrix} -\Delta u_M^2 & \bar{Y}_1 \\ \bar{Y}_1^{\mathrm{T}} & -\tilde{\varphi}_l \end{bmatrix}\leqslant 0 \tag{2-30}$$

$$\begin{bmatrix} -\Delta y_M^2(\tilde{\varphi}_l) & \bar{C}\tilde{\varphi}_l \\ (\bar{C}\tilde{\varphi}_l)^{\mathrm{T}} & -I \end{bmatrix}\leqslant 0 \tag{2-31}$$

其中，$\tilde{\phi}_1=-\bar{L}_1+\bar{S}_2-\bar{X}_2$，$\bar{X}_1S_1^{-1}\bar{X}_1=\bar{X}_3$，$\bar{D}=\bar{d}_1I$，$\tilde{\varphi}_l=\theta\tilde{\psi}_l^{-1}$，$\tilde{\psi}_l=\bar{P}_1+\bar{d}_1\bar{T}_1+d_M^2\cdot\dfrac{1+d_M}{2}\bar{G}_1$。

证明　选择如下 Lyapunov 候选函数：

$$V(\bar{x}_1(k+i)) = \sum_{i=1}^{3} V_i(\bar{x}_1(k+i)) \tag{2-32}$$

其中，$V_1(\bar{x}_1(k+i)) = \bar{x}_1^{\mathrm{T}}(k+i)\bar{P}_1\bar{x}_1(k+i) = \bar{x}_1^{\mathrm{T}}(k+i)\theta\bar{L}_1^{-1}\bar{x}_1(k+i)$，$V_2(\bar{x}_1(k+i)) = \sum_{r=k-\bar{d}_1}^{k-1}\bar{x}_1^{\mathrm{T}}(r+i)\bar{T}_1\bar{x}_1(r+i) = \sum_{r=k-\bar{d}_1}^{k-1}\bar{x}_1^{\mathrm{T}}(r+i)\theta\bar{S}_1^{-1}\bar{x}_1(r+i)$，$V_3(\bar{x}_1(k+i)) = \bar{d}_1\sum_{s=-\bar{d}_1}^{-1}\sum_{r=k+s}^{k-1}\bar{\delta}_1^{\mathrm{T}}(r+i)\bar{G}_1\bar{\delta}_1(r+i) = \bar{d}_1\sum_{s=-\bar{d}_1}^{-1}\sum_{r=k+s}^{k-1}\bar{\delta}_1^{\mathrm{T}}(r+i)\theta\bar{X}_1^{-1}\bar{\delta}_1(r+i)$。

后续的推导与定理 2.1 类似，在此不再赘余。

定理 2.2　给定一些标量 $\gamma>0,\ \theta>0,\ 0\leqslant d_m\leqslant d_M$，如果存在正定矩阵 $\bar{P}_1,\bar{T}_1,\bar{M}_1,\bar{G}_1,\bar{L}_1,\bar{S}_1,\bar{S}_2,\bar{M}_2,\bar{M}_3,\bar{M}_4,\bar{X}_1,\bar{X}_2\in\mathbf{R}^{(n_x+n_e)}$，矩阵 $\bar{Y}_1\in\mathbf{R}^{n_u\times(n_x+n_e)}$ 和正实数 $\bar{\varepsilon}_1,\bar{\varepsilon}_2$，在 $\bar{w}(k)\neq 0$ 和输入输出约束条件下，为保证不确定离散时间闭环系统式（2-11）渐近稳定，并且具有 H_∞ 性能小于等于 γ，则需满足如下 LMI 约束形式的时滞依赖充分条件：

$$\begin{bmatrix} \bar{\sqcap}_{11} & \bar{\sqcap}_{12} & \bar{\sqcap}_{13} & \bar{\sqcap}_{14} & \bar{\sqcap}_{15} & \bar{\sqcap}_{16} & \bar{\sqcap}_{17} & \bar{\sqcap}_{18} & \bar{\sqcap}_{19} & \bar{\sqcap}_{1,10} \\ * & \bar{\sqcap}_{22} & 0 & 0 & 0 & 0 & 0 & 0 & 0 & 0 \\ * & * & \bar{\sqcap}_{33} & 0 & 0 & 0 & 0 & 0 & 0 & 0 \\ * & * & * & \bar{\sqcap}_{44} & 0 & 0 & 0 & 0 & 0 & 0 \\ * & * & * & * & \bar{\sqcap}_{55} & 0 & 0 & 0 & 0 & 0 \\ * & * & * & * & * & \bar{\sqcap}_{66} & 0 & 0 & 0 & 0 \\ * & * & * & * & * & * & \bar{\sqcap}_{77} & 0 & 0 & 0 \\ * & * & * & * & * & * & * & \bar{\sqcap}_{88} & 0 & 0 \\ * & * & * & * & * & * & * & * & \bar{\sqcap}_{99} & 0 \\ * & * & * & * & * & * & * & * & * & \bar{\sqcap}_{10,10} \end{bmatrix} < 0 \tag{2-33}$$

$$\begin{bmatrix} -1 & \bar{x}_l^{\mathrm{T}}(k|k) \\ \bar{x}_l(k|k) & -\bar{\varphi}_l \end{bmatrix} \leqslant 0 \tag{2-34}$$

$$\begin{bmatrix} -\Delta u_M^2 & \bar{Y}_1 \\ \bar{Y}_1^{\mathrm{T}} & -\bar{\varphi}_l \end{bmatrix} \leqslant 0 \tag{2-35}$$

$$\begin{bmatrix} -\Delta y_M^2(\bar{\varphi}_l) & \bar{C}\bar{\varphi}_l \\ (\bar{C}\bar{\varphi}_l)^{\mathrm{T}} & -I \end{bmatrix} \leqslant 0 \tag{2-36}$$

且鲁棒状态反馈 H_∞ 控制器增益为 $\bar{K}=\bar{Y}_1\bar{L}_1^{-1}$，其中，$\bar{\sqcap}_{11}=\begin{bmatrix}\hat{\phi}_1 & 0 & \bar{L}_1 & 0\\ 0 & -\bar{S}_1 & 0 & 0\\ \bar{L}_1 & 0 & -\bar{M}_4-\bar{X}_1 & 0\\ 0 & 0 & 0 & -\gamma^2 I\end{bmatrix}$，

$\bar{\sqcap}_{12}=\begin{bmatrix}\bar{L}_1\bar{A}^{\mathrm{T}}+\bar{Y}_1^{\mathrm{T}}\bar{B}^{\mathrm{T}}\\ \bar{S}_1\bar{A}_d\\ 0\\ \bar{G}^{\mathrm{T}}\end{bmatrix}$，$\bar{\sqcap}_{13}=\begin{bmatrix}\bar{L}_1\bar{A}^{\mathrm{T}}+\bar{Y}_1^{\mathrm{T}}\bar{B}^{\mathrm{T}}-\bar{L}_1\\ \bar{S}_1\bar{A}_d\\ 0\\ \bar{G}^{\mathrm{T}}\end{bmatrix}$，$\bar{\sqcap}_{14}=\begin{bmatrix}\bar{L}_1\bar{E}^{\mathrm{T}}\\ 0\\ 0\\ 0\end{bmatrix}$，$\bar{\sqcap}_{15}=\begin{bmatrix}\bar{Y}_1\bar{R}_1^{\frac{1}{2}}\\ 0\\ 0\\ 0\end{bmatrix}$，$\bar{\sqcap}_{16}=\begin{bmatrix}\bar{L}_1\bar{Q}_1^{\frac{1}{2}}\\ 0\\ 0\\ 0\end{bmatrix}$，$\bar{\sqcap}_{17}=\bar{\sqcap}_{19}=\begin{bmatrix}\bar{L}_1\bar{H}^{\mathrm{T}}\\ \bar{S}_1\bar{H}_d^{\mathrm{T}}\\ 0\\ 0\end{bmatrix}$，$\bar{\sqcap}_{18}=\bar{\sqcap}_{1,10}=\begin{bmatrix}\bar{Y}_1\bar{H}_b^{\mathrm{T}}\\ 0\\ 0\\ 0\end{bmatrix}$，$\bar{\sqcap}_{22}=\left[-\bar{L}_1+\bar{\varepsilon}_1\bar{N}\bar{N}^{\mathrm{T}}+\bar{\varepsilon}_2\bar{N}\bar{N}^{\mathrm{T}}\right]$，

$\bar{\sqcap}_{33}=\left[-\bar{X}_1\bar{D}_2^{-2}+\bar{\varepsilon}_1\bar{N}\bar{N}^{\mathrm{T}}+\bar{\varepsilon}_2\bar{N}\bar{N}^{\mathrm{T}}\right]$，$\bar{\sqcap}_{44}=-I$，$\bar{\sqcap}_{55}=\bar{\sqcap}_{66}=-\theta I$，$\bar{\sqcap}_{77}=\bar{\sqcap}_{99}=-\bar{\varepsilon}_1 I$，$\bar{\sqcap}_{88}=\bar{\sqcap}_{10,10}=-\bar{\varepsilon}_2 I$。

证明　为了使不确定离散时间闭环系统式（2-11）具有 H_∞ 性能，定义如下性能指标：

$$J=\sum_{k=0}^{\infty}[z^{\mathrm{T}}(k)z(k)-\gamma^2\bar{w}^{\mathrm{T}}(k)\bar{w}(k)] \tag{2-37}$$

对于 $\forall\bar{w}(k)\in L_2[0,\infty]$，因 $V(\bar{x}_1(0))=0$，$V(\bar{x}_1(\infty))\geqslant 0$，$\bar{J}_\infty>0$，可得

$$J\leqslant\sum_{k=0}^{\infty}[z^{\mathrm{T}}(k)z(k)-\gamma^2\bar{w}^{\mathrm{T}}(k)\bar{w}(k)+\Delta V(\bar{x}_1(k))] \tag{2-38}$$

其中，

$$\begin{aligned}&z^{\mathrm{T}}(k)z(k)-\gamma^2\bar{w}^{\mathrm{T}}(k)\bar{w}(k)+\Delta V(\bar{x}_1(k))\\
&=\begin{bmatrix}\bar{\varphi}_1(k)\\ \bar{w}(k)\end{bmatrix}^{\mathrm{T}}\left\{\begin{matrix}\begin{bmatrix}\bar{\phi}_1 & 0 & \bar{X}_1^{-1} & 0\\ * & -\bar{S}_1^{-1} & 0 & 0\\ * & * & -\bar{M}_2^{-1}-\bar{X}_1^{-1} & 0\\ * & * & * & -\gamma^2\end{bmatrix}+\\
\begin{bmatrix}\bar{\Lambda}_1^{\mathrm{T}}\\ \bar{G}^{\mathrm{T}}\end{bmatrix}\bar{L}_1^{-1}\begin{bmatrix}\bar{\Lambda}_1 & \bar{G}\end{bmatrix}\bar{\Lambda}_1+\begin{bmatrix}\bar{\Lambda}_2^{\mathrm{T}}\\ \bar{G}^{\mathrm{T}}\end{bmatrix}\bar{D}_2^2\bar{X}_1^{-1}\begin{bmatrix}\bar{\Lambda}_2 & \bar{G}\end{bmatrix}\\
\begin{bmatrix}\bar{E}^{\mathrm{T}}\\ 0\\ 0\\ 0\end{bmatrix}\begin{bmatrix}\bar{E} & 0 & 0 & 0\end{bmatrix}+\begin{bmatrix}\bar{\lambda}_1 & 0\end{bmatrix}^{\mathrm{T}}\theta^{-1}\begin{bmatrix}\bar{\lambda}_1 & 0\end{bmatrix}\\
+\begin{bmatrix}\bar{\lambda}_2 & 0\end{bmatrix}^{\mathrm{T}}\theta^{-1}\begin{bmatrix}\bar{\lambda}_2 & 0\end{bmatrix}\end{matrix}\right\}\begin{bmatrix}\bar{\varphi}_1(k)\\ \bar{w}(k)\end{bmatrix}\end{aligned} \tag{2-39}$$

基于定理 2.1 的证明和时滞依赖充分条件式（2-33），可以得到

$$\begin{bmatrix} \bar{\phi}_1 & 0 & \bar{X}_1^{-1} & 0 \\ * & -\bar{S}_1^{-1} & 0 & 0 \\ * & * & -\bar{M}_2^{-1}-\bar{X}_1^{-1} & 0 \\ * & * & * & -\gamma^2 \end{bmatrix} + \begin{bmatrix} \bar{\Lambda}_1^{\mathrm{T}} \\ \bar{G}^{\mathrm{T}} \end{bmatrix} \bar{L}_1^{-1} \begin{bmatrix} \bar{\Lambda}_1 & \bar{G} \end{bmatrix} + \begin{bmatrix} \bar{\Lambda}_2^{\mathrm{T}} \\ \bar{G}^{\mathrm{T}} \end{bmatrix} D_2^2 \bar{X}_1^{-1} \begin{bmatrix} \bar{\Lambda}_2 & \bar{G} \end{bmatrix} + \begin{bmatrix} \bar{E}^{\mathrm{T}} \\ 0 \\ 0 \\ 0 \end{bmatrix}$$

$$\begin{bmatrix} \bar{E} & 0 & 0 & 0 \end{bmatrix} + \begin{bmatrix} \bar{\lambda}_1 & 0 \end{bmatrix}^{\mathrm{T}} \theta^{-1} \begin{bmatrix} \bar{\lambda}_1 & 0 \end{bmatrix} + \begin{bmatrix} \bar{\lambda}_2 & 0 \end{bmatrix}^{\mathrm{T}} \theta^{-1} \begin{bmatrix} \bar{\lambda}_2 & 0 \end{bmatrix}_2 < 0 \tag{2-40}$$

因此，可得 H_∞ 性能指标，则完成了定理 2.2 的证明。

注释 2.4　定理 2.1 和定理 2.2 给出了保证不确定离散时间闭环系统式(2-11)鲁棒稳定充分条件，定理 2.2 保证了系统具有 H_∞ 性能和最优控制性能。相似地，当时滞为常时滞时，则可得如下推论 2.2。

推论 2.2　给定一些标量 $\gamma>0$，$\theta>0$，$0\leqslant d\leqslant \bar{d}_1$，如果存在正定矩阵 $\bar{P}_1,\bar{T}_1,\bar{G}_1,\bar{L}_1,\bar{S}_1,\bar{S}_2,\bar{X}_1,\bar{X}_2,\bar{X}_3\in\mathbf{R}^{(n_x+n_e)}$，矩阵 $\bar{Y}_1\in\mathbf{R}^{n_u\times(n_x+n_e)}$ 和正实数 $\bar{\varepsilon}_1,\bar{\varepsilon}_2$，在 $\bar{w}(k)\neq 0$ 和输入输出约束条件下，为保证不确定离散时间闭环系统式（2-11）渐近稳定，并且具有 H_∞ 性能小于等于 γ，则需满足如下 LMI 约束形式的充分条件：

$$\begin{bmatrix} \bar{\Pi}_{11} & \bar{\Pi}_{12} & \bar{\Pi}_{13} & \bar{\Pi}_{14} & \bar{\Pi}_{15} & \bar{\Pi}_{16} & \bar{\Pi}_{17} & \bar{\Pi}_{18} & \bar{\Pi}_{19} & \bar{\Pi}_{1,10} \\ * & \bar{\Pi}_{22} & 0 & 0 & 0 & 0 & 0 & 0 & 0 & 0 \\ * & * & \bar{\Pi}_{33} & 0 & 0 & 0 & 0 & 0 & 0 & 0 \\ * & * & * & \bar{\Pi}_{44} & 0 & 0 & 0 & 0 & 0 & 0 \\ * & * & * & * & \bar{\Pi}_{55} & 0 & 0 & 0 & 0 & 0 \\ * & * & * & * & * & \bar{\Pi}_{66} & 0 & 0 & 0 & 0 \\ * & * & * & * & * & * & \bar{\Pi}_{77} & 0 & 0 & 0 \\ * & * & * & * & * & * & * & \bar{\Pi}_{88} & 0 & 0 \\ * & * & * & * & * & * & * & * & \bar{\Pi}_{99} & 0 \\ * & * & * & * & * & * & * & * & * & \bar{\Pi}_{10,10} \end{bmatrix} < 0 \tag{2-41}$$

$$\begin{bmatrix} -1 & \bar{x}_l^{\mathrm{T}}(k|k) \\ \bar{x}_l(k|k) & -\tilde{\varphi}_l \end{bmatrix} \leqslant 0 \tag{2-42}$$

$$\begin{bmatrix} -\Delta u_M^2 & \bar{Y}_1 \\ \bar{Y}_1^{\mathrm{T}} & -\tilde{\varphi}_l \end{bmatrix} \leqslant 0 \tag{2-43}$$

$$\begin{bmatrix} -\Delta y_M^2(\tilde{\varphi}_l) & \bar{C}\tilde{\varphi}_l \\ (\bar{C}\tilde{\varphi}_l)^{\mathrm{T}} & -I \end{bmatrix} \leqslant 0 \tag{2-44}$$

且鲁棒状态反馈 H_∞ 控制器增益为 $\bar{K}=\bar{Y}_1\bar{L}_1$，其中，$\bar{\sqcap}_{11}=\begin{bmatrix}\tilde{\phi}_1 & \bar{L}_1 & 0\\ * & -\bar{X}_3-\bar{X}_1 & 0\\ * & * & -\gamma^2 I\end{bmatrix}$，$\tilde{\sqcap}_{12}=\begin{bmatrix}\bar{L}_1\bar{A}+\bar{Y}_1^{\mathrm{T}}\bar{B}^{\mathrm{T}}\\ \bar{X}_1\bar{A}_d\\ \bar{G}^{\mathrm{T}}\end{bmatrix}$，$\tilde{\sqcap}_{13}=\begin{bmatrix}\bar{L}_1\bar{A}+\bar{Y}_1^{\mathrm{T}}\bar{B}^{\mathrm{T}}-\bar{L}_1\\ \bar{X}_1\bar{A}_d\\ \bar{G}^{\mathrm{T}}\end{bmatrix}$，$\tilde{\sqcap}_{14}=\begin{bmatrix}\bar{L}_1\bar{E}^{\mathrm{T}}\\ 0\\ 0\end{bmatrix}$，$\tilde{\sqcap}_{15}=\begin{bmatrix}\bar{Y}_1^{\mathrm{T}}\bar{R}_1^{\frac{1}{2}}\\ 0\\ 0\end{bmatrix}$，$\tilde{\sqcap}_{16}=\begin{bmatrix}\bar{L}_1\bar{Q}_1^{\frac{1}{2}}\\ 0\\ 0\end{bmatrix}$，

$\tilde{\sqcap}_{17}=\tilde{\sqcap}_{19}=\begin{bmatrix}\bar{L}_1\bar{H}^{\mathrm{T}}\\ \bar{X}_1\bar{H}_d^{\mathrm{T}}\\ 0\end{bmatrix}$，$\tilde{\sqcap}_{18}=\tilde{\sqcap}_{1,10}=\begin{bmatrix}\bar{Y}_1^{\mathrm{T}}\bar{H}_b^{\mathrm{T}}\\ 0\\ 0\end{bmatrix}$，$\bar{\sqcap}_{22}=\left[-\bar{L}_1+\bar{\varepsilon}_1\bar{N}\bar{N}^{\mathrm{T}}+\bar{\varepsilon}_2\bar{N}\bar{N}^{\mathrm{T}}\right]$，$\bar{\sqcap}_{33}=[-\bar{X}_1\bar{D}_2^{-2}+\bar{\varepsilon}_1\bar{N}\bar{N}^{\mathrm{T}}+\bar{\varepsilon}_2\bar{N}\bar{N}^{\mathrm{T}}]$，$\bar{\sqcap}_{44}=-I$，$\bar{\sqcap}_{55}=\bar{\sqcap}_{66}=-\theta I$，$\bar{\sqcap}_{77}=\bar{\sqcap}_{99}=-\bar{\varepsilon}_1 I$，$\bar{\sqcap}_{88}=\bar{\sqcap}_{10,10}=-\bar{\varepsilon}_2 I$。

此证明类似于定理 2.2，故不再赘余列出。

注释 2.5 对于不同类型的干扰，定理 2.2 和推论 2.2 的目的是实时求解给出的具有 LMI 形式的充分条件获得控制增益矩阵，以得到式（2-10）中的系统控制律。然后通过控制律式（2-10）对系统式（2-11）进行实时控制，以得到期望的控制性能，即使在参数不确定性、时变时滞、未知干扰和输入输出约束等情况，也可对系统进行稳定的控制。

2.3 具有部分执行器故障的时变时滞系统鲁棒预测容错控制

2.3.1 问题描述

在实际工业生产中，执行器发生故障是不可避免的。为此，执行器不能得到实际计算的 $u(k)$，经常通过 $u^F(k)=\alpha u(k)$ 或者 $u^F(k)=u_\alpha$ 表示，其中，α 代表执行器故障增益。$\alpha=0$ 为完全故障，u_α 为卡死故障，对于这两种故障，系统不再能控，必须采取合适的手段对其故障进行处理。$\alpha>0$ 指的是部分执行器故障，在此本节考虑系统具有该故障并对其进行相应的研究。α 是未知的但假设在一定范围内变化，可以通过如下形式表示：

$$0\leqslant\underline{\alpha}\leqslant\alpha\leqslant\bar{\alpha} \tag{2-45}$$

其中，$\underline{\alpha}\leqslant I$ 和 $\bar{\alpha}\geqslant I$ 为已知矩阵。

为此，具有部分执行器故障、状态时滞和未知干扰等特性的工业过程可以描述为

$$\begin{cases}x(k+1)=A(k)x(k)+A_d(k)x(k-d(k))+B\alpha u(k)+w(k)\\ y(k)=Cx(k)\end{cases} \tag{2-46}$$

本节的控制目标是开发一种鲁棒约束模型预测容错控制器使得过程的输出尽可能地跟踪期望的设定值，即使在部分执行器故障的情况。为了设计该控制器，给出如下的符号和定义。

$$\beta = \frac{\overline{\alpha} + \underline{\alpha}}{2}, \quad \beta_0 = (\overline{\alpha} + \underline{\alpha})^{-1}(\overline{\alpha} - \underline{\alpha}) \tag{2-47}$$

通过式（2-45）和式（2-47），可以发现能够找到一个未知矩阵 α_0，满足如下式子：

$$\alpha = (I + \alpha_0)\beta \tag{2-48}$$

且 $|\alpha_0| \leqslant \beta_0 \leqslant I$。

注释 2.6　式（2-46）和式（2-47）是为了描述 α 的范围，即 $0 \leqslant \underline{\alpha} \leqslant \alpha \leqslant \overline{\alpha}$。具体推导为 $\alpha = \beta + \alpha_0\beta = \frac{\overline{\alpha} + \underline{\alpha}}{2} + \alpha_0 \frac{\overline{\alpha} + \underline{\alpha}}{2}$，而 $-\beta_0 \leqslant \alpha_0 \leqslant \beta_0$，则有

$$\begin{aligned} \alpha &\leqslant \frac{\overline{\alpha} + \underline{\alpha}}{2} + \beta_0 \frac{\overline{\alpha} + \underline{\alpha}}{2} = \frac{\overline{\alpha} + \underline{\alpha}}{2} + \frac{(\overline{\alpha} + \underline{\alpha})^{-1}(\overline{\alpha} - \underline{\alpha})(\overline{\alpha} + \underline{\alpha})}{2} = \overline{\alpha} \\ \alpha &\geqslant \frac{\overline{\alpha} + \underline{\alpha}}{2} - \beta_0 \frac{\overline{\alpha} + \underline{\alpha}}{2} = \frac{\overline{\alpha} + \underline{\alpha}}{2} - \frac{(\overline{\alpha} + \underline{\alpha})^{-1}(\overline{\alpha} - \underline{\alpha})(\overline{\alpha} + \underline{\alpha})}{2} = \underline{\alpha} \end{aligned} \tag{2-49}$$

2.3.2　鲁棒预测容错控制器设计

在式（2-46）左右两边同乘以后移算子 Δ，可得

$$\begin{cases} \Delta x(k+1) = A(k)\Delta x(k) + A_d(k)\Delta x(k-d(k)) + B\alpha\Delta u(k) + \overline{w}(k) \\ \Delta y(k) = C\Delta x(k) \end{cases} \tag{2-50}$$

其中，$\overline{w}(k) = (\Delta_a(k) - \Delta_a(k-1)x(k-1)) + (\Delta_d(k) - \Delta_d(k-1)x(k-1-d(k-1)) + \Delta w(k)$。

基于式（2-7）和式（2-50），可得

$$e(k+1) = e(k) + CA(k)\Delta x(k) + C(A_d(k))\Delta x(k-d(k)) + CB\alpha\Delta u(k) + C\overline{w}(k) \tag{2-51}$$

将输出跟踪误差扩展到状态变量中，可以得到如下具有部分执行器故障的状态空间模型：

$$\begin{cases} \overline{x}_1(k+1) = \overline{A}(k)\overline{x}_1(k) + \overline{A}_d(k)\overline{x}_1(k-d(k)) + \overline{B}\alpha\Delta u(k) + \overline{G}\overline{w}(k) \\ \Delta y(k) = \overline{C}_1\overline{x}_1(k) \\ z(k) = e(k) = \overline{E}\overline{x}_1(k) \end{cases} \tag{2-52}$$

其中，$\overline{x}_1(k) = \begin{bmatrix} \Delta x(k) \\ e(k) \end{bmatrix}$，$\overline{x}_1(k-d(k)) = \begin{bmatrix} \Delta x(k-d(k)) \\ e(k-d(k)) \end{bmatrix}$，$\overline{A}(k) = \begin{bmatrix} A + \Delta_a(k) & 0 \\ CA + C\Delta_a(k) & I \end{bmatrix} = \overline{A} +$

$\bar{\Delta}_a(k)$，$\bar{A}=\begin{bmatrix} A & 0 \\ CA & I \end{bmatrix}$，$\bar{\Delta}_a(k)=\bar{N}\Delta(k)\bar{H}$，$\bar{A}_d(k)=\begin{bmatrix} A_d+\Delta_d(k) & 0 \\ CA_d+C\Delta_d(k) & 0 \end{bmatrix}=\bar{A}_d+\bar{\Delta}_d(k)$，$\bar{A}_d=\begin{bmatrix} A_d & 0 \\ CA_d & 0 \end{bmatrix}$，$\bar{\Delta}_d(k)=\bar{N}\Delta(k)\bar{H}_d$，$\bar{N}=\begin{bmatrix} N \\ CN \end{bmatrix}$，$\bar{H}=\begin{bmatrix} H & 0 \end{bmatrix}$，$\bar{H}_d=\begin{bmatrix} H_d & 0 \end{bmatrix}$，$\bar{B}=\begin{bmatrix} B \\ CB \end{bmatrix}$，$\bar{G}=\begin{bmatrix} I \\ C \end{bmatrix}$，$\bar{C}_1=\begin{bmatrix} C & 0 \end{bmatrix}$，$\bar{E}=\begin{bmatrix} 0 & I \end{bmatrix}$。

基于扩展的状态变量，设计如下的鲁棒容错控制律：

$$\Delta u(k)=\bar{K}\bar{x}_1(k)=\bar{K}\begin{bmatrix} \Delta x(k) \\ e(k) \end{bmatrix} \tag{2-53}$$

其中，$\bar{K}$ 为设计的容错控制律增益矩阵，可以通过如下的定理和推论获得。

将式（2-53）代入式（2-52），可得

$$\begin{cases} \bar{x}_1(k+1)=\hat{A}(k)\bar{x}_1(k)+\bar{A}_d(k)\bar{x}_1(k-d(k))+\bar{G}\bar{w}(k) \\ \Delta y(k)=\bar{C}_1\bar{x}_1(k) \\ z(k)=e(k)=\bar{E}\bar{x}_1(k) \end{cases} \tag{2-54}$$

其中，$\hat{A}(k)=\bar{A}(k)+\bar{B}\alpha\bar{K}$。

定理 2.3　给定一些标量 $\gamma>0$，$\theta>0$，$0\leqslant d_m\leqslant d_M$，如果存在正定矩阵 $\bar{P}_1$, $\bar{T}_1,\bar{M}_1,\bar{G}_1,\bar{L}_1,\bar{S}_1,\bar{S}_2,\bar{M}_3,\bar{M}_4,\bar{X}_1,\bar{X}_2\in\mathbf{R}^{(n_x+n_e)}$，矩阵 $\bar{Y}_1\in\mathbf{R}^{n_u\times(n_x+n_e)}$ 和正实数 $\bar{\varepsilon}_1,\bar{\varepsilon}_2$，在输入输出约束的条件下，为保证具有部分执行器故障的不确定离散时间闭环系统式（2-54）鲁棒渐近稳定，并且具有 H_∞ 性能和最优控制性能，则需满足如下 LMI 约束形式的时滞依赖充分条件：

$$\begin{bmatrix} \bar{\Pi}_{11} & \bar{\Pi}_{12} & \bar{\Pi}_{13} & \bar{\Pi}_{14} & \bar{\Pi}_{15} & \bar{\Pi}_{16} & \bar{\Pi}_{17} & \bar{\Pi}_{18} & \bar{\Pi}_{19} & \bar{\Pi}_{1,10} \\ * & \bar{\Pi}_{22} & 0 & 0 & 0 & 0 & 0 & 0 & 0 & 0 \\ * & * & \bar{\Pi}_{33} & 0 & 0 & 0 & 0 & 0 & 0 & 0 \\ * & * & * & \bar{\Pi}_{44} & 0 & 0 & 0 & 0 & 0 & 0 \\ * & * & * & * & \bar{\Pi}_{55} & 0 & 0 & 0 & 0 & 0 \\ * & * & * & * & * & \bar{\Pi}_{66} & 0 & 0 & 0 & 0 \\ * & * & * & * & * & * & \bar{\Pi}_{77} & 0 & 0 & 0 \\ * & * & * & * & * & * & * & \bar{\Pi}_{88} & 0 & 0 \\ * & * & * & * & * & * & * & * & \bar{\Pi}_{99} & 0 \\ * & * & * & * & * & * & * & * & * & \bar{\Pi}_{10,10} \end{bmatrix}<0 \tag{2-55}$$

$$\begin{bmatrix} -1 & \bar{x}_l^{\mathrm{T}}(k|k) \\ \bar{x}_l(k|k) & -\bar{\varphi}_l \end{bmatrix}\leqslant 0 \tag{2-56}$$

$$\begin{bmatrix} -\Delta u_M^2 & \bar{Y}_1 \\ \bar{Y}_1^{\mathrm{T}} & -\bar{\varphi}_l \end{bmatrix} \leqslant 0 \tag{2-57}$$

$$\begin{bmatrix} -\Delta y_M^2(\bar{\varphi}_l) & \bar{C}\bar{\varphi}_l \\ (\bar{C}\bar{\varphi}_l)^{\mathrm{T}} & -I \end{bmatrix} \leqslant 0 \tag{2-58}$$

且设计的鲁棒预测容错控制器增益为 $\bar{K} = \bar{Y}_1 \bar{L}_1^{-1}$。其中，$\bar{\Pi}_{11} = \begin{bmatrix} \hat{\phi}_1 & 0 & \bar{L}_1 & 0 \\ 0 & -\bar{S}_1 & 0 & 0 \\ \bar{L}_1 & 0 & -\bar{M}_4 - \bar{X}_1 & 0 \\ 0 & 0 & 0 & -\gamma^2 I \end{bmatrix}$，

$\bar{\Pi}_{12} = \begin{bmatrix} \bar{L}_1 \bar{A}^{\mathrm{T}} + \bar{Y}_1^{\mathrm{T}} \beta \bar{B}^{\mathrm{T}} \\ \bar{S}_1 \bar{A}_d \\ 0 \\ \bar{G}^{\mathrm{T}} \end{bmatrix}$，$\bar{\Pi}_{13} = \begin{bmatrix} \bar{L}_1 \bar{A}^{\mathrm{T}} + \bar{Y}_1^{\mathrm{T}} \beta \bar{B}^{\mathrm{T}} - \bar{L}_1 \\ \bar{S}_1 \bar{A}_d \\ 0 \\ \bar{G}^{\mathrm{T}} \end{bmatrix}$，$\bar{\Pi}_{14} = \begin{bmatrix} \bar{L}_1 \bar{E}^{\mathrm{T}} \\ 0 \\ 0 \\ 0 \end{bmatrix}$，$\bar{\Pi}_{15} = \begin{bmatrix} \bar{Y}_1^{\mathrm{T}} \bar{R}_1^{\frac{1}{2}} \\ 0 \\ 0 \\ 0 \end{bmatrix}$，

$\bar{\Pi}_{16} = \begin{bmatrix} \bar{L}_1 \bar{Q}_1^{\frac{1}{2}} \\ 0 \\ 0 \\ 0 \end{bmatrix}$，$\bar{\Pi}_{17} = \bar{\Pi}_{19} = \begin{bmatrix} \bar{L}_1 \bar{H}^{\mathrm{T}} \\ \bar{S}_1 \bar{H}_d^{\mathrm{T}} \\ 0 \\ 0 \end{bmatrix}$，$\bar{\Pi}_{18} = \bar{\Pi}_{1,10} = \begin{bmatrix} \bar{Y}_1 \beta \\ 0 \\ 0 \\ 0 \end{bmatrix}$，$\bar{\Pi}_{22} = \left[-\bar{L}_1 + \bar{\varepsilon}_1 \bar{N}\bar{N}^{\mathrm{T}} + \bar{\varepsilon}_2 \bar{B} \beta_0^2 \bar{B}^{\mathrm{T}} \right]$，

$\bar{\Pi}_{33} = \left[-\bar{X}_1 \bar{D}_2^{-2} + \bar{\varepsilon}_1 \bar{N}\bar{N}^{\mathrm{T}} + \bar{\varepsilon}_2 \bar{B} \beta_0^2 \bar{B}^{\mathrm{T}} \right]$，$\bar{\Pi}_{44} = -I$，$\bar{\Pi}_{55} = \bar{\Pi}_{66} = -\theta I$，$\bar{\Pi}_{77} = \bar{\Pi}_{99} = -\bar{\varepsilon}_1 I$，$\bar{\Pi}_{88} = \bar{\Pi}_{10,10} = -\bar{\varepsilon}_2 I$。

定理 2.3 的证明类似于定理 2.2 的证明，在此不赘余列出。

推论 2.3　给定一些标量 $\gamma > 0$，$\theta > 0$，$0 \leqslant d \leqslant \bar{d}_1$，如果存在正定矩阵 $\bar{P}_1, \bar{T}_1, \bar{G}_1, \bar{L}_1, \bar{S}_1, \bar{S}_2, \bar{X}_1, \bar{X}_2, \bar{X}_3 \in \mathbf{R}^{(n_x+n_e)}$、矩阵 $\bar{Y}_1 \in \mathbf{R}^{n_u \times (n_x+n_e)}$ 和正实数 $\bar{\varepsilon}_1, \bar{\varepsilon}_2$，在输入输出约束条件下，为保证具有部分执行器故障的不确定离散时间闭环系统式（2-54）鲁棒渐近稳定，并且具有 H_∞ 性能和最优控制性能，则需满足如下 LMI 约束形式的充分条件：

$$\begin{bmatrix} \tilde{\Pi}_{11} & \tilde{\Pi}_{12} & \tilde{\Pi}_{13} & \tilde{\Pi}_{14} & \tilde{\Pi}_{15} & \tilde{\Pi}_{16} & \tilde{\Pi}_{17} & \tilde{\Pi}_{18} & \tilde{\Pi}_{19} & \tilde{\Pi}_{1,10} \\ * & \bar{\Pi}_{22} & 0 & 0 & 0 & 0 & 0 & 0 & 0 & 0 \\ * & * & \bar{\Pi}_{33} & 0 & 0 & 0 & 0 & 0 & 0 & 0 \\ * & * & * & \bar{\Pi}_{44} & 0 & 0 & 0 & 0 & 0 & 0 \\ * & * & * & * & \bar{\Pi}_{55} & 0 & 0 & 0 & 0 & 0 \\ * & * & * & * & * & \bar{\Pi}_{66} & 0 & 0 & 0 & 0 \\ * & * & * & * & * & * & \bar{\Pi}_{77} & 0 & 0 & 0 \\ * & * & * & * & * & * & * & \bar{\Pi}_{88} & 0 & 0 \\ * & * & * & * & * & * & * & * & \bar{\Pi}_{99} & 0 \\ * & * & * & * & * & * & * & * & * & \bar{\Pi}_{10,10} \end{bmatrix} \tag{2-59}$$

$$\begin{bmatrix} -1 & \overline{x}_l^{\mathrm{T}}(k\mid k) \\ \overline{x}_l(k\mid k) & -\tilde{\varphi}_l \end{bmatrix} \leqslant 0 \tag{2-60}$$

$$\begin{bmatrix} -\Delta u_M^2 & \overline{Y}_1 \\ \overline{Y}_1^{\mathrm{T}} & -\tilde{\varphi}_l \end{bmatrix} \leqslant 0 \tag{2-61}$$

$$\begin{bmatrix} -\Delta y_M^2(\tilde{\varphi}_l) & \overline{C}\tilde{\varphi}_l \\ (\overline{C}\tilde{\varphi}_l)^{\mathrm{T}} & -I \end{bmatrix} \leqslant 0 \tag{2-62}$$

且设计的鲁棒预测容错控制器增益为$\overline{K}=\overline{Y}_1\overline{L}_1^{-1}$。其中，$\tilde{\Pi}_{11}=\begin{bmatrix} \tilde{\phi}_1 & \overline{L}_1 & 0 \\ * & -\overline{X}_3-\overline{X}_1 & 0 \\ * & * & -\gamma^2 I \end{bmatrix}$，$\tilde{\Pi}_{12}=\begin{bmatrix} \overline{L}_1\overline{A}+\overline{Y}_1^{\mathrm{T}}\beta\overline{B}^{\mathrm{T}} \\ \overline{X}_1\overline{A}_d \\ \overline{G}^{\mathrm{T}} \end{bmatrix}$，$\tilde{\Pi}_{13}=\begin{bmatrix} \overline{L}_1\overline{A}+\overline{Y}_1^{\mathrm{T}}\beta\overline{B}^{\mathrm{T}}-\overline{L}_1 \\ \overline{X}_1\overline{A}_d \\ \overline{G}^{\mathrm{T}} \end{bmatrix}$，$\tilde{\Pi}_{14}=\begin{bmatrix} \overline{L}_1\overline{E}^{\mathrm{T}} \\ 0 \\ 0 \end{bmatrix}$，$\tilde{\Pi}_{15}=\begin{bmatrix} \overline{Y}_1^{\mathrm{T}}\overline{R}_1^{\frac{1}{2}} \\ 0 \\ 0 \end{bmatrix}$，$\tilde{\Pi}_{16}=\begin{bmatrix} \overline{L}_1\overline{Q}_1^{\frac{1}{2}} \\ 0 \\ 0 \end{bmatrix}$，$\tilde{\Pi}_{17}=\tilde{\Pi}_{19}=\begin{bmatrix} \overline{L}_1\overline{H}^{\mathrm{T}} \\ \overline{X}_1\overline{H}_d^{\mathrm{T}} \\ 0 \end{bmatrix}$，$\tilde{\Pi}_{18}=\tilde{\Pi}_{1,10}=\begin{bmatrix} \overline{Y}_1^{\mathrm{T}}\beta \\ 0 \\ 0 \end{bmatrix}$。

推论 2.3 的证明同定理 2.3，故在此省略。

2.4　水箱系统研究

2.4.1　系统描述

在仿真研究中，采用由德国杰斯科公司生产的TTS20水箱系统作为仿真对象，如图 2-1 所示。该系统可以模拟实际生产中部分或者整个被控过程，其原理结构和整个工艺流程如图 2-2 所示。该装置由横截面面积为 A 的三个树脂玻璃容器罐 T1、T3 和 T2 组成，它们通过横截面面积为 S_n 的圆柱形管道互相连接，并且各自都有一个连通阀，水槽 T2 的连通阀为出水（蒸馏水）阀。如果水槽 T1 和水槽 T2 中的蒸馏水超过上限，水泵则会自动关闭。水泵 1 和水泵 2 的流速通过 Q_1 和 Q_2 表示，由一个数字控制器进行控制，三个水槽中均安装有压力传感器，分别用来测量三个水槽内的液位高度。另外，为了模拟水槽的泄漏情形，各水槽底部和水槽之间都有横截面面积为 S_1 的圆孔，并设有手动阀门。因此，该水箱系统可以通过泄漏阀和泄漏的水量来描述故障信息。从图 2-2 可以看出，蒸馏水的流动是一个闭环，首先从水槽 T2 中流出的蒸馏水被收集到底部的水箱中，然后再被水泵 1 和水泵 2 分别注入水槽 T1 和水槽 T2 中，再通过它们底部的泄漏阀或者出水阀流回底部的水箱中。

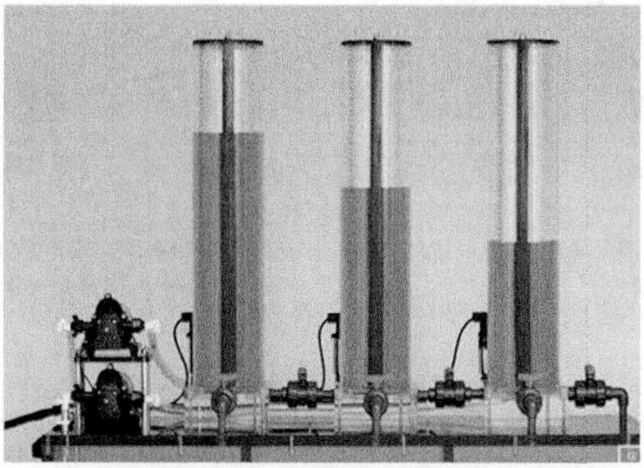

图 2-1　TTS20 水箱系统

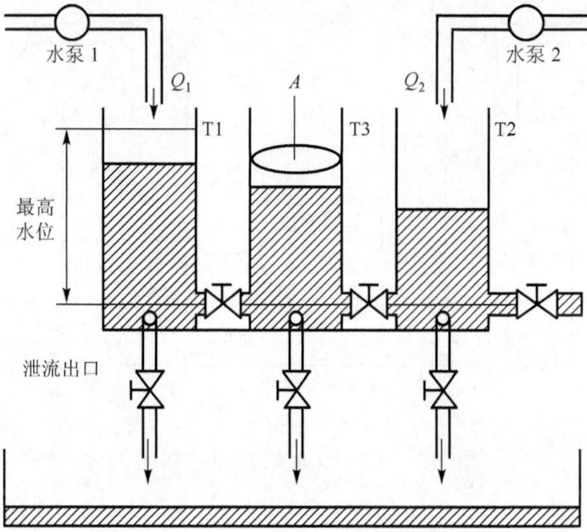

图 2-2　TTS20 水箱结构和工艺流程图

2.4.2　过程模型

通过改变水泵 1、水泵 2、连通阀和泄漏阀，水箱系统很容易变为单输入单输出/多输入多输出系统以及一阶/二阶/三阶模型。TTS20 水箱原理结构如图 2-3 所示，该图对水箱的变量和参数进行了定义。在此仅仅打开水槽 T1 和水槽 T3 之间的连接阀以及水槽 T3 底部的泄漏阀。水泵 1 的流速作为系统控制输入，水槽 T1 的液位作为系统输出。因此，水箱系统可以转化为一个单输入单输出的对象。该

对象的模型为

$$\begin{cases}\begin{bmatrix}\dot{h}_1\\ \dot{h}_3\end{bmatrix}=\dfrac{1}{S}\begin{bmatrix}Q_{\text{in}}-Q_{13}\\ Q_{13}-Q_{\text{out}}\end{bmatrix}\\ y=h_1\end{cases} \tag{2-63}$$

其中，h_1,h_3 为被控变量，是水槽 T1 和水槽 T3 的高度；Q_{in} 为操纵变量，是水泵 1 的流速；$Q_{13}=az_1S_n\,\text{sgn}(h_1-h_3)\sqrt{2g|h_1-h_3|}$ 是蒸馏水从水槽 T1 流到水槽 T3 的流速，$Q_{\text{out}}=az_2S_1\sqrt{2gh_2}$ 是水槽 T3 底部的蒸馏水流过泄漏阀的流速，$S_1=S_n=5\times10^{-5}\text{m}^2$，$S=0.154\text{m}^2$，$H_{\max}=0.6\text{m}$，$az_1=0.48$，$az_2=0.58$ 是流出量系数，$\text{sgn}(\cdot)$ 是符号函数。h_1,h_3 的初始值为 0，状态变量和输入变量分别为 $x(k)=\begin{bmatrix}x_1(k)\\x_2(k)\end{bmatrix}=\begin{bmatrix}h_1(k)\\h_3(k)\end{bmatrix}$，$u(k)=Q_{\text{in}}(k)$。

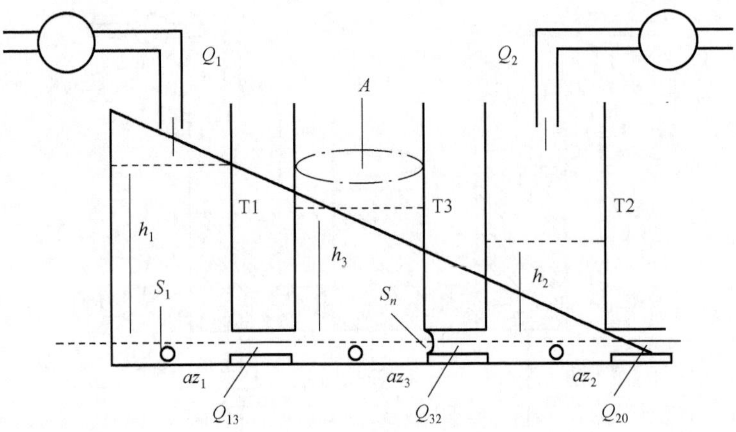

图 2-3　TTS20 水箱原理结构图

2.4.3　仿真研究 1

在 $0.33\,H_{\max}$ 操纵点处，利用 Jacobian 线性化方法对式（2-63）局部线性化，并且考虑该水箱对象具有时滞、不确定和未知干扰等特性，可以表示为

$$\begin{cases}x(k+1)=A(k)x(k)+A_d(k)x(k-d(k))+B(k)u(k)+w(k)\\ y=Cx(k)\end{cases} \tag{2-64}$$

其中，$1\leqslant d(k)\leqslant 3$，$A=\begin{bmatrix}0.9850 & 0.0107\\ 0.0078 & 0.9784\end{bmatrix}$，$B=\begin{bmatrix}64.4453\\ 0.2559\end{bmatrix}$，$A_d=\begin{bmatrix}0.1057 & 0.0004\\ 0.0002 & 0.0807\end{bmatrix}$，

$N=\begin{bmatrix}0.1 & 0\\ 0 & 0.1\end{bmatrix}$，$H=\begin{bmatrix}0.1 & 0\\ 0 & 0.2\end{bmatrix}$，$H_d=\begin{bmatrix}0.1 & 0\\ 0 & 0.3\end{bmatrix}$，$H_b=\begin{bmatrix}0.2\\ 0.1\end{bmatrix}$，$C=\begin{bmatrix}1 & 0\end{bmatrix}$，$\Delta(k)=\begin{bmatrix}\Delta_1 & 0\\ 0 & \Delta_2\end{bmatrix}$，$w(k)=(0.0005\Delta_3\ \ 0.0005\Delta_4)^{\mathrm{T}}$, $\Delta_1,\Delta_2,\Delta_3,\Delta_4$ 为 $\begin{bmatrix}-1 & 1\end{bmatrix}$ 之间的随机数。

注释 2.7　在式（2-64）中，假设水箱对象具有状态时滞、不确定性和未知有界干扰等特性，而这些特性在工业过程中是常见的。因此，在水箱系统的仿真研究中，这些特性被假定并且通过提出的控制方法来处理。

为了进行对比研究，通过传统的鲁棒约束 MPC 方法[90]和 2.2 节提出的方法对模型式（2-64）进行控制。输入和输出约束为

$$\begin{cases}|y(k+i\,|\,k)|\leqslant 0.12, & 0<k<100\\ |y(k+i\,|\,k)|\leqslant 0.23, & 100\leqslant k<200\\ |u(k+i\,|\,k)|\leqslant 0.0005\end{cases}\tag{2-65}$$

设定值为

$$\begin{cases}c(k)=0.1, & 0<k\leqslant 100\\ c(k)=0.2, & 100<k<200\end{cases}\tag{2-66}$$

为了描述跟踪性能，定义如下性能指标：

$$D(k)=\sqrt{e^{\mathrm{T}}(k)e(k)}\tag{2-67}$$

为了分析 $\bar{Q}_1$ 的影响，设定三组不同 $\bar{Q}_1$ 的值，即 $\bar{Q}_1=\mathrm{diag}[5,2,1]$，$\bar{Q}_1=\mathrm{diag}[10,5,1]$，$\bar{Q}_1=\mathrm{diag}[20,10,1]$ 用于 2.2 节提出的方法中，其仿真结果如图 2-4 所示，其中，加权矩阵 $\bar{R}_1$ 固定为 0.1。从图 2-4 可以看出，随着 $\bar{Q}_1$ 的值变大，跟踪性能 $D(k)$ 变差，这表明加权矩阵的值越大系统的收敛性越差。同样，三组不同 $\bar{R}_1$ 的值，即 $\bar{R}_1=0.06$，$\bar{R}_1=0.1$，$\bar{R}_1=0.15$ 被用于 2.2 节提出的方法中，其仿真结果如图 2-5 所示，其中，加权矩阵 $\bar{Q}_1=\mathrm{diag}[10,5,1]$。因此，通过重复试验，2.2 节提出方法的控制参数选为 $\bar{Q}_1=\mathrm{diag}[10,5,1]$，$\bar{R}_1=0.1$。传统 RMPC 方法的参数设定为：$Q=1$，$R=0.1$。

对比于传统的控制方法，将 2.2 节所提出的方法用于对于水箱液位进行控制，如图 2-6 所示，从图中可以看出，该方法具有很好的跟踪性能和抵抗干扰的能力。图 2-6（a）展示了在 2.2 节提出方法和传统控制方法分别作用下系统的输出响应，可以明显发现传统的方法具有较大的超调。虽然传统的方法对于设定值的改变可以实现较好的跟踪，但是 2.2 节提出的方法具有更好的跟踪性能。图 2-6（b）展示了相应控制输入的效果，从图中可以看出，提出的控制方法具有更加平滑的响应，以跟踪设定值的改变和克服不确定性和未知干扰。同时，系统的输出响应和控制输入可以维持在输入和输出约束的范围内。

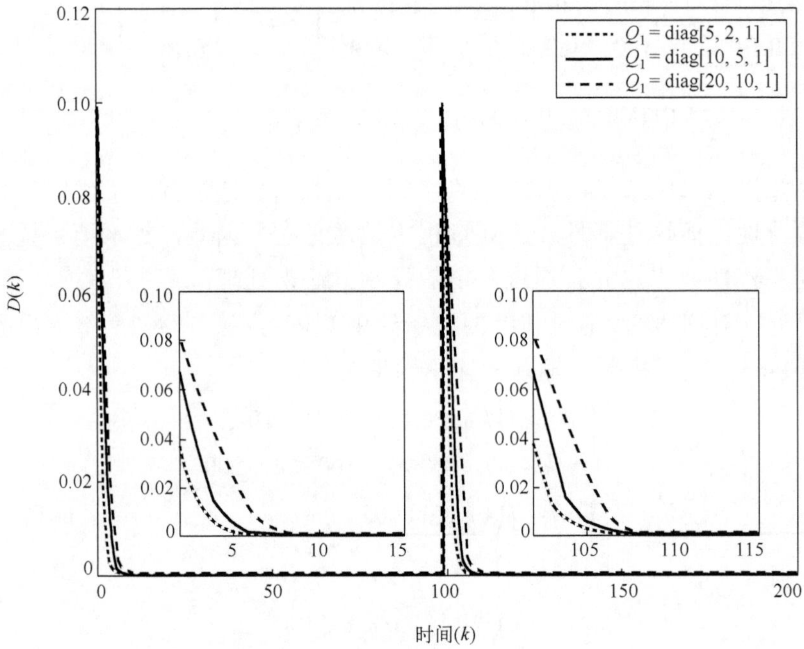

图 2-4　不同 $\bar{Q}_1$ 值的对比结果

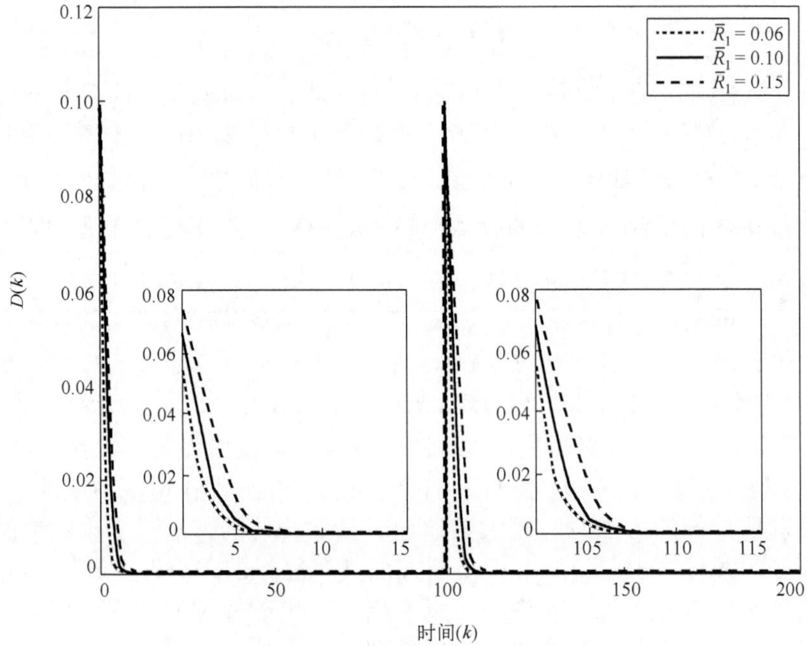

图 2-5　不同 $\bar{R}_1$ 值的对比结果

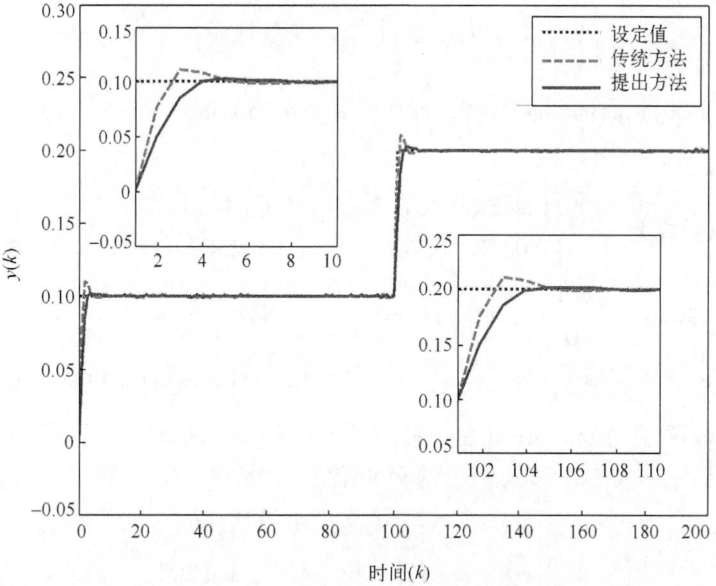

(a) 输出响应

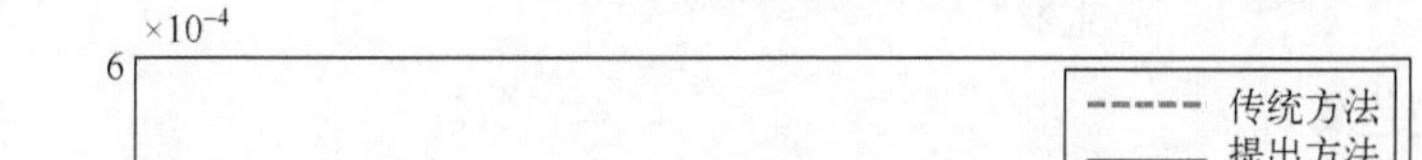

(b) 控制输入

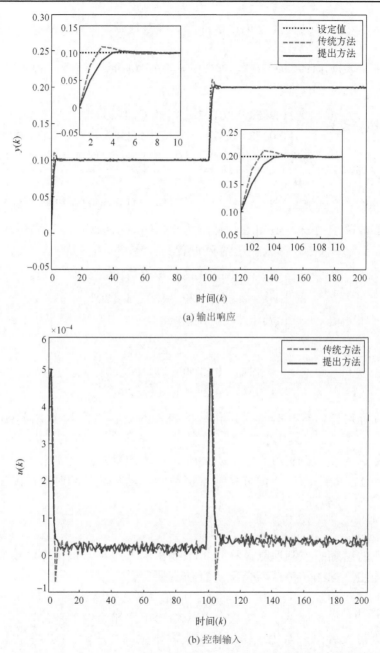

图 2-6　传统方法和提出方法的输出响应与控制输入对比

2.4.4　仿真研究 2

在 0.33 $H_{\max}$ 操纵点处，利用 Jacobian 线性化方法对式（2-63）局部线性化，

并且考虑该水箱对象具有部分执行器故障、状态时滞、不确定和未知干扰等特性，表示为

$$\begin{cases} x(k+1) = A(k)x(k) + A_d(k)x(k-d(k)) + B(k)\alpha u(k) + w(k) \\ y = Cx(k) \end{cases} \tag{2-68}$$

其中，$1 \leqslant d(k) \leqslant 3$，$A = \begin{bmatrix} 0.9850 & 0.0107 \\ 0.0078 & 0.9784 \end{bmatrix}$，$B = \begin{bmatrix} 64.4453 \\ 0.2559 \end{bmatrix}$，$A_d = \begin{bmatrix} 0.1057 & 0.0004 \\ 0.0002 & 0.0807 \end{bmatrix}$，$N = \begin{bmatrix} 0.1 & 0 \\ 0 & 0.1 \end{bmatrix}$，$H = \begin{bmatrix} 0.1 & 0 \\ 0 & 0.2 \end{bmatrix}$，$H_d = \begin{bmatrix} 0.1 & 0 \\ 0 & 0.3 \end{bmatrix}$，$C = [1 \quad 0]$，$\Delta(k) = \begin{bmatrix} \Delta_1 & 0 \\ 0 & \Delta_2 \end{bmatrix}$，$w(k) = (0.0005\Delta_3 \quad 0.0005\Delta_4)^{\mathrm{T}}$，$\Delta_1, \Delta_2, \Delta_3, \Delta_4$ 为 $[-1 \quad 1]$ 之间的随机数。假设存在一个未知执行器故障增益 α，但知道其范围为 $0.4 = \underline{\alpha} \leqslant \alpha \leqslant \overline{\alpha} = 1.2$。利用式（2-47），可知 $\beta = 0.8$，$\beta_0 = 0.5$。输入输出约束设置为

$$\begin{cases} |y(k+i \mid k)| \leqslant 0.12, & 0 < k < 100 \\ |y(k+i \mid k)| \leqslant 0.22, & 100 \leqslant k < 200 \\ |u(k+i \mid k)| \leqslant 0.0015 \end{cases} \tag{2-69}$$

设定值定义为

$$\begin{cases} c(k) = 0.1, & 0 < k \leqslant 100 \\ c(k) = 0.2, & 100 < k < 200 \end{cases} \tag{2-70}$$

为了进行对比研究，分别采用传统的鲁棒约束容错控制（文献[90]在考虑故障的情况下）和 2.3 节提出的方法对模型式（2-68）进行控制。2.3 节所提出方法的控制参数选为 $\bar{Q}_1 = \mathrm{diag}[10,5,1]$，$\bar{R}_1 = 0.1$。传统的鲁棒约束容错控制方法的参数设定为 $Q = 1$，$R = 0.1$。下面分别从常值故障、随机故障和时变故障三种情形对 2.3 节的方法进行验证。

1. 常值故障

为了评估系统的控制性能，将 2.3 节提出的方法和常规鲁棒约束容错控制方法对如下四组不同的常值故障情况进行仿真研究。

情形 1：$\alpha = 0.8$；情形 2：$\alpha = 0.6$；情形 3：$\alpha = 0.4$；情形 4：$\alpha = 1.2$。

图 2-7～图 2-10 展示了不同常值故障情形下水箱系统的液位控制对比结果。从这些图里可以看出，对比于传统的约束容错控制方法，2.3 节所提出的控制方法具有更好的控制性能。从图 2-7（a）～图 2-9（a）可以明显地发现，随着故障增益 α 变大，两种对比控制方法的控制性能都会变差。但采用 2.3 节所提出的控制方法可以使系统输出响应更快和更加平滑地跟踪期望设定值，而传统的约束容错控制方法有较大的振动和超调。图 2-7（b）～图 2-9（b）展示了相应控制输入效果，从图中可以看出，随着故障增益 α 变大，两种对比方法的控制输入信号波

动变得更加剧烈。然而，2.3 节所提出的方法具有更加平滑的输入响应。在图 2-10 中，α 为 1.2，即故障增益大于 1。从图中很容易看出，对比于传统的约束容错方法，2.3 节所提出的方法依然有很好的输出和输入响应。因此，即使在上述四种常值故障情形下，2.3 节所提出的控制方法仍能够实现较好的控制效果。

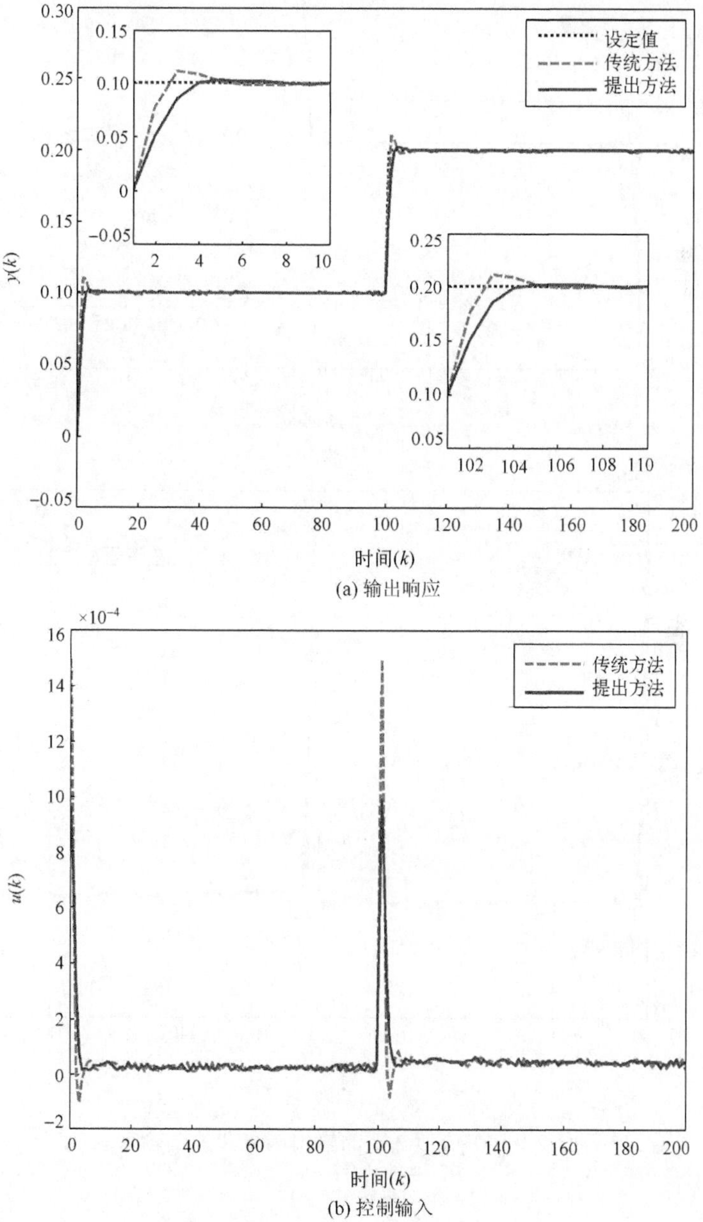

图 2-7　在情形 1 下的输出响应和控制输入

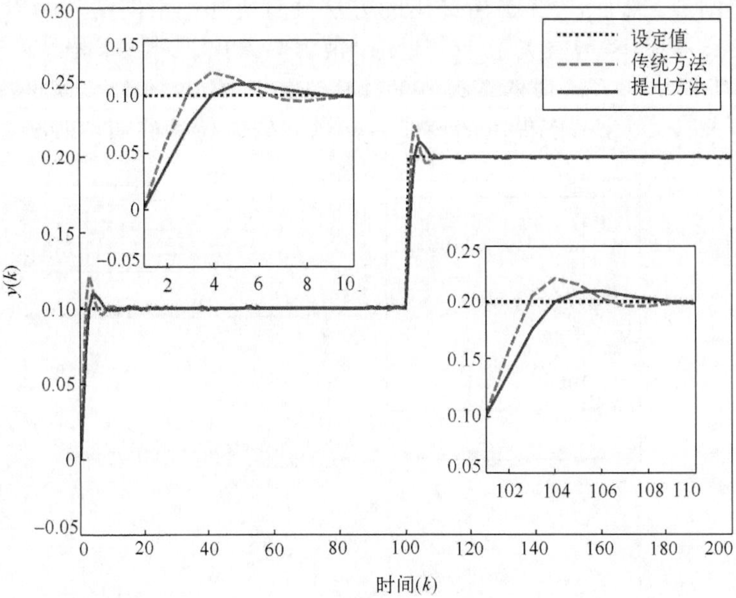

(a) 输出响应

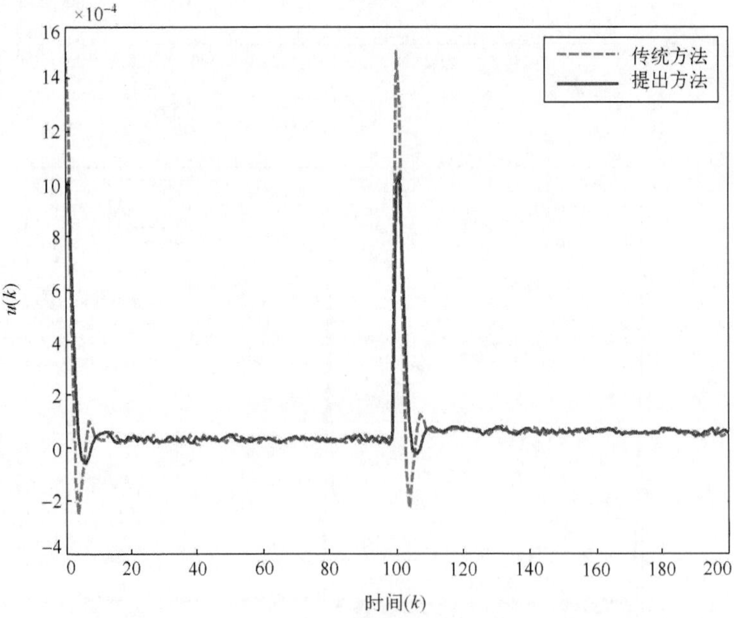

(b) 控制输入

图 2-8　在情形 2 下的输出响应和控制输入

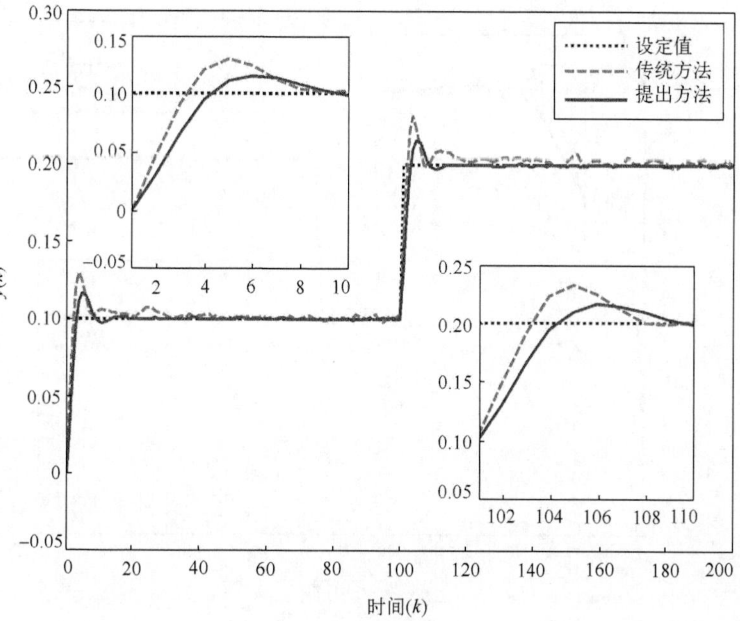

(a) 输出响应

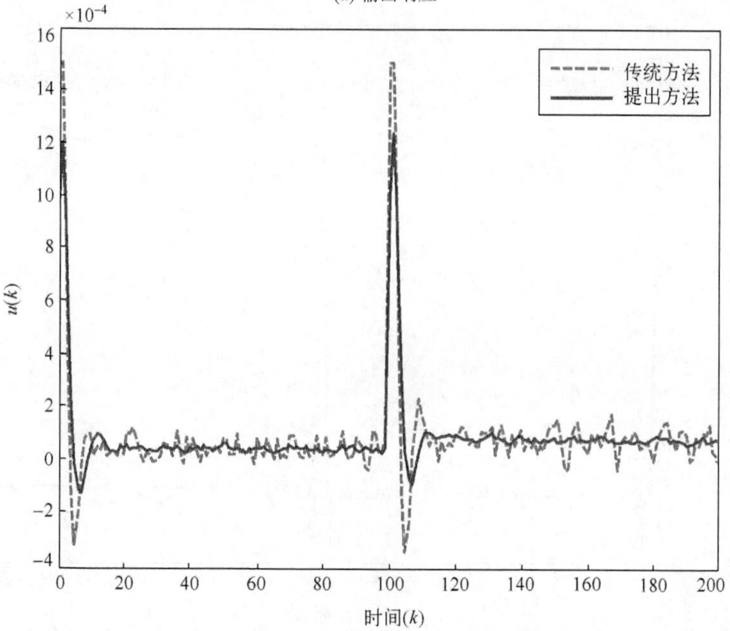

(b) 控制输入

图 2-9　在情形 3 下的输出响应和控制输入

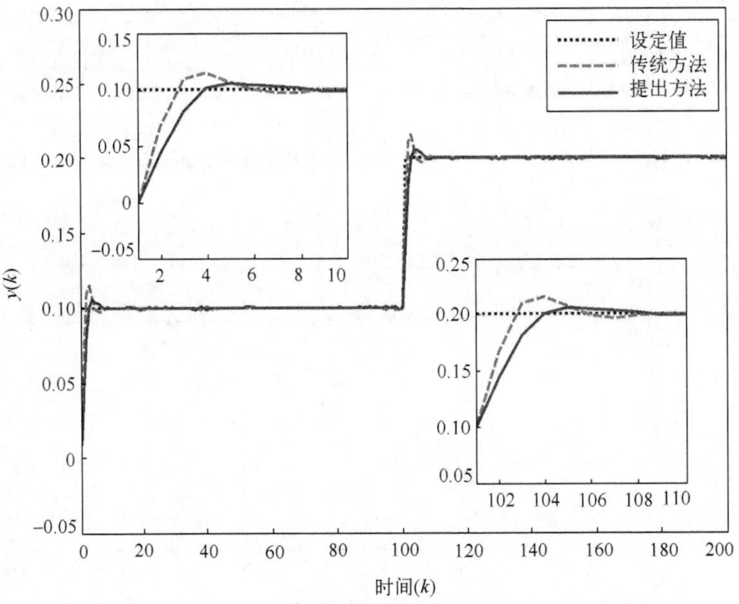

(a) 输出响应

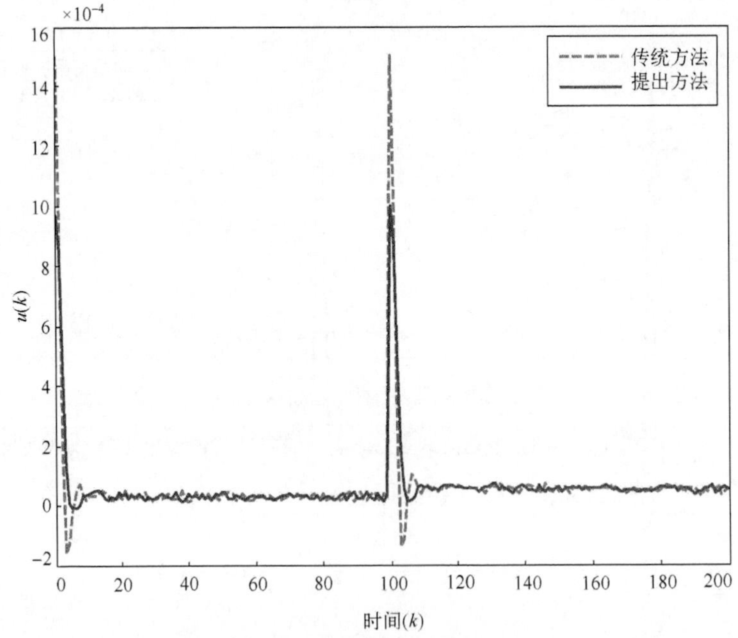

(b) 控制输入

图 2-10　在情形 4 下的输出响应和控制输入

2. 随机故障

为了测试 2.3 节所提出的控制方法和传统的鲁棒约束容错控制方法的控制性能，如下三组不同的随机故障情形被进一步研究：情形 5：$\alpha = 0.8 + 0.1\Delta_5$；情形 6：$\alpha = 0.8 + 0.2\Delta_5$；情形 7：$\alpha = 0.8 + 0.4\Delta_5$。其中，$\Delta_5$ 是 $[-1 \quad 1]$ 之间的随机数。控制结果如图 2-11～图 2-13 所示，从图 2-11（a）～图 2-13（a）可以看出，随着随机故障的范围变大，两种对比的控制方法的控制性能都会恶化。但 2.3 节所提出的控制方法可以更快地跟踪设定值，而传统的方法具有较大的超调。虽然传统的方法在上述不同随机故障的情形下能跟踪设定值的改变，但是 2.3 节所提出的方法具有更好的跟踪性能。图 2-11（b）～图 2-13（b）展示了相应控制输入的效果，从图中可以发现，2.3 节所提出的方法通过更小的动作来跟踪设定值的改变并且克服不确定性、未知干扰和执行器随机故障对系统的影响。同时，这两种对比方法的输出和输入响应可以维持在给定的约束条件下。

3. 时变故障

为了测试 2.3 节所提出的控制方法和传统的鲁棒约束容错控制方法的控制性能，通过如下三组不同的时变故障情形进行研究：情形 8：$\alpha = 0.8 + 0.1\sin(k)$；情形 9：$\alpha = 0.8 + 0.2\sin(k)$；情形 10：$\alpha = 0.8 + 0.4\sin(k)$。

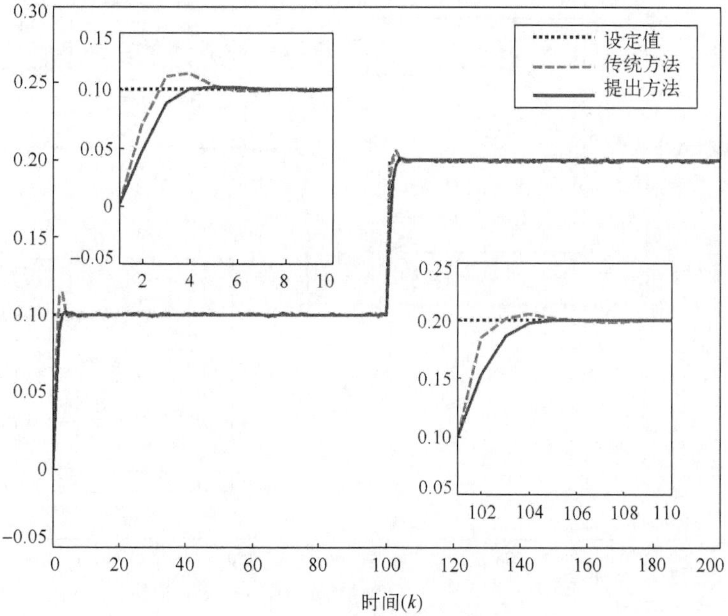

(a) 输出响应

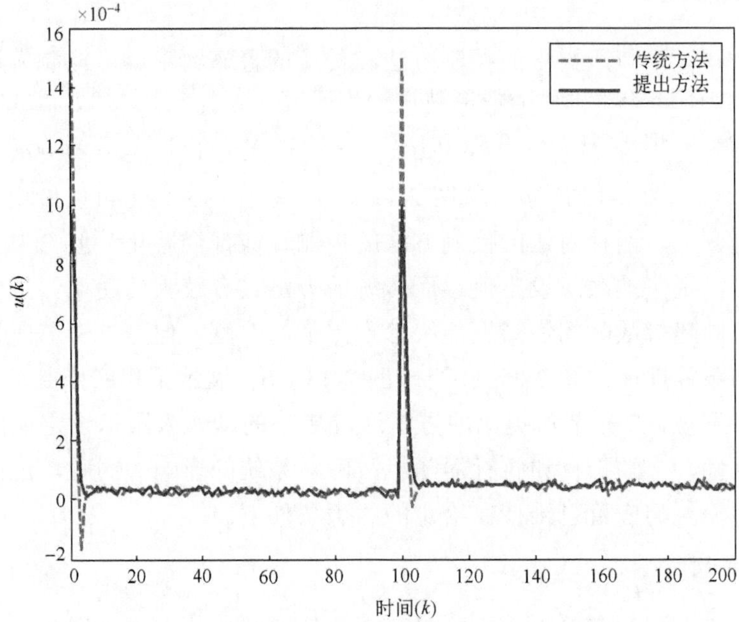

(b) 控制输入

图 2-11　在情形 5 下的输出响应和控制输入

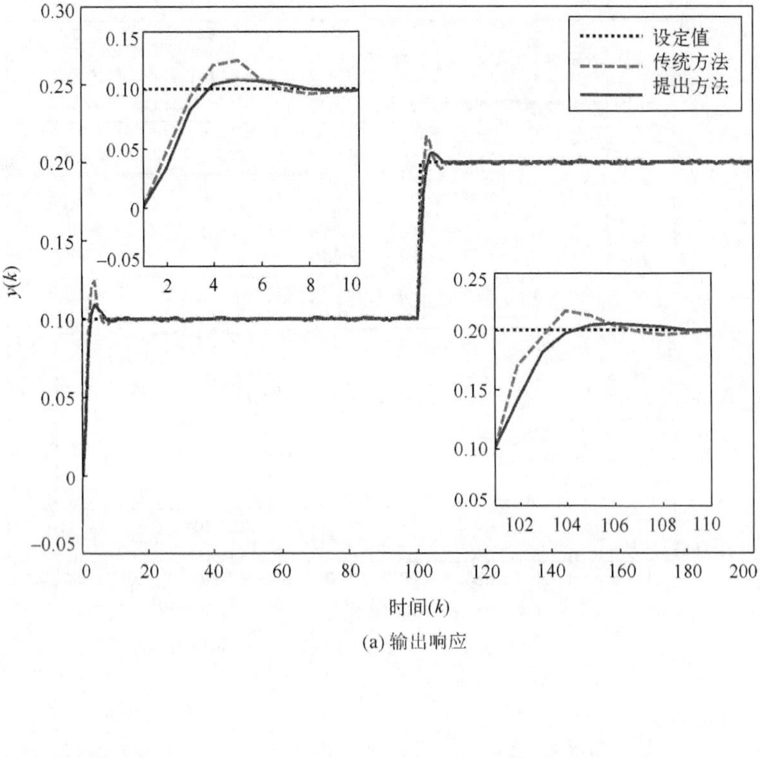

(a) 输出响应

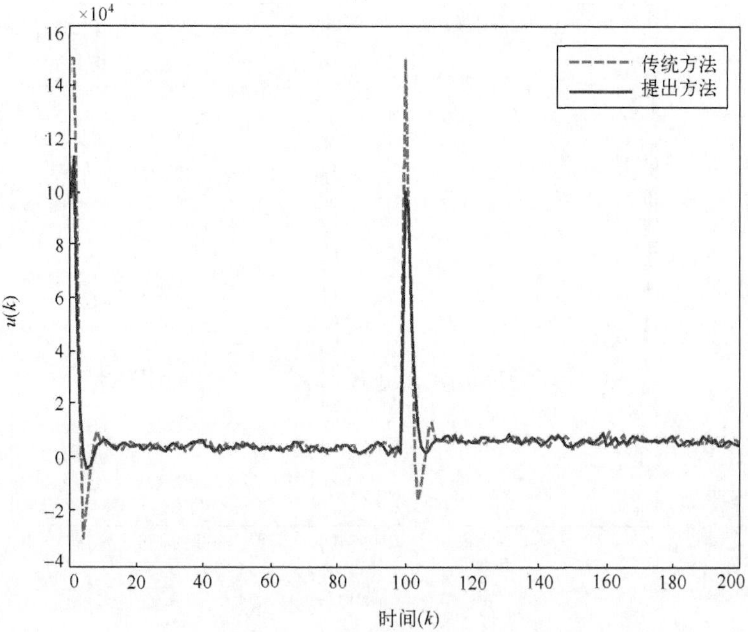

(b) 控制输入

图 2-12　在情形 6 下的输出响应和控制输入

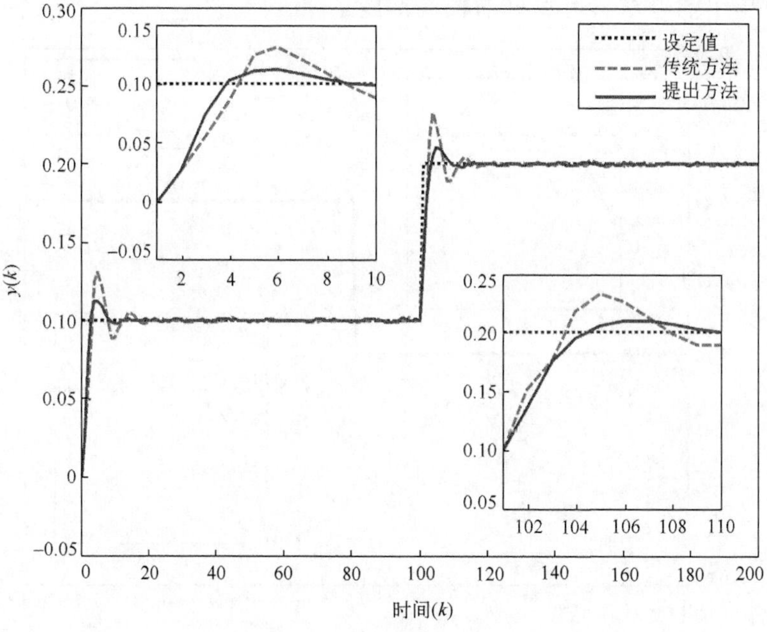

(a) 输出响应

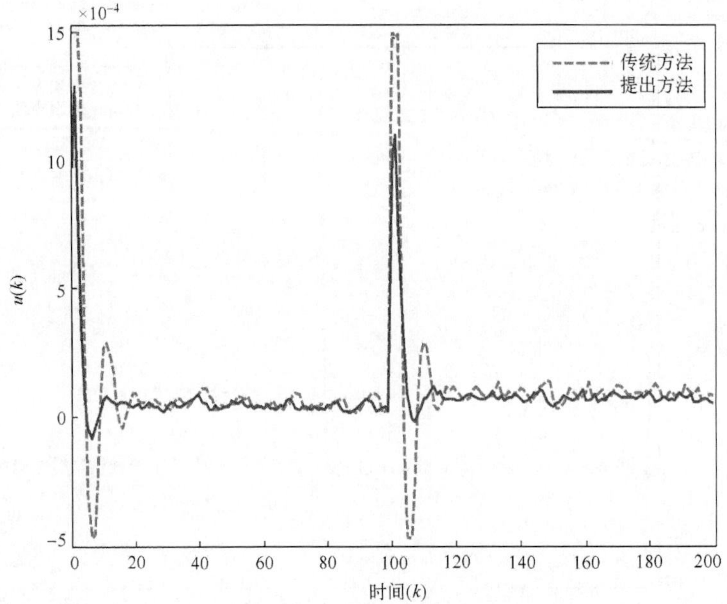

(b) 控制输入

图 2-13　在情形 7 下的输出响应和控制输入

仿真结果如图 2-14～图 2-16 所示，可以再次看出在三组不同的时变故障情形下 2.3 节所提出的方法具有良好的控制性能。

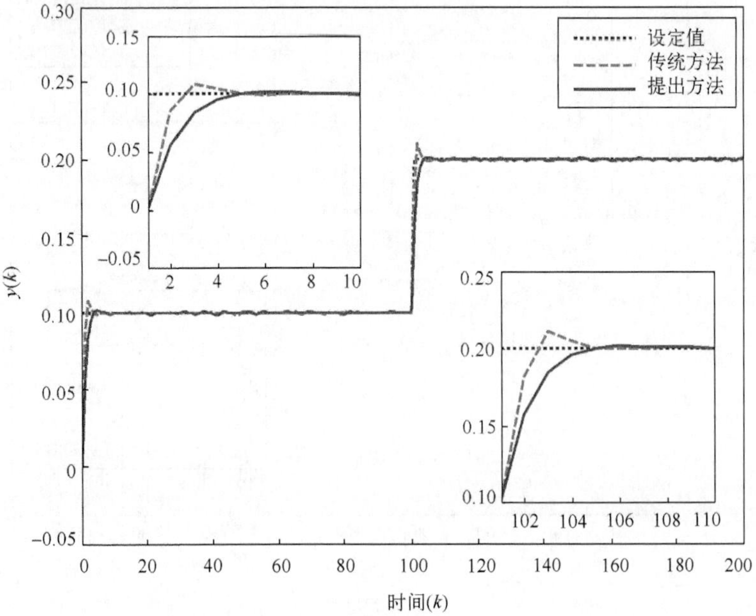

(a) 输出响应

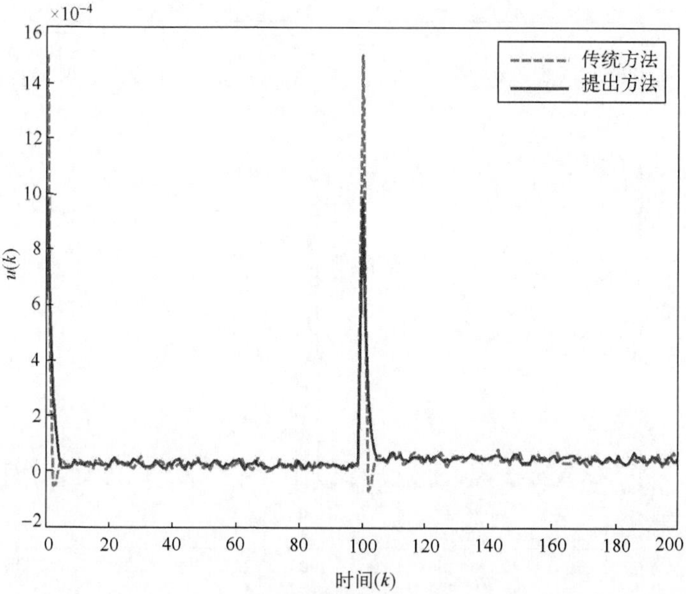

(b) 控制输入

图 2-14　在情形 8 下的输出响应和控制输入

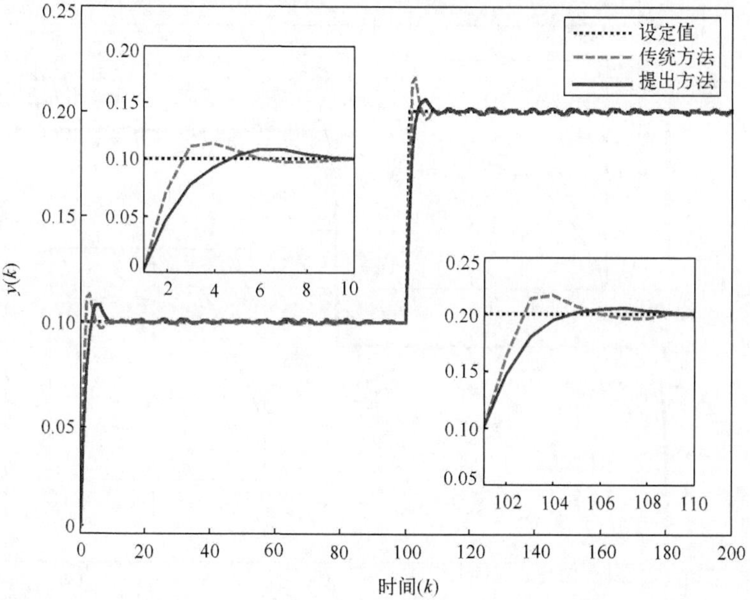

(a) 输出响应

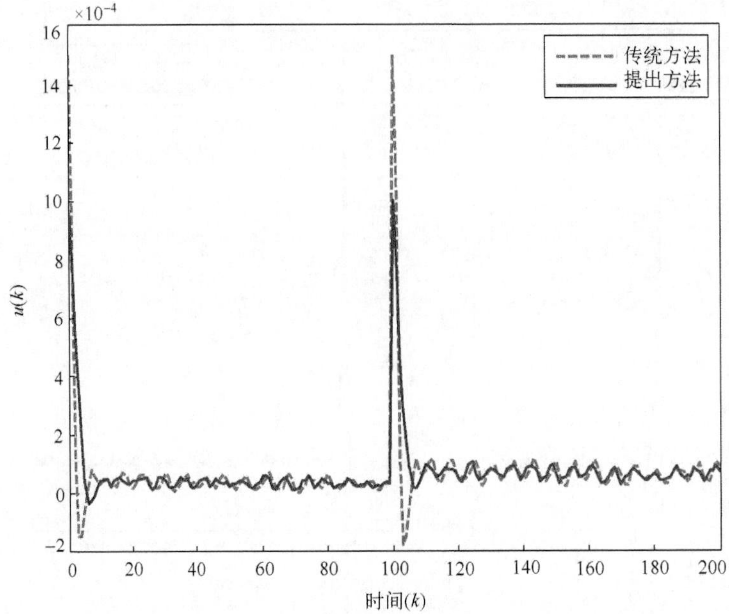

(b) 控制输入

图 2-15　在情形 9 下的输出响应和控制输入

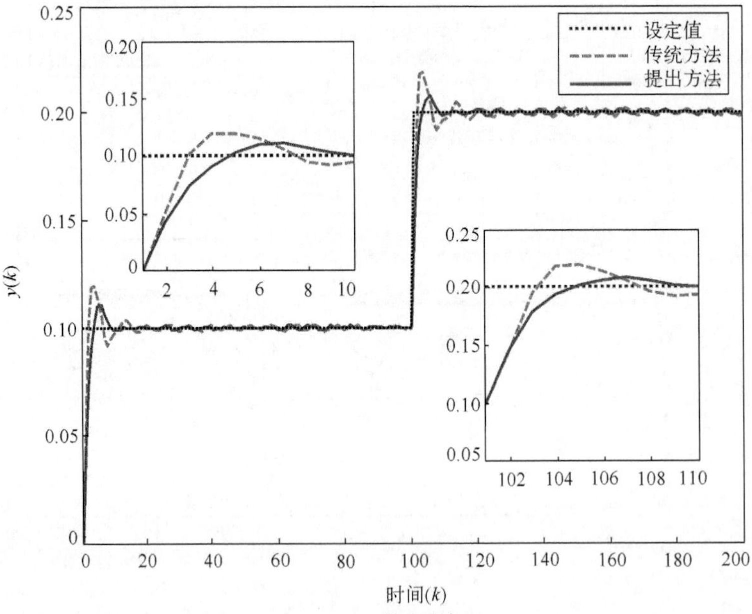

(a) 输出响应

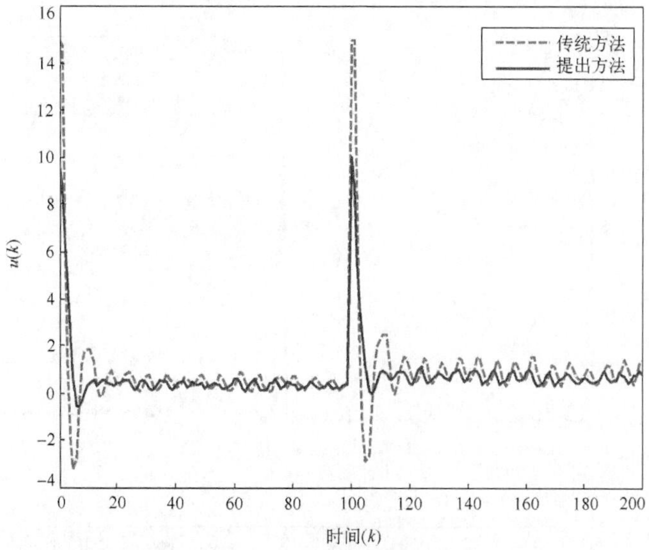

(b)控制输入

图 2-16　在情形 10 下的输出响应和控制输入

4. 无故障下性能比较

为了展现提出方法性能的改善，在无故障情况 $\alpha=1$ 下进行比较，并与常值故障 $\alpha=0.8$ 进行对比，如图 2-17 所示，从图中看出，在无故障的情况下提出的方法和传统的方法性能都会变差，但是提出的方法具有较小的超调和波动，具有良好的控制品质。

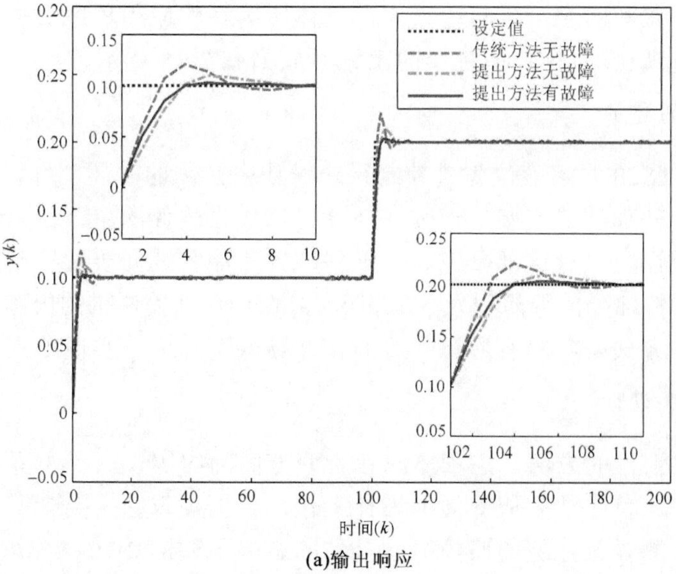

(a)输出响应

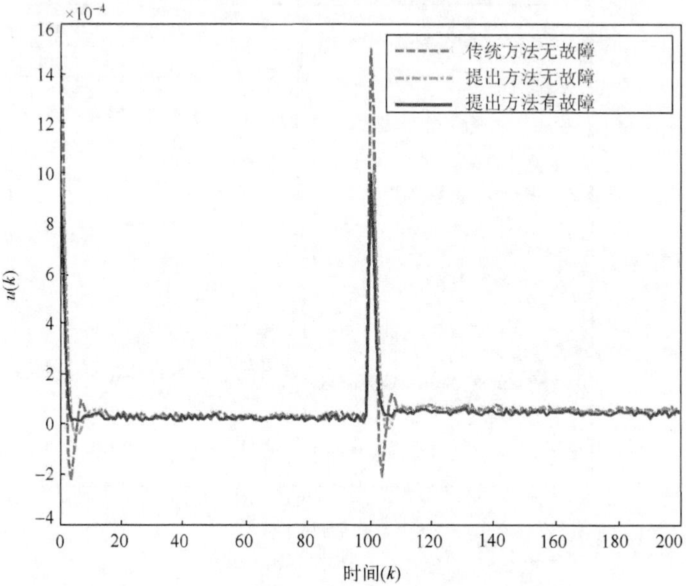

(b)控制输入

图 2-17　无故障情形下的输出响应和控制输入

2.4.5　软件设计和应用

1．工程的创建

TTS20 水箱液位控制系统软件设计所选择的是基于 C++语言的 MFC 程序，生成程序的位置和名字可以自由设定，具体所选择的应用程序类型是“基于对话框，其他保持默认即可”，所生成的工程界面如图 2-18 所示。

2．通讯的建立

通讯是 TTS20 水箱液位先进控制系统设计中必需的一环。所谓通讯，即完成软件部分与硬件部分的连接，使硬件部分可以接收软件的命令，与此同时软件也能得到信号反馈。只有这部分完成，硬件装置才能继续向要被控制的设备传递信号。通过对硬件部分的分析以及 Visual Studio 2010 有关通讯的内容，实现了二者之间的通讯。方式是将写有通讯代码的文件导入工程中，实现工程对其的调用。

3．主程序设计

根据创建工程的方法，主程序应包含两方面的内容，一是主界面的设计，二是程序的编写。首先要完成界面的设计工作，根据需求它主要含有液位的设定、实际液位的监测以及流速的监控等，具体的主界面如图 2-19 所示。

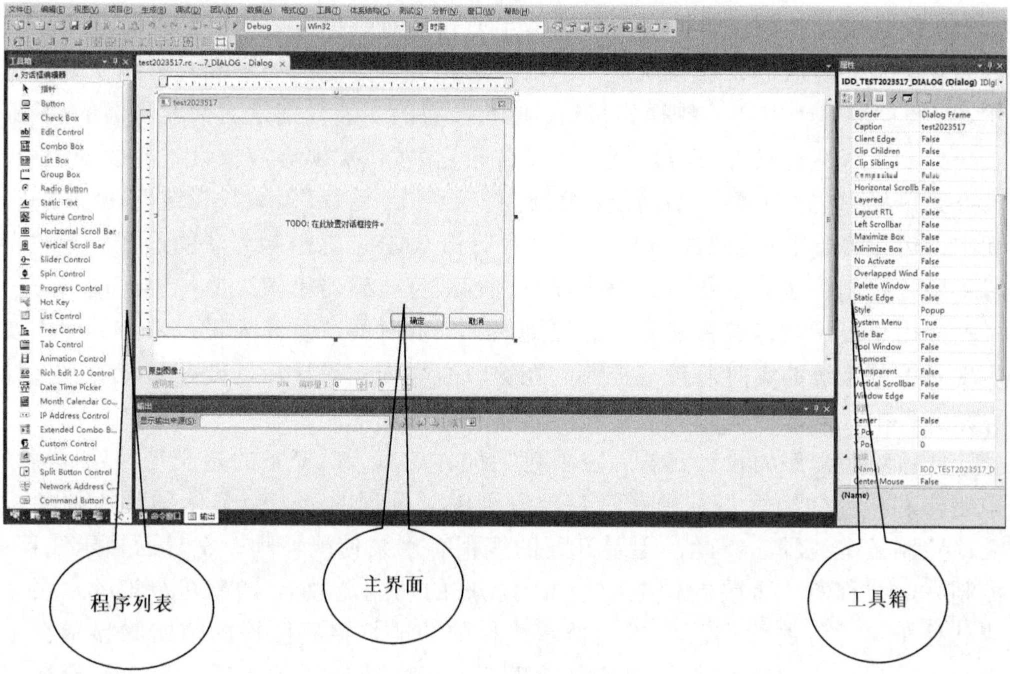

图 2-18　工程主界面

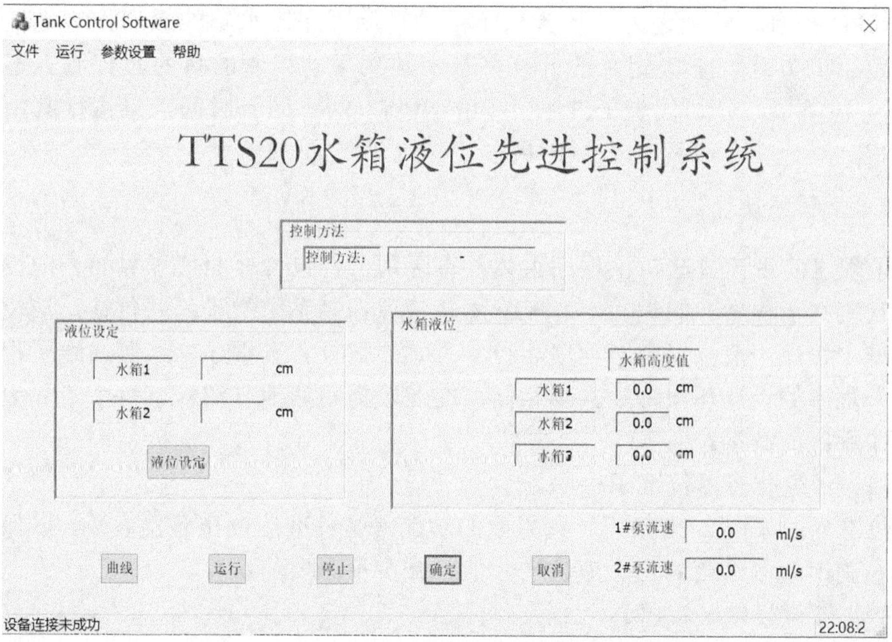

图 2-19　TTS20 水箱液位先进控制系统主界面

从图中可以看到，监控界面的功能主要包括对液位设定值、当前时刻水箱液位的实际值和电压值、水泵流速、当前所选择控制方法的显示和对控制系统的操作。在监控界面下方有一排操作按钮，这些按钮的功能分别是对曲线界面的调用、改变控制系统运行状态、退出系统。“液位设定”按钮实现对液位设定界面的调用。上方菜单栏中的四个菜单的功能，分别为“文件”“运行”“参数设定”和“帮助”，其中，运行菜单中主要实现 PID、PFC 和时滞 RMPC 等控制算法的选择，参数设置主要是控制算法的参数进行设定以及进行液位传感器校正。监控界面最下方一栏左侧用于提示通讯是否建立，右侧则显示当前时间。总体来说，监控界面主要实现对控制系统的实时监控与控制。在完成主界面的设计后，要在对应的头文件与源文件中写入程序代码，以让程序具备相应的功能。

具体阐明程序的设计过程，主要包括控件的编辑、变量的定义与声明、程序初始化和线程的编写，其中对于该控制系统，线程的类型有显示线程、使动线程、控制方案线程。在此，主要开发的线程有水泵使能线程、主界面显示线程、控制方案线程等。水泵的使能线程主要完成的功能是激活 TTS20 水箱的水泵，使其处于可运行的状态。主界面显示线程的功能是将要监控的值实时显示在主界面上，以供用户观察水箱的控制效果。对于水箱液位控制系统，我们设计了三种控制方案，分别是：双输入双输出 PID 控制、双输入双输出 PFC 控制和时滞 RMPC 控制，除此之外，还提供了手动控制程序。水箱的手动控制是通过给定设定值的方式，来决定泵的开度，从而达到手动控制的目的。控制方案线程共有 4 种类型，分别代表了 4 种不同的控制方法，同一时间，只运行其中的一个线程，其他三个线程处于停止状态。

4. 子程序设计

子程序的设计方法与主程序大体没有区别，也包含界面（子界面）的设计和程序代码（子程序）的编写。TTS20 水箱液位控制系统的子程序包括：液位传感器校准子程序、液位设定子程序、控制方案参数设置子程序、绘制曲线子程序。每个子程序的设计与主程序大体相同，在此较为粗略地介绍一下每个子界面的设计及子程序的编写。

（1）液位传感器校准子程序。

校准界面如图 2-20 所示，该界面的功能就是校准液位传感器参数，以保证程序能精确地读取水箱的三个液位实际值，减少不必要的误差。

（2）液位设定子程序。

图 2-21 为液位设定子界面，我们可以清楚地知道它的功能是给定液位的设定值。简单来说，是为实现简单的赋值功能。

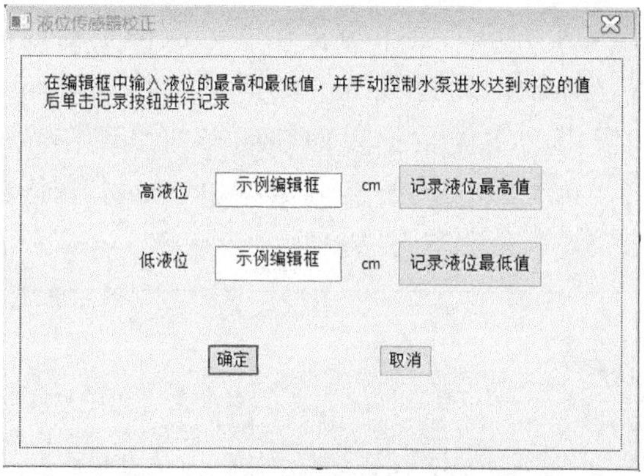

图 2-20　液位传感器校准子界面

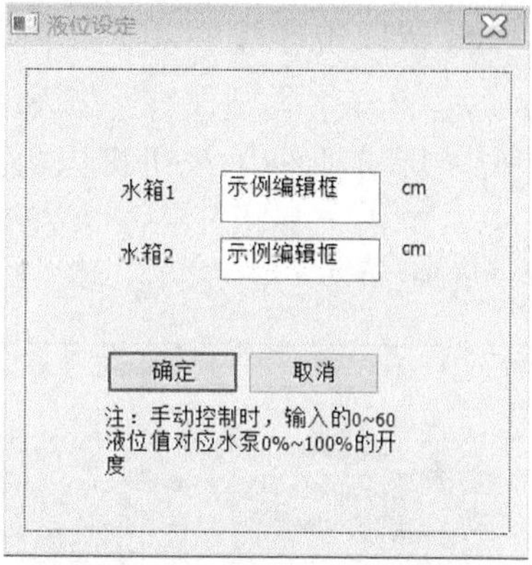

图 2-21　液位设定子界面

（3）控制方案参数设置子程序。

对于三种控制方案来说，差别只在于设置的参数种类不同，并无其他区别，在此以其中一个为例（图 2-22）。

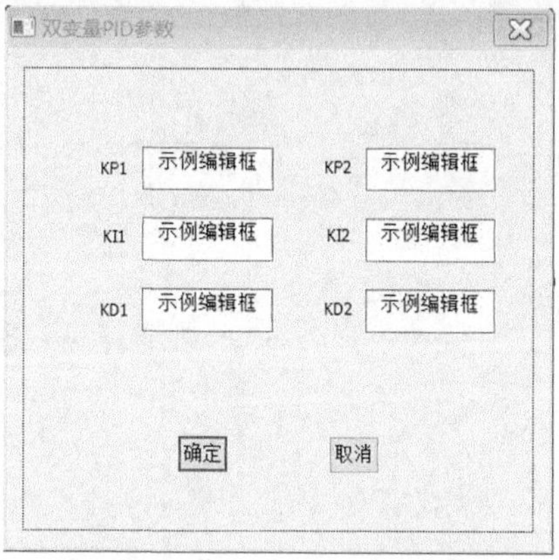

图 2-22　双输入双输出 PID 控制参数设置子界面

上图所示为双输入双输出 PID 控制参数子界面，可以对控制方案所涉及的参数赋值以实现控制液位的目的。

（4）绘制曲线子程序。

为了更加方便地观察控制过程，设计了一个曲线界面，如图 2-23 所示。界面上半部是曲线面板，它的功能是将读取到的实时液位值与设定值、流速共同显示在一个坐标轴里。通过界面右侧的按钮可以决定对应曲线是否显示，同时也可以点击“ActivePos”按钮，通过游标将任一时刻的监控值显示在编辑框内，方便用户的观察。界面左下方“Y Range”模块用来改变纵坐标的区间，起到放大或缩小曲线的功能。界面左下角“IsSave2DB”默认处于勾选状态，作用是将各个数值同步存放到数据库内，如图 2-24 所示。右下方提供了绘制历史曲线的功能。单击“清空曲线”按钮将重置坐标轴。通过设置开始时间与结束时间，单击“历史曲线”按钮可以将此时间段内的实验数据以曲线的形式呈现在界面当中，单击“导出 CSV”按钮可以将当前时间段内的实验数据以 Excel 表格的形式保存下来。

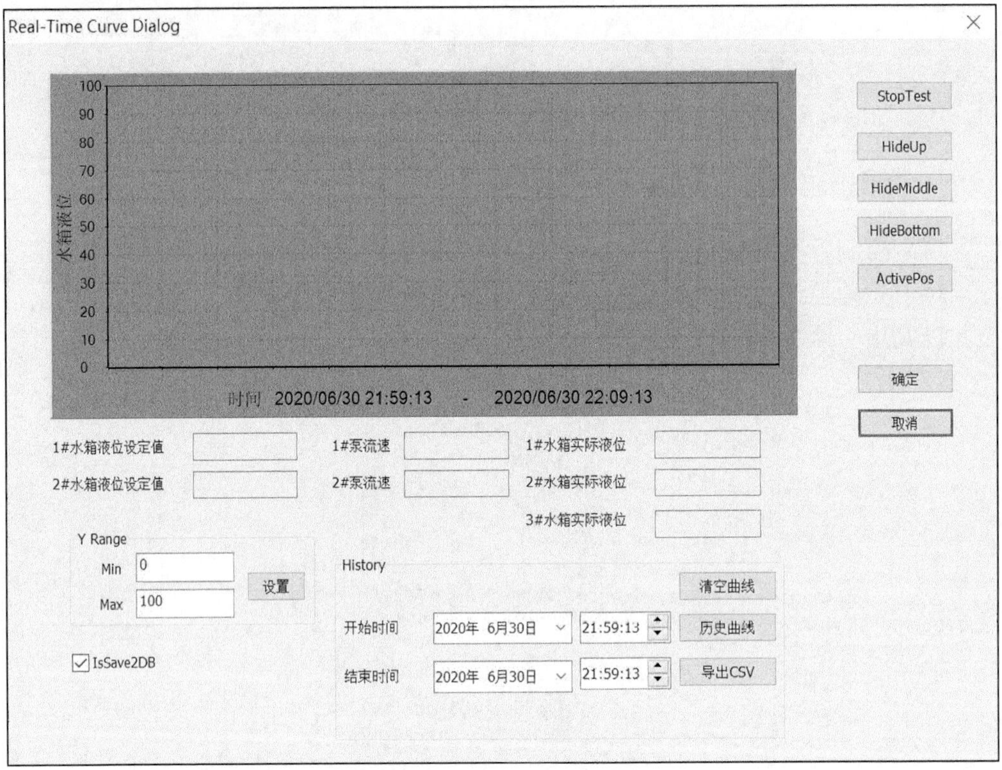

图 2-23　曲线显示界面

在此使用了自定义控件，通过写入代码的方式生成一个坐标系，在这之后将各个要监控的值写入控件，完成曲线的绘制。除此之外，还添加了像量程的设置、通过游标读取历史值等其他功能。

5. 软件调试与实施

（1）液位传感器校正。

单击“参数设置”菜单栏下的“液位传感器校正”选项，打开液位传感器校正界面，根据前文所述的方法，进行液位传感器校正工作，若出现图 2-25 所示内容，则校正步骤正确，单击“是（Y）”，完成校正工作。

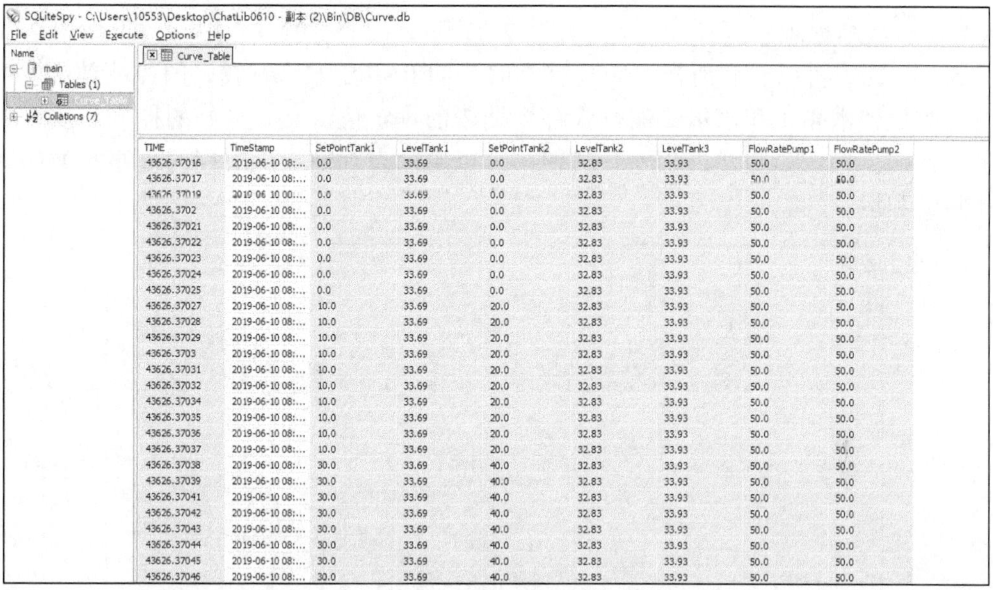

TIME	TimeStamp	SetPointTank1	LevelTank1	SetPointTank2	LevelTank2	LevelTank3	FlowRatePump1	FlowRatePump2
43626.37016	2019-06-10 08:...	0.0	33.69	0.0	32.83	33.93	50.0	50.0
43626.37017	2019-06-10 08:...	0.0	33.69	0.0	32.83	33.93	50.0	50.0
43626.37019	2019-06-10 08:...	0.0	33.69	0.0	32.83	33.93	50.0	50.0
43626.3702	2019-06-10 08:...	0.0	33.69	0.0	32.83	33.93	50.0	50.0
43626.37021	2019-06-10 08:...	0.0	33.69	0.0	32.83	33.93	50.0	50.0
43626.37022	2019-06-10 08:...	0.0	33.69	0.0	32.83	33.93	50.0	50.0
43626.37023	2019-06-10 08:...	0.0	33.69	0.0	32.83	33.93	50.0	50.0
43626.37024	2019-06-10 08:...	0.0	33.69	0.0	32.83	33.93	50.0	50.0
43626.37025	2019-06-10 08:...	0.0	33.69	0.0	32.83	33.93	50.0	50.0
43626.37027	2019-06-10 08:...	10.0	33.69	20.0	32.83	33.93	50.0	50.0
43626.37028	2019-06-10 08:...	10.0	33.69	20.0	32.83	33.93	50.0	50.0
43626.37029	2019-06-10 08:...	10.0	33.69	20.0	32.83	33.93	50.0	50.0
43626.3703	2019-06-10 08:...	10.0	33.69	20.0	32.83	33.93	50.0	50.0
43626.37031	2019-06-10 08:...	10.0	33.69	20.0	32.83	33.93	50.0	50.0
43626.37032	2019-06-10 08:...	10.0	33.69	20.0	32.83	33.93	50.0	50.0
43626.37034	2019-06-10 08:...	10.0	33.69	20.0	32.83	33.93	50.0	50.0
43626.37035	2019-06-10 08:...	10.0	33.69	20.0	32.83	33.93	50.0	50.0
43626.37036	2019-06-10 08:...	10.0	33.69	20.0	32.83	33.93	50.0	50.0
43626.37037	2019-06-10 08:...	10.0	33.69	20.0	32.83	33.93	50.0	50.0
43626.37038	2019-06-10 08:...	30.0	33.69	40.0	32.83	33.93	50.0	50.0
43626.37039	2019-06-10 08:...	30.0	33.69	40.0	32.83	33.93	50.0	50.0
43626.37041	2019-06-10 08:...	30.0	33.69	40.0	32.83	33.93	50.0	50.0
43626.37042	2019-06-10 08:...	30.0	33.69	40.0	32.83	33.93	50.0	50.0
43626.37043	2019-06-10 08:...	30.0	33.69	40.0	32.83	33.93	50.0	50.0
43626.37044	2019-06-10 08:...	30.0	33.69	40.0	32.83	33.93	50.0	50.0
43626.37045	2019-06-10 08:...	30.0	33.69	40.0	32.83	33.93	50.0	50.0
43626.37046	2019-06-10 08:...	30.0	33.69	40.0	32.83	33.93	50.0	50.0

图 2-24　存储数据格式

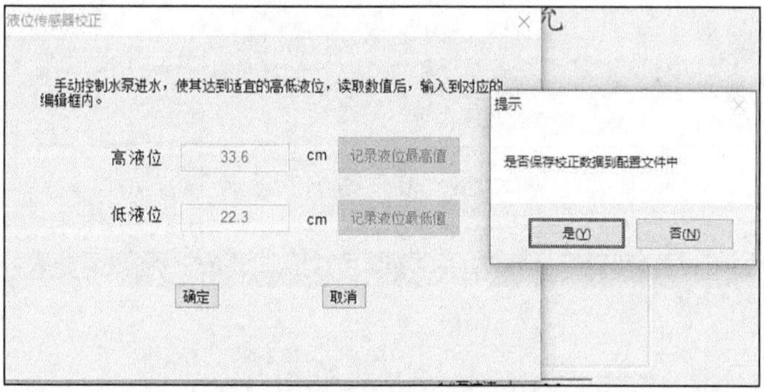

图 2-25　液位传感器校正

（2）液位期望值设定。

单击监控界面中的“液位设定”按钮，打开液位设定界面，输入水箱 1 和水箱 2 的液位期望值，如图 2-26 所示，单击“确定”按钮，完成液位设定值的写入。

（3）控制算法选择及参数设置。

从“运行”菜单中选择具体的控制算法，并打开对应的参数设置界面，输入相应参数，如图 2-26 所示，单击“确定”按钮，完成参数设置。

（4）系统实时运行过程。

设置完上述内容后，单击“运行”按钮，系统开始对 TTS20 水箱进行控制，监控界面实时监控当前液位值和水泵流速，单击“曲线”按钮，打开实时曲线界面，可以清晰地观察到控制过程，如图 2-27 所示。时滞 RMPC 控制效果如图 2-28 所示，从图中可以看到所提出的具有常时滞的 RMPC 方法有较好的控制效果，可以较快地使水箱 1 和水箱 2 液位跟踪到期望的设定值，具有良好的控制品质。程序运行的流程图如图 2-29 所示，从图中可以更加直观地看出编程的程序是如何进行判断和运行的。

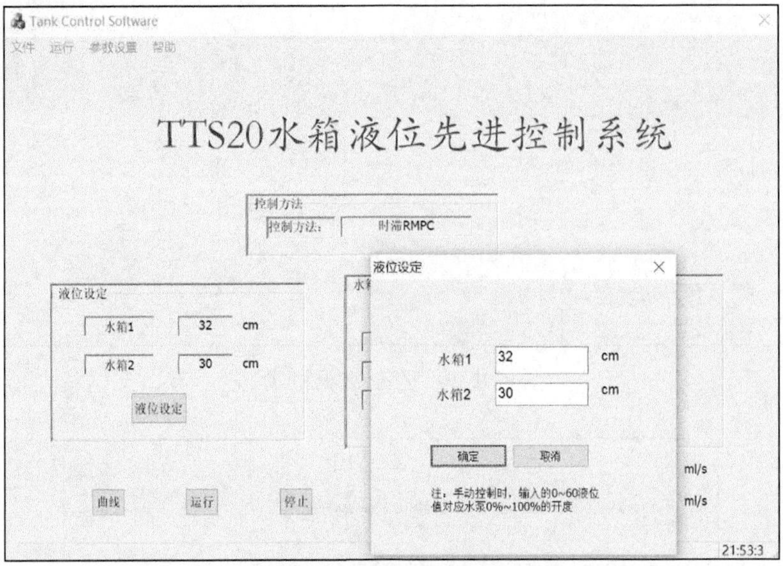

图 2-26　液位期望值设定

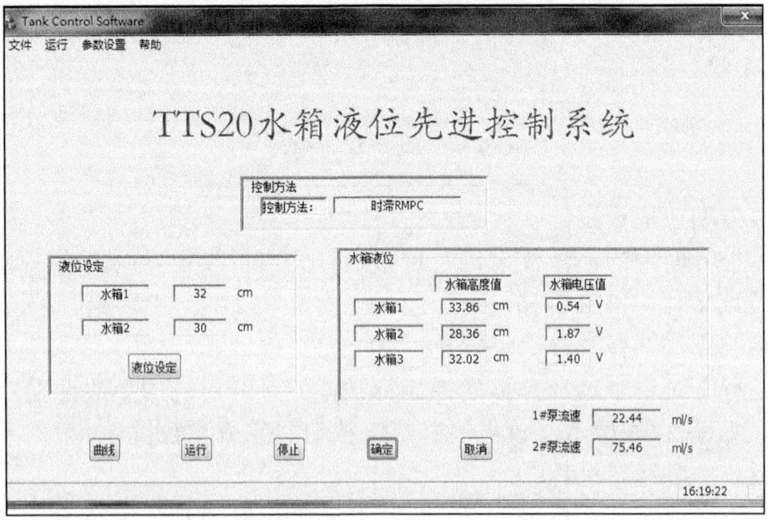

图 2-27　系统监控界面

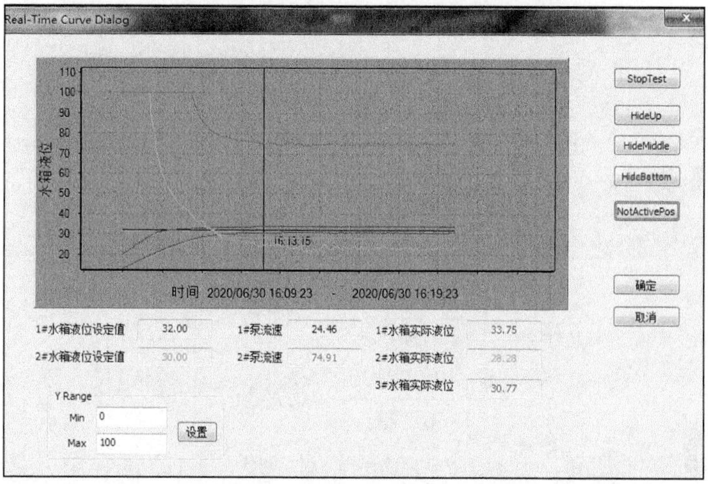

图 2-28　时滞 RMPC 控制效果

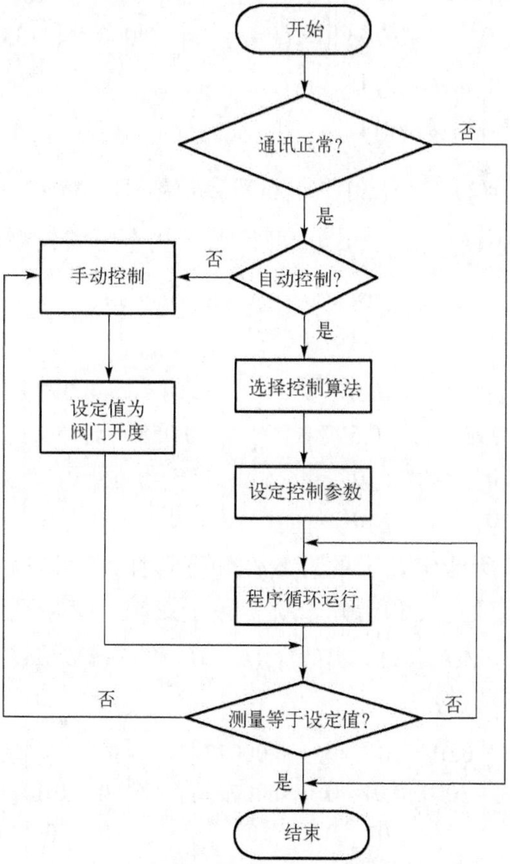

图 2-29　程序运行流程图

2.5　多输入多输出温室过程仿真研究

2.5.1　过程模型

温室过程[159]的数学模型可以表示为如下多输入多输出的形式：

$$\begin{bmatrix} y_1(k) \\ y_2(k) \end{bmatrix} = \begin{bmatrix} \dfrac{0.15z^{-1}}{1-0.905z^{-1}} & -0.077z^{-1} \\ \dfrac{-0.058z^{-1}}{1-0.793z^{-1}} & 0.753z^{-1} \end{bmatrix} \begin{bmatrix} u_1(k) \\ u_2(k) \end{bmatrix} \tag{2-71}$$

其中，$y_1(k)$是空气温度，$y_2(k)$是控制的相对湿度，$u_1(k)$是锅炉分数值孔径大小，$u_2(k)$是喷雾系统输入。通过交叉相乘并进行变换，式（2-71）可以转化为

$$\begin{aligned} &\begin{bmatrix} y_1(k) \\ y_2(k) \end{bmatrix} + \begin{bmatrix} -0.905 & 0 \\ 0 & -0.793 \end{bmatrix} \begin{bmatrix} y_1(k-1) \\ y_2(k-1) \end{bmatrix} = \begin{bmatrix} 0.015 & -0.077 \\ -0.058 & 0.753 \end{bmatrix} \begin{bmatrix} u_1(k-1) \\ u_2(k-1) \end{bmatrix} \\ &+ \begin{bmatrix} 0 & 0.07 \\ 0 & -0.597 \end{bmatrix} \begin{bmatrix} u_1(k-2) \\ u_2(k-2) \end{bmatrix} \end{aligned} \tag{2-72}$$

选择状态变量为$x(k) = [\Delta y_1(k) \quad \Delta y_2(k) \quad \Delta u_1(k-1) \quad \Delta u_2(k-1)]^{\mathrm{T}}$，$\Delta u(k) = [\Delta u_1(k) \quad \Delta u_2(k)]^{\mathrm{T}}$，$\Delta y(k) = [\Delta y_1(k) \quad \Delta y_2(k)]^{\mathrm{T}}$，可得如下状态空间模型为

$$\begin{cases} x(k+1) = Ax(k) + B\Delta u(k) \\ \Delta y(k) = Cx(k) \end{cases} \tag{2-73}$$

其中，$A = \begin{bmatrix} 0.905 & 0 & 0 & 0.07 \\ 0 & 0.793 & 0 & -0.597 \\ 0 & 0 & 0 & 0 \\ 0 & 0 & 0 & 0 \end{bmatrix}$，$B = \begin{bmatrix} 0.015 & -0.077 \\ -0.058 & 0.753 \\ 1 & 0 \\ 0 & 1 \end{bmatrix}$，$C = \begin{bmatrix} 1 & 0 & 0 & 0 \\ 0 & 1 & 0 & 0 \end{bmatrix}$。

为了验证 2.3 节所给定定理的有效性和可行性，假设温室过程受部分执行器故障、状态时滞、不确定性和未知干扰等因素影响，该模型可以表示为

$$\begin{cases} x(k+1) = A(k)x(k) + A_d(k)x_d(k-d(k)) + B(k)\alpha\Delta u(k) + \Delta w(k) \\ \Delta y(k) = Cx(k) \end{cases} \tag{2-74}$$

其中，$1 \leqslant d(k) \leqslant 4$，$A_d = \begin{bmatrix} 0.01 & 0 & 0 & -0.00077 \\ 0 & 0.01 & 0 & -0.00753 \\ 0 & 0 & 0 & 0 \\ 0 & 0 & 0 & 0 \end{bmatrix}$，$N = \begin{bmatrix} 0.1 & 0 \\ 0 & 0.1 \\ 0 & 0 \\ 0 & 0 \end{bmatrix}$，$H = \begin{bmatrix} 0.1 & 0 & 0 & 0.1 \\ 0 & 0.1 & 0 & 0.1 \end{bmatrix}$，

$$H_d = \begin{bmatrix} 0.1 & 0 & 0 & 0.1 \\ 0 & 0.2 & 0 & 0.1 \end{bmatrix},\quad \Delta(k) = \begin{bmatrix} \Delta_1 & 0 \\ 0 & \Delta_2 \end{bmatrix},\quad \alpha = \begin{bmatrix} \alpha_1 & 0 \\ 0 & \alpha_2 \end{bmatrix},\quad \Delta w(k) = \begin{bmatrix} 0.01 & 0 \\ 0 & 0.01 \\ 0 & 0 \\ 0 & 0 \end{bmatrix}.$$

$\begin{bmatrix} \Delta_3 & 0 \\ 0 & \Delta_4 \end{bmatrix}$，$\Delta_1,\Delta_2,\Delta_3,\Delta_4$ 是 $[-1 \quad 1]$ 之间的随机数。假设存在一个未知执行器故障增益矩阵 α，但知道其范围为 $\text{diag}[0.6,06] = \underline{\alpha} \leqslant \alpha \leqslant \overline{\alpha} = \text{diag}[1,1]$。利用式（2-47），可知 $\beta = \text{diag}[0.8,0.8]$，$\beta_0 = \text{diag}[0.25,0.25]$。系统期望的设定值为

$$\begin{cases} c_1(k) = 2, & 0 < k \leqslant 250 \\ c_1(k) = 5, & 250 < k < 500 \\ c_2(k) = 1, & 0 < k \leqslant 250 \\ c_2(k) = 1.5, & 250 < k < 500 \end{cases} \tag{2-75}$$

2.5.2　仿真结果和分析

为了进行对比研究，将鲁棒 MPC 方法[90]和 2.3 节所提出的方法对模型式（2-74）进行控制，其控制参数分别为 $Q = [1 \quad 1]$，$R = [1 \quad 1]$，$\overline{Q}_1 = \text{diag}\,[15 \quad 15 \quad 0 \quad 0 \quad 1 \quad 1]$，$\overline{R}_1 = [1 \quad 1]$。下面分别从常值故障和随机故障两种情形对 2.3 节的方法进行验证。

1. 常值故障

在常值故障情形下，假设故障增益矩阵为 $\alpha = \text{diag}[0.8,0.8]$。输入和输出约束为

$$\begin{cases} |y_1(k+i\,|\,k)| \leqslant 2.2, & 0 < k < 250 \\ |y_1(k+i\,|\,k)| \leqslant 5.2, & 250 \leqslant k < 500 \\ |y_2(k+i\,|\,k)| \leqslant 1.2, & 0 < k < 250 \\ |y_2(k+i\,|\,k)| \leqslant 1.7, & 250 \leqslant k < 500 \\ |u_1(k+i\,|\,k)| \leqslant 49 \\ |u_2(k+i\,|\,k)| \leqslant 19.8 \end{cases} \tag{2-76}$$

2.3 节所提出的方法和鲁棒 MPC 方法[90]对比结果如图 2-30 所示。图 2-30（a）展示了两种方法的输出响应，可以发现鲁棒 MPC 方法具有较慢的收敛速度。虽然鲁棒 MPC 方法在部分执行器故障的情形下可以实现对设定值的跟踪，但是 2.3 节所提出的方法具有更好的控制性能。图 2-30（b）展示了两种方法的控制输入效果，从图中可以看出，2.3 节所提出的方法具有更快的响应来跟踪期望的设定值并且克服不确定性、未知干扰和部分执行器故障对系统的影响。同时，也可以看出，这两种控制方法的输入和输出响应都维持在给定的约束范围内。

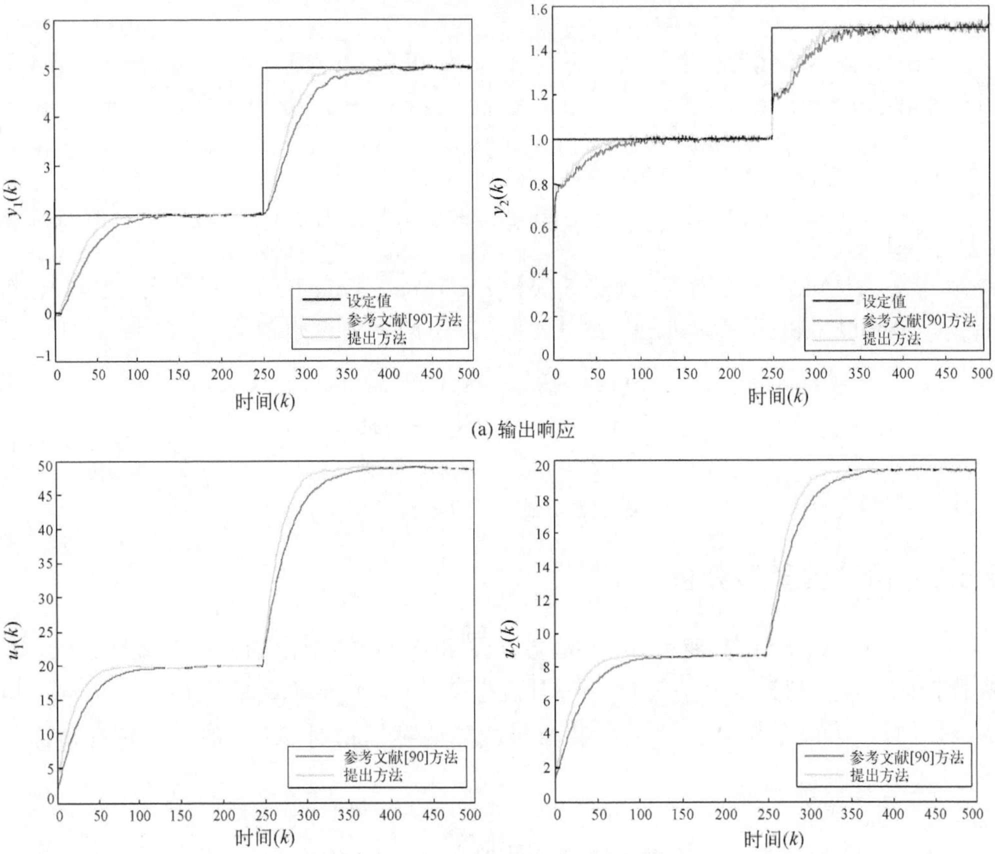

(a) 输出响应

(b) 控制输入

图 2-30　在常值故障下的输出响应和控制输入

2. 随机故障

在随机故障情形下，假设故障增益 $\alpha = \mathrm{diag}[0.8 + 0.2\Delta_5, 0.8 + 0.2\Delta_5]$，其中，$\Delta_5$ 是 $[-1\quad 1]$ 之间的随机数。输入和输出约束为

$$\begin{cases} |y_1(k+i\,|\,k)| \leqslant 2.2, & 0 < k < 250 \\ |y_1(k+i\,|\,k)| \leqslant 5.2, & 250 \leqslant k < 500 \\ |y_2(k+i\,|\,k)| \leqslant 1.2, & 0 < k < 250 \\ |y_2(k+i\,|\,k)| \leqslant 1.7, & 250 \leqslant k < 500 \\ |u_1(k+i\,|\,k)| \leqslant 60 \\ |u_2(k+i\,|\,k)| \leqslant 24.3 \end{cases} \tag{2-77}$$

对于文献[90]的方法，采用 2.3 节所提出的方法对上述温室过程模型（2-74）进行控制，仿真结果如图 2-31 所示。从图 2-31（a）可以看出，在输入和输出约

束下，文献[90]的方法展示了较慢的收敛速度并且具有一定的超调，而 2.3 节所提出的方法具有较好的鲁棒性和收敛性并且可以抵抗随机故障。从图 2-31（b）可以看出，采用 2.3 节所提出的方法可以使控制输入变得更加平滑。

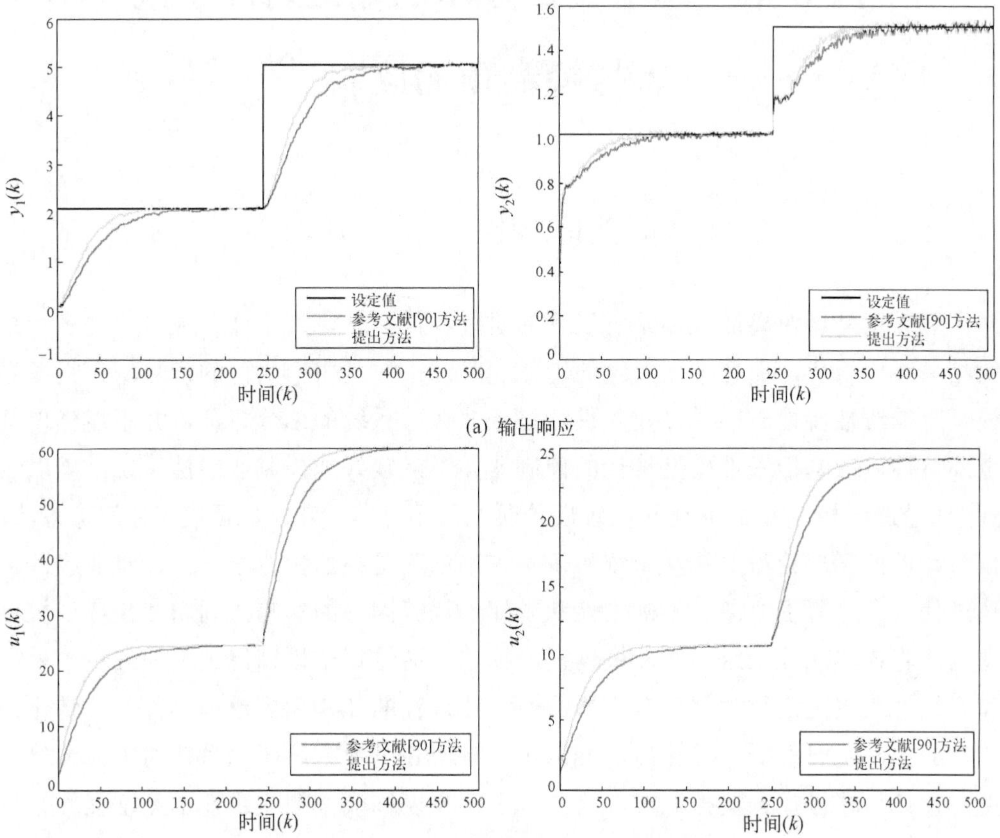

(a) 输出响应

(b) 控制输入

图 2-31　在随机故障下的输出响应和控制输入

2.6 本章小结

本章主要研究了具有不确定性、未知干扰和时变时滞的离散线性系统时滞依赖鲁棒预测控制方法，并针对系统是否具有故障，分别提出了具有不确定性和未知干扰的工业过程时滞依赖鲁棒预测控制方法和具有部分执行器故障和区间时变时滞的工业过程鲁棒约束预测容错控制方法，建立了新型多自由度状态空间模型，进行了鲁棒预测和容错控制器的设计和稳定性分析，给出了保证系统渐近稳定的时滞依赖 LMI 充分条件，以得到系统的控制律增益，并通过水箱系统和多输入多输出温室过程的仿真研究以及开发 TTS20 水箱软件系统验证了所提方法的有效性和可行性。

第 3 章　基于 T-S 模型的离散时滞系统鲁棒模糊预测控制

3.1　引　　言

第 2 章是针对离散线性系统展开的研究，但对于流程工业，大多由许多子系统相关连接组成，而每个子系统的增益和时间常数是生产负荷的函数，使得子系统具有非线性特性。因线性模型仅能描述非线性系统的部分特征，并不能体现其全部特性，故基于线性模型设计的控制器并不能较好地控制非线性系统，难以达到期望的控制效果。而非线性系统理论研究又不完善，势必要寻找一种间接方法，作为线性控制理论与非线性系统的桥梁。本章正是在这种背景下，针对非线性工业过程，考虑其受时滞、不确定性和未知干扰等因素的影响，利用 T-S 模型控制理论，将该非线性系统用 T-S 模糊模型描述，通过每个模糊规则下的线性子模型和非线性隶属度函数建立具有上述特性工业过程的 T-S 模糊模型，并将其转化为等价的 T-S 模糊模型，利用 Lyapunov-Krasovskii 函数方法研究系统稳定性及鲁棒性，设计鲁棒模糊预测控制器，给出基于 T-S 模糊模型的非线性工业过程的鲁棒模糊控制器设计方案。在上述研究框架中，考虑执行器部分失效对系统性能的影响，基于平行分布补偿方法和扩展的 T-S 模糊模型，设计基于状态反馈的模糊预测容错控制策略。在此基础上，针对实际生产过程中设定值实时变化且状态不可测的离散非线性不确定性系统，设计一种输出反馈鲁棒模糊预测控制器。将非线性过程按照四组模糊规则表示为扩展闭环 T-S 模型。针对每个扩展后的子模型设计输出反馈控制律，弥补了状态难以观测的缺点。为了克服未知干扰和设定值变化给系统控制性能造成的不利影响，将 H_∞ 性能指标引入到稳定性推导中，从而改善系统控制性能。最后通过非线性连续搅拌釜温度系统仿真研究，分别验证了状态反馈和输出反馈控制方法的有效性和可行性。

3.2　具有时变时滞的工业过程鲁棒模糊预测控制

3.2.1　具有 T-S 模糊模型的系统描述

具有区间时变时滞和未知干扰的非线性不确定工业过程可以通过如下的一系列模糊规则来描述。

规则 R^i：如果 $Z_1(k)$ 是 M_1^i，$Z_2(k)$ 是 M_2^i，…，$Z_q(k)$ 是 M_q^i，则

$$\begin{cases} x(k+1) = A^i(k)x(k) + A_d^i(k)x(k-d(k)) + B^i(k)u(k) + w(k) \\ y(k) = C^i x(k) \end{cases} \tag{3-1}$$

其中，R^i 是指第 i 个模糊规则，k 为离散时间，$x(k)\in \mathbf{R}^{n_x}$，$u(k)\in \mathbf{R}^{n_u}$，$y(k)\in \mathbf{R}^{n_y}$，$w(k)\in \mathbf{R}^{n_w}$ 分别表示在当前离散时间的系统状态、控制输入、系统输出和未知有界干扰，$\mathbf{R}^{n_x},\mathbf{R}^{n_u},\mathbf{R}^{n_y},\mathbf{R}^{n_w}$ 为相应维数的集合，n_x,n_y,n_u,n_w 是标量表示对应参数的维数，$Z_1(k),\cdots,Z_q(k)$ 是前件变量，$M_h^i(i=1,\cdots,l,h=1,\cdots,q)$ 表示第 i 个模糊规则的第 h 个模糊集合，l 和 h 分别为模糊规则和模糊集合的数量，$d(k)$ 为时变时滞，满足：

$$d_m \leqslant d(k) \leqslant d_M \tag{3-2}$$

其中，d_M 和 d_m 为时滞的上下界。$\begin{bmatrix} A^i(k) & A_d^i(k) & B^i(k) \end{bmatrix} \in \Omega$，$\Omega$ 代表不确定性集合，$A^i(k) = A^i + \Delta_a^i(k)$，$A_d^i(k) = A_d^i + \Delta_d^i(k)$，$B^i(k) = B^i + \Delta_b^i(k)$，$A^i,A_d^i,B^i,C^i$ 为第 i 个模糊规则下适当维数的确定性常数矩阵，$\Delta_a^i(k),\Delta_d^i(k),\Delta_b^i(k)$ 为在离散 k 时刻的不确定摄动，满足如下形式：

$$\begin{bmatrix} \Delta_a^i(k) & \Delta_d^i(k) & \Delta_b^i(k) \end{bmatrix} = N^i \Delta^i(k) \begin{bmatrix} H^i & H_d^i & H_b^i \end{bmatrix} \tag{3-3}$$

且 $\Delta^{i\mathrm{T}}(k)\Delta^i(k) \leqslant I$。其中，$N^i,H^i,H_d^i,H_b^i$ 是适当维数的确定性常数矩阵，$\Delta^i(k)$ 表示由模型不匹配引起的参数不确定性，$\Delta^{i\mathrm{T}}(k)$ 中的上标 T 代表相应矩阵的转置。

为此，基于 T-S 模糊规则，非线性离散工业过程可以通过许多子模型式（3-1）加权线性表示为

$$\begin{cases} x(k+1) = \sum_{i=1}^{l} \hbar^i(x(k))(A^i(k)x(k) + A_d^i(k)x(k-d(k))) \\ \qquad\qquad + \sum_{i=1}^{l} \hbar^i(x(k))B^i(k)u(k) + w(k) \\ y(k) = C^i x(k) \end{cases} \tag{3-4}$$

其中，$\hbar^i(x(k))=\dfrac{M^i(x(k))}{\sum_{i=1}^{l}M^i(x(k))}$，$\sum_{i=1}^{l}\hbar^i(x(k))=1$；$M^i(x(k))=\prod_{h=1}^{q}M_h^i$，$M^i(x(k))$ 为第 i 个模糊规则的非线性隶属度函数。

3.2.2 扩展的 T-S 模糊模型

在式（3-4）左右两边同乘以后移算子 Δ，得

$$\begin{cases}\Delta x(k+1)=\sum_{i=1}^{l}\hbar^i(x(k))(A^i(k)\Delta x(k)+A_d^i(k)\Delta x(k-d(k))) \\ \qquad +\sum_{i=1}^{l}\hbar^i(x(k))B^i(k)\Delta u(k)+\overline{w}(k) \\ \Delta y(k)=C^i\Delta x(k)\end{cases} \tag{3-5}$$

其中，$\Delta=1-q^{-1}$，$\overline{w}(k)=\sum_{i=1}^{l}\sigma(\hbar^i)[A_d^i(k)x(k-1-d(k-1))+A^i(k)x(k-1)+B^i(k)u(k-1)]$ $+\sum_{i=1}^{l}\hbar^i(x(k-1))[(\Delta_a^i(k)-\Delta_a^i(k-1))x(k-1)+(\Delta_d^i(k)-\Delta_d^i(k-1))x(k-1-d(k-1))+(\Delta_b^i(k)$ $-\Delta_b^i(k-1))u(k-1)]+\Delta w(k)$，$\sigma(\hbar^i)=\hbar^i(x(k))-\hbar^i(x(k-1))$。定义如下输出跟踪误差：

$$e(k)=y(k)-c(k) \tag{3-6}$$

其中，$c(k)$为期望的设定值或者轨迹。

注释 3.1　在本节提出的方法中，考虑到 $C^i=C$ 的情况。这种情况并不困难，可以通过采用扩展的输出加和并用扩展的状态作为一系列新的输出，来获得共同的矩阵 C[160]。

为此，基于式（3-5）和式（3-6），可以得到

$$\begin{aligned}e(k+1)&=e(k)+\Delta e(k+1)\\&=e(k)+C\Delta x(k+1)-\Delta c(k+1)\\&=e(k)+C(\sum_{i=1}^{l}\hbar^i(x(k))(A^i(k)\Delta x(k)+A_d^i(k)\Delta x(k-d(k)))\\&\quad+\sum_{i=1}^{l}\hbar^i(x(k))B^i(k)\Delta u(k)+\overline{w}(k))\end{aligned} \tag{3-7}$$

注释 3.2　在式（3-7）中，由于控制器的设定值为固定值，所以 $\Delta c(k+1)$ 等于零。另外，如果期望的设定目标跟踪具有很小设定值变化的轨迹，则 $\Delta c(k+1)$ 可以被认为零或者系统干扰。并且，可以在之前的文献发现相似的推导过程，如文献[113]中的公式（10）。

综合式（3-5）和式（3-8），如下具有不确定性、状态时变时滞和未知干扰的扩展状态空间模型为

$$\begin{cases}\bar{x}_1(k+1)=\sum_{i=1}^{l}\hbar^i(x(k))\bar{A}^i(k)\bar{x}_1(k)+\sum_{i=1}^{l}\hbar^i(x(k))\bar{A}_d^i(k)\bar{x}_1(k-d(k))\\ \qquad+\sum_{i=1}^{l}\hbar^i(x(k))\bar{B}^i(k)\Delta u(k)+\bar{G}\bar{w}(k)\\ \Delta y(k)=\bar{C}\bar{x}_1(k)\\ z(k)=e(k)=\bar{E}\bar{x}_1(k)\end{cases} \tag{3-8}$$

其中，$\bar{x}_1(k)=\begin{bmatrix}\Delta x(k)\\ e(k)\end{bmatrix}$，$\bar{x}_1(k-d(k))=\begin{bmatrix}\Delta x(k-d(k))\\ e(k-d(k))\end{bmatrix}$，$\bar{A}^i(k)=\begin{bmatrix}A^i+\Delta_a^i(k) & 0\\ CA^i+C\Delta_a^i(k) & I\end{bmatrix}=$ $\bar{A}^i+\bar{\Delta}_a^i$，$\bar{A}^i=\begin{bmatrix}A^i & 0\\ CA^i & I\end{bmatrix}$，$\bar{\Delta}_a^i(k)=\bar{N}^i\Delta^i(k)\bar{H}^i$，$\bar{A}_d^i(k)=\begin{bmatrix}A_d^i+\Delta_d^i(k) & 0\\ CA_d^i+C\Delta_d^i(k) & 0\end{bmatrix}=\bar{A}_d^i+\bar{\Delta}_d^i$，

$\bar{A}_d^i=\begin{bmatrix}A_d^i & 0\\ CA_d^i & 0\end{bmatrix}$，$\bar{\Delta}_d^i(k)=\bar{N}^i\Delta^i(k)\bar{H}_d^i$，$\bar{B}^i(k)=\begin{bmatrix}B^i+\Delta_b^{pi}\\ C^iB^i+C^{pi}\Delta_b^{pi}\end{bmatrix}=\bar{B}^i+\bar{\Delta}_b^i(k)$，$\bar{B}^i=\begin{bmatrix}B^i\\ C^iB^i\end{bmatrix}$，

$\bar{\Delta}_b^i(k)=\bar{N}^i\Delta^i(k)\bar{H}_b^i$，$\bar{N}^i=\begin{bmatrix}N^i\\ CN^i\end{bmatrix}$，$\bar{H}^i=\begin{bmatrix}H^i & 0\end{bmatrix}$，$\bar{H}_d^i=\begin{bmatrix}H_d^i & 0\end{bmatrix}$，$\bar{H}_b^i=\begin{bmatrix}H_b^i & 0\end{bmatrix}$，

$\bar{G}=\begin{bmatrix}I\\ C\end{bmatrix}$，$\bar{C}=\begin{bmatrix}C & 0\end{bmatrix}$，$\bar{E}=\begin{bmatrix}0 & I\end{bmatrix}$。

注释 3.3　对比于传统的模型式（3-4），可以发现，新型的模型式（3-8）不但包括过程的状态变量还包括系统的输出跟踪误差。为此，可以独立地调节系统的状态和输出跟踪误差。并且基于上述特性，可以为设计的控制器提供更多的自由度，以实现期望的闭环响应。通过上述分析和平行分布补偿策略，系统的控制律可以设计如下。

规则 R^i：

$$\Delta u^i(k)=\bar{K}^i\bar{x}_1(k)=\bar{K}^i\begin{bmatrix}\Delta x(k)\\ e(k)\end{bmatrix} \tag{3-9}$$

则整个模糊控制输入可以表示为

$$\Delta u(k)=\sum_{i=1}^{l}\hbar^i(x(k))\bar{K}^i\begin{bmatrix}\Delta x(k)\\ e(k)\end{bmatrix} \tag{3-10}$$

其中，$\bar{K}^i$ 为第 i 个模糊规则的控制增益，可以通过后续的定理求解获得。基于式（3-10）和式（3-8）可以转化为

$$
\begin{cases}
\bar{x}_1(k+1)=\sum_{i=1}^{l}\sum_{j=1}^{l}\hbar^i(x(k))\hbar^j(x(k))\hat{A}^{ij}(k)\bar{x}_1(k) \\
\qquad\qquad +\sum_{i=1}^{l}\hbar^i(x(k))\bar{A}_d^i(k)\bar{x}_1(k-d(k))+\bar{G}\bar{w}(k) \\
\Delta y(k)=\bar{C}\bar{x}_1(k) \\
z(k)=e(k)=\bar{E}\bar{x}_1(k)
\end{cases}
\tag{3-11}
$$

其中，$\hat{A}^{ij}(k)=\bar{A}^i(k)+\bar{B}^i(k)\bar{K}^j\,(i,j\leqslant l)$。

3.2.3 鲁棒模糊预测控制器设计

在本节中给出相关的定理，以保证模糊闭环系统式（3-11）渐近稳定。

定理 3.1 考虑到一些标量$\theta>0$，$0\leqslant d_m\leqslant d_M$，在$\bar{w}(k)=0$的情况下，如果存在对称矩阵$\bar{P}_1,\bar{T}_1,\bar{M}_1,\bar{G}_1,\bar{L}_1,\bar{S}_1,\bar{S}_2,\bar{M}_3,\bar{M}_4,\bar{X}_1,\bar{X}_2\in\mathbf{R}^{(n_x+n_e)\times(n_x+n_e)}$和矩阵$\bar{Y}_1^i,\bar{Y}_1^j\in\mathbf{R}^{n_u\times(n_x+n_e)}$，使得如下的 LMI 条件：

$$
\begin{bmatrix}
\hat{\varphi}_1 & 0 & \bar{L}_1 & \bar{L}_1\bar{A}^{i\mathrm{T}}(k)+\bar{Y}_1^{i\mathrm{T}}\bar{B}^{i\mathrm{T}}(k) & \bar{L}_1\bar{A}^{i\mathrm{T}}(k)+\bar{Y}_1^{i\mathrm{T}}\bar{B}^{i\mathrm{T}}(k)-\bar{L}_1 & \bar{Y}_1^{i\mathrm{T}}\bar{R}_1^{\frac{1}{2}} & \bar{L}_1\bar{Q}_1^{\frac{1}{2}} \\
* & -\bar{S}_1 & 0 & \bar{S}_1\bar{A}_d^{i\mathrm{T}}(k) & \bar{S}_1\bar{A}_d^{i\mathrm{T}}(k) & 0 & 0 \\
* & * & -\bar{M}_4-\bar{X}_1 & 0 & 0 & 0 & 0 \\
* & * & * & -\bar{L}_1 & 0 & 0 & 0 \\
* & * & * & * & -\bar{D}_2^{-2}\bar{X}_1 & 0 & 0 \\
* & * & * & * & * & -\theta I & 0 \\
* & * & * & * & * & * & -\theta I
\end{bmatrix}<0
\tag{3-12}
$$

$$
\begin{bmatrix}
\hat{\varphi}_1 & 0 & \bar{L}_1 & \bar{L}_1\bar{N}^{ij}(k)+\bar{H}^{ij}(k) & \bar{L}_1\bar{N}^{ij}(k)+\bar{H}^{ij}(k)-\bar{L}_1 & \dfrac{\bar{Y}_1^{i\mathrm{T}}+\bar{Y}_1^{j\mathrm{T}}}{2}\bar{R}_1^{\frac{1}{2}} & \bar{L}_1\bar{Q}_1^{\frac{1}{2}} \\
* & -\bar{S}_1 & 0 & \bar{S}_1\bar{A}_d^{i\mathrm{T}}(k) & \bar{S}_1\bar{A}_d^{i\mathrm{T}}(k) & 0 & 0 \\
* & * & -\bar{M}_4-\bar{X}_1 & 0 & 0 & 0 & 0 \\
* & * & * & -\bar{L}_1 & 0 & 0 & 0 \\
* & * & * & * & -\bar{D}_2^{-2}\bar{X}_1 & 0 & 0 \\
* & * & * & * & * & -\theta I & 0 \\
* & * & * & * & * & * & -\theta I
\end{bmatrix}<0
\tag{3-13}
$$

成立，并且满足不变集$\begin{bmatrix} -1 & \bar{x}_l^{\mathrm{T}}(k|k) \\ \bar{x}_l(k|k) & -\bar{\varphi}_l \end{bmatrix}\leqslant 0$，则模糊闭环系统式（3-11）是渐近稳定。

其中，控制增益$\bar{K}^i=\bar{Y}_1^i\bar{L}_1^{-1}$，$\bar{K}^j=\bar{Y}_1^j\bar{L}_1^{-1}$，$\hat{\varphi}_1=-\bar{L}_1+\bar{M}_3+\bar{D}_1\bar{S}_2+\bar{S}_2-\bar{X}_2$，$\bar{D}_1=$

$(d_M - d_m + 1)I$，$\bar{D}_2 = d_M I$，$\bar{N}^{ij}(k) = \dfrac{\bar{A}^{i\mathrm{T}}(k) + \bar{A}^{j\mathrm{T}}(k)}{2}$，$\bar{H}^{ij}(k) = \dfrac{\bar{Y}_1^{j\mathrm{T}} \bar{B}^{i\mathrm{T}}(k) + \bar{Y}_1^{i\mathrm{T}} \bar{B}^{j\mathrm{T}}(k)}{2}$，“*”表示为对称位置的转置。

证明　为了确保模糊闭环系统式(3-11)在 $\bar{w}(k) = 0$ 的情况下鲁棒稳定，令 $\bar{x}_1(k)$ 满足如下的鲁棒稳定约束条件为

$$\begin{aligned} &V(\bar{x}_1(k+i+1|k)) - V(\bar{x}_1(k+i|k)) \leqslant \\ &-[(\bar{x}_1(k+i|k))^{\mathrm{T}} \bar{Q}_1 (\bar{x}_1(k+i|k)) + \Delta u(k+i|k)^{\mathrm{T}} \bar{R}_1 \Delta u(k+i|k)] \end{aligned} \tag{3-14}$$

对式（3-14）左右两边从 $i=0$ 到 ∞ 进行累加并需满足 $V(\bar{x}_1(\infty)) = 0$ 或 $\bar{x}_1(\infty) = 0$，得

$$\bar{J}_\infty(k) \leqslant V(\bar{x}_1(k)) \leqslant \theta \tag{3-15}$$

其中，θ 为 $\bar{J}_\infty(k)$ 的上确界。定义 Lyapunov-Krasovskii 函数如下：

$$V(\bar{x}_1(k+i)) = \sum_{l=1}^{5} V_l(\bar{x}_1(k+i)) \tag{3-16}$$

为了更加简便地进行呈现，定义如下：

$$\bar{x}_{1d}(k+i) = \bar{x}_1(k+i-d(k))$$

$$\bar{x}_{1d_M}(k+i) = \bar{x}_1(k+i-d_M)$$

$$\bar{\delta}_1(k+i) = \bar{x}_1(k+i+1) - \bar{x}_1(k+i)$$

$$\bar{\phi}_1(k+i) = \begin{bmatrix} \bar{x}_1^{\mathrm{T}}(k+i) & \bar{x}_{1d}^{\mathrm{T}}(k+i) & \bar{x}_{1d_M}^{\mathrm{T}}(k+i) \end{bmatrix}^{\mathrm{T}}$$

$$V_1(\bar{x}_1(k+i)) = \bar{x}_1^{\mathrm{T}}(k+i)\bar{P}_1\bar{x}_1(k+i) = \bar{x}_1^{\mathrm{T}}(k+i)\theta\bar{L}_1^{-1}\bar{x}_1(k+i)$$

$$V_2(\bar{x}_1(k+i)) = \sum_{r=k-d(k)}^{k-1} \bar{x}_1^{\mathrm{T}}(r+i)\bar{T}_1\bar{x}_1(r+i) = \sum_{r=k-d(k)}^{k-1} \bar{x}_1^{\mathrm{T}}(r+i)\theta\bar{S}_1^{-1}\bar{x}_1(r+i)$$

$$V_3(\bar{x}_1(k+i)) = \sum_{r=k-d_M}^{k-1} \bar{x}_1^{\mathrm{T}}(r+i)\bar{M}_1\bar{x}_1(r+i) = \sum_{r=k-d_M}^{k-1} \bar{x}_1^{\mathrm{T}}(r+i)\theta\bar{M}_2^{-1}\bar{x}_1(r+i)$$

$$V_4(\bar{x}_1(k+i)) = \sum_{s=-d_M}^{-d_m}\sum_{r=k+s}^{k-1} \bar{x}_1^{\mathrm{T}}(r+i)\bar{T}_1\bar{x}_1(r+i) = \sum_{s=-d_M}^{-d_m}\sum_{r=k+s}^{k-1} \bar{x}_1^{\mathrm{T}}(r+i)\theta\bar{S}_1^{-1}\bar{x}_1(r+i)$$

$$V_5(\bar{x}_1(k+i)) = d_M\sum_{s=-d_M}^{-1}\sum_{r=k+s}^{k-1} \bar{\delta}_1^{\mathrm{T}}(r+i)\bar{G}_1\bar{\delta}_1(r+i) = d_M\sum_{s=-d_M}^{-1}\sum_{r=k+s}^{k-1} \bar{\delta}_1^{\mathrm{T}}(r+i)\theta\bar{X}_1^{-1}\bar{\delta}_1(r+i)$$

其中，$\bar{P}_1, \bar{T}_1, \bar{M}_1, \bar{M}_2, \bar{G}_1$ 为正定矩阵。令 $\xi(k+i) = \begin{bmatrix} \bar{x}_1(k+i)^{\mathrm{T}} & \bar{x}_1(k+i-d(k))^{\mathrm{T}} \\ \bar{x}_1(k+i-d_M)^{\mathrm{T}} & \cdots \\ \cdots & \\ \bar{\delta}_1(k+i-1)^{\mathrm{T}} & \end{bmatrix}$，$\bar{\psi}_1 = \mathrm{diag}\begin{bmatrix} \bar{P}_1 & \bar{T}_1 & \cdots & \bar{M}_1 & \cdots & d_M\bar{G}_1 \end{bmatrix}$，$\bar{\Pi}_1^{-1} = \mathrm{diag}\begin{bmatrix} \bar{L}_1^{-1} & \bar{S}_1^{-1} & \cdots & \bar{M}_2^{-1} & \cdots & d_M\bar{X}_1^{-1} \end{bmatrix}$，可以得到如下的表达形式：

$$V(\overline{x}_1(k+p))=\overline{\xi}^{\mathrm{T}}(k+i)\overline{\psi}_1\overline{\xi}(k+i)=\overline{\xi}^{\mathrm{T}}(k+i)\theta\overline{\Pi}_1^{-1}\overline{\xi}(k+i) \tag{3-17}$$

则

$$\Delta V(\overline{x}_1(k+i))=V(\overline{x}_1(k+i+1))-V(\overline{x}_1(k+i))=\sum_{l=1}^{5}\Delta V_l(\overline{x}_1(k+i)) \tag{3-18}$$

其中，

$$\Delta V_1(\overline{x}_1(k+i))=\overline{x}_1^{\mathrm{T}}(k+i+1)\theta\overline{L}_1^{-1}\overline{x}_1(k+i+1)-\overline{x}_1^{\mathrm{T}}(k+i)\theta\overline{L}_1^{-1}\overline{x}_1(k+i)$$

$$\begin{aligned}
\Delta V_2(\overline{x}_1(k+i))=&\sum_{r=k+1-d(k+1)}^{k}\overline{x}_1^{\mathrm{T}}(r+i)\theta\overline{S}_1^{-1}\overline{x}_1(r+i)-\sum_{r=k-d(k)}^{k-1}\overline{x}_1^{\mathrm{T}}(r+i)\theta\overline{S}_1^{-1}\overline{x}_1(r+i)\\
\leqslant&\sum_{r=k+1-d_M}^{k}\overline{x}_1^{\mathrm{T}}(r+i)\theta\overline{S}_1^{-1}\overline{x}_1(r+i)-\overline{x}_{1d}^{\mathrm{T}}(k+i)\theta\overline{S}_1^{-1}\overline{x}_{1d}(k+i)\\
&-\sum_{r=k-d(k)+1}^{k-1}\overline{x}_1^{\mathrm{T}}(r+i)\theta\overline{S}_1^{-1}\overline{x}_1(r+i)\\
\leqslant&\sum_{r=k+1-d_M}^{k}\overline{x}_1^{\mathrm{T}}(r+i)\theta\overline{S}_1^{-1}\overline{x}_1(r+i)-\overline{x}_{1d}^{\mathrm{T}}(k+i)\theta\overline{S}_1^{-1}\overline{x}_{1d}(k+i)\\
&-\sum_{r=k-d_m+1}^{k-1}\overline{x}_1^{\mathrm{T}}(r+i)\theta\overline{S}_1^{-1}\overline{x}_1(r+i)\\
=&\overline{x}_1^{\mathrm{T}}(k+i)\theta\overline{S}_1^{-1}\overline{x}_1(k+i)-\overline{x}_{1d}^{\mathrm{T}}(k+i)\theta\overline{S}_1^{-1}\overline{x}_{1d}(k+i)\\
&+\sum_{r=k-d_M+1}^{k-d_m}\overline{x}_1^{\mathrm{T}}(r+i)\theta\overline{S}_1^{-1}\overline{x}_1(r+i)
\end{aligned}$$

$$\begin{aligned}
\Delta V_3(\overline{x}_1(k+i))=&\sum_{r=k+1-d_M}^{k}\overline{x}_1^{\mathrm{T}}(r+i)\theta\overline{M}_2^{-1}\overline{x}_1(r+i)-\sum_{r=k-d_M}^{k-1}\overline{x}_1^{\mathrm{T}}(r+i)\theta\overline{M}_2^{-1}\overline{x}_1(r+i)\\
=&\overline{x}_1^{\mathrm{T}}(k+i)\theta\overline{M}_2^{-1}\overline{x}_1(k+i)-\overline{x}_{1d_M}^{\mathrm{T}}(k+i)\theta\overline{M}_2^{-1}\overline{x}_{1d_M}(k+i)
\end{aligned}$$

$$\begin{aligned}
\Delta V_4(\overline{x}_1(k+i))=&\sum_{s=-d_M}^{-d_m}\sum_{r=k+1+s}^{k}\overline{x}_1^{\mathrm{T}}(r+i)\theta\overline{S}_1^{-1}\overline{x}_1(r+i)-\sum_{s=-d_M}^{-d_m}\sum_{r=k+s}^{k-1}\overline{x}_1^{\mathrm{T}}(r+i)\theta\overline{S}_1^{-1}\overline{x}_1(r+i)\\
=&\sum_{s=-d_M}^{-d_m}[\overline{x}_1^{\mathrm{T}}(k+i)\theta\overline{S}_1^{-1}\overline{x}_1(k+i)-\overline{x}_1^{\mathrm{T}}(k+s+i)\theta\overline{S}_1^{-1}\overline{x}_1(k+s+i)]\\
=&(d_M-d_m+1)\overline{x}_1^{\mathrm{T}}(k+i)\theta\overline{S}_1^{-1}\overline{x}_1(k+i)-\sum_{r=k-d_M}^{k-d_m}\overline{x}_1^{\mathrm{T}}(r+i)\theta\overline{S}_1^{-1}\overline{x}_1(r+i)\\
<&(d_M-d_m+1)\overline{x}_1^{\mathrm{T}}(k+i)\theta\overline{S}_1^{-1}\overline{x}_1(k+i)-\sum_{r=k-d_M+1}^{k-d_m}\overline{x}_1^{\mathrm{T}}(r+i)\theta\overline{S}_1^{-1}\overline{x}_1(r+i)
\end{aligned}$$

$$\begin{aligned}\Delta V_5(\overline{x}_1(k+i)) &= d_M\sum_{s=-d_M}^{-1}\sum_{r=k+1+s}^{k}\overline{\delta}_1^{\mathrm{T}}(r+i)\theta\overline{X}_1^{-1}\overline{\delta}_1(r+i) - d_M\sum_{s=-d_M}^{-1}\sum_{r=k+s}^{k-1}\overline{\delta}_1^{\mathrm{T}}(r+i)\theta\overline{X}_1^{-1}\overline{\delta}_1(r+i)\\ &= d_M\sum_{s=-d_M}^{-1}[\overline{\delta}_1^{\mathrm{T}}(k+i)\theta\overline{X}_1^{-1}\overline{\delta}_1(k+i)-\overline{\delta}_1^{\mathrm{T}}(k+s+i)\theta\overline{X}_1^{-1}\overline{\delta}_1(k+s+i)]\\ &= d_M^2\overline{\delta}_1^{\mathrm{T}}(k+i)\theta\overline{X}_1^{-1}\overline{\delta}_1(k+i) - d_M\sum_{r=k-d_M}^{k-1}\overline{\delta}_1^{\mathrm{T}}(r+i)\theta\overline{X}_1^{-1}\overline{\delta}_1(r+i)\end{aligned}$$

基于引理 1.2，可以获得如下的表达形式：

$$\begin{aligned}-d_M\sum_{r=k-d_M}^{k-1}\overline{\delta}_1^{\mathrm{T}}(r+i)\theta\overline{X}_1^{-1}\overline{\delta}_1(r+i) &= -[(k-1)-(k-d_M)]\sum_{r=k-d_M}^{k-1}\overline{\delta}_1^{\mathrm{T}}(r+i)\theta\overline{X}_1^{-1}\overline{\delta}_1(r+i)\\ &\leqslant -\sum_{r=k-d_M}^{k-1}\overline{\delta}_1^{\mathrm{T}}(r+i)\theta\overline{X}_1^{-1}\sum_{r=k-d_M}^{k-1}\overline{\delta}_1(r+i)\end{aligned} \tag{3-19}$$

利用式（3-19）的表达式，可以得到

$$\begin{aligned}\Delta V_5(\overline{x}_1(k+i)) &\leqslant d_M^2\overline{\delta}_1^{\mathrm{T}}(k+i)\theta\overline{X}_1^{-1}\overline{\delta}_1(k+i) - \sum_{r=k-d_M}^{k-1}\overline{\delta}_1^{\mathrm{T}}(r+i)\theta\overline{X}_1^{-1}\sum_{r=k-d_M}^{k-1}\overline{\delta}_1(r+i)\\ &= d_M^2(\overline{x}_1(k+i+1)-\overline{x}_1(k+i))^{\mathrm{T}}\theta\overline{X}_1^{-1}(\overline{x}_1(k+i+1)-\overline{x}_1(k+i))\\ &\quad -[(\overline{x}_1(k+i+1-d_M)-\overline{x}_1(k+i-d_M))^{\mathrm{T}}\theta\overline{X}_1^{-1}(\overline{x}_1(k+i+1-d_M)\\ &\quad -\overline{x}_1(k+i-d_M))+(\overline{x}_1(k+i+2-d_M)-\overline{x}_1(k+i+1-d_M))^{\mathrm{T}}\theta\overline{X}_1^{-1}\cdot\\ &\quad (\overline{x}_1(k+i+2-d_M)-\overline{x}_1(k+i+1-d_M))+(\overline{x}_1(k+i+3-d_M)\\ &\quad -\overline{x}_1(k+i+2-d_M))^{\mathrm{T}}\theta\overline{X}_1^{-1}(\overline{x}_1(k+i+3-d_M)-\overline{x}_1(k+i+2-d_M))\\ &\quad +\cdots+(\overline{x}_1(k+i-1)-\overline{x}_1(k+i-2))^{\mathrm{T}}\theta\overline{X}_1^{-1}(\overline{x}_1(k+i-1)-\overline{x}_1(k+i-2))\\ &\quad +(\overline{x}_1(k+i)-\overline{x}_1(k+i-1))^{\mathrm{T}}\theta\overline{X}_1^{-1}(\overline{x}_1(k+i)-\overline{x}_1(k+i-1))]\\ &= d_M^2(\overline{x}_1(k+i+1)-\overline{x}_1(k+i))^{\mathrm{T}}\theta\overline{X}_1^{-1}(\overline{x}_1(k+i+1)-\overline{x}_1(k+i))\\ &\quad -(\overline{x}_1(k+i)-\overline{x}_{1d_M}(k+i))^{\mathrm{T}}\theta\overline{X}_1^{-1}(\overline{x}_1(k+i)-\overline{x}_{1d_M}(k+i))\end{aligned} \tag{3-20}$$

为此，式（3-19）可以转化为

$$\begin{aligned}\Delta V(\overline{x}_1(k+i)) &= \sum_{l=1}^{5}\Delta V_l(\overline{x}_1(k+i))\\ &\leqslant \overline{x}_1^{\mathrm{T}}(k+i+1)\theta\overline{L}_1^{-1}\overline{x}_1(k+i+1) - \overline{x}_1^{\mathrm{T}}(k+i)\theta\overline{L}_1^{-1}\overline{x}_1(k+i)\\ &\quad +\overline{x}_1^{\mathrm{T}}(k+i)\theta\overline{S}_1^{-1}\overline{x}_1(k+i) - \overline{x}_{1d}^{\mathrm{T}}(k+i)\theta\overline{S}_1^{-1}\overline{x}_{1d}(k+i) + \sum_{r=k-d_M+1}^{k-d_m}\overline{x}_1^{\mathrm{T}}(r+i)\\ &\quad \theta\overline{S}_1^{-1}\overline{x}_1(r+i) + \overline{x}_1^{\mathrm{T}}(k+i)\theta\overline{M}_2^{-1}\overline{x}_1(k+i) - \overline{x}_{1d_M}^{\mathrm{T}}(k+i)\theta\overline{M}_2^{-1}\overline{x}_{1d_M}(k+i)\end{aligned}$$

$$\begin{aligned}&+(d_M-d_m+1)\overline{x}_1^{\mathrm{T}}(k+i)\theta\overline{S}_1^{-1}\overline{x}_1(k+i)-\sum_{r=k-d_M+1}^{k-d_m}\overline{x}_1^{\mathrm{T}}(r+i)\theta\overline{S}_1^{-1}\overline{x}_1(r+i)\\&+d_M^2(\overline{x}_1(k+i+1)-\overline{x}_1(k+i))^{\mathrm{T}}\theta\overline{X}_1^{-1}(\overline{x}_1(k+i+1)-\overline{x}_1(k+i))\\&-(\overline{x}_1(k+i)-\overline{x}_{1d_M}(k+i))^{\mathrm{T}}\theta\overline{X}_1^{-1}(\overline{x}_1(k+i)-\overline{x}_{1d_M}(k+i))\end{aligned}\tag{3-21}$$

由于 $\overline{x}_1(k+i+1)=\sum_{i=1}^{l}\sum_{j=1}^{l}\hbar^i(x(k))\hbar^j(x(k))\widehat{A}^{ij}(k)\overline{x}_1(k+p)+\sum_{i=1}^{l}\hbar^i(x(k))\overline{A}_d^i(k)\overline{x}_{1d}(k+i)$，式（3-21）可以转化为

$$\begin{aligned}\Delta V(\overline{x}_1(k+i))\leqslant&\left[\sum_{i=1}^{l}\sum_{j=1}^{l}\hbar^i(x(k))\hbar^j(x(k))\overline{x}_1^{\mathrm{T}}(k+i)\widehat{A}^{ij\mathrm{T}}(k)+\sum_{i=1}^{l}\hbar^i(x(k))\overline{x}_{1d}^{\mathrm{T}}(k+i)\overline{A}_d^{i\,\mathrm{T}}(k)\right]\\&\theta\overline{L}_1^{-1}\cdot\left[\sum_{i=1}^{l}\sum_{j=1}^{l}\hbar^i(x(k))\hbar^j(x(k))\widehat{A}^{ij}(k)\overline{x}_1(k+i)+\sum_{i=1}^{l}\hbar^i(x(k))\overline{A}_d^i(k)\overline{x}_{1d}(k+i)\right]\\&-\overline{x}_1^{\mathrm{T}}(k+i)\theta\overline{L}_1^{-1}\overline{x}_1(k+i)+\overline{x}_1^{\mathrm{T}}(k+i)\theta\overline{S}_1^{-1}\overline{x}_1(k+i)-\overline{x}_{1d}^{\mathrm{T}}(k+i)\theta\overline{S}_1^{-1}\overline{x}_{1d}(k+i)\\&+\overline{x}_1^{\mathrm{T}}(k+i)\theta\overline{M}_2^{-1}\overline{x}_1(k+i)-\overline{x}_{1d_M}^{\mathrm{T}}(k+i)\theta\overline{M}_2^{-1}\overline{x}_{1d_M}(k+i)\\&+(d_M-d_m+1)\overline{x}_1^{\mathrm{T}}(k+i)\theta\overline{S}_1^{-1}\overline{x}_1(k+i)+d_M^2\left[\sum_{i=1}^{l}\sum_{j=1}^{l}\hbar^i(x(k))\hbar^j(x(k))\widehat{A}^{ij}(k)\cdot\right.\\&\left.\overline{x}_1(k+i)+\sum_{i=1}^{l}\hbar^i(x(k))\overline{A}_d^i(k)\overline{x}_{1d}(k+i)-\overline{x}_1(k+i)\right]^{\mathrm{T}}\theta\overline{X}_1^{-1}\left[\sum_{i=1}^{l}\sum_{j=1}^{l}\hbar^i(x(k))\cdot\right.\\&\left.\hbar^j(x(k))\widehat{A}^{ij}(k)\overline{x}_1(k+i)+\sum_{i=1}^{l}\hbar^i(x(k))\overline{A}_d^i(k)\overline{x}_{1d}(k+i)-\overline{x}_1(k+i)\right]-(\overline{x}_1(k+i)\\&-\overline{x}_{1d_M}(k+i))^{\mathrm{T}}\theta\overline{X}_1^{-1}(\overline{x}_1(k+i)-\overline{x}_{1d_M}(k+i))\\=&\overline{x}_1^{\mathrm{T}}(k+i)\left[\sum_{i=1}^{l}\sum_{j=1}^{l}\hbar^i(x(k))\hbar^j(x(k))\widehat{A}^{ij\mathrm{T}}(k)\theta\overline{L}_1^{-1}\sum_{i=1}^{l}\sum_{j=1}^{l}\hbar^i(x(k))\hbar^j(x(k))\widehat{A}^{ij}(k)\right.\\&-\theta\overline{L}_1^{-1}+\theta\overline{S}_1^{-1}+\theta\overline{M}_2^{-1}+(d_M-d_m+1)\theta\overline{S}_1^{-1}+d_M^2\left(\sum_{i=1}^{l}\sum_{j=1}^{l}\hbar^i(x(k))\hbar^j(x(k))\right.\\&\left.\left.\widehat{A}^{ij}(k)-I\right)^{\mathrm{T}}\theta\overline{X}_1^{-1}\left(\sum_{i=1}^{l}\sum_{j=1}^{l}\hbar^i(x(k))\hbar^j(x(k))\widehat{A}^{ij}(k)-I\right)-\theta\overline{X}_1^{-1}\right]\overline{x}_1(k+i)+\\&\overline{x}_1^{\mathrm{T}}(k+i)\cdot\left[\sum_{i=1}^{l}\sum_{j=1}^{l}\hbar^i(x(k))\hbar^j(x(k))\widehat{A}^{ij\mathrm{T}}(k)\theta\overline{L}_1^{-1}\sum_{i=1}^{l}\hbar^i(x(k))\overline{A}_d^i(k)+d_M^2\left(\sum_{i=1}^{l}\sum_{j=1}^{l}\hbar^i\right.\right.\\&\left.\left.(x(k))\cdot\hbar^j(x(k))\widehat{A}^{ij}(k)-I\right)^{\mathrm{T}}\theta\overline{X}_1^{-1}\sum_{i=1}^{l}\hbar^i(x(k))\overline{A}_d^i(k)\right]\overline{x}_{1d}(k+i)+\overline{x}_1^{\mathrm{T}}(k+i)\cdot\end{aligned}$$

$$[\theta\bar{X}_1^{-1}]\cdot\bar{x}_{1d_M}(k+i)+\bar{x}_{1d}^{\mathrm{T}}(k+i)\left[\sum_{i=1}^{l}\hbar^i(x(k))\bar{A}_d^{i\mathrm{T}}(k)\theta\bar{L}_1^{-1}\sum_{i=1}^{l}\sum_{j=1}^{l}\hbar^i(x(k))\hbar^j(x(k))\hat{A}^{ij}(k)\right.$$

$$\left.+\sum_{i=1}^{l}\hbar^i(x(k))\bar{A}_d^i(k)\theta\bar{X}_1^{-1}\left(\sum_{i=1}^{l}\sum_{j=1}^{l}\hbar^i(x(k))\hbar^j(x(k))\hat{A}^{ij}(k)-I\right)\right]\bar{x}_1(k+i)$$

$$+\bar{x}_{1d}^{\mathrm{T}}(k+i)\left[\sum_{i=1}^{l}\hbar^i(x(k))\bar{A}_d^{i\mathrm{T}}(k)\theta\bar{L}_1^{-1}\sum_{i=1}^{l}\hbar^i(x(k))\bar{A}_d^i(k)-\theta\bar{S}_1^{-1}+d_M^2\sum_{i=1}^{l}\hbar^i(x(k))\cdot\right.$$

$$\left.\bar{A}_d^{i\mathrm{T}}(k)\theta\bar{X}_1^{-1}\sum_{i=1}^{l}\hbar^i(x(k))\bar{A}_d^i(k)\right]\bar{x}_{1d}(k+i)+\bar{x}_{1d}^{\mathrm{T}}(k+i)[0]\bar{x}_{1d_M}(k+i)+\bar{x}_{1d_M}^{\mathrm{T}}(k+i)\cdot$$

$$[\theta\bar{X}_1^{-1}]\bar{x}_1(k+i)+\bar{x}_{1d_M}^{\mathrm{T}}(k+i)[0]\bar{x}_{1d}(k+i)+\bar{x}_{1d_M}^{\mathrm{T}}(k+i)[-\theta\bar{M}_2^{-1}-\theta\bar{X}_1^{-1}]\bar{x}_{1d_M}(k+i)$$

$$=\bar{\phi}_1^{\mathrm{T}}(k)\left\{\begin{bmatrix}\theta\bar{\varphi}_1 & 0 & \theta\bar{X}_1^{-1}\\ * & -\theta\bar{S}_1^{-1} & 0\\ * & 0 & -\theta\bar{M}_2^{-1}-\theta\bar{X}_1^{-1}\end{bmatrix}+\theta\bar{\Lambda}_1^{\mathrm{T}}\bar{L}_1^{-1}\bar{\Lambda}_1+\theta\bar{\Lambda}_2^{\mathrm{T}}d_M^2\bar{X}_1^{-1}\bar{\Lambda}_2\right\}\bar{\phi}_1(k) \tag{3-22}$$

其中，$\bar{\varphi}_1=-\bar{L}_1^{-1}+\bar{M}_2^{-1}+(d_M-d_m+1)\bar{S}_1^{-1}+\bar{S}_1^{-1}-\bar{X}_1^{-1}$，$\bar{\Lambda}_1=\left[\sum_{i=1}^{l}\sum_{j=1}^{l}\hbar^i(x(k))\hbar^j(x(k))\hat{A}^{ij}(k)\quad\sum_{i=1}^{l}\hbar^i(x(k))\bar{A}_d^i(k)\quad 0\right]$，$\bar{\Lambda}_2=\left[\sum_{i=1}^{l}\sum_{j=1}^{l}\hbar^i(x(k))\hbar^j(x(k))\hat{A}^{ij}(k)-I\quad\sum_{i=1}^{l}\hbar^i(x(k))\bar{A}_d^i(k)\quad 0\right]$。

通过鲁棒稳定约束条件式（3-14），可以得到

$$\theta^{-1}\Delta V(\bar{x}_1(k+i\,|\,k))+\theta^{-1}\bar{J}_p(k)\leqslant 0 \tag{3-23}$$

其中，$\bar{J}_p(k)=(\bar{x}_1(k+i\,|\,k))^{\mathrm{T}}\bar{Q}_1(\bar{x}_1(k+i\,|\,k))+\Delta u(k+i\,|\,k)^{\mathrm{T}}\bar{R}_1\Delta u(k+i\,|\,k)=(\bar{x}_1(k+i\,|\,k))^{\mathrm{T}}\bar{Q}_1^{\frac{1}{2}\mathrm{T}}\bar{Q}_1^{\frac{1}{2}}(\bar{x}_1(k+i\,|\,k))+\left(\sum_{i=1}^{l}\hbar^i(x(k))\bar{R}_1^{\frac{1}{2}}\bar{Y}_1^i\bar{L}_1^{-1}\bar{x}_1(k+i\,|\,k)\right)^{\mathrm{T}}\left(\sum_{i=1}^{l}\hbar^i(x(k))\bar{R}_1^{\frac{1}{2}}\bar{Y}_1^i\bar{L}_1^{-1}\bar{x}_1(k+i\,|\,k)\right)$。

综合式（3-22）和式（3-23），可得

$$\theta^{-1}\Delta V(\bar{x}_1(k+i))+\theta^{-1}\bar{J}_p(k)\leqslant\bar{\phi}_1^{\mathrm{T}}(k)\bar{\Phi}_1\bar{\phi}_1(k) \tag{3-24}$$

$$\bar{\Phi}_1=\begin{bmatrix}\bar{\varphi}_1 & 0 & \bar{X}_1^{-1}\\ * & -\bar{S}_1^{-1} & 0\\ * & 0 & -\bar{M}_2^{-1}-\bar{X}_1^{-1}\end{bmatrix}+\bar{\Lambda}_1^{\mathrm{T}}\bar{L}_1^{-1}\bar{\Lambda}_1+\bar{\Lambda}_2^{\mathrm{T}}\bar{D}_2^2\bar{X}_1^{-1}\bar{\Lambda}_2+\bar{\lambda}_1^{\mathrm{T}}\theta^{-1}\bar{\lambda}_1+\bar{\lambda}_2^{\mathrm{T}}\theta^{-1}\bar{\lambda}_2 \tag{3-25}$$

其中，$\bar{D}_2=d_M$，$\bar{\lambda}_1=\left[\bar{Q}_1^{\frac{1}{2}}\quad 0\quad 0\right]$，$\bar{\lambda}_2=\left[\sum_{i=1}^{l}\hbar^i(x(k))\bar{R}_1^{\frac{1}{2}}\bar{Y}_1^i\bar{L}_1^{-1}\quad 0\quad 0\right]$，$\bar{\phi}_1^{\mathrm{T}}(k)\bar{\Phi}_1\bar{\phi}_1(k)=\bar{\phi}_1^{\mathrm{T}}(k)$

$$\left\{\begin{bmatrix}\bar{\varphi}_1 & 0 & \bar{X}_1^{-1}\\ * & -\bar{S}_1^{-1} & 0\\ * & 0 & -\bar{M}_2^{-1}-\bar{X}_1^{-1}\end{bmatrix}+\bar{\Lambda}_1^{\mathrm{T}}\bar{L}_1^{-1}\bar{\Lambda}_1+\bar{\Lambda}_2^{\mathrm{T}}\bar{D}_2^2\bar{X}_1^{-1}\bar{\Lambda}_2+\bar{\lambda}_1^{\mathrm{T}}\theta^{-1}\bar{\lambda}_1+\bar{\lambda}_2^{\mathrm{T}}\theta^{-1}\bar{\lambda}_2\right\}\bar{\phi}_1(k)=\bar{\phi}_1^{\mathrm{T}}(k)$$

$$
\begin{aligned}
&\left\{\begin{bmatrix}\bar{\varphi}_1 & 0 & \bar{X}_1^{-1}\\ * & -\bar{S}_1^{-1} & 0\\ * & 0 & -\bar{M}_2^{-1}-\bar{X}_1^{-1}\end{bmatrix}+\left[\sum_{i=1}^{l}\sum_{j=1}^{l}\hbar^i(x(k))\hbar^j(x(k))\hat{A}^{ij}(k)\quad \sum_{i=1}^{l}\hbar^i(x(k))\bar{A}_d^i(k)\quad 0\right]^{\mathrm{T}}\bar{L}_1^{-1}\right.\\
&\cdot\left[\sum_{i=1}^{l}\sum_{j=1}^{l}\hbar^i(x(k))\hbar^j(x(k))\hat{A}^{ij}(k)\quad \sum_{i=1}^{l}\hbar^i(x(k))\bar{A}_d^i(k)\quad 0\right]+\left[\sum_{i=1}^{l}\sum_{j=1}^{l}\hbar^i(x(k))\hbar^j(x(k))\hat{A}^{ij}(k)-I\right.\\
&\left.\sum_{i=1}^{l}\hbar^i(x(k))\bar{A}_d^i(k)\quad 0\right]^{\mathrm{T}}\bar{D}_2^2\bar{X}_1^{-1}\left[\sum_{i=1}^{l}\sum_{j=1}^{l}\hbar^i(x(k))\hbar^j(x(k))\hat{A}^{ij}(k)-I\quad \sum_{i=1}^{l}\hbar^i(x(k))\bar{A}_d^i(k)\quad 0\right]\\
&\left.+\bar{\lambda}_1^{\mathrm{T}}\theta^{-1}\bar{\lambda}_1+\left[\sum_{i=1}^{l}\hbar^i(x(k))\bar{R}_1^{\frac{1}{2}}\bar{Y}_1^i\bar{L}_1^{-1}\quad 0\quad 0\right]^{\mathrm{T}}\theta^{-1}\left[\sum_{i=1}^{l}\hbar^i(x(k))\bar{R}_1^{\frac{1}{2}}\bar{Y}_1^i\bar{L}_1^{-1}\quad 0\quad 0\right]\right\}\bar{\phi}_1(k)
\end{aligned}
$$

$$
\begin{aligned}
=\bar{\phi}_1^{\mathrm{T}}(k)&\left\{\begin{bmatrix}\bar{\varphi}_1 & 0 & \bar{X}_1^{-1}\\ * & -\bar{S}_1^{-1} & 0\\ * & 0 & -\bar{M}_2^{-1}-\bar{X}_1^{-1}\end{bmatrix}+\left[\sum_{i=1}^{l}\hbar^i(x(k))\hbar^i(x(k))\hat{A}^{ii}(k)\quad \sum_{i=1}^{l}\hbar^i(x(k))\bar{A}_d^i(k)\quad 0\right]^{\mathrm{T}}\right.\\
&\cdot\bar{L}_1^{-1}\left[\sum_{i=1}^{l}\hbar^i(x(k))\hbar^i(x(k))\hat{A}^{ii}(k)\quad \sum_{i=1}^{l}\hbar^i(x(k))\bar{A}_d^i(k)\quad 0\right]\\
&+\left[\sum_{i=1}^{l}\hbar^i(x(k))\hbar^i(x(k))\hat{A}^{ii}(k)-I\sum_{i=1}^{l}\hbar^i(x(k))\bar{A}_d^i(k)\quad 0\right]^{\mathrm{T}}\\
&\cdot\bar{D}_2^2\bar{X}_1^{-1}\left[\sum_{i=1}^{l}\hbar^i(x(k))\hbar^i(x(k))\hat{A}^{ii}(k)-I\quad \sum_{i=1}^{l}\hbar^i(x(k))\bar{A}_d^i(k)\quad 0\right]\\
&\left.+\bar{\lambda}_1^{\mathrm{T}}\theta^{-1}\bar{\lambda}_1+\left[\sum_{i=1}^{l}\hbar^i(x(k))\bar{R}_1^{\frac{1}{2}}\bar{Y}_1^i\bar{L}_1^{-1}\quad 0\quad 0\right]^{\mathrm{T}}\theta^{-1}\left[\sum_{i=1}^{l}\hbar^i(x(k))\bar{R}_1^{\frac{1}{2}}\bar{Y}_1^i\bar{L}_1^{-1}\quad 0\quad 0\right]\right\}\bar{\phi}_1(k)
\end{aligned}
$$

$$
\begin{aligned}
+2\bar{\phi}_1^{\mathrm{T}}(k)&\left\{\begin{bmatrix}\bar{\varphi}_1 & 0 & \bar{X}_1^{-1}\\ * & -\bar{S}_1^{-1} & 0\\ * & 0 & -\bar{M}_2^{-1}-\bar{X}_1^{-1}\end{bmatrix}+\left[\sum_{i=1}^{l}\sum_{i<j}\hbar^i(x(k))\hbar^j(x(k))\frac{\hat{A}^{ij}(k)+\hat{A}^{ji}(k)}{2}\right.\right.\\
&\left.\sum_{i=1}^{l}\hbar^i(x(k))\bar{A}_d^i(k)\quad 0\right]^{\mathrm{T}}\bar{L}_1^{-1}\left[\sum_{i=1}^{l}\sum_{i<j}\hbar^i(x(k))\hbar^j(x(k))\frac{\hat{A}^{ij}(k)+\hat{A}^{ji}(k)}{2}\right.\\
&\left.\sum_{i=1}^{l}\hbar^i(x(k))\bar{A}_d^i(k)\quad 0\right]^{\mathrm{T}}+\left[\sum_{i=1}^{l}\sum_{i<j}\hbar^i(x(k))\hbar^j(x(k))\frac{\hat{A}^{ij}(k)+\hat{A}^{ji}(k)}{2}-I\right.\\
&\left.\sum_{i=1}^{l}\hbar^i(x(k))\bar{A}_d^i(k)\quad 0\right]^{\mathrm{T}}\bar{D}_2^2\bar{X}_1^{-1}\left[\sum_{i=1}^{l}\sum_{i<j}\hbar^i(x(k))\hbar^j(x(k))\frac{\hat{A}^{ij}(k)+\hat{A}^{ji}(k)}{2}-I\right.\\
&\left.\sum_{i=1}^{l}\hbar^i(x(k))\bar{A}_d^i(k)\quad 0\right]+\bar{\lambda}_1^{\mathrm{T}}\theta^{-1}\bar{\lambda}_1+\left[\sum_{i=1}^{l}\sum_{j=1}^{l}\hbar^i(x(k))\hbar^j(x(k))\bar{R}_1^{\frac{1}{2}}\frac{\bar{Y}_1^i+\bar{Y}_1^j}{2}\bar{L}_1^{-1}\right.\\
&\left.\left.0\quad 0\right]^{\mathrm{T}}\theta^{-1}\left[\sum_{i=1}^{l}\sum_{j=1}^{l}\hbar^i(x(k))\hbar^j(x(k))\bar{R}_1^{\frac{1}{2}}\frac{\bar{Y}_1^i+\bar{Y}_1^j}{2}\bar{L}_1^{-1}\quad 0\quad 0\right]\right\}\bar{\phi}_1(k)
\end{aligned}
$$

基于引理1.1，令 $\bar{\Phi}_1 < 0$，可得如下LMI条件：

$$\begin{bmatrix} \bar{\varphi}_1 & 0 & \bar{X}_1^{-1} & \widehat{A}^{ii\mathrm{T}}(k) & \widehat{A}^{ii\mathrm{T}}(k)-I & \bar{L}_1^{-1}\bar{Y}_1^{i\mathrm{T}}\bar{R}_1^{\frac{1}{2}} & \bar{Q}_1^{\frac{1}{2}} \\ * & -\bar{S}_1^{-1} & 0 & \bar{A}_d^{i\mathrm{T}}(k) & \bar{A}_d^{i\mathrm{T}}(k) & 0 & 0 \\ * & * & -\bar{M}_2^{-1}-\bar{X}_1^{-1} & 0 & 0 & 0 & 0 \\ * & * & * & -\bar{L}_1 & 0 & 0 & 0 \\ * & * & * & * & -\bar{D}_2^{-2}\bar{X}_1 & 0 & 0 \\ * & * & * & * & * & -\theta I & 0 \\ * & * & * & * & * & * & -\theta I \end{bmatrix} < 0 \quad (3\text{-}26)$$

$$\begin{bmatrix} \bar{\varphi}_1 & 0 & \bar{X}_1^{-1} & \tilde{N}^{ij}(k) & \tilde{N}^{ij}(k)-I & \bar{L}_1^{-1}\dfrac{\bar{Y}_1^{i\mathrm{T}}+\bar{Y}_1^{j\mathrm{T}}}{2}\bar{R}_1^{\frac{1}{2}} & \bar{Q}_1^{\frac{1}{2}} \\ * & -\bar{S}_1^{-1} & 0 & \bar{A}_d^{i\mathrm{T}}(k) & \bar{A}_d^{i\mathrm{T}}(k) & 0 & 0 \\ * & * & -\bar{M}_2^{-1}-\bar{X}_1^{-1} & 0 & 0 & 0 & 0 \\ * & * & * & -\bar{L}_1 & 0 & 0 & 0 \\ * & * & * & * & -\bar{D}_2^{-2}\bar{X}_1 & 0 & 0 \\ * & * & * & * & * & -\theta I & 0 \\ * & * & * & * & * & * & -\theta I \end{bmatrix} < 0 \quad (3\text{-}27)$$

其中，$\tilde{N}^{ij}(k) = \dfrac{\widehat{A}^{ij\mathrm{T}}(k)+\widehat{A}^{ji\mathrm{T}}(k)}{2}$。为了得到稳定性条件式（3-12）和式（3-13），仅需在式（3-26）和式（3-27）左右两边乘以 $\mathrm{diag}[\bar{L}_1 \quad \bar{S}_1 \quad \bar{X}_1 \quad I \quad I \quad I \quad I]$ 并令 $\bar{L}_1\bar{S}_1^{-1}\bar{L}_1 = \bar{S}_2$，$\bar{L}_1\bar{X}_1^{-1}\bar{L}_1 = \bar{X}_2$，$\bar{X}_1\bar{M}_2^{-1}\bar{X}_1 = \bar{M}_4$，$\bar{K}^i = \bar{Y}_1^i\bar{L}_1^{-1}$，$\bar{K}^j = \bar{Y}_1^j\bar{L}_1^{-1}$。

因此，如果充分条件式（3-12）和式（3-13）成立，则闭环模糊系统式（3-11）在 $\bar{w}(k)=0$ 的情况下是渐近稳定的。

注释3.4　通过差分策略构建Lyapunov函数包含了时滞的边界信息。同时，控制律的设计基于包含过程状态和输出跟踪误差的扩展模型式（3-8），可以确保过程的状态和输出跟踪误差同时收敛，从而改善系统的收敛性。此外，对比于过去的方法[103,104,107,108]给出了更加保守的稳定性条件式（3-12）和式（3-13）并且在推导过程中可以避免采用边界和模型转换的技术[161,162]。

定理3.2　考虑到一些标量 $\gamma>0$，$\theta>0$，$0 \leqslant d_m \leqslant d_M$，在 $\bar{w}(k) \neq 0$ 的情况下，如果存在对称矩阵 $\bar{P}_1, \bar{T}_1, \bar{M}_1, \bar{G}_1, \bar{L}_1, \bar{S}_1, \bar{S}_2, \bar{M}_2, \bar{M}_3, \bar{M}_4, \bar{X}_1, \bar{X}_2 \in \mathbf{R}^{(n_x+n_e)\times(n_x+n_e)}$，矩阵 $\bar{Y}_1^i$，$\bar{Y}_1^j \in \mathbf{R}^{n_u\times(n_x+n_e)}$ 和正数标量 $\bar{\varepsilon}_1^i, \bar{\varepsilon}_2^i, \bar{\varepsilon}_1^j, \bar{\varepsilon}_2^j$，使得如下的LMI条件：

$$
\begin{bmatrix}
\bar{\Pi}_{11} & \bar{\Pi}_{12} & \bar{\Pi}_{13} & \bar{\Pi}_{14} & \bar{\Pi}_{15} & \bar{\Pi}_{16} & \bar{\Pi}_{17} & \bar{\Pi}_{18} & \bar{\Pi}_{19} & \bar{\Pi}_{1,10} \\
* & \bar{\Pi}_{22} & 0 & 0 & 0 & 0 & 0 & 0 & 0 & 0 \\
* & * & \bar{\Pi}_{33} & 0 & 0 & 0 & 0 & 0 & 0 & 0 \\
* & * & * & \bar{\Pi}_{44} & 0 & 0 & 0 & 0 & 0 & 0 \\
* & * & * & * & \bar{\Pi}_{55} & 0 & 0 & 0 & 0 & 0 \\
* & * & * & * & * & \bar{\Pi}_{66} & 0 & 0 & 0 & 0 \\
* & * & * & * & * & * & \bar{\Pi}_{77} & 0 & 0 & 0 \\
* & * & * & * & * & * & * & \bar{\Pi}_{88} & 0 & 0 \\
* & * & * & * & * & * & * & * & \bar{\Pi}_{99} & 0 \\
* & * & * & * & * & * & * & * & * & \bar{\Pi}_{10,10}
\end{bmatrix} < 0 \tag{3-28}
$$

$$
\begin{bmatrix}
\bar{\Pi}_{11} & \tilde{\Pi}_{12} & \tilde{\Pi}_{13} & \bar{\Pi}_{14} & \tilde{\Pi}_{15} & \bar{\Pi}_{16} & \tilde{\Pi}_{17} & \tilde{\Pi}_{18} & \tilde{\Pi}_{19} & \tilde{\Pi}_{1,10} \\
* & \tilde{\Pi}_{22} & 0 & 0 & 0 & 0 & 0 & 0 & 0 & 0 \\
* & * & \tilde{\Pi}_{33} & 0 & 0 & 0 & 0 & 0 & 0 & 0 \\
* & * & * & \bar{\Pi}_{44} & 0 & 0 & 0 & 0 & 0 & 0 \\
* & * & * & * & \bar{\Pi}_{55} & 0 & 0 & 0 & 0 & 0 \\
* & * & * & * & * & \bar{\Pi}_{66} & 0 & 0 & 0 & 0 \\
* & * & * & * & * & * & \tilde{\Pi}_{77} & 0 & 0 & 0 \\
* & * & * & * & * & * & * & \tilde{\Pi}_{88} & 0 & 0 \\
* & * & * & * & * & * & * & * & \tilde{\Pi}_{99} & 0 \\
* & * & * & * & * & * & * & * & * & \tilde{\Pi}_{10,10}
\end{bmatrix} < 0 \tag{3-29}
$$

成立，并且满足不变集$\begin{bmatrix} -1 & \bar{x}_l^{\mathrm{T}}(k|k) \\ \bar{x}_l(k|k) & -\bar{\varphi}_l \end{bmatrix} \leqslant 0$，则模糊闭环系统式（3-11）是渐近稳定。其中，$\bar{K}^i = \bar{Y}_1^i \bar{L}_1^{-1}$，$\bar{K}^j = \bar{Y}_1^j \bar{L}_1^{-1}$，$\bar{\Pi}_{11} = \begin{bmatrix} \hat{\varphi}_1 & 0 & \bar{L}_1 & 0 \\ 0 & -\bar{S}_1 & 0 & 0 \\ \bar{L}_1 & 0 & -\bar{M}_4 - \bar{X}_1 & 0 \\ 0 & 0 & 0 & -\gamma^2 I \end{bmatrix}$，$\bar{\Pi}_{12} = \begin{bmatrix} \bar{L}_1 \bar{A}^{i\mathrm{T}} + \bar{Y}_1^{j\mathrm{T}} \bar{B}^{i\mathrm{T}} \\ \bar{S}_1 \bar{A}_d^i \\ 0 \\ \bar{G}^{\mathrm{T}} \end{bmatrix}$，$\bar{\Pi}_{13} = \begin{bmatrix} \bar{L}_1 \bar{A}^{i\mathrm{T}} + \bar{Y}_1^{j\mathrm{T}} \bar{B}^{i\mathrm{T}} - \bar{L}_1 \\ \bar{S}_1 \bar{A}_d^i \\ 0 \\ \bar{G}^{\mathrm{T}} \end{bmatrix}$，$\bar{\Pi}_{14} = \begin{bmatrix} \bar{L}_1 \bar{E}^{\mathrm{T}} \\ 0 \\ 0 \\ 0 \end{bmatrix}$，$\bar{\Pi}_{15} = \begin{bmatrix} \bar{Y}_1^{i\mathrm{T}} \bar{R}_1^{\frac{1}{2}} \\ 0 \\ 0 \\ 0 \end{bmatrix}$，$\bar{\Pi}_{16} =$

$\begin{bmatrix} \bar{L}_1\bar{Q}_1^{\frac{1}{2}} \\ 0 \\ 0 \\ 0 \end{bmatrix}$，$\bar{\sqcap}_{17}=\bar{\sqcap}_{19}=\begin{bmatrix} \bar{L}_1\bar{H}^{i\mathrm{T}} \\ \bar{S}_1\bar{H}_d^{i\mathrm{T}} \\ 0 \\ 0 \end{bmatrix}$，$\bar{\sqcap}_{18}=\bar{\sqcap}_{1,10}=\begin{bmatrix} \bar{Y}_1^{i\mathrm{T}}\bar{H}_b^{i\mathrm{T}} \\ 0 \\ 0 \\ 0 \end{bmatrix}$，$\bar{\sqcap}_{22}=-\bar{L}_1+\bar{\varepsilon}_1^i\bar{N}^i\bar{N}^{i\mathrm{T}}+\bar{\varepsilon}_2^i\bar{N}^i\bar{N}^{i\mathrm{T}}$，

$\bar{\sqcap}_{33}=-\bar{X}_1\bar{D}_2^{-2}+\bar{\varepsilon}_1\bar{N}^i\bar{N}^{i\mathrm{T}}+\bar{\varepsilon}_2\bar{N}^i\bar{N}^{i\mathrm{T}}$，$\bar{\sqcap}_{44}=-I$，$\bar{\sqcap}_{55}=\bar{\sqcap}_{66}=-\theta I$，$\bar{\sqcap}_{77}=\bar{\sqcap}_{99}=-\bar{\varepsilon}_1^i I$，

$\bar{\sqcap}_{88}=\bar{\sqcap}_{10,10}=-\bar{\varepsilon}_2^i I$，$\tilde{\sqcap}_{12}=\begin{bmatrix} \bar{L}_1\bar{N}^{ij}+\bar{H}^{ij} \\ \bar{S}_1\bar{A}_d^i \\ 0 \\ \bar{G}^{\mathrm{T}} \end{bmatrix}$，$\tilde{\sqcap}_{13}=\begin{bmatrix} \bar{L}_1\bar{N}^{ij}+\bar{H}^{ij}-\bar{L}_1 \\ \bar{S}_1\bar{A}_d^i \\ 0 \\ \bar{G}^{\mathrm{T}} \end{bmatrix}$，$\tilde{\sqcap}_{15}=\begin{bmatrix} \dfrac{\bar{Y}_1^{i\mathrm{T}}+\bar{Y}_1^{j\mathrm{T}}}{2}\bar{R}_1^{\frac{1}{2}} \\ 0 \\ 0 \\ 0 \end{bmatrix}$，

$\tilde{\sqcap}_{17}=\tilde{\sqcap}_{19}=\begin{bmatrix} \frac{1}{2}\bar{L}_1\bar{H}^{i\mathrm{T}} & \frac{1}{2}\bar{L}_1\bar{H}^{j\mathrm{T}} \\ \bar{S}_1\bar{H}_d^{i\mathrm{T}} & 0 \\ 0 & 0 \\ 0 & 0 \end{bmatrix}$，$\tilde{\sqcap}_{18}=\tilde{\sqcap}_{1,10}=\begin{bmatrix} \frac{1}{2}\bar{Y}_1^{j\mathrm{T}}\bar{H}_b^{i\mathrm{T}} & \frac{1}{2}\bar{Y}_1^{i\mathrm{T}}\bar{H}_b^{j\mathrm{T}} \\ 0 & 0 \\ 0 & 0 \\ 0 & 0 \end{bmatrix}$，$\tilde{\sqcap}_{22}=-\bar{L}_1+$
$\bar{\varepsilon}_1^i\bar{N}^i\bar{N}^{i\mathrm{T}}+\bar{\varepsilon}_1^j\bar{N}^j\bar{N}^{j\mathrm{T}}+\bar{\varepsilon}_2^j\bar{N}^j\bar{N}^{j\mathrm{T}}+\bar{\varepsilon}_2^i\bar{N}^i\bar{N}^{i\mathrm{T}}$，$\tilde{\sqcap}_{33}=-\bar{X}_1\bar{D}_2^{-2}+\bar{\varepsilon}_1^i\bar{N}^i\bar{N}^{i\mathrm{T}}+\bar{\varepsilon}_1^j\bar{N}^j\bar{N}^{j\mathrm{T}}+\bar{\varepsilon}_2^j\bar{N}^j\bar{N}^{j\mathrm{T}}+$
$\bar{\varepsilon}_2^i\bar{N}^i\bar{N}^{i\mathrm{T}}$，$\tilde{\sqcap}_{77}=\tilde{\sqcap}_{99}=-\mathrm{diag}\left[\bar{\varepsilon}_1^i I \quad \bar{\varepsilon}_1^j I\right]$，$\tilde{\sqcap}_{88}=\tilde{\sqcap}_{10,10}=-\mathrm{diag}\left[\bar{\varepsilon}_2^i I \quad \bar{\varepsilon}_2^j I\right]$，$\bar{N}^{ij}=\dfrac{\bar{A}^{i\mathrm{T}}+\bar{A}^{j\mathrm{T}}}{2}$，$\bar{H}^{ij}=\dfrac{\bar{Y}_1^{j\mathrm{T}}\bar{B}^{i\mathrm{T}}+\bar{Y}_1^{i\mathrm{T}}\bar{B}^{j\mathrm{T}}}{2}$。

证明　在零初始条件下，定义如下 H_∞ 性能指标：

$$J=\sum_{k=0}^{\infty}[z^{\mathrm{T}}(k)z(k)-\gamma^2\bar{w}^{\mathrm{T}}(k)\bar{w}(k)] \tag{3-30}$$

其中，对于 $\forall\bar{w}(k)\in L_2[0,\infty]$，因 $V(\bar{x}_1(0))=0, V(\bar{x}_1(\infty))\geqslant 0$，$\bar{J}_\infty>0$，可得

$$J\leqslant\sum_{k=0}^{\infty}[z^{\mathrm{T}}(k)z(k)-\gamma^2\bar{w}^{\mathrm{T}}(k)\bar{w}(k)+\theta^{-1}\Delta V(\bar{x}_1(k))+\theta^{-1}\bar{J}(k)] \tag{3-31}$$

其中，$\bar{J}(k)=\bar{x}_1(k)^{\mathrm{T}}\bar{Q}_1\bar{x}_1(k)+\Delta u(k)^{\mathrm{T}}\bar{R}_1\Delta u(k)$。

充分利用式（3-24），可以得到如下表达形式：

$$z^{\mathrm{T}}(k)z(k)-\gamma^2\bar{w}^{\mathrm{T}}(k)\bar{w}(k)+\theta^{-1}\Delta V(\bar{x}_1(k))+\theta^{-1}\bar{J}(k)=\begin{bmatrix}\bar{\phi}_1(k)\\ \bar{w}(k)\end{bmatrix}^{\mathrm{T}}$$

$$\left\{\begin{bmatrix}\bar{\phi}_1 & 0 & \bar{X}_1^{-1} & 0\\ * & -\bar{S}_1^{-1} & 0 & 0\\ * & * & -\bar{M}_2^{-1}-\bar{X}_1^{-1} & 0\\ * & * & * & -\gamma^2\end{bmatrix}+\begin{bmatrix}\bar{\Lambda}_1^{\mathrm{T}}\\ \bar{G}^{\mathrm{T}}\end{bmatrix}\bar{L}_1^{-1}\begin{bmatrix}\bar{\Lambda}_1 & \bar{G}\end{bmatrix}\bar{\Lambda}_1+\begin{bmatrix}\bar{\Lambda}_2^{\mathrm{T}}\\ \bar{G}^{\mathrm{T}}\end{bmatrix}\bar{D}_2^2\bar{X}_1^{-1}\begin{bmatrix}\bar{\Lambda}_2 & \bar{G}\end{bmatrix}\right.$$

$$\left.\begin{bmatrix}\bar{E}^{\mathrm{T}}\\0\\0\\0\end{bmatrix}\begin{bmatrix}\bar{E} & 0 & 0 & 0\end{bmatrix}+\begin{bmatrix}\bar{\lambda}_1^{\mathrm{T}} & 0\end{bmatrix}^{\mathrm{T}}\theta^{-1}\begin{bmatrix}\bar{\lambda}_1^{\mathrm{T}} & 0\end{bmatrix}+\begin{bmatrix}\bar{\lambda}_2^{\mathrm{T}} & 0\end{bmatrix}^{\mathrm{T}}\theta^{-1}\begin{bmatrix}\bar{\lambda}_2^{\mathrm{T}} & 0\end{bmatrix}\right\}\begin{bmatrix}\bar{\phi}_1(k)\\ \bar{w}(k)\end{bmatrix}$$

（3-32）

基于定理 3.1 和充分条件式（3-28）和式（3-29），可得

$$\begin{bmatrix}\hat{\varphi}_1 & 0 & \bar{X}_1^{-1} & 0\\ * & -\bar{S}_1^{-1} & 0 & 0\\ * & * & -\bar{M}_2^{-1}-\bar{X}_1^{-1} & 0\\ * & * & * & -\gamma^2\end{bmatrix}+\begin{bmatrix}\bar{\Lambda}_1^{\mathrm{T}}\\ \bar{G}^{\mathrm{T}}\end{bmatrix}\bar{L}_1^{-1}\begin{bmatrix}\bar{\Lambda}_1 & \bar{G}\end{bmatrix}+\begin{bmatrix}\bar{\Lambda}_2^{\mathrm{T}}\\ \bar{G}^{\mathrm{T}}\end{bmatrix}D_2^2\bar{X}_1^{-1}\begin{bmatrix}\bar{\Lambda}_2 & \bar{G}\end{bmatrix}+\begin{bmatrix}\bar{E}^{\mathrm{T}}\\0\\0\\0\end{bmatrix}\cdot$$

$$\begin{bmatrix}\bar{E} & 0 & 0 & 0\end{bmatrix}+\begin{bmatrix}\bar{\lambda}_1^{\mathrm{T}} & 0\end{bmatrix}^{\mathrm{T}}\theta^{-1}\begin{bmatrix}\bar{\lambda}_1^{\mathrm{T}} & 0\end{bmatrix}+\begin{bmatrix}\bar{\lambda}_2^{\mathrm{T}} & 0\end{bmatrix}^{\mathrm{T}}\theta^{-1}\begin{bmatrix}\bar{\lambda}_2^{\mathrm{T}} & 0\end{bmatrix}<0 \quad (3\text{-}33)$$

因此，$J\leqslant 0$，即$\|z\|_{L_2}\leqslant\gamma\|\bar{w}\|_{L_2}$，则定理 3.2 可证。

注释 3.5　定理 3.2 给出了保证闭环模糊系统式（3-11）在$\bar{w}(k)\neq 0$的情况下的充分条件并且可以使系统具有H_∞性能和最优控制性能。

3.3　基于执行器部分失效的离散非线性系统模糊预测容错控制

3.3.1　过程描述

在 3.2 节的基础上，考虑时变非线性系统受执行器部分失效的影响，可以通过如下 T-S 模糊规则描述。

规则 R^i：如果 $Z_1(k)$ 是 M_1^i，$Z_2(k)$ 是 M_2^i，…，$Z_q(k)$ 是 M_q^i，则

$$\begin{cases}x(k+1)=A^i(k)x(k)+A_d^i(k)x(k-d(k))+u^F(k)+w(k)\\ y(k)=C^i x(k)\end{cases} \quad (3\text{-}34)$$

其中，$u^F(k)$ 表示执行器发生故障，在此执行器部分失效的情况被研究，即$u^F(k)=\alpha u(k)$，$\alpha>0$代表故障增益，它是未知的，但假设可以知道其变化区间，即$0\leqslant\underline{\alpha}\leqslant\alpha\leqslant\bar{\alpha}$，其中，$\underline{\alpha}\leqslant I$ 和 $\bar{\alpha}\geqslant I$ 为已知标量。此外，定义$\beta=\dfrac{\bar{\alpha}+\underline{\alpha}}{2}$，$\beta_0=(\bar{\alpha}+\underline{\alpha})^{-1}(\bar{\alpha}-\underline{\alpha})$，并且$\alpha=(I+\alpha_0)\beta$，其中，$\alpha_0$ 是未知矩阵，满足$|\alpha_0|\leqslant\beta_0\leqslant I$。

通过线性加权一系列子模型式（3-34），上述非线性过程可以转化为

$$\sum_{\text{T-S-delay}}\begin{cases} x(k+1)=\sum_{i=1}^{l}\hbar^i(x(k))(A^i x(k)+A_d^i x(k-d(k))) \\ \qquad +\sum_{i=1}^{l}\hbar^i(x(k))B^i\alpha u(k)+w(k) \\ y(k)=C^i x(k) \end{cases} \tag{3-35}$$

其中，$\hbar^i(x(k))=\dfrac{M^i(x(k))}{\sum_{i=1}^{l}M^i(x(k))}$，$\sum_{i=1}^{l}\hbar^i(x(k))=1$，$M^i(x(k))=\prod_{h=1}^{q}M_h^i$，$M^i(x(k))$ 为第 i 个模糊规则的非线性隶属度函数。

本节的主要目的是为具有部分执行器故障的 T-S 模糊系统 $\sum_{\text{T-S-delay}}$ 设计一个模糊容错控制器，使测量的输出能够跟踪期望的设定值 $c(k)$。

3.3.2 模糊预测容错控制器设计

式（3-35）左右两边同乘以后移算子，可以得到如下增量状态空间的形式：

$$\begin{cases} \Delta x(k+1)=\sum_{i=1}^{l}\hbar^i(x(k))(A^i(k)\Delta x(k)+A_d^i(k)\Delta x(k-d(k))) \\ \qquad +\sum_{i=1}^{l}\hbar^i(x(k))B^i\alpha\Delta u(k)+\overline{w}(k) \\ \Delta y(k)=C^i\Delta x(k) \end{cases} \tag{3-36}$$

其中，$\Delta=1-q^{-1}$，$\overline{w}(k)=\sum_{i=1}^{l}\sigma(\hbar^i)[A_d^i(k)x(k-1-d(k-1))+A^i(k)x(k-1)+B^i\alpha u(k-1)]+\sum_{i=1}^{l}\hbar^i(x(k-1))[(\Delta_a^i(k)-\Delta_a^i(k-1))x(k-1)+(\Delta_d^i(k)-\Delta_d^i(k-1))x(k-1-d(k-1))]+\Delta w(k)$，$\sigma(\hbar^i)=\hbar^i(x(k))-\hbar^i(x(k-1))$。定义设定值为 $c(k)$，则输出跟踪误差可以表示为

$$e(k)=y(k)-c(k) \tag{3-37}$$

综合式（3-36）和式（3-37），可得

$$e(k+1)=e(k)+C\left(\sum_{i=1}^{l}\hbar^i(x(k))\left(A^i(k)\Delta x(k)+\sum_{i=1}^{l}A_d^i(k)\Delta x(k-d(k))\right)+\sum_{i=1}^{l}\hbar^i(x(k))B^i\alpha\Delta u(k)+\overline{w}(k)\right) \tag{3-38}$$

将输出跟踪误差扩展到 T-S 模糊模型式（3-38），可得

$$\sum_{\text{E-T-S-delay}}\begin{cases}\overline{x}_1(k+1)=\sum_{i=1}^{l}\hbar^i(x(k))\overline{A}^i(k)\overline{x}_1(k)+\sum_{i=1}^{l}\hbar^i(x(k))\overline{A}_d^i(k)\cdot\\ \qquad\overline{x}_1(k-d(k))+\sum_{i=1}^{l}\hbar^i(x(k))\overline{B}^i\alpha\Delta u(k)+\overline{G}\overline{w}(k)\\ \Delta y(k)=\overline{C}\overline{x}_1(k)\\ z(k)=e(k)=\overline{E}\overline{x}_1(k)\end{cases}\tag{3-39}$$

其中，$\overline{x}_1(k)=\begin{bmatrix}\Delta x(k)\\ e(k)\end{bmatrix}$，$\overline{x}_1(k-d(k))=\begin{bmatrix}\Delta x(k-d(k))\\ e(k-d(k))\end{bmatrix}$，$\overline{A}^i(k)=\begin{bmatrix}A^i+\Delta_a^i(k) & 0\\ CA^i+C\Delta_a^i(k) & I\end{bmatrix}=\overline{A}^i+\overline{\Delta}_a^i,\overline{A}^i=\begin{bmatrix}A^i & 0\\ CA^i & I\end{bmatrix}$，$\overline{\Delta}_a^i(k)=\overline{N}^i\Delta^i(k)\overline{H}^i$，$\overline{A}_d^i(k)=\begin{bmatrix}A_d^i+\Delta_d^i(k) & 0\\ CA_d^i+C\Delta_d^i(k) & 0\end{bmatrix}=\overline{A}_d^i+\overline{\Delta}_d^i$，$\overline{A}_d^i=\begin{bmatrix}A_d^i & 0\\ CA_d^i & 0\end{bmatrix}$，$\overline{\Delta}_d^i(k)=\overline{N}^i\Delta^i(k)\overline{H}_d^i$，$\overline{B}^i=\begin{bmatrix}B^i\\ CB^i\end{bmatrix}$，$\overline{N}^i=\begin{bmatrix}N^i\\ CN^i\end{bmatrix}$，$\overline{H}^i=\begin{bmatrix}H^i & 0\end{bmatrix}$，$\overline{H}_d^i=\begin{bmatrix}H_d^i & 0\end{bmatrix}$，$\overline{G}=\begin{bmatrix}I\\ C\end{bmatrix}$，$\overline{C}=\begin{bmatrix}C & 0\end{bmatrix}$，$\overline{E}=\begin{bmatrix}0 & I\end{bmatrix}$。

基于平行分布补偿方法和上述扩展 T-S 模糊模型$\sum_{\text{E-T-S-delay}}$，系统模糊容错控制律可以设计为

$$\Delta u^i(k)=\overline{K}^i\overline{x}_1(k)=\overline{K}^i\begin{bmatrix}\Delta x(k)\\ e(k)\end{bmatrix}\tag{3-40}$$

$$\Delta u(k)=\sum_{i=1}^{l}\hbar^i(x(k))\overline{K}^i\begin{bmatrix}\Delta x(k)\\ e(k)\end{bmatrix}\tag{3-41}$$

其中，$\overline{K}^i$是常值增益，可以通过后续的定理求解获得。将式（3-41）代入式（3-39）中，可以得到扩展 T-S 模糊闭环系统表达形式为

$$\sum_{\text{E-T-S-delay-C}}\begin{cases}\overline{x}_1(k+1)=\sum_{i=1}^{l}\sum_{j=1}^{l}\hbar^i(x(k))\hbar^j(x(k))\widehat{A}^{ij}(k)\overline{x}_1(k)\\ \qquad+\sum_{i=1}^{l}\hbar^i(x(k))\overline{A}_d^i(k)\overline{x}_1(k-d(k))+\overline{G}\overline{w}(k)\\ \Delta y(k)=\overline{C}\overline{x}_1(k)\\ z(k)=e(k)=\overline{E}\overline{x}_1(k)\end{cases}\tag{3-42}$$

其中，$\widehat{A}^{ij}(k)=\overline{A}^i(k)+\overline{B}^i\alpha\overline{K}^j(i,j\leqslant l)$。

定理 3.3　考虑到一些标量$\theta>0$，$0\leqslant d_m\leqslant d_M$，在$\overline{w}(k)=0$的情况下，如果存在对称矩阵$\overline{P}_1,\overline{T}_1,\overline{M}_1,\overline{G}_1,\overline{L}_1,\overline{S}_1,\overline{S}_2,\overline{M}_2,\overline{M}_3,\overline{M}_4,\overline{X}_1,\overline{X}_2\in\mathbf{R}^{(n_x+n_e)\times(n_x+n_e)}$，矩阵$\overline{Y}_1^i,\overline{Y}_1^j\in\mathbf{R}^{n_u\times(n_x+n_e)}$和正数标量$\overline{\varepsilon}_i,\overline{\varepsilon}_j$，使得如下的LMI条件：

$$\begin{bmatrix} \bar{\Pi}_{11} & \bar{\Pi}_{12} & \bar{\Pi}_{13} & \bar{\Pi}_{14} \\ * & \bar{\Pi}_{22} & 0 & 0 \\ * & * & \bar{\Pi}_{33} & 0 \\ * & * & * & \bar{\Pi}_{44} \end{bmatrix} < 0 \tag{3-43}$$

$$\begin{bmatrix} \bar{\Pi}_{11} & \tilde{\Pi}_{12} & \tilde{\Pi}_{13} & \tilde{\Pi}_{14} \\ * & \tilde{\Pi}_{22} & 0 & 0 \\ * & * & \bar{\Pi}_{33} & 0 \\ * & * & * & \tilde{\Pi}_{44} \end{bmatrix} < 0 \tag{3-44}$$

$$\begin{bmatrix} -1 & \bar{x}_l^{\mathrm{T}}(k \mid k) \\ \bar{x}_l(k \mid k) & -\bar{\varphi}_l \end{bmatrix} \leqslant 0 \tag{3-45}$$

$$\begin{bmatrix} -\phi & \bar{L}_1 \\ * & -\psi_l \end{bmatrix} \leqslant 0 \tag{3-46}$$

成立，则扩展 T-S 模糊闭环系统 $\sum_{\text{E-T-S-delay-C}}$ 是渐近稳定。其中，鲁棒状态反馈容错控制器增益 $\bar{K}^i = \bar{Y}_1^i \bar{L}_1^{-1}$，$\bar{K}^j = \bar{Y}_1^j \bar{L}_1^{-1}$，$\bar{\Pi}_{11} = \begin{bmatrix} \hat{\varphi}_1 & 0 & \bar{L}_1 \\ * & -\bar{S}_1 & 0 \\ * & * & -\bar{M}_4 - \bar{X}_1 \end{bmatrix}$，$\bar{\Pi}_{12} = \begin{bmatrix} \bar{L}_1 \bar{A}^{i\mathrm{T}}(k) + \bar{Y}_1^{i\mathrm{T}} \beta \bar{B}^{i\mathrm{T}} & \bar{L}_1 \bar{A}^{i\mathrm{T}}(k) + \bar{Y}_1^{i\mathrm{T}} \beta \bar{B}^{i\mathrm{T}} - \bar{L}_1 \\ \bar{S}_1 \bar{A}_d^{i\mathrm{T}}(k) & \bar{S}_1 \bar{A}_d^{i\mathrm{T}}(k) \\ 0 & 0 \end{bmatrix}$，$\tilde{\Pi}_{12} = \begin{bmatrix} \bar{L}_1 \bar{N}^{ij} + \bar{H}^{ij} & \bar{L}_1 \bar{N}^{ij} + \bar{H}^{ij} - \bar{L}_1 \\ \bar{S}_1 \bar{A}_d^{i\mathrm{T}}(k) & \bar{S}_1 \bar{A}_d^{i\mathrm{T}}(k) \\ 0 & 0 \end{bmatrix}$，$\bar{\Pi}_{13} = \begin{bmatrix} \bar{Y}_1^{i\mathrm{T}} \bar{R}_1^{\frac{1}{2}} & \bar{L}_1 \bar{Q}_1^{\frac{1}{2}} \\ 0 & 0 \\ 0 & 0 \end{bmatrix}$，

$\tilde{\Pi}_{13} = \begin{bmatrix} \dfrac{\bar{Y}_1^{i\mathrm{T}} + \bar{Y}_1^{j\mathrm{T}}}{2} \bar{R}_1^{\frac{1}{2}} & \bar{L}_1 \bar{Q}_1^{\frac{1}{2}} \\ 0 & 0 \\ 0 & 0 \end{bmatrix}$，$\bar{\Pi}_{14} = \begin{bmatrix} \bar{Y}_1^{i\mathrm{T}} \beta & \bar{Y}_1^{i\mathrm{T}} \beta \\ 0 & 0 \\ 0 & 0 \end{bmatrix}$，$\tilde{\Pi}_{14} = \begin{bmatrix} \frac{1}{2} \bar{Y}_1^{j\mathrm{T}} \beta & \frac{1}{2} \bar{Y}_1^{i\mathrm{T}} \beta & \frac{1}{2} \bar{Y}_1^{j\mathrm{T}} \beta & \frac{1}{2} \bar{Y}_1^{i\mathrm{T}} \beta \\ 0 & 0 & 0 & 0 \\ 0 & 0 & 0 & 0 \end{bmatrix}$，

$\bar{\Pi}_{22} = \mathrm{diag}\begin{bmatrix} -\bar{L}_1 + \bar{\varepsilon}_i \bar{B}^i \beta_0^2 \bar{B}^{i\mathrm{T}} \\ -\bar{D}_2^{-2} \bar{X}_1 + \bar{\varepsilon}_i \bar{B}^i \beta_0^2 \bar{B}^{i\mathrm{T}} \end{bmatrix}$，$\tilde{\Pi}_{22} = \mathrm{diag}\begin{bmatrix} -\bar{L}_1 + \bar{\varepsilon}_i \bar{B}^i \beta_0^2 \bar{B}^{i\mathrm{T}} + \bar{\varepsilon}_j \bar{B}^j \beta_0^2 \bar{B}^{j\mathrm{T}} \\ -\bar{D}_2^{-2} \bar{X}_1 + \bar{\varepsilon}_i \bar{B}^i \beta_0^2 \bar{B}^{i\mathrm{T}} + \bar{\varepsilon}_j \bar{B}^j \beta_0^2 \bar{B}^{j\mathrm{T}} \end{bmatrix}$，$\bar{\Pi}_{33} = -\mathrm{diag}\begin{bmatrix} \theta I & \theta I \end{bmatrix}$，$\bar{\Pi}_{44} = -\mathrm{diag}\begin{bmatrix} \bar{\varepsilon}_i I & \bar{\varepsilon}_i I \end{bmatrix}$，$\tilde{\Pi}_{44} = -\mathrm{diag}\begin{bmatrix} \bar{\varepsilon}_i I & \bar{\varepsilon}_j I & \bar{\varepsilon}_i I & \bar{\varepsilon}_j I \end{bmatrix}$，$\hat{\varphi}_1 = -\bar{L}_1 + \bar{M}_3 + \bar{D}_1 \bar{S}_2 + \bar{S}_2 - \bar{X}_2$，$\bar{D}_1 = (d_M - d_m + 1)I$，$\bar{D}_2 = d_M I$，$\bar{N}^{ij} = \dfrac{\bar{A}^{i\mathrm{T}}(k) + \bar{A}^{j\mathrm{T}}(k)}{2}$，$\bar{H}^{ij} =$

$\dfrac{\bar{Y}_1^{j\mathrm{T}}\beta\bar{B}^{i\mathrm{T}}+\bar{Y}_1^{i\mathrm{T}}\beta\bar{B}^{j\mathrm{T}}}{2}$，“*”代表对称位置的转置。

证明　定理 3.3 的证明类似于定理 3.2，主要区别在于最后的故障部分。为此，在式（3-26）和式（3-27）的基础上，由于 $\hat{A}^{ij}(k)=\bar{A}^i(k)+\bar{B}^i\alpha\bar{K}^j$，$\alpha=(I+\alpha_0)\beta$，$|\alpha_0|\leqslant\beta_0\leqslant I$，通过引理 1.1 和 1.3 可以得到如下 LMI 形式为

$$\begin{bmatrix}
\bar{\varphi}_1 & 0 & \bar{X}_1^{-1} & \bar{A}^{i\mathrm{T}}(k)+\bar{K}^{i\mathrm{T}}\beta\bar{B}^{i\mathrm{T}} & \bar{A}^{i\mathrm{T}}(k)+\bar{K}^{i\mathrm{T}}\beta\bar{B}^{i\mathrm{T}}-I & \bar{L}_1^{-1}\bar{Y}_1^{i\mathrm{T}}\bar{R}_1^{\frac{1}{2}} & \bar{Q}_1^{\frac{1}{2}} & \bar{K}^{i\mathrm{T}}\beta & \bar{K}^{i\mathrm{T}}\beta \\
* & -\bar{S}_1^{-1} & 0 & \bar{A}_d^{i\mathrm{T}}(k) & \bar{A}_d^{i\mathrm{T}}(k) & 0 & 0 & 0 & 0 \\
* & * & -\bar{M}_2^{-1}-\bar{X}_1^{-1} & 0 & 0 & 0 & 0 & 0 & 0 \\
* & * & * & -\bar{L}_1+\bar{\varepsilon}_i\bar{B}^i\beta_0^2\bar{B}^{i\mathrm{T}} & 0 & 0 & 0 & 0 & 0 \\
* & * & * & * & -\bar{D}_2^{-2}\bar{X}_1+\bar{\varepsilon}_i\bar{B}^i\beta_0^2\bar{B}^{i\mathrm{T}} & 0 & 0 & 0 & 0 \\
* & * & * & * & * & -\theta I & 0 & 0 & 0 \\
* & * & * & * & * & * & -\theta I & 0 & 0 \\
* & * & * & * & * & * & * & -\bar{\varepsilon}_i I & 0 \\
* & * & * & * & * & * & * & * & -\bar{\varepsilon}_i I
\end{bmatrix}<0$$

$$\begin{bmatrix}
\bar{\varphi}_1 & 0 & \bar{X}_1^{-1} & \bar{N}^{ij}+\bar{L}_1^{-1}\bar{H}^{ij} & \bar{N}^{ij}+\bar{L}_1^{-1}\bar{H}^{ij}-I & \bar{L}_1^{-1}\dfrac{\bar{Y}_1^{i\mathrm{T}}+\bar{Y}_1^{j\mathrm{T}}}{2}\bar{R}_1^{\frac{1}{2}} & \bar{Q}_1^{\frac{1}{2}} & \frac{1}{2}\bar{K}^{j\mathrm{T}}\beta & \frac{1}{2}\bar{K}^{i\mathrm{T}}\beta & \frac{1}{2}\bar{K}^{j\mathrm{T}}\beta & \frac{1}{2}\bar{K}^{i\mathrm{T}}\beta \\
* & -\bar{S}_1^{-1} & 0 & \bar{A}_d^{i\mathrm{T}}(k) & \bar{A}_d^{i\mathrm{T}}(k) & 0 & 0 & 0 & 0 & 0 & 0 \\
* & * & -\bar{M}_2^{-1}-\bar{X}_1^{-1} & 0 & 0 & 0 & 0 & 0 & 0 & 0 & 0 \\
* & * & * & -\bar{L}_1+\bar{\varepsilon}_i\bar{B}^i\beta_0^2\bar{B}^{i\mathrm{T}}+\bar{\varepsilon}_j\bar{B}^j\beta_0^2\bar{B}^{j\mathrm{T}} & 0 & 0 & 0 & 0 & 0 & 0 & 0 \\
* & * & * & * & -\bar{D}_2^{-2}\bar{X}_1+\bar{\varepsilon}_i\bar{B}^i\beta_0^2\bar{B}^{i\mathrm{T}}+\bar{\varepsilon}_j\bar{B}^j\beta_0^2\bar{B}^{j\mathrm{T}} & 0 & 0 & 0 & 0 & 0 & 0 \\
* & * & * & * & * & -\theta I & 0 & 0 & 0 & 0 & 0 \\
* & * & * & * & * & * & -\theta I & 0 & 0 & 0 & 0 \\
* & * & * & * & * & * & * & -\bar{\varepsilon}_i I & 0 & 0 & 0 \\
* & * & * & * & * & * & * & * & -\bar{\varepsilon}_j I & 0 & 0 \\
* & * & * & * & * & * & * & * & * & -\bar{\varepsilon}_i I & 0 \\
* & * & * & * & * & * & * & * & * & * & -\bar{\varepsilon}_j I
\end{bmatrix}<0 \tag{3-47}$$

其中，$\bar{N}^{ij}=\dfrac{\bar{A}^{i\mathrm{T}}(k)+\bar{A}^{j\mathrm{T}}(k)}{2}$，$\bar{H}^{ij}=\dfrac{\bar{Y}_1^{j\mathrm{T}}\beta\bar{B}^{i\mathrm{T}}+\bar{Y}_1^{i\mathrm{T}}\beta\bar{B}^{j\mathrm{T}}}{2}$。因此，在式（3-47）左右两边乘以 $\mathrm{diag}[\bar{L}_1\quad \bar{S}_1\quad \bar{X}_1\quad I\quad I\quad I\quad I]$ 并令 $\bar{L}_1\bar{S}_1^{-1}\bar{L}_1=\bar{S}_2$，$\bar{L}_1\bar{X}_1^{-1}\bar{L}_1=\bar{X}_2$，$\bar{X}_1\bar{M}_2^{-1}\bar{X}_1=\bar{M}_4$，$\bar{K}^i=\bar{Y}_1^i\bar{L}_1^{-1}$，$\bar{K}^j=\bar{Y}_1^j\bar{L}_1^{-1}$ 可得稳定条件式（3-43）和式（3-44）。

此外，为了获得模糊闭环系统 $\sum_{\text{E-T-S-delay-C}}$ 的不变集，取最大的状态 $\bar{x}_l(k)=\max(\bar{x}_1(r)\quad \bar{\delta}_1(r))$，$r\in(k-d_M,k)$，有

$$V(\bar{x}_1(k))\leqslant\bar{x}_l^{\mathrm{T}}(k)\bar{\psi}_l\bar{x}_l(k)\leqslant\theta\tag{3-48}$$

其中，$\bar{\psi}_l=\bar{P}_1+\bar{d}_M\bar{T}_1+d_M\bar{M}_1+\dfrac{d_m+d_M}{2}(d_M-d_m+1)\bar{T}_1+d_M^2\dfrac{1+d_M}{2}\bar{G}_1$。令 $\bar{\varphi}_l=\theta\bar{\psi}_l^{-1}$，并通过引理 1.1 可以得到充分条件式（3-45）。

为了确保矩阵 $\bar{\psi}_l$ 的可逆性，令 $\psi_l=\bar{L}_1\bar{\psi}_l\bar{L}_1$，$\bar{\psi}_l^{-1}=\bar{L}_1\psi_l^{-1}\bar{L}_1$，$\bar{\psi}_l^{-1}<\theta^{-1}\bar{\phi}=\phi$，可得 $\bar{L}_1\psi_l^{-1}\bar{L}_1<\phi$，即 $-\phi+\bar{L}_1\psi_l^{-1}\bar{L}_1<0$。然后通过引理 1.1 可以得到充分条件式（3-46）。自此定理 3.3 证毕。

定理 3.4　考虑到一些标量 $\gamma>0$，$\theta>0$，$0\leqslant d_m\leqslant d_M$，在 $\bar{w}(k)\neq0$ 的情况下，如果存在对称矩阵 $\bar{P}_1,\bar{T}_1,\bar{M}_1,\bar{G}_1,\bar{L}_1,\bar{S}_1,\bar{S}_2,\bar{M}_3,\bar{M}_4,\bar{X}_1,\bar{X}_2\in\mathbf{R}^{(n_x+n_e)\times(n_x+n_e)}$，矩阵 $\bar{Y}_1^i$，$\bar{Y}_1^j\in\mathbf{R}^{n_u\times(n_x+n_e)}$ 和正数标量 $\bar{\varepsilon}_1^i,\bar{\varepsilon}_2^i,\bar{\varepsilon}_1^j,\bar{\varepsilon}_2^j$，使得如下的 LMI 条件：

$$\begin{bmatrix}\bar{\sqcap}_{11} & \bar{\sqcap}_{12} & \bar{\sqcap}_{13} & \bar{\sqcap}_{14}\\ * & \bar{\sqcap}_{22} & 0 & 0\\ * & * & \bar{\sqcap}_{33} & 0\\ * & * & * & \bar{\sqcap}_{44}\end{bmatrix}<0\tag{3-49}$$

$$\begin{bmatrix}\bar{\sqcap}_{11} & \tilde{\sqcap}_{12} & \tilde{\sqcap}_{13} & \tilde{\sqcap}_{14}\\ * & \tilde{\sqcap}_{22} & 0 & 0\\ * & * & \bar{\sqcap}_{33} & 0\\ * & * & * & \tilde{\sqcap}_{44}\end{bmatrix}<0\tag{3-50}$$

$$\begin{bmatrix}-1 & \bar{x}_l^{\mathrm{T}}(k\,|\,k)\\ x_l(k\,|\,k) & -\bar{\varphi}_l\end{bmatrix}\leqslant0\tag{3-51}$$

$$\begin{bmatrix}-\phi & \bar{L}_1\\ * & -\psi_l\end{bmatrix}\leqslant0\tag{3-52}$$

成立，则扩展 T-S 模糊闭环系统 $\sum_{\text{E-T-S-delay-C}}$ 是渐近稳定，并且鲁棒状态反馈 H_∞ 控制器的增益为 $\bar{K}^i=\bar{Y}_1^i\bar{L}_1^{-1}$，$\bar{K}^j=\bar{Y}_1^j\bar{L}_1^{-1}$。其中，$\bar{\sqcap}_{11}=\begin{bmatrix}\bar{\Pi}_{11} & 0\\ 0 & -\gamma^2I\end{bmatrix}$，$\bar{\sqcap}_{12}=\begin{bmatrix}\bar{\Pi}_{12} & \bar{\Pi}_1\\ \bar{\Pi}_2 & 0\end{bmatrix}$，

$$\bar{\Pi}_1=\begin{bmatrix}\bar{L}_1\bar{E}^{\mathrm{T}}\\0\\0\end{bmatrix},\quad \bar{\Pi}_2=\begin{bmatrix}\bar{G}^{\mathrm{T}} & \bar{G}^{\mathrm{T}}\end{bmatrix},\quad \tilde{\Omega}_{12}=\begin{bmatrix}\hat{\Pi}_{12} & \bar{\Pi}_1\\ \bar{\Pi}_2 & 0\end{bmatrix},\quad \bar{\Omega}_{13}=\begin{bmatrix}\bar{\Pi}_{13}\\0\end{bmatrix},\quad \tilde{\Omega}_{13}=\begin{bmatrix}\tilde{\Pi}_{13}\\0\end{bmatrix},$$

$$\hat{\Pi}_{12}=\begin{bmatrix}\bar{L}_1\dfrac{\bar{A}^{i\mathrm{T}}+\bar{A}^{j\mathrm{T}}}{2}+\bar{H}^{ij} & \bar{L}_1\dfrac{\bar{A}^{i\mathrm{T}}+\bar{A}^{j\mathrm{T}}}{2}+\bar{H}^{ij}-\bar{L}_1\\ \bar{S}_1\bar{A}_d^{i\mathrm{T}}(k) & \bar{S}_1\bar{A}_d^{i\mathrm{T}}(k)\\ 0 & 0\end{bmatrix},\quad \bar{\Omega}_{14}=\begin{bmatrix}\bar{\Pi}_3 & \bar{\Pi}_{14}\\0&0\end{bmatrix},\quad \tilde{\Omega}_{14}=\begin{bmatrix}\tilde{\Pi}_3 & \tilde{\Pi}_{14}\\0&0\end{bmatrix},$$

$$\bar{\Pi}_3=\begin{bmatrix}\bar{L}_1\bar{H}^{i\mathrm{T}} & \bar{L}_1\bar{H}^{i\mathrm{T}}\\ \bar{S}_1\bar{H}_d^{i\mathrm{T}} & \bar{S}_1\bar{H}_d^{i\mathrm{T}}\\ 0 & 0\end{bmatrix},\quad \tilde{\Pi}_3=\frac{1}{2}\begin{bmatrix}\bar{L}_1\bar{H}^{i\mathrm{T}} & \bar{L}_1\bar{H}^{j\mathrm{T}} & \bar{L}_1\bar{H}^{i\mathrm{T}} & \bar{L}_1\bar{H}^{j\mathrm{T}}\\ 2\bar{S}_1\bar{H}_d^{i\mathrm{T}} & 0 & 2\bar{S}_1\bar{H}_d^{i\mathrm{T}} & 0\\ 0&0&0&0\end{bmatrix},\quad \bar{\Omega}_{22}=$$

$$\mathrm{diag}\begin{bmatrix}-\bar{L}_1+\bar{\varepsilon}_1^i\bar{N}^i\bar{N}^{i\mathrm{T}}+\bar{\varepsilon}_2^i\bar{B}^i\beta_0^2\bar{B}^{i\mathrm{T}}\\ -\bar{X}_1\bar{D}_2^{-2}+\bar{\varepsilon}_1\bar{N}^i\bar{N}^{i\mathrm{T}}+\bar{\varepsilon}_2^i\bar{B}^i\beta_0^2\bar{B}^{i\mathrm{T}}\\ -I\end{bmatrix},\quad \tilde{\Omega}_{22}=\mathrm{diag}\begin{bmatrix}-\bar{L}_1+\bar{\varepsilon}_1^i\bar{N}^i\bar{N}^{i\mathrm{T}}+\bar{\varepsilon}_1^j\bar{N}^j\bar{N}^{j\mathrm{T}}+\bar{\varepsilon}_2^j\bar{B}^j\beta_0^2\bar{B}^{j\mathrm{T}}+\bar{\varepsilon}_2^i\bar{B}^i\beta_0^2\bar{B}^{i\mathrm{T}}\\ -\bar{X}_1\bar{D}_2^{-2}+\bar{\varepsilon}_1^i\bar{N}^i\bar{N}^{i\mathrm{T}}+\bar{\varepsilon}_1^j\bar{N}^j\bar{N}^{j\mathrm{T}}+\bar{\varepsilon}_2^j\bar{B}^j\beta_0^2\bar{B}^{j\mathrm{T}}+\bar{\varepsilon}_2^i\bar{B}^i\beta_0^2\bar{B}^{i\mathrm{T}}\\ -I\end{bmatrix},$$

$$\bar{\Omega}_{33}=\bar{\Pi}_{33},\quad \bar{\Omega}_{44}=-\mathrm{diag}\begin{bmatrix}\bar{\varepsilon}_1^iI & \bar{\varepsilon}_1^iI & \bar{\varepsilon}_2^iI & \bar{\varepsilon}_2^iI\end{bmatrix},\quad \tilde{\Omega}_{44}=$$

$$-\mathrm{diag}\begin{bmatrix}\bar{\varepsilon}_1^iI & \bar{\varepsilon}_1^jI & \bar{\varepsilon}_1^iI & \bar{\varepsilon}_1^jI & \bar{\varepsilon}_2^iI & \bar{\varepsilon}_2^jI & \bar{\varepsilon}_2^iI & \bar{\varepsilon}_2^jI\end{bmatrix}。$$

定理 3.4 的证明类似于定理 3.2，故此省略。

3.4 基于时变设定值轨迹的输出反馈鲁棒模糊预测控制

3.4.1 系统模型建立

在 3.2 节的基础上，忽略时滞对系统的影响，增加时变设定值的影响。具有时变设定值、不确定性、未知干扰的离散非线性过程表示为 T-S 模糊状态空间模型。

模糊规则 R^i：如果 $Z_1(k)$ 是 M_1^i，$Z_2(k)$ 是 M_2^i，…，$Z_q(k)$ 是 M_q^i，则

$$\begin{cases}x(k+1)=A^i(k)x(k)+B^i(k)u(k)+w(k)\\ y(k)=C^ix(k)\end{cases}\tag{3-53}$$

其中，$x(k)\in\mathbf{R}^{n_x}$，$u(k)\in\mathbf{R}^{n_u}$，$y(k)\in\mathbf{R}^{n_y}$，$w(k)\in\mathbf{R}^{n_\omega}$ 分别为离散 k 时刻的系统状态、控制输入、控制输出和外界未知干扰。$Z_1(k),\cdots,Z_q(k)$ 表示前件变量，$M_h^i(i=1,$

$2,\cdots,l$，$h=1,2,\cdots,q$) 为第 i 条模糊规则的第 h 条模糊集。$\begin{bmatrix} A^i(k) & B^i(k) \end{bmatrix} \in \Omega$，$\Omega$ 是不确定性集合。$A^i(k)=A^i+\Delta_a^i(k)$, $B^i(k)=B^i+\Delta_b^i(k)$, A^i, B^i 和 C^i 是第 i 个模糊规则的相应维数常数矩阵，$\Delta_a^i(k), \Delta_b^i(k)$ 表示离散 k 时刻的系统不确定性，可以表示为

$$\begin{bmatrix} \Delta_a^i(k) & \Delta_b^i(k) \end{bmatrix} = N^i \Delta^i(k) \begin{bmatrix} H_a{}^i & H_b^i \end{bmatrix} \tag{3-54}$$

其中，$\Delta^{i\mathrm{T}}(k)\Delta^i(k) \leqslant I$，$N^i, H_a{}^i, H_b^i$ 是已知相应维数的常数矩阵，$\Delta^i(k)$ 是与离散时间 k 有关的摄动。

然后，分别赋予子模型不同的权值，将非线性工业过程表示为如下的加权状态空间模型的形式：

$$\begin{cases} x(k+1) = \sum_{i=1}^{l} h^i(x(k))A^i(k)x(k) + \sum_{i=1}^{l} h^i(x(k))B^i(k)u(k) + w(k) \\ y(k) = C^i x(k) \end{cases} \tag{3-55}$$

其中，$h^i(x(k)) = M^i(x(k)) / \sum_{i=1}^{l} M^i(x(k))$，$\sum_{i=1}^{l} h^i(x(k)) = 1$，$M^i(x(k)) = \prod_{h=1}^{q} M_h^i$，第 i 个模糊准则的隶属度函数为 $M^i(x(k))$。

3.4.2 新型扩展状态空间模型建立

利用式（3-55），用 k+1 时刻的状态空间减去 k 时刻的状态空间，可以得到系统的增量式状态空间模型：

$$\begin{cases} \Delta x(k+1) = \sum_{i=1}^{l} h^i(x(k))A^i(k)\Delta x(k) + \sum_{i=1}^{l} h^i(x(k))B^i(k)\Delta u(k) + \overline{w}(k) \\ \Delta y(k) = C^i \Delta x(k) \end{cases} \tag{3-56}$$

式中，$\overline{w}(k) = \sum_{i=1}^{l} \xi(h^i)[A^i(k)x(k-1) + B^i(k)u(k-1)] + \sum_{i=1}^{l} h^i(x(k-1))[(\Delta_a^i(k) - \Delta_a^i(k-1)) \cdot$ $x(k-1) + (\Delta_b^i(k) - \Delta_b^i(k-1))u(k-1)] + \Delta\omega(k)$，$\xi(h^i) = h^i(x(k)) - h^i(x(k-1))$。

系统期望的设定值为 $c(k)$，定义系统的输出跟踪误差为

$$e(k) = y(k) - c(k) \tag{3-57}$$

通过式（3-56）和式（3-57），可得到离散 $k+1$ 时刻的系统输出跟踪误差如下：

$$\begin{aligned} e(k+1) &= e(k) + \Delta e(k+1) \\ &= e(k) + C^i \left(\sum_{i=1}^{l} h^i(x(k))A^i(k)\Delta x(k) \right. \end{aligned}$$

$$+\sum_{i=1}^{l}h^{i}(x(k))B^{i}(k)\Delta u(k)+\overline{w}(k)\Bigg)-\Delta r(k+1) \tag{3-58}$$

式中，设定值增量 $\Delta c(k+1)=c(k+1)-c(k)$。

为了提高系统的跟踪性能，扩展 $e(k)$ 到传统模型中，得到新的多自由度状态空间模型如下：

$$\begin{cases}\overline{x}_1(k+1)=\sum_{i=1}^{l}h^{i}(x(k))\overline{A}^{i}(k)\overline{x}_1(k)+\sum_{i=1}^{l}h^{i}(x(k))\overline{B}^{i}(k)\Delta u(k)\\ \qquad +\overline{G}\overline{w}(k)+\overline{L}_2\Delta c(k+1)\\ \Delta y(k)=\overline{C}^{i}\overline{x}_1(k)\\ z(k)=e(k)=\overline{S}\overline{x}_1(k)\end{cases} \tag{3-59}$$

式中，$\overline{x}_1(k)=\begin{bmatrix}\Delta x(k)\\ e(k)\end{bmatrix}$，$\overline{A}^{i}(k)=\begin{bmatrix}A^{i}+\Delta_a^{i}(k) & 0\\ CA^{i}+C\Delta_a^{i}(k) & I\end{bmatrix}=\overline{A}^{i}+\overline{\Delta}_a^{i}$，$\overline{\Delta}_a^{i}(k)=\overline{N}^{i}\Delta^{i}(k)\overline{H}_a^{i}$，$\overline{A}^{i}=\begin{bmatrix}A^{i} & 0\\ CA^{i} & I\end{bmatrix}$，$\overline{B}^{i}(k)=\begin{bmatrix}B^{i}+\Delta_b^{i}(k)\\ CB^{i}+C\Delta_b^{i}(k)\end{bmatrix}$，$\overline{B}^{i}=\begin{bmatrix}B^{i}\\ CB^{i}\end{bmatrix}$，$\overline{\Delta}_b^{i}(k)=\overline{N}^{i}\Delta^{i}(k)\overline{H}_b^{i}$，$\overline{N}^{i}=\begin{bmatrix}N^{i}\\ CN^{i}\end{bmatrix}$，$\overline{H}_a^{i}=\begin{bmatrix}H_a^{i} & 0\end{bmatrix}$，$\overline{H}_b^{i}=H_b^{i}$，$\overline{E}=\begin{bmatrix}0 & I\end{bmatrix}$，$\overline{L}_2=\begin{bmatrix}0\\ -I\end{bmatrix}$，$\overline{\Delta}_b^{i}(k)=\overline{N}^{i}\Delta^{i}(k)\overline{H}_b^{i}$，$\overline{G}=\begin{bmatrix}I\\ C^{i}\end{bmatrix}$，$\overline{C}^{i}=\begin{bmatrix}C^{i} & 0\end{bmatrix}$。

3.4.3　非线性输出反馈鲁棒控制器设计

1. 控制律设计

本节的目的主要是设计鲁棒预测控制器，引入新的控制器内部状态 $x_c(k)$，以确保闭环系统的稳定性，系统的模糊控制律设计为如下形式：

$$\begin{cases}x_c(k+1)=\sum_{i=1}^{l}h^{i}(x(k))A_{ci}(k)x_c(k)+\sum_{i=1}^{l}h^{i}(x(k))B_{ci}(k)y(k)\\ \Delta u(k)=\sum_{i=1}^{l}h^{i}(x(k))C_{ci}(k)x_c(k)+\sum_{i=1}^{l}h^{i}(x(k))D_{ci}(k)y(k)\end{cases} \tag{3-60}$$

其中，$x_c(k)$ 是控制器内部状态，$y(k)$ 是控制器输入，$A_{ci},B_{ci},C_{ci},D_{ci}$ 是需要确定的控制器参数。通过将式（3-60）的控制律代入系统式（3-59）中，可得到闭环系统的状态空间模型：

$$
\begin{cases}
\hat{x}_1(k+1)=\sum\limits_{i=1}^{l}\sum\limits_{j=1}^{l}h^i(x(k))h^j(x(k))\bar{\bar{A}}^{ij}(k)\hat{x}_1(k)+\hat{G}\bar{\varpi}(k)+\hat{L}_2\Delta c(k+1)\\
y(k)\triangleq e(k)=\hat{G}^i\hat{x}_1(k)\\
z(k)\triangleq e(k)=\hat{S}\hat{x}_1(k)
\end{cases}
\tag{3-61}
$$

式中，$\hat{x}_1(k)=\begin{bmatrix}\bar{x}_1(k)\\ x_c(k)\end{bmatrix}$，$\bar{\bar{A}}^{ij}(k)=\hat{A}^{ij}+\hat{\Delta}_a^{ij}(k)$，$\hat{A}^{ij}(k)=\begin{bmatrix}\bar{A}^i+\bar{B}^iD_{cj}\bar{C}^j & \bar{B}^iC_{cj}\\ B_{ci}\bar{C}^i & A_{cj}\end{bmatrix}$，$\hat{\Delta}_a^{ij}(k)=$ $\begin{bmatrix}\bar{\Delta}_a^i(k)+\bar{\Delta}_b^i(k)D_{cj}\bar{C}^j & \bar{\Delta}_b^i(k)C_{cj}\\ 0 & 0\end{bmatrix}$，$\hat{G}=\begin{bmatrix}\bar{G}\\ 0\end{bmatrix}$，$\hat{C}^i=\begin{bmatrix}\bar{C}^i & 0\end{bmatrix}$，$\hat{S}=\begin{bmatrix}\bar{S} & 0\end{bmatrix}$，$\hat{L}_2=\begin{bmatrix}\bar{L}_2\\ 0\end{bmatrix}$。

2. 输出反馈鲁棒模糊控制器设计

本节给出使输出反馈非线性系统稳定的充分条件以及对应推导过程。定理 3.5 针对具有时变设定值和不确定性的非线性系统给出基于 LMI 形式的稳定性充分条件，定理 3.6 在定理 3.5 的基础上考虑到干扰因素给系统控制性能带来的影响，引入 H_∞ 性能指标来处理设定值变化和干扰问题，保证系统稳定性。

定理 3.5　考虑存在一些标量 $\theta>0$，$\eta>0$，在 $\bar{w}(k)$=0，$\Delta c(k)\neq 0$ 时，如果存在矩阵 $A_{ci},B_{ci},C_{ci},D_{ci}\in\mathbf{R}^{n_u\times(n_x+n_e)}$ 和一些标量 $\varepsilon>0$，同时存在未知的正定对称矩阵 $X,Y,L_{12},L_{22},\bar{L}_{12},\bar{L}_{22},\bar{L}_1\in\mathbf{R}^{(n_x+n_e)\times(n_x+n_e)}$，使得如下 LMI 成立：

$$
\begin{bmatrix}
-\bar{L}_1 & 0 & \underline{\underline{A}}^{ij\mathrm{T}}+\underline{\underline{\Delta}}a^{ij\mathrm{T}} & \bar{Q}_1^{\frac{1}{2}\mathrm{T}} & (\hat{C}_{ci}+\hat{D}_{ci})^{\mathrm{T}}\bar{R}_1^{\frac{1}{2}\mathrm{T}} & \bar{H}_a^{\mathrm{T}}+\left(\dfrac{\bar{C}^i+\bar{C}^j}{2}\right)^{\mathrm{T}}\left(\dfrac{D_{ci}+D_{cj}}{2}\right)^{\mathrm{T}}\bar{H}_b^{\mathrm{T}}\\
* & -\eta^2 I & \bar{L}_2^{\mathrm{T}} & 0 & 0 & 0\\
* & * & -\bar{\bar{L}}_1 & 0 & 0 & \left(\dfrac{C_{ci}+C_{cj}}{2}\right)^{\mathrm{T}}\bar{H}_b^{\mathrm{T}}\\
* & * & * & -\theta I & 0 & 0\\
* & * & * & * & -\theta I & 0\\
* & * & * & * & * & -\varepsilon I
\end{bmatrix}<0
\tag{3-62}
$$

$$\begin{bmatrix} -\bar{L}_1 & 0 & \hat{A}^{ii\mathrm{T}}+\hat{\Delta}a^{ii\mathrm{T}} & \bar{Q}_1^{\frac{1}{2}\mathrm{T}} & (\bar{C}_{ci}+\bar{D}_{ci})^{\mathrm{T}}\bar{R}_1^{\frac{1}{2}\mathrm{T}} & \bar{H}_a^{\mathrm{T}}+\bar{C}^{i\mathrm{T}}D_{ci}^{\mathrm{T}}\bar{H}_b^{\mathrm{T}} \\ * & -\eta^2 I & \bar{L}_2^{\mathrm{T}} & 0 & 0 & 0 \\ * & * & -\bar{\bar{L}}_1 & 0 & 0 & C_{ci}^{\mathrm{T}}\bar{H}_b^{\mathrm{T}} \\ * & * & * & -\theta I & 0 & 0 \\ * & * & * & * & -\theta I & 0 \\ * & * & * & * & * & -\varepsilon I \end{bmatrix}<0 \tag{3-63}$$

并且满足不变集$\begin{bmatrix} -1 & x_c^{\mathrm{T}}(k|k) \\ x_c(k|k) & -\bar{L}_1 \end{bmatrix}\leqslant 0$，非线性闭环系统式（3-61）在受到不确定性和设定值变化情况下渐近稳定能够被保证，并且可以求解相应时刻的控制律增益。其中，$\underline{\underline{A}}^{ij}=\dfrac{\hat{A}^{ij}+\hat{A}^{ji}}{2}$，$-\bar{\bar{L}}_1=-\bar{L}_1^{-1}+\bar{\varepsilon}=\begin{bmatrix} -X & -\bar{L}_{12} \\ -\bar{L}_{12}^{\mathrm{T}} & -\bar{L}_{22} \end{bmatrix}+\begin{bmatrix} \varepsilon NN^{\mathrm{T}} & 0 \\ 0 & 0 \end{bmatrix}$，$\bar{L}_1=\begin{bmatrix} Y & L_{12} \\ L_{12}^{\mathrm{T}} & L_{22} \end{bmatrix}$，$\bar{L}_1^{-1}=\begin{bmatrix} X & \bar{L}_{12} \\ \bar{L}_{12}^{\mathrm{T}} & \bar{L}_{22} \end{bmatrix}$，$\underline{\underline{\Delta}}a^{ij}=\dfrac{\hat{\Delta}a^{ij}+\hat{\Delta}a^{ji}}{2}$，“*”为处于对称位置的转置元素。

证明 首先，为了保证离散非线性闭环系统式（3-61）在$\bar{w}(k)=0$，$\Delta c(k)\neq 0$情况下渐近稳定，让$\hat{x}_1(k)$满足如下稳定性约束条件：

$$\begin{aligned} &V(\hat{x}_1(k+i+1|k))-V(\hat{x}_1(k+i|k))\leqslant \\ &\quad -[(\hat{x}_1(k+i|k))^{\mathrm{T}}\bar{Q}_1(\hat{x}_1(k+i|k))+\Delta u(k+i|k)^{\mathrm{T}}\bar{R}_1\Delta u(k+i|k)] \end{aligned} \tag{3-64}$$

其中，$V(\hat{x}_1(k+i+1|k))$表示当前在 k 时刻对未来 $k+i+1$ 时刻进行预测的系统能量函数。

将上式（3-64）左右两边从$i=0$到∞叠加，并且已知$V(\hat{x}_1(\infty))=0$和$\hat{x}_1(\infty)=0$，可以得到一个新的不等式：

$$\bar{J}_\infty(k)\leqslant V(\hat{x}_1(k))\leqslant\theta \tag{3-65}$$

其中，θ是性能指标$\bar{J}_\infty(k)$的上边界。

选择构造 Lyapunov-Krasovskii 函数如下：

$$\begin{aligned} V_1(\hat{x}_1(k+i)) &= \hat{x}_1^{\mathrm{T}}(k+i)\bar{P}_1\hat{x}_1(k+i) \\ &= \hat{x}_1^{\mathrm{T}}(k+i)\theta\bar{L}_1^{-1}\hat{x}_1(k+i) \end{aligned} \tag{3-66}$$

其中，$\bar{P}_1$为正定矩阵，则有

$$\begin{aligned} \Delta V_1(\hat{x}_1(k+i)) &= V(\hat{x}_1(k+i+1))-V(\hat{x}_1(k+i)) \\ &= \hat{x}_1^{\mathrm{T}}(k+i+1)\theta\bar{L}_1^{-1}\hat{x}_1(k+i+1)-\hat{x}_1^{\mathrm{T}}(k+i)\theta\bar{L}_1^{-1}\hat{x}_1(k+i) \end{aligned} \tag{3-67}$$

将式（3-64）左右同时乘以θ^{-1}得到

$$\theta^{-1}\Delta V_1(\hat{x}_1(k+i|k))+\theta^{-1}\bar{J}_p(k)\leqslant 0 \tag{3-68}$$

其中，$\overline{J}_p(k)=(\hat{x}_1(k+i\,|\,k))^{\mathrm{T}}\overline{Q}_1(\hat{x}_1(k+i\,|\,k))+\Delta u(k+i\,|\,k)^{\mathrm{T}}\overline{R}_1\Delta u(k+i\,|\,k)$

根据式（3-66）与式（3-68）相结合，则得到

$$\theta^{-1}\Delta V(\overline{x}_1(k+p))+\theta^{-1}\overline{J}_p(k)=\overline{\varphi}_1^{\mathrm{T}}(k)\overline{\Phi}_1\overline{\varphi}_1(k) \tag{3-69}$$

$$\overline{\Phi}_1=-\overline{L}_1^{-1}+\overline{\Lambda}_1^{\mathrm{T}}\overline{L}_1^{-1}\overline{\Lambda}_1+\overline{\lambda}_1^{\mathrm{T}}\theta^{-1}\overline{\lambda}_1+\overline{\lambda}_2^{\mathrm{T}}\theta^{-1}\overline{\lambda}_2 \tag{3-70}$$

令 $\overline{\varphi}_1(k)=\hat{x}_1(k+i)$，$\overline{\Lambda}_1=\sum_{i=1}^{l}\sum_{j=1}^{l}h^i(x(k))h^j(x(k))\overline{\overline{A}}^{ij}(k)$，$\overline{\lambda}_2=\sum_{i=1}^{l}h^i(x(k))\overline{R}_1^{\frac{1}{2}}(\overline{C}_{ci}+\overline{D}_{ci})$，$\overline{\lambda}_1=\overline{Q}_1^{\frac{1}{2}}$。

利用引理 1.1，令 $\overline{\Phi}_1<0$，可以得到如下 LMI 的条件：

$$\begin{bmatrix} -\overline{L}_1^{-1} & 0 & \overline{\overline{A}}^{ii\mathrm{T}}(k) & \overline{Q}_1^{\frac{1}{2}\mathrm{T}} & (\overline{C}_{ci}+\overline{D}_{ci})^{\mathrm{T}}\overline{R}_1^{\frac{1}{2}\mathrm{T}} \\ * & -\eta^2 I & \overline{L}_2^{\mathrm{T}} & 0 & 0 \\ * & * & -\overline{L}_1 & 0 & 0 \\ * & * & * & -\theta I & 0 \\ * & * & * & * & -\theta I \end{bmatrix}<0 \tag{3-71}$$

$$\begin{bmatrix} -\overline{L}_1^{-1} & 0 & \hat{A}^{ii\mathrm{T}}(k) & \overline{Q}_1^{\frac{1}{2}\mathrm{T}} & (\hat{C}_{ci}+\hat{D}_{ci})^{\mathrm{T}}\overline{R}_1^{\frac{1}{2}\mathrm{T}} \\ * & -\eta^2 I & \overline{L}_2^{\mathrm{T}} & 0 & 0 \\ * & * & -\overline{L}_1 & 0 & 0 \\ * & * & * & -\theta I & 0 \\ * & * & * & * & -\theta I \end{bmatrix}<0 \tag{3-72}$$

其中，$\hat{A}^{ij}(k)=\dfrac{\overline{\overline{A}}^{ij\mathrm{T}}(k)+\overline{\overline{A}}^{ji\mathrm{T}}(k)}{2}$，$\hat{C}_{ci}=\dfrac{\overline{C}_{ci}+\overline{C}_{cj}}{2}$，$\hat{D}_{ci}==\dfrac{\overline{D}_{ci}+\overline{D}_{cj}}{2}$。如果式（3-71）和式（3-72）满足充分条件，则证明基于 LMI 的非线性动态输出反馈控制系统渐近稳定。

在此，以 $i=j$ 情况为例继续证明。将式（3-71）带有不确定性项展开，则可以获得

$$\begin{bmatrix} -\overline{L}_1^{-1} & 0 & \hat{A}^{ii\mathrm{T}} & \overline{L}_1\overline{Q}_1^{\frac{1}{2}\mathrm{T}} & (\overline{C}_{ci}+\overline{D}_{ci})^{\mathrm{T}}\overline{R}_1^{\frac{1}{2}\mathrm{T}} \\ * & -\eta^2 I & \overline{L}_2^{\mathrm{T}} & 0 & 0 \\ * & * & -\overline{L}_1 & 0 & 0 \\ * & * & * & -\theta I & 0 \\ * & * & * & * & -\theta I \end{bmatrix}$$

$$+\begin{bmatrix} 0 & 0 & \widehat{\Delta}_a^{ii\mathrm{T}}(k) & 0 & 0 \\ 0 & 0 & 0 & 0 & 0 \\ 0 & 0 & 0 & 0 & 0 \\ 0 & 0 & 0 & 0 & 0 \\ 0 & 0 & 0 & 0 & 0 \end{bmatrix} + \begin{bmatrix} 0 & 0 & 0 & 0 & 0 \\ 0 & 0 & 0 & 0 & 0 \\ \widehat{\Delta}_a^{ii\mathrm{T}}(k) & 0 & 0 & 0 & 0 \\ 0 & 0 & 0 & 0 & 0 \\ 0 & 0 & 0 & 0 & 0 \end{bmatrix} < 0 \tag{3-73}$$

其中，$\widehat{\Delta}_a^{ii}(k) = \begin{bmatrix} \overline{\Delta}_a^i(k) + \overline{\Delta}_b^i(k) D_{ci} \overline{C}^i & \overline{\Delta}_b^i(k) C_{ci} \\ 0 & 0 \end{bmatrix}$，由于 $\overline{\Delta}_a^i(k) = \overline{N}^i \Delta^i(k) \overline{H}_a^i$，$\overline{\Delta}_b^i(k) = \overline{N}^i \Delta^i(k) \overline{H}_b^i$，可以将 $\widehat{\Delta}_a^{ii}(k)$ 表示为

$$\widehat{\Delta}_a^{ij}(k) = \begin{bmatrix} \overline{N}^i \Delta^i(k) \overline{H}_a^i + \overline{N}^i \Delta^i(k) \overline{H}_b^i D_{cj} \overline{C}^j & \overline{N}^i \Delta^i(k) \overline{H}_b^i C_{cj} \\ 0 & 0 \end{bmatrix} \tag{3-74}$$

可得不确定性项为

$$\begin{bmatrix} \overline{H}_a^{\mathrm{T}} + \overline{C}^{i\mathrm{T}} D_{ci}^{\mathrm{T}} \overline{H}_b^{\mathrm{T}} \\ C_{ci}^{\mathrm{T}} \overline{H}_b^{\mathrm{T}} \\ 0 \\ 0 \end{bmatrix} \Delta^i(k) \begin{bmatrix} 0 & 0 & \overline{N}^i & 0 \end{bmatrix} + \begin{bmatrix} 0 \\ 0 \\ \overline{N}^i \\ 0 \end{bmatrix} \cdot \Delta^i(k) \begin{bmatrix} \overline{H}_a + \overline{H}_b D_{ci} \overline{C}^i & \overline{H}_b C_{ci} & 0 & 0 \end{bmatrix} \tag{3-75}$$

运用引理 1.3，可以将上式转化为

$$\varepsilon^{-1} \begin{bmatrix} \overline{H}_a^{\mathrm{T}} + \overline{C}^{i\mathrm{T}} D_{ci}^{\mathrm{T}} \overline{H}_b^{\mathrm{T}} \\ C_{ci}^{\mathrm{T}} \overline{H}_b^{\mathrm{T}} \\ 0 \\ 0 \end{bmatrix} \begin{bmatrix} \overline{H}_a + \overline{H}_b D_{ci} \overline{C}^i & \overline{H}_b C_{ci} & 0 & 0 \end{bmatrix} + \varepsilon \begin{bmatrix} 0 \\ 0 \\ \overline{N}^i \\ 0 \end{bmatrix} \begin{bmatrix} 0 & 0 & \overline{N}^i & 0 \end{bmatrix} \tag{3-76}$$

因此，式（3-73）可表示为

$$\begin{bmatrix} -\overline{L}_1^{-1} & 0 & \widehat{A}^{i\mathrm{T}} & \overline{Q}_1^{\frac{1}{2}\mathrm{T}} & (\overline{C}_{ci} + \overline{D}_{ci})^{\mathrm{T}} \overline{R}_1^{\frac{1}{2}\mathrm{T}} & \overline{H}_a^{\mathrm{T}} + \overline{C}^{i\mathrm{T}} D_{ci}^{\mathrm{T}} \overline{H}_b^{\mathrm{T}} \\ * & -\eta^2 I & \overline{L}_2^{\mathrm{T}} & 0 & 0 & 0 \\ * & * & -\overline{\overline{L}}_1 & 0 & 0 & C_{ci}^{\mathrm{T}} \overline{H}_b^{\mathrm{T}} \\ * & * & * & -\theta I & 0 & 0 \\ * & * & * & * & -\theta I & 0 \\ * & * & * & * & * & -\varepsilon I \end{bmatrix} < 0 \tag{3-77}$$

将上式左右两边同时乘以 $\mathrm{diag}\begin{bmatrix}\overline{L}_1 & I & I & I & I & I\end{bmatrix}$，便可以获得稳定性条件式（3-62）。

当初始条件为零时，给出如下的 H_∞ 性能指标：

$$J=\sum_{k=0}^{\infty}[z^{\mathrm{T}}(k)z(k)-\eta^2\Delta c^{\mathrm{T}}(k+1)\Delta c(k+1)] \tag{3-78}$$

其中，对于任意的 $\Delta c(k+1)\in L_2[0,\infty]$，由于 $V(\hat{x}_1(0))=0$，$V(\hat{x}_1(\infty))\geqslant 0$，$\overline{J}_\infty>0$，可得

$$J\leqslant\sum_{k=0}^{\infty}[z^{\mathrm{T}}(k)z(k)-\eta^2\Delta c^{\mathrm{T}}(k+1)\Delta c(k+1)+\theta^{-1}\Delta V(\hat{x}_1(k))+\theta^{-1}\overline{J}(k)] \tag{3-79}$$

其中，$\overline{J}(k)=\hat{x}_1(k)^{\mathrm{T}}\overline{Q}_1\hat{x}_1(k)+\Delta u(k)^{\mathrm{T}}\overline{R}_1\Delta u(k)$。

运用式（3-79），可得

$$\begin{aligned}&z^{\mathrm{T}}(k)z(k)-\eta^2\Delta c^{\mathrm{T}}(k+1)\Delta c(k+1)+\theta^{-1}\Delta V(\hat{x}_1(k))+\theta^{-1}\overline{J}(k)\\&=\begin{bmatrix}\overline{\varphi}_1(k)\\\Delta c(k+1)\end{bmatrix}^{\mathrm{T}}\left\{\begin{aligned}&\begin{bmatrix}-\overline{L}_1^{-1} & 0\\0 & -\eta^2 I\end{bmatrix}+\begin{bmatrix}\overline{\varLambda}_1^{\mathrm{T}}\\\overline{L}_2^{\mathrm{T}}\end{bmatrix}\overline{L}_1^{-1}\begin{bmatrix}\overline{\varLambda}_1 & \overline{L}_2\end{bmatrix}\\&+\begin{bmatrix}\overline{E}^{\mathrm{T}}\\0\end{bmatrix}\begin{bmatrix}\overline{E} & 0\end{bmatrix}+\begin{bmatrix}\overline{\lambda}_1^{\mathrm{T}}\\0\end{bmatrix}\theta^{-1}\begin{bmatrix}\overline{\lambda}_1 & 0\end{bmatrix}\\&+\begin{bmatrix}\overline{\lambda}_2^{\mathrm{T}}\\0\end{bmatrix}\theta^{-1}\begin{bmatrix}\overline{\lambda}_2^{\mathrm{T}} & 0\end{bmatrix}\end{aligned}\right\}\begin{bmatrix}\overline{\varphi}_1(k)\\\Delta c(k+1)\end{bmatrix}\end{aligned} \tag{3-80}$$

根据前面的证明和式（3-71）和式（3-72），可得

$$\begin{aligned}&\begin{bmatrix}-\overline{L}_1^{-1} & 0\\0 & -\eta^2 I\end{bmatrix}+\begin{bmatrix}\overline{\varLambda}_1^{\mathrm{T}}\\\overline{L}_2^{\mathrm{T}}\end{bmatrix}\overline{L}_1^{-1}\begin{bmatrix}\overline{\varLambda}_1 & \overline{L}_2\end{bmatrix}+\begin{bmatrix}\overline{E}^{\mathrm{T}}\\0\end{bmatrix}\begin{bmatrix}\overline{E} & 0\end{bmatrix}\\&+\begin{bmatrix}\overline{\lambda}_1^{\mathrm{T}}\\0\end{bmatrix}\theta^{-1}\begin{bmatrix}\overline{\lambda}_1 & 0\end{bmatrix}+\begin{bmatrix}\overline{\lambda}_2^{\mathrm{T}}\\0\end{bmatrix}\theta^{-1}\begin{bmatrix}\overline{\lambda}_2 & 0\end{bmatrix}<0\end{aligned} \tag{3-81}$$

至此，$J\leqslant 0$，$\|z\|_{L_2}\leqslant\eta\|\Delta c\|_{L_2}$，表明了基于 LMI 闭环非线性系统式（3-61）在 $\overline{w}(k)=0$，$\Delta c(k)\neq 0$ 的情况下渐近稳定，定理 3.5 已被充分证明。

定理 3.6　考虑存在一些标量 $\theta>0$，$\gamma>0$，$\eta>0$，在 $\overline{w}(k)\neq 0, \Delta c(k)\neq 0$ 时，如果存在未知标量 $\varepsilon>0$，矩阵 $A_{ci},B_{ci},C_{ci},D_{ci}\in\mathbf{R}^{n_u\times(n_x+n_e)}$ 以及未知正定对称矩阵 X，$Y,L_{12},L_{22},\overline{L}_{12},\overline{L}_{22},\overline{L}\in\mathbf{R}^{(n_x+n_e)\times(n_x+n_e)}$，保证如下 LMI 条件：

$$
\begin{bmatrix}
\overline{\Im}_{11} & \overline{\Im}_{12} & \overline{\Im}_{13} & \overline{\Im}_{14} & \overline{\Im}_{15} & \overline{\Im}_{16} \\
* & \overline{\Im}_{22} & 0 & 0 & 0 & \overline{\Im}_{26} \\
* & * & \overline{\Im}_{33} & 0 & 0 & 0 \\
* & * & * & \overline{\Im}_{44} & 0 & 0 \\
* & * & * & * & \overline{\Im}_{55} & 0 \\
* & * & * & * & * & \overline{\Im}_{66}
\end{bmatrix} < 0 \tag{3-82}
$$

$$
\begin{bmatrix}
\overline{\Im}_{11} & \tilde{\Im}_{12} & \overline{\Im}_{13} & \overline{\Im}_{14} & \tilde{\Im}_{15} & \tilde{\Im}_{16} \\
* & \overline{\Im}_{22} & 0 & 0 & 0 & \tilde{\Im}_{26} \\
* & * & \overline{\Im}_{33} & 0 & 0 & 0 \\
* & * & * & \overline{\Im}_{44} & 0 & 0 \\
* & * & * & * & \overline{\Im}_{55} & 0 \\
* & * & * & * & * & \tilde{\Im}_{66}
\end{bmatrix} < 0 \tag{3-83}
$$

成立，并且满足不变集$\begin{bmatrix} -1 & x_c^{\mathrm{T}}(k|k) \\ x_c(k|k) & -\overline{L}_1 \end{bmatrix} \leqslant 0$，那么可以保证在$\overline{w}(k) \neq 0$，$\Delta c(k) \neq 0$时输出反馈非线性闭环控制系统式(3-61)为渐近稳定。其中，$\overline{\Im}_{11} = \begin{bmatrix} -\overline{L}_1 & 0 & 0 \\ 0 & -\gamma^2 I & 0 \\ 0 & 0 & -\eta^2 I \end{bmatrix}$，$\overline{\Im}_{12} = \begin{bmatrix} \widehat{A}^{ii\mathrm{T}} + \widehat{\Delta} a^{ii\mathrm{T}} \\ \overline{G}^{\mathrm{T}} \\ \overline{L}_2^{\mathrm{T}} \end{bmatrix}$，$\tilde{\Im}_{12} = \begin{bmatrix} \underline{\underline{A}}^{ij\mathrm{T}} + \underline{\underline{\Delta}} a^{ij\mathrm{T}} \\ \overline{G}^{\mathrm{T}} \\ \overline{L}_2^{\mathrm{T}} \end{bmatrix}$，$\overline{\Im}_{13} = \begin{bmatrix} \overline{E}^{\mathrm{T}} \\ 0 \\ 0 \end{bmatrix}$，$\overline{\Im}_{14} = \begin{bmatrix} \overline{Q}_1^{\frac{1}{2}\mathrm{T}} \\ 0 \\ 0 \end{bmatrix}$，$\overline{\Im}_{15} = \begin{bmatrix} (\overline{C}_{ci} + \overline{D}_{ci})^{\mathrm{T}} \overline{R}_1^{\frac{1}{2}\mathrm{T}} \\ 0 \\ 0 \end{bmatrix}$，$\tilde{\Im}_{15} = \begin{bmatrix} (\widehat{C}_{ci} + \widehat{D}_{ci})^{\mathrm{T}} \overline{R}_1^{\frac{1}{2}\mathrm{T}} \\ 0 \\ 0 \end{bmatrix}$，$\overline{\Im}_{16} = \begin{bmatrix} H_a^{\mathrm{T}} + \overline{C}^{i\mathrm{T}} D_{ci}^{\mathrm{T}} H_b^{\mathrm{T}} \\ 0 \\ 0 \end{bmatrix}$，$\tilde{\Im}_{16} = \begin{bmatrix} H_a^{\mathrm{T}} + \left(\dfrac{\overline{C}^i + \overline{C}^j}{2}\right)^{\mathrm{T}} \left(\dfrac{D_{ci} + D_{cj}}{2}\right)^{\mathrm{T}} H_b^{\mathrm{T}} \\ 0 \\ 0 \end{bmatrix}$，$\overline{\Im}_{22} = -\bar{\bar{L}}_1$，$\overline{\Im}_{33} = -I$，$\overline{\Im}_{44} = \overline{\Im}_{55} = -\theta I$，$\overline{\Im}_{66} = -\varepsilon I$，$\overline{\Im}_{26} = \begin{bmatrix} C_{ci}^{\mathrm{T}} H_b^{\mathrm{T}} \\ 0 \\ 0 \end{bmatrix}$，$\tilde{\Im}_{26} = \begin{bmatrix} \left(\dfrac{C_{ci} + C_{cj}}{2}\right)^{\mathrm{T}} H_b^{\mathrm{T}} \\ 0 \\ 0 \end{bmatrix}$。

证明　为保证离散非线性系统在 $\overline{w}(k)\neq 0, \Delta c\left(k\right)\neq 0$ 的情况下渐近稳定的同时让 $\overline{x}_1(k)$ 满足稳定性约束条件式（3-64）。将式（3-64）上左右两边从 $i=0$ 到 ∞ 叠加，并且要求 $V(x_1(\infty))=0$ 或 $x_1(\infty)=0$。与定理3.1证明过程类似，运用引理1.1，令 $\overline{\varPhi}_1<0$，可以得到如下LMI条件：

$$\begin{bmatrix} -\overline{L}_1^{-1} & 0 & 0 & \overline{\overline{A}}^{ii\mathrm{T}}(k) & \overline{Q}_1^{\frac{1}{2}\mathrm{T}} & (\overline{C}_{ci}+\overline{D}_{ci})^{\mathrm{T}}\,\overline{R}_1^{\frac{1}{2}\mathrm{T}} \\ * & -\gamma^2 I & 0 & \overline{G}^{\mathrm{T}} & 0 & 0 \\ * & * & -\eta^2 I & \overline{L}_2^{\mathrm{T}} & 0 & 0 \\ * & * & * & -\overline{L}_1 & 0 & 0 \\ * & * & * & * & -\theta I & 0 \\ * & * & * & * & * & -\theta I \end{bmatrix}<0 \tag{3-84}$$

$$\begin{bmatrix} -\overline{L}_1^{-1} & 0 & 0 & \widehat{A}^{ij\mathrm{T}}(k) & \overline{Q}_1^{\frac{1}{2}\mathrm{T}} & (\widehat{C}_{ci}+\widehat{D}_{ci})^{\mathrm{T}}\,\overline{R}_1^{\frac{1}{2}\mathrm{T}} \\ * & -\gamma^2 I & 0 & \overline{G}^{\mathrm{T}} & 0 & 0 \\ * & * & -\eta^2 I & \overline{L}_2^{\mathrm{T}} & 0 & 0 \\ * & * & * & -\overline{L}_1 & 0 & 0 \\ * & * & * & * & -\theta I & 0 \\ * & * & * & * & * & -\theta I \end{bmatrix}<0 \tag{3-85}$$

建立具有零初始条件的离散时间非线性系统的 H_∞ 性能指标如下：

$$J=\sum_{k=0}^{\infty}[z^{\mathrm{T}}(k)z(k)-\gamma^2\overline{w}^{\mathrm{T}}(k)\overline{w}(k)-\eta^2\Delta c^{\mathrm{T}}\left(k+1\right)\Delta c\left(k+1\right)] \tag{3-86}$$

其中，对于任意的 $\overline{w}(k)$，$\Delta c\left(k+1\right)\in L_2[0,\infty]$，由于 $V(\widehat{x}_1(0))=0$，$V(\widehat{x}_1(\infty))\geqslant 0$，$\overline{J}_\infty>0$，可得

$$J\leqslant\sum_{k=0}^{\infty}[z^{\mathrm{T}}(k)z(k)-\gamma^2\overline{w}^{\mathrm{T}}(k)\overline{w}(k)-\eta^2\Delta c^{\mathrm{T}}\left(k+1\right)\Delta c\left(k+1\right) \\ +\theta^{-1}\Delta V(\widehat{x}_1(k))+\theta^{-1}\overline{J}(k)] \tag{3-87}$$

其中，$\overline{J}(k)=\widehat{x}_1(k)^{\mathrm{T}}\,\overline{Q}_1\widehat{x}_1(k)+\Delta u(k)^{\mathrm{T}}\,\overline{R}_1\Delta u(k)$。

运用式（3-87），可得

$$z^{\mathrm{T}}(k)z(k)-\gamma^2\overline{w}^{\mathrm{T}}(k)\overline{w}(k)-\eta^2\Delta c^{\mathrm{T}}\left(k+1\right)\Delta c\left(k+1\right)+\theta^{-1}\Delta V(\widehat{x}_1(k))+\theta^{-1}\overline{J}(k)$$

$$
=\begin{bmatrix}\bar{\varphi}_1(k)\\ \bar{w}(k)\\ \Delta c(k+1)\end{bmatrix}^{\mathrm{T}}\left\{\begin{aligned}&\begin{bmatrix}-\bar{L}_1^{-1} & 0 & 0\\ 0 & -\gamma^2 I & 0\\ 0 & 0 & -\eta^2 I\end{bmatrix}+\begin{bmatrix}\bar{\Lambda}_1^{\mathrm{T}}\\ \bar{G}^{\mathrm{T}}\\ \bar{L}_2^{\mathrm{T}}\end{bmatrix}\bar{L}_1^{-1}\begin{bmatrix}\bar{\Lambda}_1 & \bar{G} & \bar{L}_2\end{bmatrix}\\ &+\begin{bmatrix}\bar{E}^{\mathrm{T}}\\ 0\\ 0\end{bmatrix}\begin{bmatrix}\bar{E} & 0 & 0\end{bmatrix}+\begin{bmatrix}\bar{\lambda}_1^{\mathrm{T}}\\ 0\\ 0\end{bmatrix}\theta^{-1}\begin{bmatrix}\bar{\lambda}_1^{\mathrm{T}} & 0 & 0\end{bmatrix}\\ &+\begin{bmatrix}\bar{\lambda}_2^{\mathrm{T}}\\ 0\\ 0\end{bmatrix}\theta^{-1}\begin{bmatrix}\bar{\lambda}_2^{\mathrm{T}} & 0 & 0\end{bmatrix}\end{aligned}\right\}\begin{bmatrix}\bar{\varphi}_1(k)\\ \bar{w}(k)\\ \Delta c(k+1)\end{bmatrix} \tag{3-88}
$$

根据定理 3.1 的证明和式（3-82）、式（3-83），可得

$$
\begin{aligned}&\begin{bmatrix}-\bar{L}_1^{-1} & 0 & 0\\ 0 & -\gamma^2 I & 0\\ 0 & 0 & -\eta^2 I\end{bmatrix}+\begin{bmatrix}\bar{\Lambda}_1^{\mathrm{T}}\\ \bar{G}^{\mathrm{T}}\\ \bar{L}_2^{\mathrm{T}}\end{bmatrix}\bar{L}_1^{-1}\begin{bmatrix}\bar{\Lambda}_1 & \bar{G} & \bar{L}_2\end{bmatrix}+\begin{bmatrix}\bar{E}^{\mathrm{T}}\\ 0\\ 0\end{bmatrix}\begin{bmatrix}\bar{E} & 0 & 0\end{bmatrix}\\ &+\begin{bmatrix}\bar{\lambda}_1^{\mathrm{T}}\\ 0\\ 0\end{bmatrix}\theta^{-1}\begin{bmatrix}\bar{\lambda}_1^{\mathrm{T}} & 0 & 0\end{bmatrix}+\begin{bmatrix}\bar{\lambda}_2^{\mathrm{T}}\\ 0\\ 0\end{bmatrix}\theta^{-1}\begin{bmatrix}\bar{\lambda}_2^{\mathrm{T}} & 0 & 0\end{bmatrix}<0\end{aligned} \tag{3-89}
$$

因此，证明非线性过程满足 $J\leqslant 0$，$\|z\|_{l_2}\leqslant\gamma\|\bar{w}\|_{l_2}+\eta\|\Delta c\|_{l_2}$，综上所述，定理 3.6 的证明已经全部完成。

3.5 CSTR 过程仿真研究

3.5.1 过程描述

非线性连续搅拌釜（CSTR）过程如图 3-1 所示，通过该过程来验证 3.2 节和 3.3 节提出算法的有效性和可行性。假设在 CSTR 过程中发生放热不可逆反应（$A\to B$），并且未反应的 A 组分以 $(1-\lambda)q$ 的速率[163]与进料 A 组分混合作为过程的输入，$d(t)$ 为反应物流出的延长时间，则 CSTR 可以用如下非线性微分方程表示：

$$
\dot{T}(t)=\frac{q}{V}[\lambda T_0+(1-\lambda)T(t-d(t))-T(t)]-\frac{k_0\Delta H}{\rho C_p}C_A(t)\exp\left(\frac{-E}{RT(t)}\right)+\frac{UA}{\rho C_p V}[\alpha T_c(t)-T(t)] \tag{3-90}
$$

$$\dot{C}_A(t)=\frac{1}{V}[\lambda qC_{A0}+(1-\lambda)qC_A(t-d(t))-qC_A(t)]-k_0C_A(t)\exp\left(\frac{-E}{RT(t)}\right) \quad (3\text{-}91)$$

其中，C_A 表示当反应物流出反应器时 A 物质的浓度，T 表示反应器的温度，T_c 表示冷却水的温度，α 为故障因子。其他过程参数为 $q=100\text{L/min}$ ，$\lambda=0.9$ ，$V=100\text{L}$ ，$C_{A0}=1\text{mol/L}$，$T_0=400\text{K}$ ，$\rho=1000\text{g/L}$ ，$C_p=1\text{J/gK}$ ，$k_0=4.71\times10^8\,\text{min}^{-1}$ ，$E/R=800\text{K}$ ，$\Delta H=-2\times10^5\,\text{J/mol}$，$UA=1\times10^5\,\text{J/minK}$。本节主要目的是通过调节冷却水的温度使反应器的温度 T 跟踪期望的设定值。

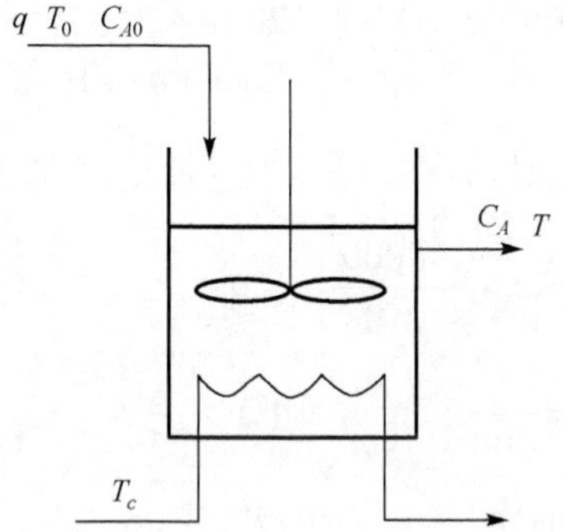

图 3-1　非线性连续搅拌釜

3.5.2 T-S 模糊模型的建立

将上述过程参数代入非线性微分方程（3-90）和方程（3-91）中，可以得到

$$\dot{T}(t)=360+0.1\times T(t-d(t))-T(t)+200\times4.71\times10^8\times\exp\left(\frac{-8000}{T(t)}\right)C_A(t)+\alpha T_c(t)-T(t) \quad (3\text{-}92)$$

$$\dot{C}_A(t)=0.9+0.1\times C_A(t-d(t))-C_A(t)-4.71\times10^8\times\exp\left(\frac{-8000}{T(t)}\right)C_A(t)+T\times\frac{1}{T} \quad (3\text{-}93)$$

选取状态变量为 $x(t)=\begin{bmatrix}x_1(t) & x_2(t)\end{bmatrix}^{\mathrm{T}}=\begin{bmatrix}T & C_A\end{bmatrix}^{\mathrm{T}}$，操纵变量为 $u(t)=T_c$，可得状态空间的形式为

$$\begin{cases}\dot{x}(t)=Ax(t)+A_dx(t-d(t))+B\alpha u(t)\\ y(t)=Cx(t)\end{cases} \quad (3\text{-}94)$$

其中，$A=\begin{bmatrix}360\times\dfrac{1}{x_1(t)}-2 & 200\times4.71\times10^8\times\exp\left(\dfrac{-8000}{x_1(t)}\right)\\ \dfrac{0.9}{x_1(t)} & -(1+4.71\times10^8\times\exp\left(\dfrac{-8000}{x_1(t)}\right))\end{bmatrix}$，$A_d=\begin{bmatrix}0.1 & 0\\ 0 & 0.1\end{bmatrix}$，$B=\begin{bmatrix}1\\ 0\end{bmatrix}$，

$C=[1\quad 0]$。

注释 3.6　原始非线性微分方程（3-90）和方程（3-91）可以通过状态空间方程（3-94）表示。在此，采用 T-S 模糊策略对非线性系统式（3-94）进行线性化，具体步骤如下。

首先，定义前件变量为 $Z_1(t)=\exp\left(\dfrac{-8000}{x_1(t)}\right)$，$Z_2(t)=\dfrac{1}{x_1(t)}$，则矩阵 A 可以转换为

$$A=\begin{bmatrix} 360\times Z_2(t)-2 & 200\times 4.71\times 10^8\times Z_1(t) \\ 0.9\times Z_2(t) & -(1+4.71\times 10^8\times Z_1(t)) \end{bmatrix} \tag{3-95}$$

其次，在 $x_1(t)\in[250,500]$，计算 $Z_1(t)$ 和 $Z_2(t)$ 最小和最大值，为

$$\begin{gathered}\min_{x_1(t)} Z_1(t)=\exp\left(\frac{-8000}{250}\right),\quad \max_{x_1(t)} Z_1(t)=\exp\left(\frac{-8000}{500}\right),\\ \min_{x_1(t)} Z_2(t)=\frac{1}{500},\quad \max_{x_1(t)} Z_2(t)=\frac{1}{250}\end{gathered} \tag{3-96}$$

通过上述最大和最小值，可知

$$\begin{gathered}Z_1(t)=\exp\left(\frac{-8000}{x_1(t)}\right)=M_1(Z_1(t))\times\exp\left(\frac{-8000}{250}\right)+M_2(Z_1(t))\times\exp\left(\frac{-8000}{500}\right)\\ Z_2(t)=\exp\left(\frac{-8000}{x_1(t)}\right)=N_1(Z_2(t))\times\frac{1}{500}+N_2(Z_2(t))\times\frac{1}{250}\end{gathered} \tag{3-97}$$

其中，$M_1(Z_1(t))+M_2(Z_1(t))=1$，$N_1(Z_2(t))+N_2(Z_2(t))=1$。因此，可以得到隶属度函数为

$$\begin{gathered}M_1(Z_1(t))=\frac{e^{\frac{8000}{500}}Z_1(t)-1}{e^{\frac{8000}{500}-\frac{8000}{250}}-1},\quad M_2(Z_1(t))=1-M_1(Z_1(t))\\ N_1(Z_2(t))=\frac{500\times(Z_2(t)\times 250-1)}{250-500},\quad N_2(Z_2(t))=1-N_1(Z_2(t))\end{gathered} \tag{3-98}$$

定义上述隶属度函数为‘积极的’、‘消极的’、‘大’和‘小’，如图 3-2 和图 3-3 所示。

在采样周期为 1s 时对非线性系统式（3-96）进行离散化，并通过如下的具有不确定性和未知干扰的模糊模型来描述。

规则 1：如果 $Z_1(k)$ 是‘积极的’和 $Z_2(k)$ 是‘大’，则

$$x(k+1)=A^1(k)x(k)+A_d^1(k)x(k-d(k))+B^1\alpha u(k)+w(k)$$

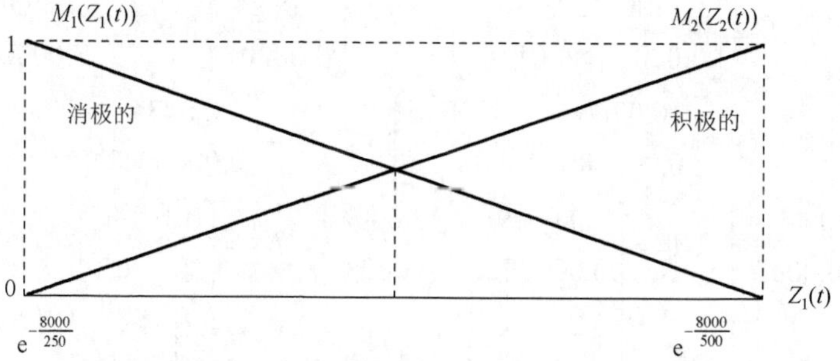

图 3-2　隶属度函数 $M_1(Z_1(t))$ 和 $M_2(Z_2(t))$

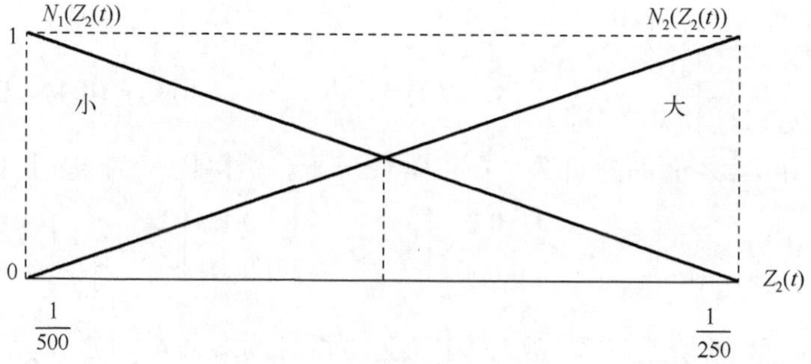

图 3-3　隶属度函数 $N_1(Z_2(t))$ 和 $N_2(Z_2(t))$

规则 2：如果 $Z_1(k)$ 是‘积极的’和 $Z_2(k)$ 是‘小’，则

$$x(k+1)=A^2(k)x(k)+A_d^2(k)x(k-d(k))+B^2\alpha u(k)+w(k)$$

规则 3：如果 $Z_1(k)$ 是‘消极的’和 $Z_2(k)$ 是‘大’，则

$$x(k+1)=A^3(k)x(k)+A_d^3(k)x(k-d(k))+B^3\alpha u(k)+w(k)$$

规则 4：如果 $Z_1(k)$ 是‘消极的’和 $Z_2(k)$ 是‘小’，则

$$x(k+1)=A^4(k)x(k)+A_d^4(k)x(k-d(k))+B^4\alpha u(k)+w(k)$$

在此，输出始终为 $y(k)=Cx(k)$。去模糊化后，非线性系统式（3-94）可以表示为如下线性模型：

$$\begin{cases} x(k+1)=\sum_{i=1}^{4}\hbar^i[A^i(k)x(k)+A_d^i(k)x(k-d(k))+B^i\alpha u(k)]+w(k) \\ y(k)=Cx(k) \end{cases} \tag{3-99}$$

其中，$1\leqslant d(k)\leqslant 4$，$A^1=\begin{bmatrix}0.5712 & 0.0006\\0.0017 & 0.3679\end{bmatrix}$，$B^1=\begin{bmatrix}0.7657\\0.0011\end{bmatrix}$，$A^2=\begin{bmatrix}0.2780 & 0.0004\\0.0006 & 0.3679\end{bmatrix}$，

$B^2=\begin{bmatrix}0.5640\\0.0004\end{bmatrix}$，$A^3=\begin{bmatrix}1.1409 & 223.3625\\0.0001 & 0.0148\end{bmatrix}$，$B^3=\begin{bmatrix}1.0624\\0.00007\end{bmatrix}$，$A^4=\begin{bmatrix}0.3956 & 79.0066\\0.00001 & 0.0027\end{bmatrix}$，$B^4=\begin{bmatrix}0.6494\\0.00002\end{bmatrix}$，$A_d^1=\begin{bmatrix}0.0766 & 0.000036\\0.000109 & 0.0632\end{bmatrix}$，$A_d^2=\begin{bmatrix}0.0834 & 0.000024\\0.0000042 & 0.0523\end{bmatrix}$，$A_d^3=\begin{bmatrix}0.1062 & 20.4414\\0.000007 & 0.0032\end{bmatrix}$，$A_d^4=\begin{bmatrix}0.0649 & 12.6004\\0.0000021 & 0.0023\end{bmatrix}$，$N^1=\begin{bmatrix}0.1 & 0\\0 & 0.1\end{bmatrix}$，$H^1=\begin{bmatrix}0.1 & 0\\0 & 0.2\end{bmatrix}$，$H_d^1=\begin{bmatrix}0.01 & 0\\0 & 0.03\end{bmatrix}$，$N^2=\begin{bmatrix}0.2 & 0\\0 & 0.1\end{bmatrix}$，$H^2=\begin{bmatrix}0.1 & 0\\0 & 0.3\end{bmatrix}$，$H_d^2=\begin{bmatrix}0.02 & 0\\0 & 0.02\end{bmatrix}$，$N^3=\begin{bmatrix}0.1 & 0\\0 & 0.2\end{bmatrix}$，$H^3=\begin{bmatrix}0.3 & 0\\0 & 0.01\end{bmatrix}$，$H_d^3=\begin{bmatrix}0.3 & 0\\0 & 0.001\end{bmatrix}$，$N^4=\begin{bmatrix}0.3 & 0\\0 & 0.1\end{bmatrix}$，$H^4=\begin{bmatrix}0.1 & 0\\0 & 0.001\end{bmatrix}$，$H_d^4=\begin{bmatrix}0.02 & 0\\0 & 0.002\end{bmatrix}$，$\Delta(k)=\begin{bmatrix}\Delta_1 & 0\\0 & \Delta_2\end{bmatrix}$，$w(k)=(0.4\Delta_3\ \ 0.4\Delta_4)^{\mathrm{T}}$，$\Delta_1,\Delta_2,\Delta_3,\Delta_4$是$[-1\ \ 1]$之间的随机数。在正常情况下，故障因子为 1，并且系统输入矩阵为时变的，相关矩阵 $H_b^1=\begin{bmatrix}0.2\\0.0001\end{bmatrix}$，$H_b^2=\begin{bmatrix}0.1\\0.0001\end{bmatrix}$，$H_b^3=\begin{bmatrix}0.5\\0.0001\end{bmatrix}$，$H_b^4=\begin{bmatrix}0.2\\0.00001\end{bmatrix}$。在故障情况下，故障因子为 $0.6=\underline{\alpha}\leqslant\alpha\leqslant\overline{\alpha}=1.2$，可得 $\beta=0.9$，$\beta_0=0.33$。

3.5.3 结果与分析

1. 正常情形

在正常情况下，加权矩阵取为 $\bar{Q}_1=\mathrm{diag}[15,6,1]$，$\bar{R}_1=0.1$，期望设定值设定为

$$\begin{cases}c(k)=380, & 0<k\leqslant 75\\ c(k)=370, & 75<k\leqslant 150\\ c(k)=360, & 150<k\leqslant 225\\ c(k)=370, & 225<k\leqslant 300\end{cases}\tag{3-100}$$

在 CSTR 过程的反应温度控制对比结果如图 3-4（a）所示。图 3-4（a）展示了 3.2 节提出方法和文献[108]对比结果，从图中可以看出，3.2 节所提出的方法能更快地跟踪期望的设定值并且没有出现超调现象。图 3-4（b）展示了控制输入的对比结果，可以发现 3.2 节所提出的方法具有更加平滑的控制响应。为了跟踪期望的设定值，3.2 节所提出的方法采用更快的控制行为能有效地克服由时变时滞和未

知干扰所带来的影响。因此，3.2 节所提出的方法具有很好的跟踪性能和抵抗干扰的能力。

为了验证 3.2 节所开发控制器的优越性，定义如下的性能指标为

$$DT(k)=\sqrt{e(k)^{\mathrm{T}}e(k)} \tag{3-101}$$

为了得到时滞 $d(k)$对非线性系统的影响，考虑三组不同的 $d(k)$，即 $d(k)\in[1,4]$，$d(k)\in[1,7]$，$d(k)\in[1,10]$，并且不考虑未知干扰和不确定性的影响，其控制对比结果如图 3-5 所示。通过图 3-5 可以看出，随着 $d(k)$范围变大，系统的跟踪性能变差。同时，可以看出 3.2 节所提出的方法可以容忍较大的时滞。图 3-6 为时滞 $d(k)\in[1,4]$ 情况下的 3.2 节所提出的方法和文献[164]的对比结果，从图中可以看出 3.2 节所提方法具有更好的控制性能。为了验证提出方法的抵抗干扰的能力，仅考虑系统受干扰 $w(k)=(0.5\Delta_3\ \ 0.5\Delta_4)^{\mathrm{T}}$ 的影响，控制效果如图 3-7 所示，对比于文献[165]，可以看出虽然两种方法都能抑制未知干扰的影响，但 3.2 节所提的方法具有更强的抗干扰能力。相似地，评估所提出方法和文献[166]对不确定的抑制能力，如图 3-8 所示，可以看出提出的方法有效地抑制不确定的影响。因此，从上述仿真结果可以看出，3.2 节所开发的控制器具有单独处理时滞、未知干扰和不确定性的能力，体现了良好的控制品质。

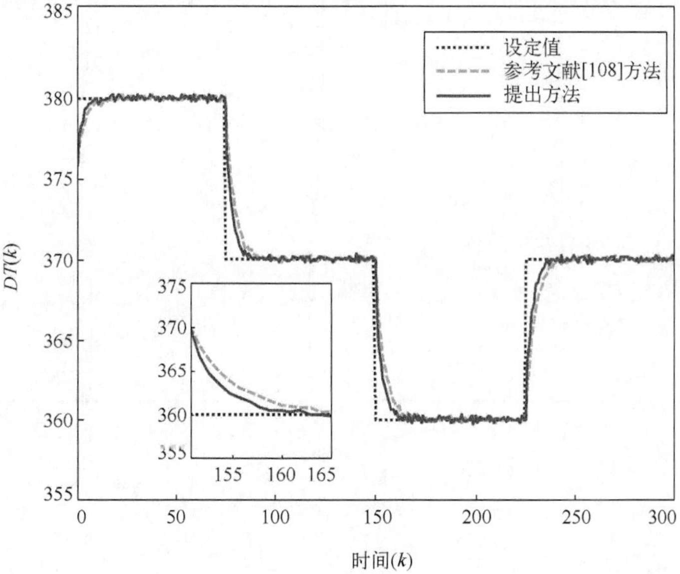

(a) 输出响应

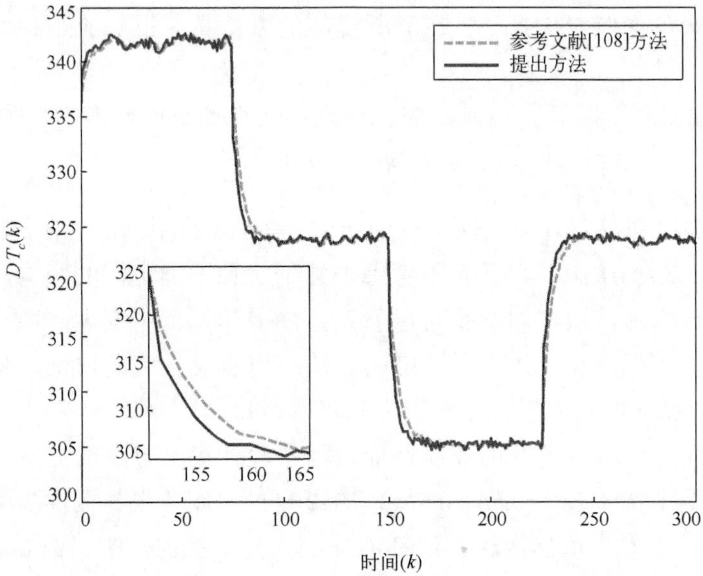

(b) 输入响应

图 3-4　提出方法与文献[108]方法的输出响应和输入响应对比

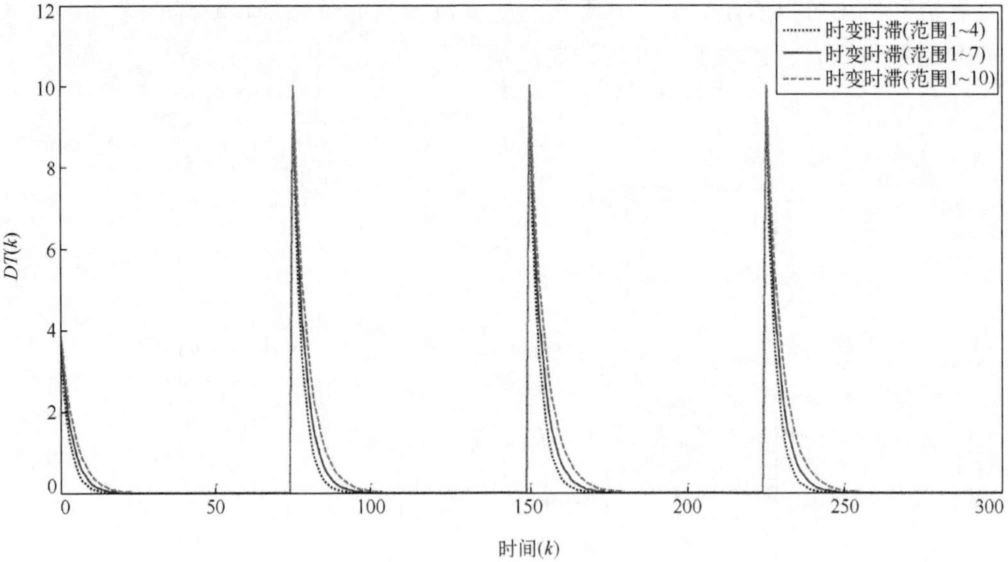

图 3-5　不同时滞 $d(k)$的对比结果

2. 故障情形

在故障情况下，加权矩阵取为 $\bar{Q}_1 = \text{diag}[15,6,1]$，$\bar{R}_1 = 0.15$，期望设定轨迹设定为

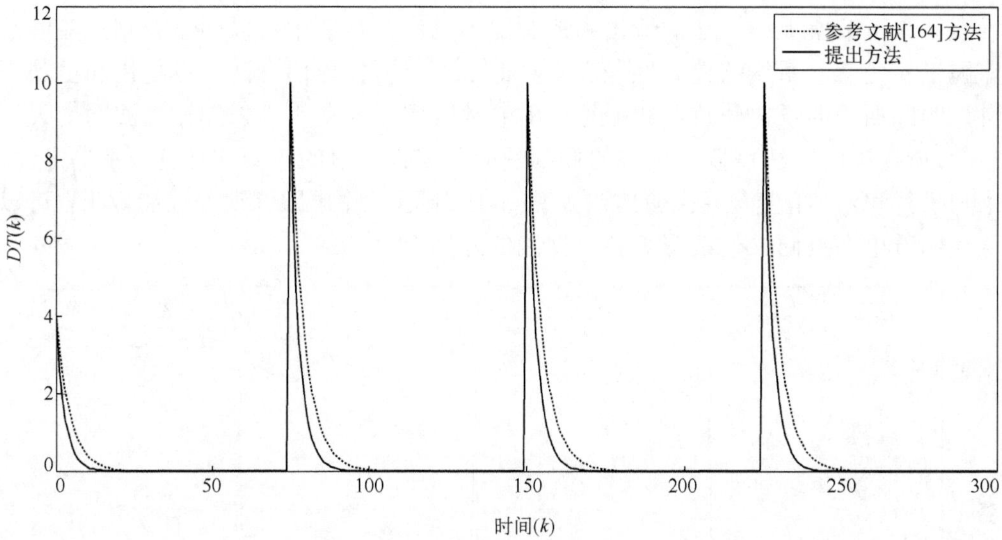

图 3-6　在时滞 $d(k)$下的对比结果

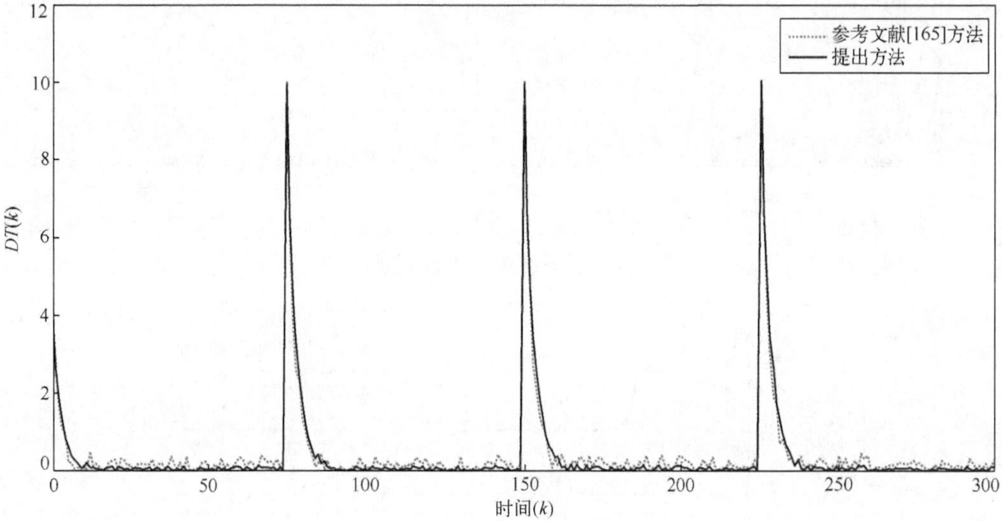

图 3-7　在干扰下的对比结果

$$\begin{cases} c(k)=376+k\times(380-376)/120, & 0<k\leqslant 120 \\ c(k)=370, & 120<k\leqslant 300 \\ c(k)=360+(k-300)\times(360-370)/180, & 300<k\leqslant 480 \\ c(k)=370, & 480<k\leqslant 600 \end{cases} \tag{3-102}$$

首先，通过两组不同常值故障来评估系统的控制性能，即 $\alpha=0.6$ 和 $\alpha=0.8$。通过 3.3 节所提出的方法对其进行控制，仿真结果如图 3-9 和图 3-10 所示。图 3-9

展示了 3.3 节所提出方法的输出和控制输入响应，从图中可以明显看到，随着故障因子 α 变小，系统的控制性能变差，但 3.3 节所提出的方法可以更快和更加平滑地跟踪期望的设定轨迹。相似地，随着故障因子 α 变小，控制输入波动变大，3.3 节所提出的方法可以以更快的控制响应跟踪设定值的改变并且克服不确定性、未知干扰和常值故障对系统的影响。图 3-10 展示了输出跟踪误差控制效果，可以从该图看出在不同常值故障下控制性能的差别。

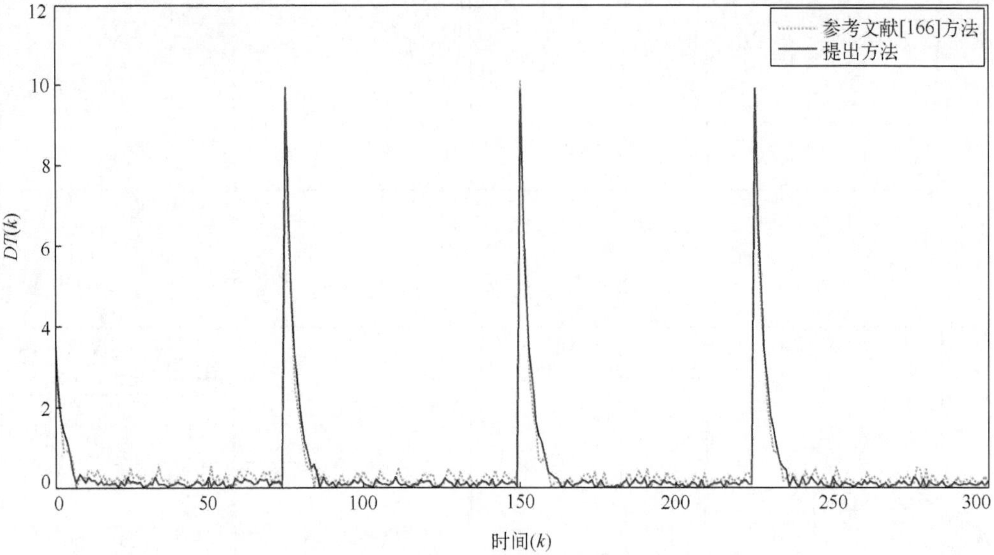

图 3-8　在不确定性下的对比结果

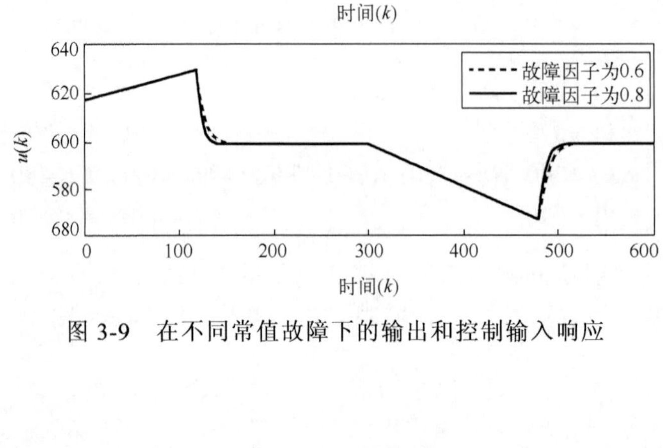

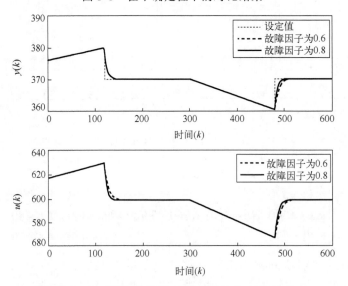

图 3-9　在不同常值故障下的输出和控制输入响应

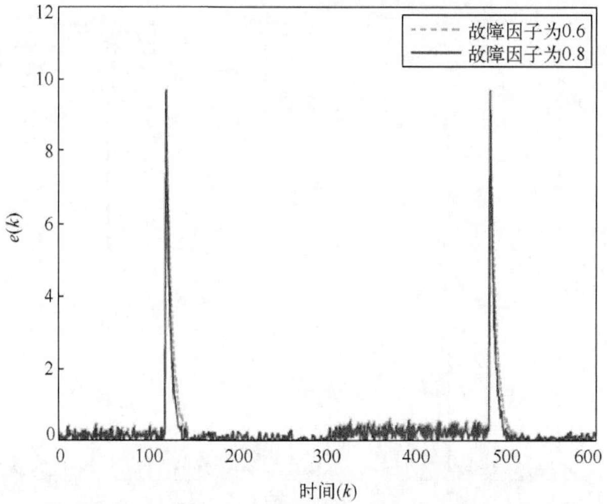

图 3-10　在不同常值故障下的跟踪输出误差效果

其次，通过两组随机故障来评估系统的控制性能，即 $\alpha = 0.8 + 0.2\Delta_5$ 和 $\alpha = 0.8 + 0.1\Delta_5$，$\Delta_5$ 为 $[-1\quad 1]$ 之间的随机数。从图 3-11 和图 3-12 可以看出，在上述两组随机故障情形下，系统控制性能恶化。从图 3-11 可以看出，随着随机故障的变大，系统的控制性能变差，3.3 节所提出的方法可以抑制随机故障、不确定性和未知干扰所带来的影响，具有很好的鲁棒和收敛性能。同时，从图 3-12 可以发现 3.3 节所提出的方法具有更快和更加平滑的控制输入响应，体现了较好的控制性能。

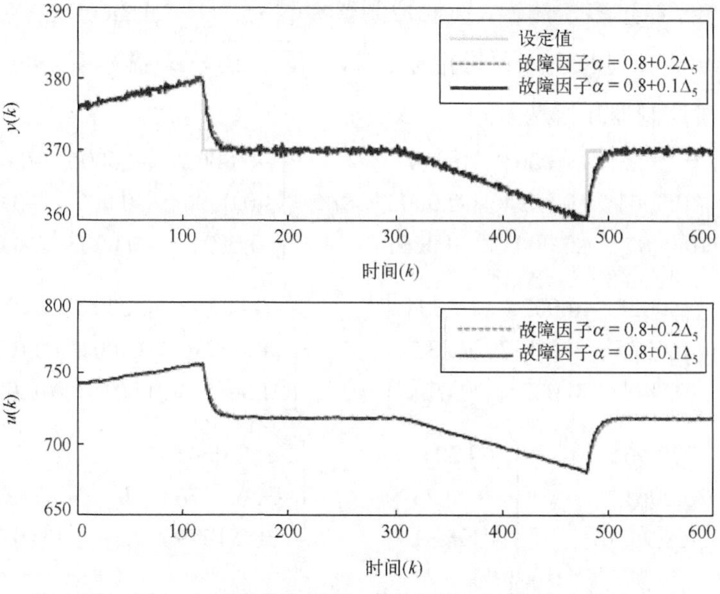

图 3-11　在不同随机故障下的输出和控制输入响应

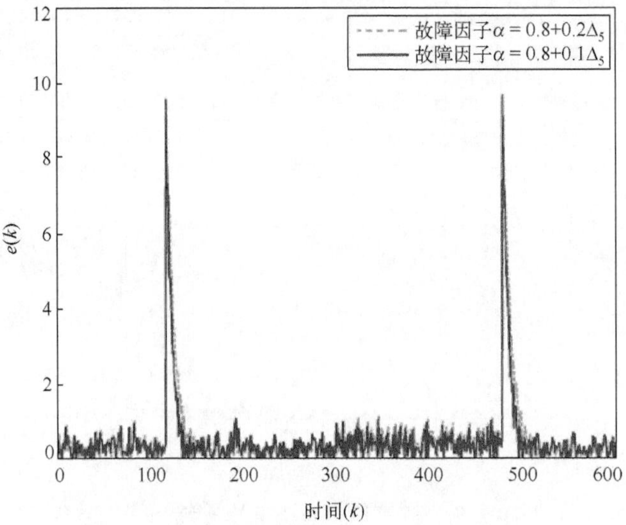

图 3-12　在不同随机故障下的跟踪输出误差效果

3. 输出反馈情形

针对输出反馈情况，采用新型扩展误差非线性模型，同时考虑设定点变化的情况，设计了一种输出反馈鲁棒模糊预测控制器。在 MATLAB 仿真软件中，将 3.4 节中的方法与传统模型下的单点线性方法进行对比，进一步证明所设计的控制器的可行性。经过多次测试，选取控制器参数为：$\bar{Q}_1=\text{diag}[105,50,30]$，$\bar{R}_1=15$，仿真运行 500 步。同时引入评价指标 $D(k)=\sqrt{e^{\mathrm{T}}(k)e(k)}$ 来描述系统的跟踪性能。

输出反馈控制器矩阵为

$$A_{c1}=\begin{bmatrix}0.1322 & -0.0001 & 0.0407\\ -0.0001 & -0.0334 & -0.0003\\ 0.0407 & -0.0003 & -0.0261\end{bmatrix},\ A_{c2}=\begin{bmatrix}-0.0002 & -0.0006 & 0.0021\\ -0.0006 & -0.007 & -0.0003\\ 0.0021 & -0.0003 & -0.0006\end{bmatrix}$$

$$A_{c3}=\begin{bmatrix}0.0028 & 0.0025 & 0.004\\ 0.0025 & -0.0147 & 0.0322\\ 0.0407 & 0.0322 & 0.0146\end{bmatrix},\ A_{c4}=\begin{bmatrix}-0.0003 & -0.0003 & -0.0001\\ -0.0003 & -0.0001 & 0.0014\\ 0.0001 & 0.0014 & -0.0004\end{bmatrix}$$

$$B_{c1}=\begin{bmatrix}-232.96\\ 26.2061\\ -68.95\end{bmatrix},\ B_{c2}=\begin{bmatrix}169.2034\\ -1.5525\\ -498.51\end{bmatrix},\ B_{c3}=\begin{bmatrix}-352.0641\\ -326.4776\\ -508.1579\end{bmatrix},\ B_{c4}=\begin{bmatrix}-7.7736\\ -143.7449\\ 150.2038\end{bmatrix}$$

$$C_{c1}=10^{-6}\times\begin{bmatrix}3.275 & 0.0759 & -2.3959\end{bmatrix},\ C_{c2}=10^{-6}\times\begin{bmatrix}0.6457 & 0.0127 & -14.344\end{bmatrix}$$

$$C_{c3}=10^{-5}\times\begin{bmatrix}7.4333 & 0.2999 & -2.3510\end{bmatrix}，C_{c4}=10^{-5}\times\begin{bmatrix}0.4914 & -2.5092 & -3.0733\end{bmatrix}$$

$$D_{c1}=-0.5482，D_{c2}=-0.1282，D_{c3}=-9.4007，D_{c4}=-0.1023$$

本章将所设计的鲁棒输出反馈控制方法与文献[80]提出的线性输出反馈方法进行对比，同时考虑到设定值实时变化、不确定性和有外界干扰等多种因素，得到仿真图如图 3-13～图 3-15 所示。图 3-13 中，深灰色曲线表示在非线性系统中本章提出的输出反馈鲁棒模糊预测控制算法曲线，浅灰色曲线表示在线性系统中运用输出反馈鲁棒预测控制算法曲线，黑色曲线表示 CSTR 温度控制系统可以实时变化的设定值曲线。

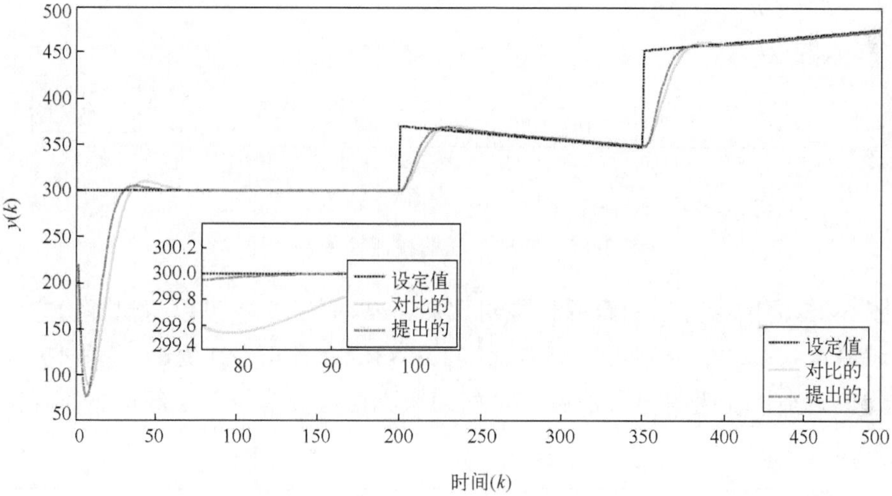

图 3-13　两种方法的输出响应对比图

图 3-13 为两种方法的输出响应对比图，由图 3-13 可知，虽然两条曲线都能有效地跟踪变化的设定值，但相比之下，提出的方法在 CSTR 温度系统受到外界干扰和不确定性影响时，能更加快速地跟踪期望的设定值，满足对温度的控制要求。当设定值在 $k=200$ 和 $k=350$ 发生跳变且含有斜坡变化时，可以明显看出 3.4 节中提出的方法的跟踪性能更好。虽然对比的线性方法也可以有效地跟踪设定值，但其首次上升到稳态的时间为 $k=70$，而本章提出的方法上升时间为 $k=58$，相比之下整整提前了 $k=12$。而且，对比方法的超调量为 3.3%，提出方法的超调量为 1.2%。从这两组数据对比来看可知采用提出的输出反馈控制器可以对被控对象实现更为有效的控制，曲线波动也较平缓，从而提升了生产效率和产品质量，也可以证明采用提出方法控制器可以对被控对象实现有效的控制。

图 3-14 为两种方法的控制输入响应对比图，由图 3-14 可以看出，当存在干

扰与不确定性因素时，系统发生了幅度较小的波动，且逐渐趋于稳定。说明此方法能很好地处理模型不确定性以及干扰等问题，减少生产设备的损耗以避免人工成本的浪费，具有良好的抗扰动性。

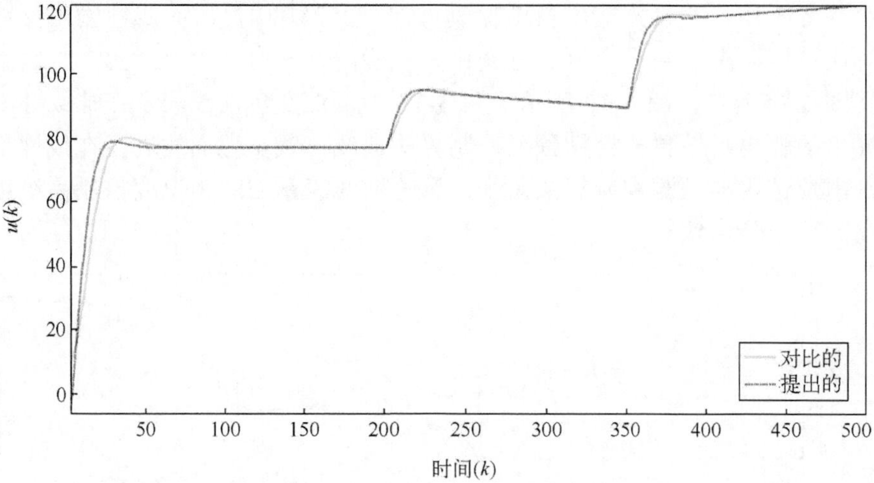

图 3-14　两种方法的控制输入对比图

图 3-15 为两种方法的跟踪性能对比图，从图 3-15 中可以得出提出方法与对比文献的误差平均值分别为 9.3432 和 11.0783，二者相差 1.7351，提出方法的误差平均值更小，表明提出方法具有良好的跟踪性能，为企业节约成本、保障效率提供有力的支撑。

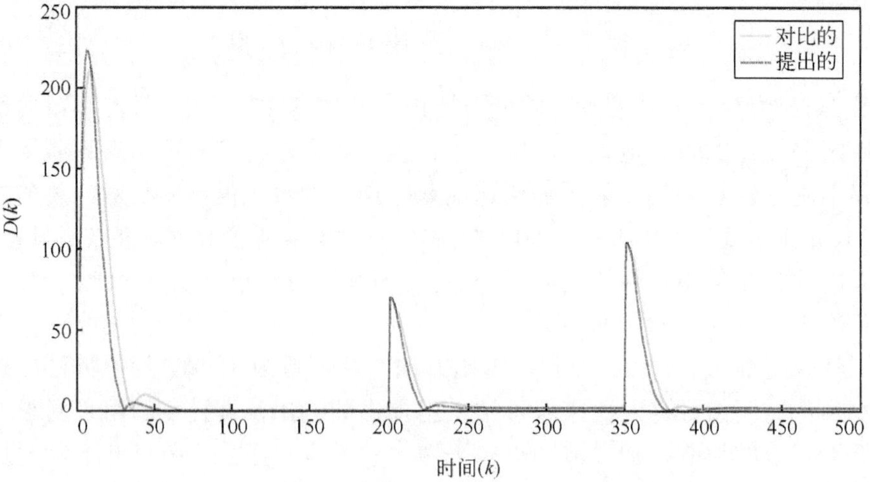

图 3-15　两种方法的系统跟踪性能曲线对比图

3.6　本章小结

本章主要研究了具有不确定性、未知干扰和时变时滞的离散非线性系统鲁棒模糊预测控制方法，并针对系统是否具有故障，分别提出了具有区间时变时滞和未知干扰的非线性工业过程鲁棒模糊预测控制方法、具有部分执行故障的时变时滞非线性系统模糊预测容错控制方法和基于时变设定值轨迹的输出反馈鲁棒模糊预测控制，这些方法首先通过 T-S 模糊模型对离散非线性系统进行描述，利用非线性隶属度函数和每个规则下的线性子模型加权线性化得到线性状态空间模型，在此基础上，进行了鲁棒模糊预测、容错控制器和输出反馈控制器的设计，给出了保证系统渐近稳定的 LMI 充分条件，以得到系统的控制律增益，最后通过 CSTR 过程的仿真研究验证了所提方法的有效性和可行性。

第 4 章　具有一定概率的执行器故障系统随机鲁棒预测容错控制

4.1　引　　言

第 2 章和第 3 章都对部分执行器故障进行了相应研究，该类故障是增益故障并且一定会发生。但在实际的工业生产过程中，故障可能以一定概率的情况存在。在这种情况下如果一直采用 FTC 对具有故障的系统进行控制，往往会造成一定的原料损失，导致资源的浪费，间接地降低经济效益。为此，有必要对此类故障情形设计行之有效的策略。本文正是在这种背景下，针对具有执行器随机故障的工业过程，并考虑系统受不确定性、未知干扰和时变时滞的影响，提出了随机鲁棒预测容错控制方法，该方法的主要贡献是将鲁棒预测控制方法与随机理论相结合，以处理工业过程具有一定随机故障的问题，从而改进了传统的容错控制方法。其主要思路是构建具有故障随机性的状态空间模型来描述一类具有区间时变时滞、不确定性、未知干扰和执行器随机故障的工业过程，并设计基于该模型的随机容错切换控制方案，在故障概率较小的情况下采用常规控制器，在故障概率较大的情况下切换为容错控制器，以实现节能降耗的目的。在上述方案的基础上，本章给出了具有 LMI 形式的相关定理和推论，以求解设计的切换控制律，并通过三种不同概率的执行故障情形的仿真研究来验证所提方法的有效性和可行性。

4.2　随机鲁棒预测容错控制

4.2.1　问题描述

考虑如下一类具有执行器随机故障、时变时滞、不确定性和未知干扰的工业过程：

$$\begin{cases} x(k+1) = A(k)x(k) + A_d(k)x(k-d(k)) + (1-\nu(k))Bu(k) + \nu(k)B\alpha u(k) + w(k) \\ y(k) = Cx(k) \end{cases} \tag{4-1}$$

其中，$A(k)=A+\Delta_a(k)$，$A_d(k)=A_d+\Delta_d(k)$，$\Delta_a(k)$和$\Delta_d(k)$是由于模型不确定性引起的内部干扰，满足$\left[\Delta_a(k) \quad \Delta_d(k)\right]=N\Delta(k)\left[H \quad H_d\right]$且$\Delta^{\mathrm{T}}(k)\Delta(k)\leqslant I$，$\{A, A_d, B, N, H, H_d, C\}$是具有适当维数的已知常数矩阵。$x(k)\in\mathbf{R}^{n_x}$，$u(k)\in\mathbf{R}^{n_u}$，$y(k)\in\mathbf{R}^{n_y}$表示过程状态、控制输入、系统输出变量，$n_x,n_u,n_y$表示对应变量的维数。$w(k)$为未知有界外部干扰，$d(k)$表示区间时变时滞，满足$d_m\leqslant d(k)\leqslant d_M$，$d_M$和$d_m$分别表示时滞的上下界。$k$代表当前离散时刻，$k$+1 表示下一时刻。$\nu(k)=\begin{cases}0, & \text{正常系统}\\ 1, & \text{故障系统}\end{cases}$代表系统是否发生故障，其故障发生的概率可以表示为

$$0\leqslant P\{\nu(k+1)=1\,|\,\nu(k)=0\}=\partial\leqslant 1 \tag{4-2}$$

$$0\leqslant P\{\nu(k+1)=0\,|\,\nu(k)=0\}=1-\partial\leqslant 1 \tag{4-3}$$

$$0\leqslant P\{\nu(k+1)=1\,|\,\nu(k)=1\}=1 \tag{4-4}$$

$$0\leqslant P\{\nu(k+1)=0\,|\,\nu(k)=1\}=0 \tag{4-5}$$

其中，$P\{\pi\,|\,\upsilon\}$表示在事件υ的条件下事件π发生的概率。相似地，式（4-2）表示在当前时刻正常的情况下一个时刻发生故障的概率，其概率为∂。式（4-3）与式（4-2）情况相反，其概率为$1-\partial$。从式（4-4）可以看出其故障发生的概率为 1，这是因为当前时刻发生故障下一时刻必然会发生故障。相反，从式（4-5）可以看出其故障发生的概率为 0。

注释 4.1 在实际工业生产中，上述具有一定概率的故障情况确实存在。以注塑成型过程为例，由于原料不完全融化使得进料管道部分堵塞，会引起执行器故障。然而，在下一时刻原料再次输入可能会使堵塞的管道部分冲开或者堵塞情况更加严重。明显地，上述情况故障的发生存在一定概率。为此，上述随机故障问题是源于实际工程，将在本章中进行研究。

4.2.2 随机鲁棒预测容错控制器设计

1. 随机扩展状态空间模型

在式（4-1）左右两边同乘以后移算子Δ，可得

$$\begin{cases}\Delta x(k+1)=A(k)\Delta x(k)+A_d(k)\Delta x(k-d(k))+(1-\nu(k))B\Delta u(k)+\nu(k)B\alpha\Delta u(k)+\bar{w}(k)\\ \Delta y(k)=C\Delta x(k)\end{cases} \tag{4-6}$$

其中，$\Delta=1-q^{-1}$，$\bar{w}(k)=(\Delta_a(k)-\Delta_a(k-1)x(k-1))+(\Delta_d(k)-\Delta_d(k-1))x(k-1-d(k-1))+\Delta w(k)$。

定义跟踪误差为

$$e(k)=y(k)-c(k) \tag{4-7}$$

其中，$c(k)$是设定值。

综合式（4-6）和式（4-7），可得

$$\begin{aligned} e(k+1)=&e(k)+C(A(k))\Delta x(k)+C(A_d(k))\Delta x(k-d(k))\\ &+(1-\nu(k))CB\Delta u(k)+\nu(k)CB\alpha\Delta u(k)+C\overline{w}(k) \end{aligned} \tag{4-8}$$

通过组合增量的状态和输出跟踪误差作为状态变量，可以得到具有一定概率的执行器故障的随机扩展状态空间模型为

$$\begin{cases} \overline{x}_1(k+1)=\overline{A}(k)\overline{x}_1(k)+\overline{A}_d(k)\overline{x}_1(k-d(k))+(1-\nu(k))\overline{B}\Delta u(k)+\nu(k)\overline{B}\alpha\Delta u(k)\\ \qquad\qquad +\overline{G}\overline{w}(k)\\ \Delta y(k)=\overline{C}_1\overline{x}_1(k)\\ z(k)=e(k)=\overline{E}\overline{x}_1(k) \end{cases} \tag{4-9}$$

其中，$\overline{x}_1(k)=\begin{bmatrix}\Delta x(k)\\ e(k)\end{bmatrix}$，$\overline{x}_1(k-d(k))=\begin{bmatrix}\Delta x(k-d(k))\\ e(k-d(k))\end{bmatrix}$，$\overline{A}(k)=\begin{bmatrix}A+\Delta_a(k) & 0\\ CA+C\Delta_a(k) & I\end{bmatrix}=\overline{A}+\overline{\Delta}_a(k)$, $\overline{A}=\begin{bmatrix}A & 0\\ CA & I\end{bmatrix}$，$\overline{\Delta}_a(k)=\overline{N}\Delta(k)\overline{H}$，$\overline{A}_d(k)=\begin{bmatrix}A_d+\Delta_d(k) & 0\\ CA_d+C\Delta_d(k) & 0\end{bmatrix}=\overline{A}_d+\overline{\Delta}_d(k), \overline{A}_d=\begin{bmatrix}A_d & 0\\ CA_d & 0\end{bmatrix}$，$\overline{\Delta}_d(k)=\overline{N}\Delta(k)\overline{H}_d$，$\overline{B}=\begin{bmatrix}B\\ CB\end{bmatrix}$，$\overline{N}=\begin{bmatrix}N\\ CN\end{bmatrix}$，$\overline{H}=\begin{bmatrix}H & 0\end{bmatrix}$，$\overline{H}_d=\begin{bmatrix}H_d & 0\end{bmatrix}$，$\overline{G}=\begin{bmatrix}I\\ C\end{bmatrix}$，$\overline{C}_1=\begin{bmatrix}C & 0\end{bmatrix}$，$\overline{E}=\begin{bmatrix}0 & I\end{bmatrix}$。

基于式（4-9）的表达形式，设计随机鲁棒容错控制律为

$$\Delta u^F(k)=(1-\nu(k))\overline{K}^0\overline{x}_1(k)+\nu(k)\overline{K}^1\overline{x}_1(k) \tag{4-10}$$

其中，$\nu(k)=0$代表系统在正常情况下且$\Delta u^F(k)=\overline{K}^0\overline{x}_1(k)$，$\nu(k)=1$代表系统发生故障且$\Delta u^F(k)=\overline{K}^1\overline{x}_1(k)$，控制增益$\overline{K}^0$和$\overline{K}^1$可以通过后续的定理或者推论求得。

注释 4.2　对于传统的容错控制方法，系统无论是否发生故障，其容错控制器贯穿始终，可能会导致资源的浪费。然而，在式（4-10）中，设计随机鲁棒容错控制律，在故障概率较大时切换为容错控制，在故障概率较小时切换为常规控制。将上述控制方案用于实际工业生产中，可以有效减少资源浪费和降低能源损耗。

将式（4-10）代入式（4-9），得到随机闭环状态空间的形式为

$$\begin{cases} \bar{x}_1(k+1) = \sum_{i=0}^{1} \hat{A}^i(k)\bar{x}_1(k) + \bar{A}_d(k)\bar{x}_1(k-d(k)) + \bar{G}\bar{w}(k) \\ \Delta y(k) = \bar{C}_1\bar{x}_1(k) \\ z(k) = e(k) = \bar{E}\bar{x}_1(k) \end{cases} \tag{4-11}$$

其中，$\hat{A}^0(k)=(1-\nu(k))(\bar{A}(k)+\bar{B}\bar{K}^0)$，$\hat{A}^1(k)=\nu(k)(\bar{A}(k)+\bar{B}\alpha\bar{K}^1)$。

2. 主要定理和引理

本节主要工作是通过如下给出的定理和推论求解基于概率的随机鲁棒预测容错控制器的控制增益。

定理 4.1　给定一些标量$\gamma>0$，$\theta>0$，$0\leqslant d_m\leqslant d_M$，如果存在正定对称矩阵$\bar{P}_1^i$，$\bar{T}_1^i,\bar{M}_1^i,\bar{G}_1^i,\bar{L}_1^i,\bar{S}_1^i,\bar{S}_2^i,\bar{M}_3^i,\bar{M}_4^i,\bar{X}_1^i,\bar{X}_2^i\in\mathbf{R}^{(n_x+n_e)}$，矩阵$\bar{Y}_1^i\in\mathbf{R}^{n_u\times(n_x+n_e)}$和正数$\bar{\varepsilon}_1^i,\bar{\varepsilon}_2^i$，$i=0,1$，使得如下LMI条件：

$$\begin{bmatrix} \bar{\Pi}_{11}^0 & \cap^{00}\bar{\Pi}_{12}^0 & \cap^{01}\bar{\Pi}_{12}^1 & \cap^{00}\bar{\Pi}_{13}^0 & \cap^{01}\bar{\Pi}_{13}^1 & \cap^{00}\bar{\Pi}_{14}^0 & \cap^{01}\bar{\Pi}_{14}^1 & \cap^{00}\bar{\Pi}_{15}^0 & \cap^{01}\bar{\Pi}_{15}^1 & \cap^{01}\bar{\Pi}_{16}^1 \\ * & \bar{\Pi}_{22}^0 & 0 & 0 & 0 & 0 & 0 & 0 & 0 & 0 \\ * & * & \bar{\Pi}_{22}^1 & 0 & 0 & 0 & 0 & 0 & 0 & 0 \\ * & * & * & \bar{\Pi}_{33}^0 & 0 & 0 & 0 & 0 & 0 & 0 \\ * & * & * & * & \bar{\Pi}_{33}^1 & 0 & 0 & 0 & 0 & 0 \\ * & * & * & * & * & \bar{\Pi}_{44}^0 & 0 & 0 & 0 & 0 \\ * & * & * & * & * & * & \bar{\Pi}_{44}^1 & 0 & 0 & 0 \\ * & * & * & * & * & * & * & \bar{\Pi}_{55}^0 & 0 & 0 \\ * & * & * & * & * & * & * & * & \bar{\Pi}_{55}^1 & 0 \\ * & * & * & * & * & * & * & * & * & \bar{\Pi}_{66}^1 \end{bmatrix} < 0 \tag{4-12}$$

$$\begin{bmatrix} \bar{\Pi}_{11}^1 & \cap^{11}\bar{\Pi}_{12}^1 & \cap^{11}\bar{\Pi}_{13}^1 & \cap^{11}\bar{\Pi}_{14}^1 & \cap^{11}\bar{\Pi}_{15}^1 & \cap^{11}\bar{\Pi}_{16}^1 \\ * & \bar{\Pi}_{22}^1 & 0 & 0 & 0 & 0 \\ * & * & \bar{\Pi}_{33}^1 & 0 & 0 & 0 \\ * & * & * & \bar{\Pi}_{44}^1 & 0 & 0 \\ * & * & * & * & \bar{\Pi}_{55}^1 & 0 \\ * & * & * & * & * & \bar{\Pi}_{66}^1 \end{bmatrix} < 0 \tag{4-13}$$

$$\begin{bmatrix} -1 & \bar{x}_l^{\mathrm{T}}(k|k) \\ \bar{x}_l(k|k) & -\bar{\varphi}_l^i \end{bmatrix} \leqslant 0 \tag{4-14}$$

$$\begin{bmatrix} -\Delta u_M^2 & \bar{Y}_1^i \\ \bar{Y}_1^{i\mathrm{T}} & -\bar{\varphi}_l^i \end{bmatrix} \leqslant 0 \tag{4-15}$$

$$\begin{bmatrix} -\Delta y_M^2(\bar{\varphi}_l^i) & \bar{C}\bar{\varphi}_l^i \\ (\bar{C}\bar{\varphi}_l^i)^{\mathrm{T}} & -I \end{bmatrix} \leqslant 0 \tag{4-16}$$

成立，则随机闭环系统式（4-11）是均方渐近稳定的且具有 H_∞ 性能和最优控制性能。其中，控制增益为 $\bar{K}^i = \bar{Y}_1^i(\bar{L}_1^i)^{-1}$，$\hat{\phi}_1^i = -\bar{L}_1^i + \bar{M}_3^i + \bar{D}_1^i\bar{S}_2^i + \bar{S}_2^i - \bar{X}_2^i$，$\bar{D}_1 = (d_M - d_m + 1)I$，$\bigcap^{00} = \sqrt{1-\partial}$，$\bigcap^{01} = \sqrt{\partial}$，$\bigcap^{11} = I$，$\bar{D}_2 = d_M I$，"*"代表对称位置的转置元素，$\bar{\Pi}_{11}^0 = \begin{bmatrix} \hat{\phi}_1^0 & 0 & \bar{L}_1^0 & 0 \\ 0 & -\bar{S}_1^0 & 0 & 0 \\ \bar{L}_1^0 & 0 & -\bar{M}_4^0 - \bar{X}_1^0 & 0 \\ 0 & 0 & 0 & -\gamma^2 I \end{bmatrix}$，$\bar{\Pi}_{11}^1 = \begin{bmatrix} \hat{\phi}_1^1 & 0 & \bar{L}_1^1 & 0 \\ 0 & -\bar{S}_1^1 & 0 & 0 \\ \bar{L}_1^1 & 0 & -\bar{M}_4^1 - \bar{X}_1^1 & 0 \\ 0 & 0 & 0 & -\gamma^2 I \end{bmatrix}$，$\bar{\Pi}_{12}^0 = \begin{bmatrix} \bar{L}_1^0\bar{A}^{\mathrm{T}} + \bar{Y}_1^{0\mathrm{T}}\bar{B}^{\mathrm{T}} & \bar{L}_1^0\bar{A}^{\mathrm{T}} + \bar{Y}_1^{0\mathrm{T}}\bar{B}^{\mathrm{T}} - \bar{L}_1^0 \\ \bar{S}_1^0\bar{A}_d & \bar{S}_1^0\bar{A}_d \\ 0 & 0 \\ \bar{G}^{\mathrm{T}} & \bar{G}^{\mathrm{T}} \end{bmatrix}$，$\bar{\Pi}_{12}^1 = \begin{bmatrix} \bar{L}_1^1\bar{A}^{\mathrm{T}} + \bar{Y}_1^{1\mathrm{T}}\beta\bar{B}^{\mathrm{T}} & \bar{L}_1^1\bar{A}^{\mathrm{T}} + \bar{Y}_1^{1\mathrm{T}}\beta\bar{B}^{\mathrm{T}} - \bar{L}_1^1 \\ \bar{S}_1^1\bar{A}_d & \bar{S}_1^1\bar{A}_d \\ 0 & 0 \\ \bar{G}^{\mathrm{T}} & \bar{G}^{\mathrm{T}} \end{bmatrix}$，

$\bar{\Pi}_{13}^0 = \begin{bmatrix} \bar{L}_1^0\bar{E}^{\mathrm{T}} \\ 0 \\ 0 \\ 0 \end{bmatrix}$，$\bar{\Pi}_{13}^1 = \begin{bmatrix} \bar{L}_1^1\bar{E}^{\mathrm{T}} \\ 0 \\ 0 \\ 0 \end{bmatrix}$，$\bar{\Pi}_{14}^0 = \begin{bmatrix} \bar{Y}_1^{0\mathrm{T}}\bar{R}_1^{\frac{1}{2}} & \bar{L}_1^0\bar{Q}_1^{\frac{1}{2}} \\ 0 & 0 \\ 0 & 0 \\ 0 & 0 \end{bmatrix}$，$\bar{\Pi}_{14}^1 = \begin{bmatrix} \bar{Y}_1^{1\mathrm{T}}\bar{R}_1^{\frac{1}{2}} & \bar{L}_1^1\bar{Q}_1^{\frac{1}{2}} \\ 0 & 0 \\ 0 & 0 \\ 0 & 0 \end{bmatrix}$，$\bar{\Pi}_{15}^0 = \begin{bmatrix} \bar{L}_1^0\bar{H}^{\mathrm{T}} & \bar{L}_1^0\bar{H}^{\mathrm{T}} \\ \bar{S}_1^0\bar{H}_d^{\mathrm{T}} & \bar{S}_1^0\bar{H}_d^{\mathrm{T}} \\ 0 & 0 \\ 0 & 0 \end{bmatrix}$，$\bar{\Pi}_{15}^1 = \begin{bmatrix} \bar{L}_1^1\bar{H}^{\mathrm{T}} & \bar{L}_1^1\bar{H}^{\mathrm{T}} \\ \bar{S}_1^1\bar{H}_d^{\mathrm{T}} & \bar{S}_1^1\bar{H}_d^{\mathrm{T}} \\ 0 & 0 \\ 0 & 0 \end{bmatrix}$，$\bar{\Pi}_{16}^1 = \begin{bmatrix} \bar{Y}_1^{1\mathrm{T}}\beta & \bar{Y}_1^{1\mathrm{T}}\beta \\ 0 & 0 \\ 0 & 0 \\ 0 & 0 \end{bmatrix}$，$\bar{\Pi}_{22}^0 = \mathrm{diag}\begin{bmatrix} -\bar{L}_1^0 + \bar{\varepsilon}_1^0\bar{N}\bar{N}^{\mathrm{T}} \\ -\bar{X}_1^0\bar{D}_2^{-2} + \bar{\varepsilon}_1^0\bar{N}\bar{N}^{\mathrm{T}} \end{bmatrix}$，$\bar{\Pi}_{22}^1 = \mathrm{diag}\begin{bmatrix} -\bar{L}_1^1 + \bar{\varepsilon}_1^1\bar{N}\bar{N}^{\mathrm{T}} + \bar{\varepsilon}_2^1\bar{B}\beta_0^2\bar{B}^{\mathrm{T}} \\ -\bar{X}_1^1\bar{D}_2^{-2} + \bar{\varepsilon}_1^1\bar{N}\bar{N}^{\mathrm{T}} + \bar{\varepsilon}_2^1\bar{B}\beta_0^2\bar{B}^{\mathrm{T}} \end{bmatrix}$，$\bar{\Pi}_{33}^0 = \bar{\Pi}_{33}^1 = -I$，$\bar{\Pi}_{44}^0 = \mathrm{diag}[-\theta I \quad -\theta I]$，$\bar{\Pi}_{44}^1 = \mathrm{diag}[-\theta I \quad -\theta I]$，$\bar{\Pi}_{55}^0 = \mathrm{diag}[-\bar{\varepsilon}_1^0 I \quad -\bar{\varepsilon}_1^0 I]$，$\bar{\Pi}_{55}^1 = \mathrm{diag}[-\bar{\varepsilon}_1^1 I \quad -\bar{\varepsilon}_1^1 I]$，$\bar{\Pi}_{66}^1 = \mathrm{diag}[-\bar{\varepsilon}_2^1 I \quad -\bar{\varepsilon}_2^1 I]$。

证明 首先，在 $\bar{w}(k) = 0$ 情况下，证明随机闭环系统式（4-11）是均方渐近稳定的并且具有最优控制性能。假设 $\bar{x}_1(k)$ 满足如下条件：

$$\begin{aligned} &\mathbb{E}\left[V(\bar{x}_1(k+i+1|k)) - V(\bar{x}_1(k+i|k))\right] \leqslant -\mathbb{E}[(\bar{x}_1(k+i|k))^{\mathrm{T}}\bar{Q}_1(\bar{x}_1(k+i|k)) \\ &+\Delta u(k+i|k)^{\mathrm{T}}\bar{R}_1\Delta u(k+i|k)] \end{aligned} \tag{4-17}$$

从 $i=0$ 到 ∞ 对式（4-17）左右两边进行累加并且需要 $V(\bar{x}_1(\infty)) = 0$ 或 $\bar{x}_1(\infty) = 0$，则可以得到

$$\tilde{J}_\infty(k) \leqslant \mathbb{E}\left[V(\bar{x}_1(k))\right] \leqslant \theta \tag{4-18}$$

其中，θ 是 $\tilde{J}_\infty(k)$ 的上界。定义如下 Lyapunov-Krasovskii 函数为

$$\mathbb{E}\left[V(\overline{x}_1(k+i))\right]=\mathbb{E}\left[\sum_{ll=1}^{5}V_{ll}(\overline{x}_1(k+i))\right] \tag{4-19}$$

其中，$\mathbb{E}[V_1(\overline{x}_1(k+i))]=\mathbb{E}[\overline{x}_1^{\mathrm{T}}(k+i)\overline{P}_1^i\overline{x}_1(k+i)]=\mathbb{E}[\overline{x}_1^{\mathrm{T}}(k+i)\theta(\overline{L}_1^i)^{-1}\overline{x}_1(k+i)]$,

$$\mathbb{E}\left[V_2(\overline{x}_1(k+i))\right]=\mathbb{E}\left[\sum_{r=k-d(k)}^{k-1}\overline{x}_1^{\mathrm{T}}(r+i)\overline{T}_1^i\overline{x}_1(r+i)\right]=\mathbb{E}\left[\sum_{r=k-d(k)}^{k-1}\overline{x}_1^{\mathrm{T}}(r+i)\theta(\overline{S}_1^i)^{-1}\overline{x}_1(r+i)\right],$$

$$\mathbb{E}\left[V_3(\overline{x}_1(k+i))\right]=\mathbb{E}\left[\sum_{r=k-d_M}^{k-1}\overline{x}_1^{\mathrm{T}}(r+i)\overline{M}_1^i\overline{x}_1(r+i)\right]=\mathbb{E}\left[\sum_{r=k-d_M}^{k-1}\overline{x}_1^{\mathrm{T}}(r+i)\theta(\overline{M}_2^i)^{-1}\overline{x}_1(r+i)\right],$$

$$\mathbb{E}\left[V_4(\overline{x}_1(k+i))\right]=\mathbb{E}\left[\sum_{s=-d_M}^{-d_m}\sum_{r=k+s}^{k-1}\overline{x}_1^{\mathrm{T}}(r+i)\overline{T}_1^i\overline{x}_1(r+i)\right]=\mathbb{E}\left[\sum_{s=-d_M}^{-d_m}\sum_{r=k+s}^{k-1}\overline{x}_1^{\mathrm{T}}(r+i)\theta(\overline{S}_1^i)^{-1}\overline{x}_1(r+i)\right],$$

$$\mathbb{E}\left[V_5(\overline{x}_1(k+i))\right]=\mathbb{E}\left[d_M\sum_{s=-d_M}^{-1}\sum_{r=k+s}^{k-1}\overline{\delta}_1^{\mathrm{T}}(r+i)\overline{G}_1^i\overline{\delta}_1(r+i)\right]=\mathbb{E}\left[d_M\sum_{s=-d_M}^{-1}\sum_{r=k+s}^{k-1}\overline{\delta}_1^{\mathrm{T}}(r+i)\theta(\overline{X}_1^i)^{-1}\right.$$

$\left.\overline{\delta}_1(r+i)\right]$ $\overline{P}_1^i,\overline{T}_1^i,\overline{M}_1^i,\overline{M}_2^i,\overline{G}_1^i$ 是正定对称矩阵。

令 $\overline{\xi}(k+i)=\begin{bmatrix}\overline{x}_1(k+i)^{\mathrm{T}} & \overline{x}_1(k+i-d(k))^{\mathrm{T}} & \cdots \\ \overline{x}_1(k+i-d_M)^{\mathrm{T}} & \cdots & \overline{\delta}_1(k+i-1)^{\mathrm{T}}\end{bmatrix}$，$\overline{\psi}_1^i=\mathrm{diag}[\overline{P}_1^i\quad \overline{T}_1^i\quad\cdots$ $\overline{M}_1^i\quad\cdots\quad d_M\overline{G}_1^i]$，$(\overline{\Pi}_1^i)^{-1}=\mathrm{diag}[(\overline{L}_1^i)^{-1}\quad(\overline{S}_1^i)^{-1}\quad\cdots\quad(\overline{M}_2^i)^{-1}\quad\cdots\quad d_M(\overline{X}_1^i)^{-1}]$，有

$$V(\overline{x}_1(k+i))=\overline{\xi}^{\mathrm{T}}(k+i)\overline{\psi}_1^i\overline{\xi}(k+i)=\overline{\xi}^{\mathrm{T}}(k+i)\theta(\overline{\Pi}_1^i)^{-1}\overline{\xi}(k+i) \tag{4-20}$$

对于每个 $v(k)=i$，$i=0,1$，有

$$\begin{aligned}\mathbb{E}\left\{(\Delta V(\overline{x}_1(k+i))\right\}&=\mathbb{E}\{V(\overline{x}_1(k+i+1),v(k+1)\mid\overline{x}_1(k+i),v(k))\\&\quad-V(\overline{x}_1(k+i),v(k)=i)\}=\mathbb{E}\left\{\sum_{ll=1}^{5}\Delta V_{ll}(\overline{x}_1(k+i))\right\}\end{aligned} \tag{4-21}$$

其中，

$$\mathbb{E}\left\{\Delta V_1(\overline{x}_1(k+i))\right\}=\mathbb{E}\left[\overline{x}_1^{\mathrm{T}}(k+i+1)\sum_{j=0}^{1}(\cap^{ij})^2\theta(\overline{L}_1^j)^{-1}\overline{x}_1(k+i+1)-\overline{x}_1^{\mathrm{T}}(k+i)\theta(\overline{L}_1^i)^{-1}\overline{x}_1(k+i)\right]$$

$$\begin{aligned}\mathbb{E}\left\{\Delta V_2(\overline{x}_1(k+i))\right\}&=\mathbb{E}\left[\sum_{r=k+1-d(k+1)}^{k}\overline{x}_1^{\mathrm{T}}(r+i)\theta(\overline{S}_1^i)^{-1}\overline{x}_1(r+i)-\sum_{r=k-d(k)}^{k-1}\overline{x}_1^{\mathrm{T}}(r+i)\theta(\overline{S}_1^i)^{-1}\overline{x}_1(r+i)\right]\\&\leqslant\mathbb{E}\left[\overline{x}_1^{\mathrm{T}}(k+i)\theta(\overline{S}_1^i)^{-1}\overline{x}_1(k+i)-\overline{x}_{1d}^{\mathrm{T}}(k+i)\theta(\overline{S}_1^i)^{-1}\overline{x}_{1d}(k+i)\right.\\&\quad\left.+\sum_{r=k+1-d_M}^{k-d_m}\overline{x}_1^{\mathrm{T}}(r+i)\theta(\overline{S}_1^i)^{-1}\overline{x}_1(r+i)\right]\end{aligned}$$

$$\mathbb{E}\left\{\Delta V_3(\overline{x}_1(k+i))\right\}=\mathbb{E}\left[\sum_{r=k+1-d_M}^{k}\overline{x}_1^{\mathrm{T}}(r+i)\theta(\overline{M}_2^i)^{-1}\overline{x}_1(r+i)-\sum_{r=k-d_M}^{k-1}\overline{x}_1^{\mathrm{T}}(r+i)\theta(\overline{M}_2^i)^{-1}\overline{x}_1(r+i)\right]$$
$$\leqslant\mathbb{E}\left[\overline{x}_1^{\mathrm{T}}(k+i)\theta\overline{M}_2^{-1}\overline{x}_1(k+i)-\overline{x}_{1d_M}^{\mathrm{T}}(k+i)\theta(\overline{M}_2^i)^{-1}\overline{x}_{1d_M}(k+i)\right]$$

$$\mathbb{E}\left\{\Delta V_4(\overline{x}_1(k+i))\right\}=\mathbb{E}\left[\sum_{s=-d_M}^{-d_m}\sum_{r=k+1+s}^{k}\overline{x}_1^{\mathrm{T}}(r+i)\theta(\overline{S}_1^i)^{-1}\overline{x}_1(r+i)-\sum_{s=-d_M}^{-d_m}\sum_{r=k+s}^{k-1}\overline{x}_1^{\mathrm{T}}(r+i)\theta(\overline{S}_1^i)^{-1}\overline{x}_1(r+i)\right]$$
$$<\mathbb{E}\left[(d_M-d_m+1)\overline{x}_1^{\mathrm{T}}(k+i)\theta(\overline{S}_1^i)^{-1}\overline{x}_1(k+i)-\sum_{r=k+1-d_M}^{k-d_m}\overline{x}_1^{\mathrm{T}}(r+i)\theta(\overline{S}_1^i)^{-1}\overline{x}_1(r+i)\right]$$

$$\mathbb{E}\left\{\Delta V_5(\overline{x}_1(k+i))\right\}=\mathbb{E}\left[d_M\sum_{s=-d_M}^{-1}\sum_{r=k+1+s}^{k-1}\overline{\delta}_1^{\mathrm{T}}(r+i)\theta(\overline{X}_1^i)^{-1}\overline{\delta}_1(r+i)+d_M^2\overline{\delta}_1^{\mathrm{T}}(k+i)\sum_{j=0}^{1}(\cap^{ij})^2\theta(\overline{X}_1^i)^{-1}\right.$$
$$\left.\overline{\delta}_1(k+i)-d_M\sum_{s=-d_M}^{-1}\sum_{r=k+s}^{k-1}\overline{\delta}_1^{\mathrm{T}}(r+i)\theta(\overline{X}_1^i)^{-1}\overline{\delta}_1(r+i)\right]$$
$$=\mathbb{E}\left[d_M^2\overline{\delta}_1^{\mathrm{T}}(k+i)\sum_{j=0}^{1}(\cap^{ij})^2\theta(\overline{X}_1^i)^{-1}\overline{\delta}_1(k+i)-d_M\sum_{r=k-d_M}^{k-1}\overline{\delta}_1^{\mathrm{T}}(r+i)\theta(\overline{X}_1^i)^{-1}\overline{\delta}_1(r+i)\right]$$

基于引理 1.2，上述不等式可以转化为

$$\mathbb{E}\left\{\Delta V_5(\overline{x}_1(k+i))\right\}\leqslant\mathbb{E}\left[d_M^2\overline{\delta}_1^{\mathrm{T}}(k+i)\sum_{j=0}^{1}(\cap^{ij})^2\theta(\overline{X}_1^i)^{-1}\overline{\delta}_1(k+i)\right.$$
$$\left.-\sum_{r=k-d_M}^{k-1}\overline{\delta}_1^{\mathrm{T}}(r+i)\theta(\overline{X}_1^i)^{-1}\sum_{r=k-d_M}^{k-1}\overline{\delta}_1(r+i)\right]$$
$$=\mathbb{E}\left[d_M^2(\overline{x}_1(k+i+1)-\overline{x}_1(k+i))^{\mathrm{T}}\sum_{j=0}^{1}(\cap^{ij})^2\theta(\overline{X}_1^i)^{-1}(\overline{x}_1(k+i+1)\right.$$
$$\left.-\overline{x}_1(k+i))-(\overline{x}_1(k+i)-\overline{x}_{1d_M}(k+i))^{\mathrm{T}}\theta(\overline{X}_1^i)^{-1}(\overline{x}_1(k+i)-\overline{x}_{1d_M}(k+i))\right]$$
（4-22）

通过式（4-18），可得

$$\mathbb{E}\left\{\theta^{-1}\Delta V(\overline{x}_1(k+i\mid k))+\theta^{-1}\overline{J}_1^i(k)\right\}\leqslant 0 \tag{4-23}$$

其中，$\overline{J}_1^i(k)=(\overline{x}_1(k+i\mid k))^{\mathrm{T}}\overline{Q}_1(\overline{x}_1(k+i\mid k))+\Delta u^F(k+i\mid k)^{\mathrm{T}}\overline{R}_1\Delta u^F(k+i\mid k)$，$\Delta u^F(k+i\mid k)$ 是最优的控制输入，可以表示为 $\Delta u^F(k+i\mid k)=(1-\nu(k))\overline{K}^0\overline{x}_1(k+i\mid k)+\nu(k)\overline{K}^1\overline{x}_1(k+i\mid k)$，$\nu(k)=0$ 代表系统没有发生故障且 $\Delta u^F(k+i\mid k)=\overline{K}^0\overline{x}_1(k+i\mid k)$，$\nu(k)=1$ 代表系统发生故障且 $\Delta u^F(k+i\mid k)=\overline{K}^1\overline{x}_1(k+i\mid k)$。

综合式（4-21）～式（4-23），得

$$
\mathbb{E}\left\{\theta^{-1}\Delta V(\overline{x}_1(k+i))+\theta^{-1}\overline{J}_1^i(k)\right\}\leqslant\mathbb{E}\left\{\overline{\varphi}_1^{\mathrm{T}}(k)\overline{\varPhi}_1^i\overline{\varphi}_1(k)\right\} \tag{4-24}
$$

$$
\overline{\varPhi}_1^i=\begin{bmatrix}\overline{\phi}_1^i & 0 & (\overline{X}_1^i)^{-1}\\ * & -(\overline{S}_1^i)^{-1} & 0\\ * & 0 & (\overline{M}_2^i)^{-1}\quad(\overline{X}_1^i)^{-1}\end{bmatrix}+\overline{\varLambda}_1^{i\mathrm{T}}(\overline{L}_1^i)^{-1}\overline{\varLambda}_1^i+\overline{\varLambda}_2^{i\mathrm{T}}(\overline{D}_2^i)^2(\overline{X}_1^i)^{-1}\overline{\varLambda}_2^i+\overline{\lambda}_1^{i\mathrm{T}}\theta^{-1}\overline{\lambda}_1^i+\overline{\lambda}_2^{i\mathrm{T}}\theta^{-1}\overline{\lambda}_2^i \tag{4-25}
$$

其中，$\overline{\phi}_1^i=-(\overline{L}_1^i)^{-1}+(\overline{M}_2^i)^{-1}+\overline{D}_1(\overline{S}_1^i)^{-1}+(\overline{S}_1^i)^{-1}-(\overline{X}_1^i)^{-1}$，$\overline{\varLambda}_1^i=\sum\limits_{j=0}^{1}(\bigcap^{ij})^2\left[\widehat{A}^j(k)\ \overline{A}_d(k)\ \ 0\right]$，$\overline{\varLambda}_2^i=\sum\limits_{j=0}^{1}(\bigcap^{ij})^2[\widehat{A}^j(k)-I\ \ \overline{A}_d(k)\ \ 0]$，$\overline{\lambda}_1^i=\sum\limits_{j=0}^{1}(\bigcap^{ij})^2\left[\overline{Q}_1^{\frac{1}{2}}\ \ 0\ \ 0\right]$，$\overline{\lambda}_2^i=\sum\limits_{j=0}^{1}(\bigcap^{ij})^2\left[\overline{R}_1^{\frac{1}{2}}\overline{Y}_1^i\left(\overline{L}_1^i\right)^{-1}\ \ 0\ \ 0\right]$。令 $\overline{\varPhi}_1^i<0$，并通过引理 1.1 可得如下 LMI 约束条件：

$$
\begin{bmatrix}
\overline{\phi}_1^0 & 0 & (\overline{X}_1^0)^{-1} & \bigcap^{00}\widehat{A}^{0\mathrm{T}}(k) & \bigcap^{00}\widehat{A}^{0\mathrm{T}}(k)-I & \bigcap^{01}\widehat{A}^{1\mathrm{T}}(k) & \bigcap^{01}\widehat{A}^{1\mathrm{T}}(k)-I & \bigcap^{00}(\overline{L}_1^0)^{-1}\overline{Y}_1^{0\mathrm{T}}\overline{R}_1^{\frac{1}{2}} & \bigcap^{00}\overline{Q}_1^{\frac{1}{2}} & \bigcap^{01}(\overline{L}_1^1)^{-1}\overline{Y}_1^{1\mathrm{T}}\overline{R}_1^{\frac{1}{2}} & \bigcap^{01}\overline{Q}_1^{\frac{1}{2}}\\
* & -(\overline{S}_1^0)^{-1} & 0 & \bigcap^{00}\overline{A}_d^{\mathrm{T}}(k) & \bigcap^{00}\overline{A}_d^{\mathrm{T}}(k) & \bigcap^{01}\overline{A}_d^{\mathrm{T}}(k) & \bigcap^{01}\overline{A}_d^{\mathrm{T}}(k) & 0 & 0 & 0 & 0\\
* & * & -(\overline{M}_2^0)^{-1}-(\overline{X}_1^0)^{-1} & 0 & 0 & 0 & 0 & 0 & 0 & 0 & 0\\
* & * & * & -\overline{L}_1^0 & 0 & 0 & 0 & 0 & 0 & 0 & 0\\
* & * & * & * & -\overline{D}_2^{-2}\overline{X}_1^0 & 0 & 0 & 0 & 0 & 0 & 0\\
* & * & * & * & * & -\overline{L}_1^1 & 0 & 0 & 0 & 0 & 0\\
* & * & * & * & * & * & -\overline{D}_2^{-2}\overline{X}_1^1 & 0 & 0 & 0 & 0\\
* & * & * & * & * & * & * & -\theta I & 0 & 0 & 0\\
* & * & * & * & * & * & * & * & -\theta I & 0 & 0\\
* & * & * & * & * & * & * & * & * & -\theta I & 0\\
* & * & * & * & * & * & * & * & * & * & -\theta I
\end{bmatrix}<0 \tag{4-26}
$$

$$
\begin{bmatrix}
\overline{\phi}_1^1 & 0 & (\overline{X}_1^1)^{-1} & \cap^{11}\widehat{A}^{1\mathrm{T}}(k) & \cap^{11}\widehat{A}^{1\mathrm{T}}(k)-I & \cap^{11}(\overline{L}_1^1)^{-1}\overline{Y}_1^{1\mathrm{T}}\overline{R}_1^{\frac{1}{2}} & \cap^{11}\overline{Q}_1^{\frac{1}{2}} \\
* & -(\overline{S}_1^1)^{-1} & 0 & \cap^{11}\overline{A}_d^{\mathrm{T}}(k) & \cap^{11}\overline{A}_d^{\mathrm{T}}(k) & 0 & 0 \\
* & * & -(\overline{M}_2^1)^{-1}-(\overline{X}_1^1)^{-1} & 0 & 0 & 0 & 0 \\
* & * & * & -\overline{L}_1^1 & 0 & 0 & 0 \\
* & * & * & * & -\overline{D}_2^{-2}\overline{X}_1^1 & 0 & 0 \\
* & * & * & * & * & -\theta I & 0 \\
* & * & * & * & * & * & -\theta I
\end{bmatrix} < 0
\tag{4-27}
$$

在式（4-26）和式（4-27）左右两边分别乘以对角矩阵 $\mathrm{diag}[\overline{L}_1^1\ \ \overline{S}_1^1\ \ \overline{X}_1^1\ \ I\ \ I\ \ I\ \ I]$ 和 $\mathrm{diag}\left[\overline{L}_1^0\ \ \overline{S}_1^0\ \ \overline{X}_1^0\ \ I\ \ I\ \ I\ \ I\ \ I\ \ I\ \ I\ \ I\right]$，并令 $\overline{L}_1^i(\overline{M}_2^i)^{-1}\overline{L}_1^i=\overline{M}_3^i$，$\overline{L}_1^i\overline{S}_1^{-1}\overline{X}_1^i=\overline{S}_2$，$\overline{L}_1^i(\overline{X}_1^i)^{-1}\overline{L}_1^i=\overline{X}_2^i$，$\overline{X}_1^i(\overline{M}_2^i)^{-1}\overline{X}_1^i=\overline{M}_4$，$\overline{K}^i=\overline{Y}_1^i(\overline{L}_1^i)^{-1}$，$\overline{L}_1^0=\overline{L}_1^1$，则可以得到如下充分条件式（4-28）和式（4-29）：

$$
\begin{bmatrix}
\overline{\phi}_1^0 & 0 & (\overline{X}_1^0)^{-1} & \cap^{00}(\overline{L}_1^0)\overline{A}^{\mathrm{T}}(k) & \cap^{00}(\overline{L}_1^0)\overline{A}^{\mathrm{T}}(k)-\cap^{00}\overline{L}_1^0 & \cap^{01}(\overline{L}_1^0)\overline{A}^{\mathrm{T}}(k)+\cap^{01}\overline{Y}_1^{1\mathrm{T}}\overline{B}^{\mathrm{T}}\alpha & \cap^{01}(\overline{L}_1^0)\overline{A}^{\mathrm{T}}(k)+\cap^{01}\overline{Y}_1^{1\mathrm{T}}\overline{B}^{\mathrm{T}}\alpha-\cap^{01}\overline{L}_1^0 & \cap^{00}\overline{Y}_1^{0\mathrm{T}}\overline{R}_1^{\frac{1}{2}} & \cap^{00}\overline{L}_1^0\overline{Q}_1^{\frac{1}{2}} & \cap^{01}\overline{Y}_1^{1\mathrm{T}}\overline{R}_1^{\frac{1}{2}} & \cap^{01}\overline{L}_1^0\overline{Q}_1^{\frac{1}{2}} \\
* & -\overline{S}_1^0 & 0 & \cap^{00}\overline{S}_1^0\overline{A}_d^{\mathrm{T}}(k) & \cap^{00}\overline{S}_1^0\overline{A}_d^{\mathrm{T}}(k) & \cap^{01}\overline{S}_1^0\overline{A}_d^{\mathrm{T}}(k) & \cap^{01}\overline{S}_1^0\overline{A}_d^{\mathrm{T}}(k) & 0 & 0 & 0 & 0 \\
* & * & -\overline{M}_4^0-\overline{X}_1^1 & 0 & 0 & 0 & 0 & 0 & 0 & 0 & 0 \\
* & * & * & -\overline{L}_1^0 & 0 & 0 & 0 & 0 & 0 & 0 & 0 \\
* & * & * & * & -\overline{D}_2^{-2}\overline{X}_1^0 & 0 & 0 & 0 & 0 & 0 & 0 \\
* & * & * & * & * & -\overline{L}_1^1 & 0 & 0 & 0 & 0 & 0 \\
* & * & * & * & * & * & -\overline{D}_2^{-2}\overline{X}_1^1 & 0 & 0 & 0 & 0 \\
* & * & * & * & * & * & * & -\theta I & 0 & 0 & 0 \\
* & * & * & * & * & * & * & * & -\theta I & 0 & 0 \\
* & * & * & * & * & * & * & * & * & -\theta I & 0 \\
* & * & * & * & * & * & * & * & * & * & -\theta I
\end{bmatrix} < 0
\tag{4-28}
$$

$$\begin{bmatrix} \bar{\phi}_1^1 & 0 & \bar{L}_1^1 & \bigcap^{11}\bar{L}_1^1\bar{A}^{\mathrm{T}}(k)+\bigcap^{11}\bar{Y}_1^{1\mathrm{T}}\bar{B}^{\mathrm{T}}\alpha & \bigcap^{11}\bar{L}_1^1\bar{A}^{\mathrm{T}}(k)+\bigcap^{11}\bar{Y}_1^{1\mathrm{T}}\bar{B}^{\mathrm{T}}\alpha-\bigcap^{11}\bar{L}_1^1 & \bigcap^{11}\bar{Y}_1^{1\mathrm{T}}\bar{R}_1^{\frac{1}{2}} & \bigcap^{11}\bar{L}_1^1\bar{Q}_1^{\frac{1}{2}} \\ * & -\bar{S}_1^1 & 0 & \bigcap^{11}\bar{S}_1^1\bar{A}_d^{\mathrm{T}}(k) & \bigcap^{11}\bar{S}_1^1\bar{A}_d^{\mathrm{T}}(k) & 0 & 0 \\ * & * & -\bar{M}_4^1-\bar{X}_1^1 & 0 & 0 & 0 & 0 \\ * & * & * & -\bar{L}_1^1 & 0 & 0 & 0 \\ * & * & * & * & -\bar{D}_2^{-2}\bar{X}_1^1 & 0 & 0 \\ * & * & * & * & * & -\theta I & 0 \\ * & * & * & * & * & * & -\theta I \end{bmatrix}<0 \tag{4-29}$$

其次，在零初始条件下，为了克服未知有界外部干扰 $\bar{w}(k)$ 的影响，定义如下 H_∞ 性能指标：

$$J=\mathbb{E}\left[\sum_{k=0}^{\infty}[z^{\mathrm{T}}(k)z(k)-\gamma^2\bar{w}^{\mathrm{T}}(k)\bar{w}(k)]\right] \tag{4-30}$$

对于任意非零 $\bar{w}(k)\in L_2[0,\infty]$，可知 $V(\bar{x}_1(0))=0,\ \ V(\bar{x}_1(\infty))\geqslant 0,\ \ \tilde{J}_\infty(k)>0$，则如下不等式成立：

$$\begin{aligned} J &\leqslant \mathbb{E}\left[\sum_{k=0}^{\infty}[z^{\mathrm{T}}(k)z(k)-(\gamma)^2\bar{w}^{\mathrm{T}}(k)\bar{w}(k)]+\theta^{-1}\Delta V(\bar{x}_1(\infty))\right]+\theta^{-1}\tilde{J}_\infty(k) \\ &=\mathbb{E}\left[\sum_{k=0}^{\infty}[z^{\mathrm{T}}(k)z(k)-(\gamma)^2\bar{w}^{\mathrm{T}}(k)\bar{w}(k)+\theta^{-1}\Delta V(\bar{x}_1(k))+\bar{J}_1^i(k)\right] \end{aligned} \tag{4-31}$$

基于式（4-24），有

$$\mathbb{E}\left\{z^{\mathrm{T}}(k)z(k)-\gamma^2\bar{w}^{\mathrm{T}}(k)\bar{w}(k)+\theta^{-1}\Delta V(\bar{x}_1(k))+\theta^{-1}\bar{J}_1^i(k)\right\}=$$

$$\begin{bmatrix}\bar{\varphi}_1(k)\\ w(k)\end{bmatrix}^{\mathrm{T}}\left\{\begin{array}{l}\begin{bmatrix}\bar{\phi}_1^i & 0 & (\bar{X}_1^i)^{-1} & 0\\ * & -(\bar{S}_1^i)^{-1} & 0 & 0\\ * & * & -(\bar{M}_2^i)^{-1}-(\bar{X}_1^i)^{-1} & 0\\ * & * & * & -\gamma^2\end{bmatrix}+\begin{bmatrix}\bar{\varLambda}_1^{i\mathrm{T}}\\ \bar{G}^{\mathrm{T}}\end{bmatrix}\bar{L}_1^{-1}\begin{bmatrix}\bar{\varLambda}_1^i & \bar{G}\end{bmatrix}\bar{\varLambda}_1\\ +\begin{bmatrix}\bar{\varLambda}_2^{i\mathrm{T}}\\ \bar{G}^{\mathrm{T}}\end{bmatrix}\bar{D}_2^2\bar{X}_1^{-1}\begin{bmatrix}\bar{\varLambda}_2^i & \bar{G}\end{bmatrix}+\begin{bmatrix}\bar{E}^{\mathrm{T}}\\ 0\\ 0\\ 0\end{bmatrix}\begin{bmatrix}\bar{E} & 0 & 0 & 0\end{bmatrix}\\ +\begin{bmatrix}\bar{\lambda}_1^i & 0\end{bmatrix}^{\mathrm{T}}\theta^{-1}\begin{bmatrix}\bar{\lambda}_1^i & 0\end{bmatrix}+\begin{bmatrix}\bar{\lambda}_2^i & 0\end{bmatrix}^{\mathrm{T}}\theta^{-1}\begin{bmatrix}\bar{\lambda}_2^i & 0\end{bmatrix}\end{array}\right\}\begin{bmatrix}\bar{\varphi}_1(k)\\ \bar{w}(k)\end{bmatrix} \tag{4-32}$$

利用充分条件式（4-12）和式（4-13），可使得如下的不等式：

$$\begin{bmatrix} \bar{\phi}_1^i & 0 & (\bar{X}_1^i)^{-1} & 0 \\ * & -(\bar{S}_1^i)^{-1} & 0 & 0 \\ * & * & -(\bar{M}_2^i)^{-1}-(\bar{X}_1^i)^{-1} & 0 \\ * & * & * & -\gamma^2 \end{bmatrix} + \begin{bmatrix} \bar{\Lambda}_1^{iT} \\ \bar{G}^{T} \end{bmatrix} \bar{L}_1^{-1} \begin{bmatrix} \bar{\Lambda}_1^i & \bar{G} \end{bmatrix} \bar{\Lambda}_1 + \begin{bmatrix} \bar{\Lambda}_2^{iT} \\ \bar{G}^{T} \end{bmatrix} \bar{D}_2^2 \bar{X}_1^{-1} \begin{bmatrix} \bar{\Lambda}_2^i & \bar{G} \end{bmatrix} +$$

$$\begin{bmatrix} \bar{E}^{T} \\ 0 \\ 0 \\ 0 \end{bmatrix} \begin{bmatrix} \bar{E} & 0 & 0 & 0 \end{bmatrix} + \begin{bmatrix} \bar{\lambda}_1^i & 0 \end{bmatrix}^{T} \theta^{-1} \begin{bmatrix} \bar{\lambda}_1^i & 0 \end{bmatrix} + \begin{bmatrix} \bar{\lambda}_2^i & 0 \end{bmatrix}^{T} \theta^{-1} \begin{bmatrix} \bar{\lambda}_2^i & 0 \end{bmatrix} < 0 \quad (4\text{-}33)$$

成立，则随机闭环系统式（4-11）可以满足 H_∞ 性能指标。

此外，充分条件式（4-14）～式（4-16）证明与第 3 章定理 3.2 类似，在此不再赘余列出。如果时滞为常时滞，定理 4.1 可以弱化为如下的推论 4.1。

推论 4.1　给定一些标量 $\gamma>0$，$\theta>0$，$0\leqslant d\leqslant \bar{d}_1$，如果存在正定对称矩阵 $\bar{P}_1^i,\bar{T}_1^i,\bar{G}_1^i,\bar{L}_1^i,\bar{S}_1^i,\bar{S}_2^i,\bar{X}_1^i,\bar{X}_2^i,\bar{X}_3^i \in \mathbf{R}^{(n_x+n_e)}$，矩阵 $\bar{Y}_1^i \in \mathbf{R}^{n_u\times(n_x+n_e)}$ 和正数 $\bar{\varepsilon}_1^i,\bar{\varepsilon}_2^i,i=0,1$，使得如下 LMI 条件：

$$\begin{bmatrix} \tilde{\Pi}_{11}^0 & \cap^{00}\tilde{\Pi}_{12}^0 & \cap^{01}\tilde{\Pi}_{12}^1 & \cap^{00}\tilde{\Pi}_{13}^0 & \cap^{01}\tilde{\Pi}_{13}^1 & \cap^{00}\tilde{\Pi}_{14}^0 & \cap^{01}\tilde{\Pi}_{14}^1 & \cap^{00}\tilde{\Pi}_{15}^0 & \cap^{01}\tilde{\Pi}_{15}^1 & \cap^{01}\tilde{\Pi}_{16}^1 \\ * & \bar{\Pi}_{22}^0 & 0 & 0 & 0 & 0 & 0 & 0 & 0 & 0 \\ * & * & \bar{\Pi}_{22}^1 & 0 & 0 & 0 & 0 & 0 & 0 & 0 \\ * & * & * & \bar{\Pi}_{33}^0 & 0 & 0 & 0 & 0 & 0 & 0 \\ * & * & * & * & \bar{\Pi}_{33}^1 & 0 & 0 & 0 & 0 & 0 \\ * & * & * & * & * & \bar{\Pi}_{44}^0 & 0 & 0 & 0 & 0 \\ * & * & * & * & * & * & \bar{\Pi}_{44}^1 & 0 & 0 & 0 \\ * & * & * & * & * & * & * & \bar{\Pi}_{55}^0 & 0 & 0 \\ * & * & * & * & * & * & * & * & \bar{\Pi}_{55}^1 & 0 \\ * & * & * & * & * & * & * & * & * & \bar{\Pi}_{66}^1 \end{bmatrix} < 0$$

（4-34）

$$\begin{bmatrix} \tilde{\Pi}_{11}^1 & \cap^{11}\tilde{\Pi}_{12}^1 & \cap^{11}\tilde{\Pi}_{13}^1 & \cap^{11}\tilde{\Pi}_{14}^1 & \cap^{11}\tilde{\Pi}_{15}^1 \\ * & \bar{\Pi}_{22}^1 & 0 & 0 & 0 \\ * & * & \bar{\Pi}_{33}^1 & 0 & 0 \\ * & * & * & \bar{\Pi}_{44}^1 & 0 \\ * & * & * & * & \bar{\Pi}_{55}^1 \end{bmatrix} < 0 \quad (4\text{-}35)$$

$$\begin{bmatrix} -1 & \bar{x}_l^{\mathrm{T}}(k\mid k) \\ \bar{x}_l(k\mid k) & -\tilde{\varphi}_l^i \end{bmatrix} \leqslant 0 \tag{4-36}$$

$$\begin{bmatrix} -\Delta u_M^2 & \bar{Y}_1^i \\ \bar{Y}_1^{i\mathrm{T}} & -\tilde{\varphi}_l^i \end{bmatrix} \leqslant 0 \tag{4-37}$$

$$\begin{bmatrix} -\Delta y_M^2(\tilde{\varphi}_l^i)^{-1} & \bar{C} \\ \bar{C}^{\mathrm{T}} & -I \end{bmatrix} \leqslant 0 \tag{4-38}$$

成立，则随机闭环系统式（4-11）是均方渐近稳定并且具有 H_∞ 性能和最优控制性能。其中，控制增益为 $\bar{K}^i=\bar{Y}_1^i\bar{L}_1^i$，$\tilde{\phi}_1^i=-\bar{L}_1^i+\bar{S}_2^i-\bar{X}_2^i$，$\bar{X}_1^i(S_1^i)^{-1}\bar{X}_1^i=\bar{X}_3^i$，$\bar{D}=\bar{d}_1 I$，$\tilde{\varphi}_l^i=\theta(\tilde{\psi}_l^i)^{-1}$，$\tilde{\psi}_l^i=\bar{P}_1^i+\bar{d}_1\bar{T}_1^i+d_M^2\dfrac{1+d_M}{2}\bar{G}_1^i$，$\tilde{\Pi}_{11}^0=\begin{bmatrix}\tilde{\phi}_1^0 & \bar{L}_1^0 & 0 \\ 0 & -\bar{X}_3^0-\bar{X}_1^0 & 0 \\ 0 & 0 & -\gamma^2 I\end{bmatrix}$，$\tilde{\Pi}_{11}^1=\begin{bmatrix}\tilde{\phi}_1^1 & \bar{L}_1^1 & 0 \\ 0 & -\bar{X}_3^1-\bar{X}_1^1 & 0 \\ 0 & 0 & -\gamma^2 I\end{bmatrix}$，$\tilde{\Pi}_{12}^0=\begin{bmatrix}\bar{L}_1^0\bar{A}^{\mathrm{T}}+\bar{Y}_1^{0\mathrm{T}}\bar{B}^{\mathrm{T}} & \bar{L}_1^0\bar{A}^{\mathrm{T}}+\bar{Y}_1^{0\mathrm{T}}\bar{B}^{\mathrm{T}}-\bar{L}_1^0 \\ \bar{X}_1^0\bar{A}_d & \bar{X}_1^0\bar{A}_d \\ \bar{G}^{\mathrm{T}} & \bar{G}^{\mathrm{T}}\end{bmatrix}$，$\tilde{\Pi}_{12}^1=\begin{bmatrix}\bar{L}_1^1\bar{A}^{\mathrm{T}}+\bar{Y}_1^{1\mathrm{T}}\beta\bar{B}^{\mathrm{T}} & \bar{L}_1^1\bar{A}^{\mathrm{T}}+\bar{Y}_1^{1\mathrm{T}}\beta\bar{B}^{\mathrm{T}}-\bar{L}_1^1 \\ \bar{X}_1^1\bar{A}_d & \bar{X}_1^1\bar{A}_d \\ \bar{G}^{\mathrm{T}} & \bar{G}^{\mathrm{T}}\end{bmatrix}$，$\tilde{\Pi}_{13}^0=\begin{bmatrix}\bar{L}_1^0\bar{E}^{\mathrm{T}} \\ 0 \\ 0\end{bmatrix}$，$\tilde{\Pi}_{13}^1=\begin{bmatrix}\bar{L}_1^1\bar{E}^{\mathrm{T}} \\ 0 \\ 0\end{bmatrix}$，$\tilde{\Pi}_{14}^0=\begin{bmatrix}\bar{Y}_1^{0\mathrm{T}}\bar{R}_1^{\frac{1}{2}} & \bar{L}_1^0\bar{Q}_1^{\frac{1}{2}} \\ 0 & 0 \\ 0 & 0\end{bmatrix}$，$\tilde{\Pi}_{14}^1=\begin{bmatrix}\bar{Y}_1^{1\mathrm{T}}\bar{R}_1^{\frac{1}{2}} & \bar{L}_1^1\bar{Q}_1^{\frac{1}{2}} \\ 0 & 0 \\ 0 & 0\end{bmatrix}$，$\tilde{\Pi}_{15}^1=\begin{bmatrix}\bar{L}_1^1\bar{H}^{\mathrm{T}} & \bar{L}_1^1\bar{H}^{\mathrm{T}} \\ \bar{X}_1^1\bar{H}_d^{\mathrm{T}} & \bar{X}_1^1\bar{H}_d^{\mathrm{T}} \\ 0 & 0\end{bmatrix}$，$\tilde{\Pi}_{15}^0=\begin{bmatrix}\bar{L}_1^0\bar{H}^{\mathrm{T}} & \bar{L}_1^0\bar{H}^{\mathrm{T}} \\ \bar{X}_1^0\bar{H}_d^{\mathrm{T}} & \bar{X}_1^0\bar{H}_d^{\mathrm{T}} \\ 0 & 0\end{bmatrix}$，$\tilde{\Pi}_{16}^1=\begin{bmatrix}\bar{Y}_1^1\beta & \bar{Y}_1^1\beta \\ 0 & 0 \\ 0 & 0\end{bmatrix}$。

证明　选择如下 Lyapunov 函数：

$$\mathbb{E}\left[V(\bar{x}_1(k+i))\right]=\mathbb{E}\left[\sum_{l=1}^{3}V_l(\bar{x}_1(k+i))\right] \tag{4-39}$$

其中，$\mathbb{E}\left[V_1(\bar{x}_1(k+i))\right]=\mathbb{E}[\bar{x}_1^{\mathrm{T}}(k+i)\bar{P}_1\bar{x}_1(k+i)]=\mathbb{E}[\bar{x}_1^{\mathrm{T}}(k+i)\theta\bar{L}_1^{-1}\bar{x}_1(k+i)]$，$\mathbb{E}[V_2(\bar{x}_1(k+i))]=\mathbb{E}\left[\sum_{r=k-\bar{d}_1}^{k-1}\bar{x}_1^{\mathrm{T}}(r+i)\bar{T}_1\bar{x}_1(r+i)\right]=\mathbb{E}\left[\sum_{r=k-\bar{d}_1}^{k-1}\bar{x}_1^{\mathrm{T}}(r+i)\theta\bar{S}_1^{-1}\bar{x}_1(r+i)\right]$，$\mathbb{E}\left[V_3(\bar{x}_1(k+i))\right]=\mathbb{E}\left[\bar{d}_1\sum_{s=-\bar{d}_1}^{-1}\sum_{r=k+s}^{k-1}\bar{\delta}_1^{\mathrm{T}}(r+i)\bar{G}_1\bar{\delta}_1(r+i)\right]=\mathbb{E}\left[\bar{d}_1\sum_{s=-\bar{d}_1}^{-1}\sum_{r=k+s}^{k-1}\bar{\delta}_1^{\mathrm{T}}(r+i)\theta\bar{X}_1^{-1}\bar{\delta}_1(r+i)\right]$。

推论 4.1 的证明类似于定理 4.1，故此省略。

4.3 水箱概率故障仿真研究

4.3.1 系统描述和过程模型

在现代工业生产中，液位是一个常见的被控过程，其控制效果直接影响生产过程是否可以稳定运行。水箱系统是一个典型的过程，可以表示工业过程中许多被控对象，可以作为研究对象，并对具有不确定性和大滞后的过程进行研究。为此，在本节中以 TTS20 水箱系统[167]为仿真对象，其过程模型可以描述为

$$\begin{cases} x(k+1)=A(k)x(k)+A_d(k)x(k-d(k))+(1-\nu(k))Bu(k)+\nu(k)B\alpha u(k)+w(k) \\ y(k)=Cx(k) \end{cases} \tag{4-40}$$

其中，时滞取为 $1\leqslant d(k)\leqslant 5$， $A=\begin{bmatrix}0.9850 & 0.0107\\ 0.0078 & 0.9784\end{bmatrix}$， $B=\begin{bmatrix}64.4453\\ 0.2559\end{bmatrix}$， $A_d=\begin{bmatrix}0.1057 & 0.0004\\ 0.0002 & 0.0207\end{bmatrix}$， $N=\begin{bmatrix}0.1 & 0\\ 0 & 0.1\end{bmatrix}$， $H=\begin{bmatrix}0.1 & 0\\ 0 & 0.2\end{bmatrix}$， $H_d=\begin{bmatrix}0.1 & 0\\ 0 & 0.3\end{bmatrix}$， $C=\begin{bmatrix}1 & 0\end{bmatrix}$， $\Delta(k)=\begin{bmatrix}\Delta_1 & 0\\ 0 & \Delta_2\end{bmatrix}$， $w(k)=\left(0.0005\Delta_3\ 0.0005\Delta_4\right)^{\mathrm{T}}$， $\Delta_1,\Delta_2,\Delta_3,\Delta_4$ 是 $[-1\ \ 1]$ 之间的随机数。因为液位的最大值是 0.6 米，本节以最大值的三分之一作为期望的设定值。假设存在一个未知故障增益 α，但我们知道其变化范围，即 $0.4=\underline{\alpha}\leqslant\alpha\leqslant\overline{\alpha}=1.2$，且 $\beta=0.8$， $\beta_0=0.5$，输入和输出约束为

$$\begin{cases} |y(k+i\,|\,k)|\leqslant 0.22 \\ |u(k+i\,|\,k)|\leqslant 0.0015 \end{cases} \tag{4-41}$$

为了描述系统跟踪性能，构建如下指标：

$$D(k)=\sqrt{e^{\mathrm{T}}(k)e(k)} \tag{4-42}$$

4.3.2 仿真结果

为了验证设计的随机鲁棒容错预测控制器的有效性，以具有不确定性、区间时变时滞、未知干扰和具有执行器随机故障的状态空间模型式（4-40）为仿真对象。通过反复的试验其控制器的参数设定为 $Q_1=\mathrm{diag}[500,\ 5,\ 1]$， $R_1=1$。

为了进行对比研究，本节采用三种不同概率的执行器故障。图 4-1～图 4-4 展示了当执行器故障的概率为 0.5 时执行器故障信号、系统输出响应、控制输入和

系统跟踪性能的结果。另外，图 4-5～图 4-8 和图 4-9～图 4-12 分别展示了故障概率为 0.05 和 0.005 时的仿真结果。图 4-13 展示了系统时滞变化的曲线图。

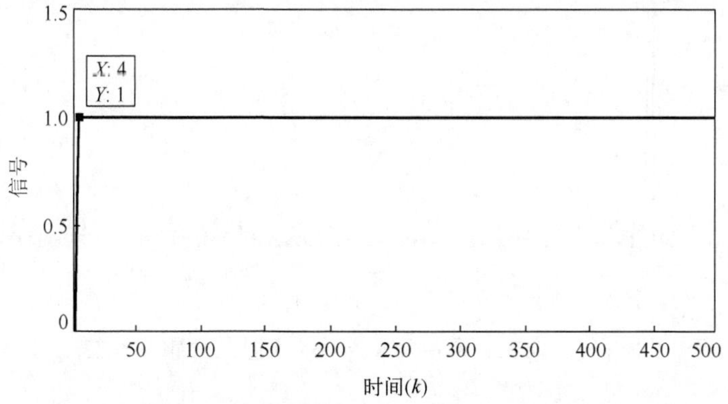

图 4-1　在概率为 0.5 时执行器故障信号

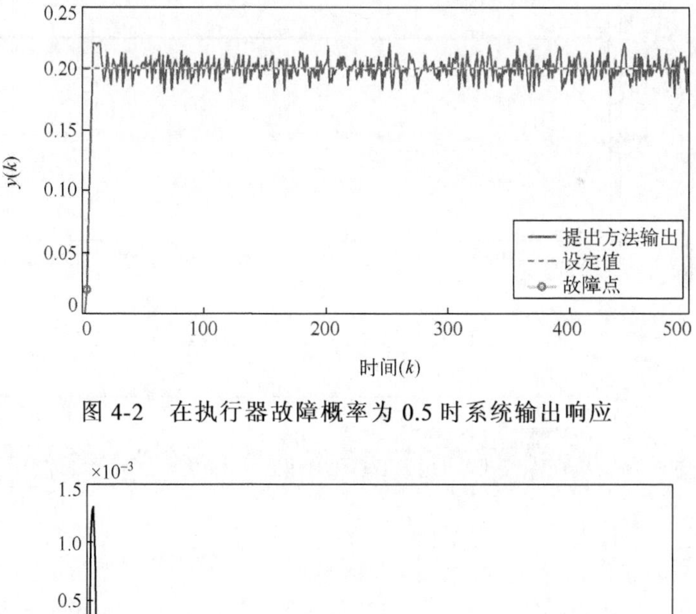

图 4-2　在执行器故障概率为 0.5 时系统输出响应

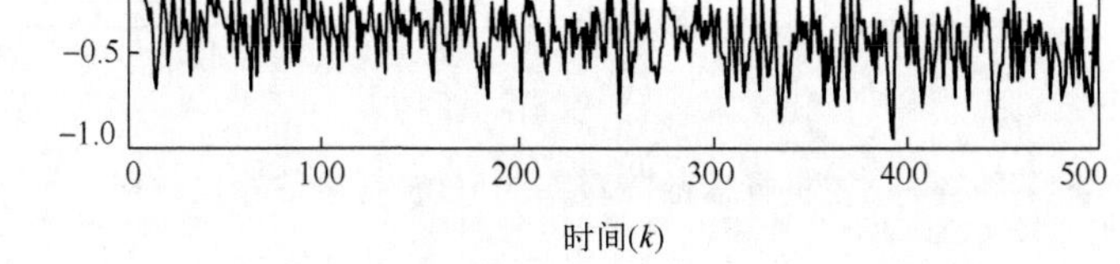

图 4-3　在执行器故障概率为 0.5 时系统控制输入

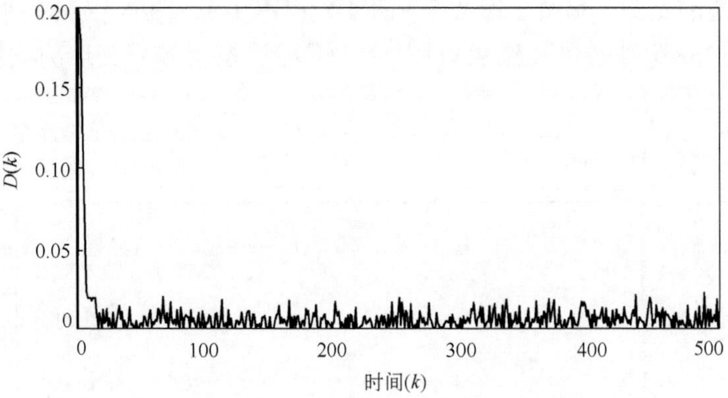

图 4-4　在执行器故障概率为 0.5 时系统跟踪性能

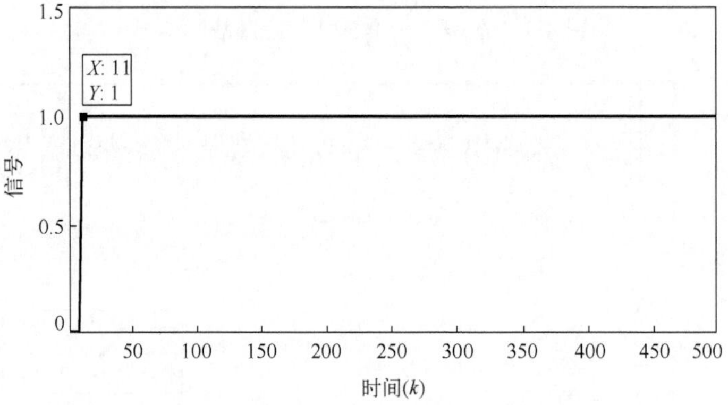

图 4-5　在概率为 0.05 时执行器故障信号

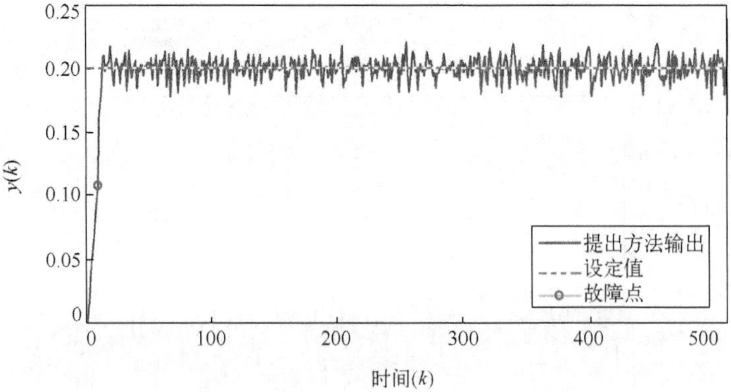

图 4-6　在执行器故障概率为 0.05 时系统输出响应

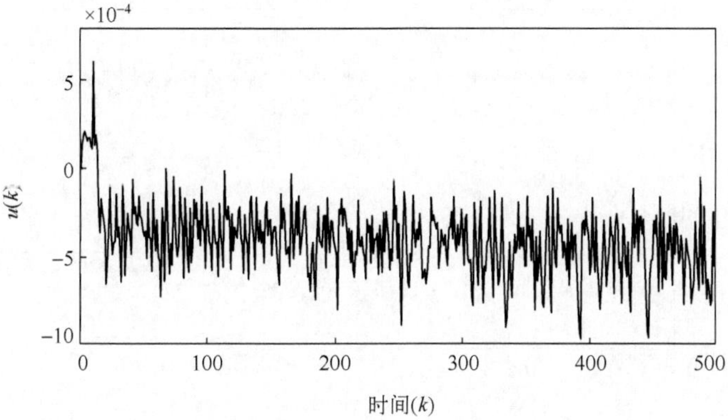

图 4-7　在执行器故障概率为 0.05 时系统控制输入

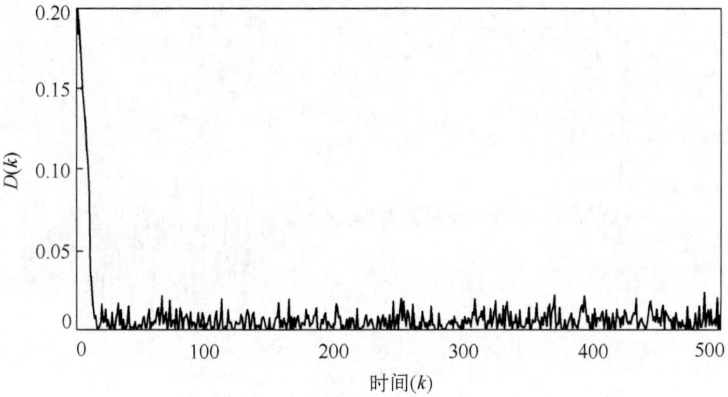

图 4-8　在执行器故障概率为 0.05 时系统跟踪性能

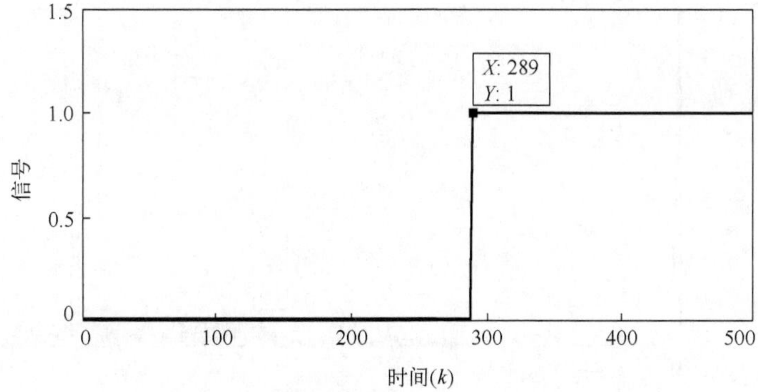

图 4-9　在概率为 0.005 时执行器故障信号

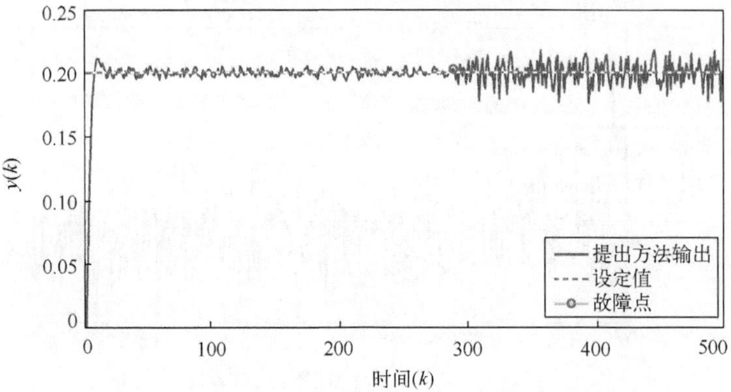

图 4-10　在执行器故障概率为 0.005 时系统输出响应

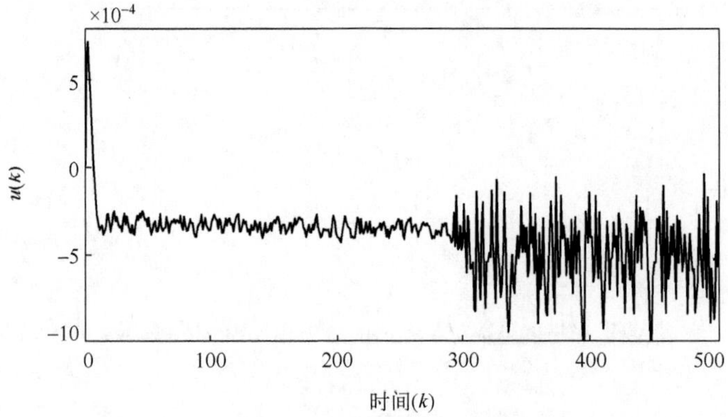

图 4-11　在执行器故障概率为 0.005 时系统控制输入

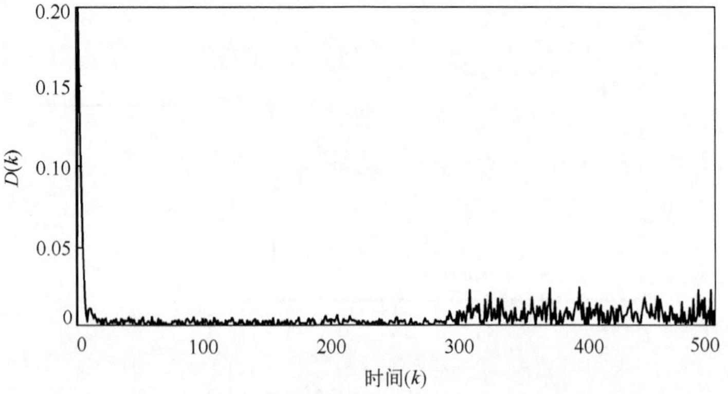

图 4-12　在执行器故障概率为 0.005 时系统跟踪性能

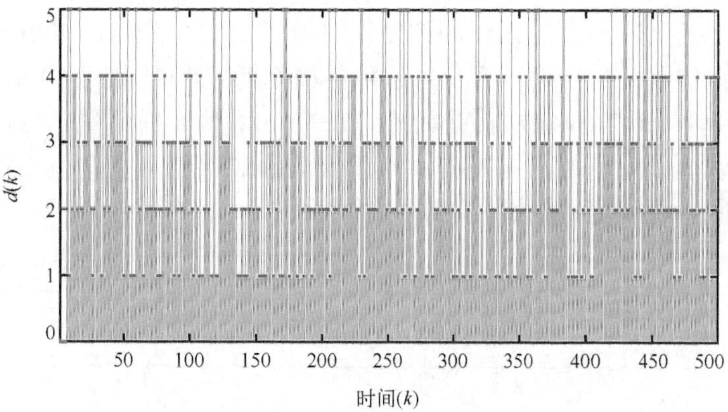

图 4-13　系统时滞信号

图 4-1、图 4-5 和图 4-9 展示了执行器故障信号，从这些图可以看出随着执行器故障的概率变小，控制器的切换时间则越晚。在切换之前，采用常规控制器进行控制。当发生故障时，系统自动切换到容错控制方式。

在图 4-2、图 4-6 和图 4-10 中，圆圈表示执行发生故障的点，实线表示系统的输出响应，虚线表示系统的设定值。从这些图中可以看出，本章所设计的控制器能够保证系统的稳定运行并且在不同执行器随机故障下仍然可以使得系统的过程输出以较快的速度跟踪期望的设定值。当执行器故障的概率高于 0.5 或者 0.05 时，系统可以平滑地切换到容错控制，并且当执行器故障的概率高于 0.005 同样的现象也可以从图中看到。从图 4-10 可以发现，执行器发生故障前，由于不确定性、时变时滞和未知干扰等因素对系统的影响，系统的输出响应有较小的波动。当发生故障后，可以看到控制器切换到容错控制模式。在这种情况下，因故障的影响，虽然系统输出波动的幅值变大，但系统在本章提出的算法控制下仍可以运行稳定并且很好地跟踪期望的设定值。

图 4-3、图 4-7 和图 4-11 展示了不同执行器故障概率下控制输入响应。从图 4-3 和图 4-7 可以看出，系统较早地切换到容错控制方式并且在概率为 0.5 时输入信号具有较大波动。在故障发生之前，采用常规控制模式，控制输入在 -3×10^{-4} 左右波动并且波动较小。在故障发生之后，采用容错控制模式，控制输入在 -5×10^{-4} 左右波动并且波动较大。

图 4-4、图 4-8 和图 4-12 展示了不同执行器故障概率下系统的跟踪性能。从这些图中可以看出，不管故障的概率是多少，系统跟踪误差都较小。从图 4-12 中可以发现，执行器故障的概率越小系统跟踪设定值的速度越快。这是因为在无故障的情况下，常规控制器可以更好地对系统进行控制。图 4-13 展示了在每一步系统时滞的值，可以发现，本章所设计的控制器可以有效地处理时滞对系统的影响。

此外，为了验证本章所设计的控制器对时滞的容忍能力，采用不同时滞的范围对系统进行控制，在此执行器发生故障的概率为 0.005。图 4-14(a)、图 4-14(b)、图 4-14(c)分别展示了当时滞的范围为[1 3]、[1 6]和[1 8]时系统的跟踪性能结果。从图中可以看出，随着时滞范围变大，系统的跟踪性能恶化，但本章所设计的方法仍可以保证系统稳定。

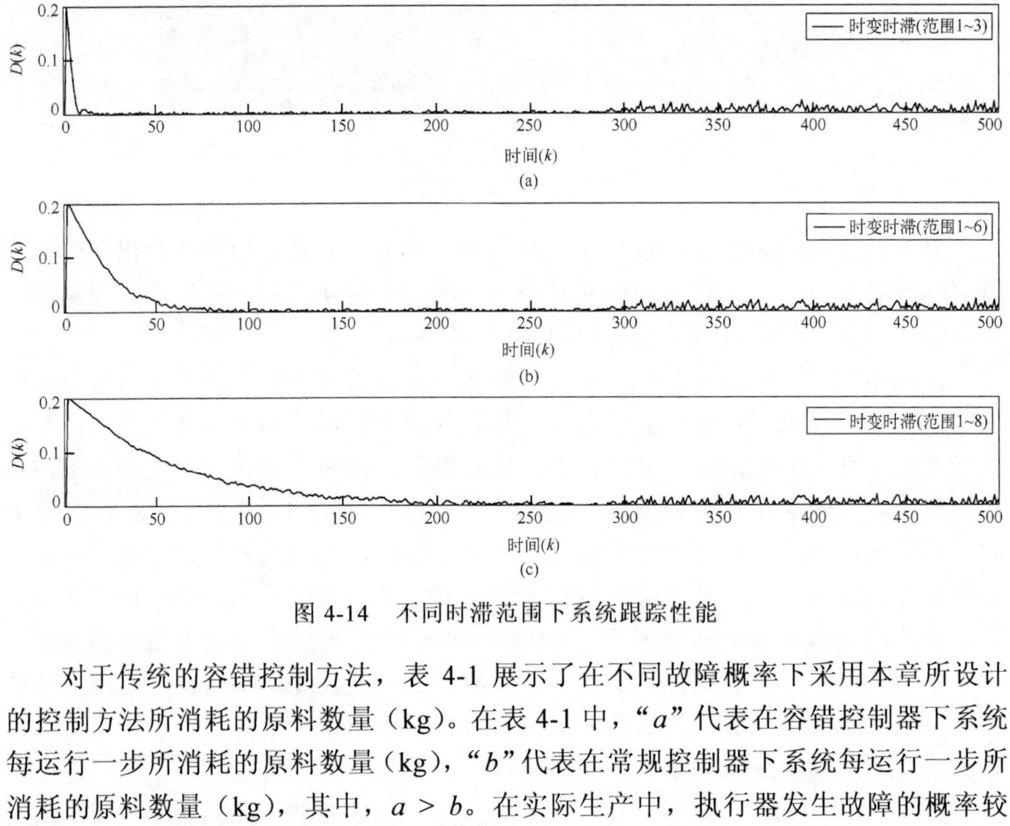

图 4-14　不同时滞范围下系统跟踪性能

对于传统的容错控制方法，表 4-1 展示了在不同故障概率下采用本章所设计的控制方法所消耗的原料数量（kg）。在表 4-1 中，“a”代表在容错控制器下系统每运行一步所消耗的原料数量（kg），“b”代表在常规控制器下系统每运行一步所消耗的原料数量（kg），其中，$a > b$。在实际生产中，执行器发生故障的概率较小。因此，本章所设计的控制器可以有效减少原料的损耗，同时也可以保证系统平滑操作、降低能源消耗和生产成本。

表 4-1　采用设计的控制器和传统容错控制所消耗原料数量的对比结果

执行器故障的概率	传统容错控制器所消耗的原料数量/kg	本章所设计的控制器所消耗的原料数量/kg
0.5	$500a$	$3b+497a$
0.05	$500a$	$10b+490a$
0.005	$500a$	$288b+212a$

4.4　本 章 小 结

本章主要处理了具有执行器随机故障、不确定性、未知干扰和时变时滞的工业过程控制问题，针对随机故障不可恢复的情况提出了一种随机鲁棒预测控制方法，该方法对该类过程特性进行描述，尤其是对随机故障的情况进行了详细阐述，进行了随机鲁棒预测容错控制器的设计，建立了随机扩展状态空间模型，给出了保证系统均方渐近稳定并且具有 H_∞ 性能和最优控制性能的 LMI 充分条件，以得到系统的控制律增益，通过水箱液位系统的仿真研究验证了所提方法的有效性和可行性。结果表明，该方法在保持系统大部分稳定运行的同时，还能够有效地节约原料，增加企业利润。

第 5 章　具有区间时变时滞的多阶段间歇过程鲁棒切换预测控制

5.1　引　言

第 2 章～第 4 章都是针对单阶段工业过程展开的研究，但流程工业经常具有多阶段特性，如间歇反应釜和注塑成型过程等。对于相邻的两个阶段，何时由一个阶段切换到另一个阶段，将影响着整个生产过程的稳定及产品质量。单阶段的最优控制并不能保证生产的整体高效运行。此外，在实际工业过程中，各阶段的运行时间多由实际经验或估计得到，这也在一定程度上延长了工业过程实际运行所需要的时间，给工业过程的高效运行带来了本质困难，为得到工业过程每个阶段最小运行时间寻求新的控制方法极其迫切。本章正是在这种背景下，针对具有多阶段特性的间歇过程，并考虑其受时滞、不确定性和未知干扰等因素的影响，提出了鲁棒切换预测控制方法，该方法通过一个包含不同维度子模型的切换模型来描述具有上述动态特性的多阶段间歇过程，并基于该切换模型设计系统的鲁棒切换预测控制律。利用李雅普诺夫理论、切换系统理论和模态依赖平均驻留时间方法，给出具有 LMI 形式的充分条件，以确保多阶段间歇过程在每个阶段为渐近稳定和每个批次为指数稳定。通过求解这些 LMI 条件，来计算获得每个阶段的控制律增益和最小运行时间。以注塑过程的注射阶段和保压阶段的切换过程为研究对象，仿真结果表明所提方法可以实现系统平滑和稳定的切换，并可以保证每个阶段运行时间最小，从而提高间歇过程的生产效率。并且本章还考虑到阶段间的切换通常会使执行器发生跳变，导致执行器故障的问题，并针对具有时变时滞和部分执行器故障的多阶段间歇过程，提出一种适应性更强的鲁棒预测容错控制方法，从而保证间歇过程在执行器部分故障情况下仍然具有较好的控制效果。

5.2　多阶段间歇过程鲁棒切换预测控制

5.2.1　切换过程分析

考虑如下具有不确定、区间时变时滞和未知干扰的多阶段间歇过程：

$$\begin{cases} x^{v(k)}(k+1) = A^{v(k)}(k)x^{v(k)}(k) + A_d^{v(k)}(k)x(k-d(k)) + B^{v(k)}(k)u^{v(k)}(k) + w^{v(k)}(k) \\ y^{v(k)}(k) = C^{v(k)}x^{v(k)}(k) \end{cases} \tag{5-1}$$

其中，$x^{v(k)}(k) \in \mathbf{R}^{n_x^{v(k)}}$，$u^{v(k)}(k) \in \mathbf{R}^{n_u^{v(k)}}$，$y^{v(k)}(k) \in \mathbf{R}^{n_y^{v(k)}}$ 和 $w^{v(k)}(k) \in \mathbf{R}^{n_w^{v(k)}}$ 表示在离散 k 时刻系统状态、控制输入、系统输出和未知有界外部干扰。$d(k)$ 是时变时滞且满足：

$$d_m \leqslant d(k) \leqslant d_M \tag{5-2}$$

其中，d_M 和 d_m 分别为每个阶段时滞的上界和下界。

对于多阶段间歇过程，$v(k): R^+ \to \{1,2,\cdots,p,\cdots,P\}$ 表示在不同阶段是否发生切换的信号，该信号经常与系统运行时间和状态有关，其中，P 是阶段的数目，$v(k)=p$ 是指系统运行在第 p 阶段。$A^p(k) = A^p + \Delta_a^p(k)$，$A_d^p(k) = A_d^p + \Delta_d^p(k)$，$B^p(k) = B^p + \Delta_b^p(k)$，$A^p, A_d^p, B^p$ 为相应维数的常值矩阵，$\Delta_a^p(k), \Delta_d^p(k), \Delta_b^p(k)$ 为具有相应维数的不确定性矩阵且满足：

$$\begin{bmatrix} \Delta_a^p(k) & \Delta_d^p(k) & \Delta_b^p(k) \end{bmatrix} = N^p \Delta^p(k) \begin{bmatrix} H^p & H_d^p & H_b^p \end{bmatrix} \tag{5-3}$$

$$\Delta^{p\mathrm{T}}(k)\Delta^p(k) \leqslant I^p \tag{5-4}$$

其中，N^p, H^p, H_d^p, H_b^p 为相应维数的常值矩阵，$\Delta^p(k)$ 表示随离散时间 k 变化的不确定性矩阵。

根据上述的描述，第 p 阶段的子系统模型可以表示为

$$\begin{cases} x^p(k+1) = A^p(k)x^p(k) + A_d^p(k)x^p(k-d(k)) + B^p(k)u^p(k) + w^p(k) \\ y^p(k) = C^p x^p(k) \end{cases} \tag{5-5}$$

为了增加产品的经济效益，系统经常忍受如下约束：

$$\begin{cases} \left\| u^p(k) \right\| \leqslant u_M^p \\ \left\| y^p(k) \right\| \leqslant y_M^p \end{cases} \tag{5-6}$$

其中，u_M^p 和 y_M^p 分别指每个批次第 p 阶段的输入和输出边界。针对具有不确定性集合 Ω 和受约束式（5-6）的系统，鲁棒 MPC 的控制目标是最小化如下的最优性能指标：

$$\begin{gathered} \min_{u^p(k+i), i \geqslant 0} \quad \max_{[A^p(k+i) \quad A_d^p(k+i) \quad B^p(k+i)] \in \Omega, i \geqslant 0} J_\infty^p \\ J_\infty^p(k) = \sum_{i=0}^{\infty} [(x^p(k+1))^{\mathrm{T}} Q^p (x^p(k+1)) + u^p(k+i \mid k)^{\mathrm{T}} R^p u^p(k+i \mid k)] \end{gathered} \tag{5-7}$$

$$\text{s.t.}\begin{cases}\left\|u^p(k+i\,|\,k)\right\|\leqslant u_M^p\\ \left\|x^p(k+i\,|\,k)\right\|\leqslant x_M^p\end{cases}\tag{5-8}$$

其中，$x^p(k+i\,|\,k)$ 和 $u^p(k+i\,|\,k)$ 是第 p 阶段在 k 时刻条件下对 $k+i$ 时刻的系统状态和控制输入的预测值，Q^p 和 R^p 为相应的状态和控制输入的加权矩阵，x_M^p 指每个批次第 p 阶段的状态边界。

因为大多数间歇生产过程由许多阶段组成，阶段间的切换是不可避免的。对于每一个批次，不同阶段的过程模型可能是不同的。然而，可以通过一个合适的变量来连接两个相邻阶段的状态。例如，在注塑成型过程中，模腔的压力是连接注射阶段和保压阶段的关键变量。

$$x^{p+1}(T^p)=\Phi^p x^p(T^p)\tag{5-9}$$

其中，T^p 是系统由第 p 阶段切换到第 p+1 阶段的切换时刻，$\Phi^p\in\mathbf{R}^{n_x^{p+1}\times n_x^p}$ 为相邻两个阶段之间的状态转移矩阵。

由于每个批次的阶段之间切换信号由系统的状态所决定，则切换信号可以表示为

$$\upsilon(k+1)=\begin{cases}\upsilon(k)+1, & M^{\upsilon(k)+1}(x(k))<0\\ \upsilon(k), & \text{其他}\end{cases}\tag{5-10}$$

其中，$M^{\upsilon(k)+1}(x(k))<0$ 是指切换是否发生的条件，并且当切换条件满足时系统由当前阶段切换到下一个阶段。一般而言，系统的切换时刻是影响产品质量的一个重要的因素。根据已知的系统状态，切换时刻 T^p 可以表示为

$$T^p=\min\left\{k>T^{p-1}\,|\,M^p(x(k))<0\right\},\quad T^0=0\tag{5-11}$$

每个批次不同阶段的切换时刻序列可以表示为 $\Sigma=\left\{(T^1,\upsilon(T^1)),(T^2,\upsilon(T^2)),\cdots,(T^P,\upsilon(T^P))\right\}$，并且两个切换时刻之间的时间间隔必须满足 $T^p-T^{p-1}\geqslant\tau^p$，其中，$\tau^p$ 为每个阶段最小运行时间。

注释 5.1　当子系统之间发生切换时，系统的性能和稳定性将会受到影响。因此，有必要设计一种合适的切换方法以保证系统的鲁棒稳定性和控制性能。另外，为了确保生产效率，在后续的控制器设计中应用模态依赖的平均驻留时间方法来计算每个阶段的平均驻留时间。

注释 5.2　后续的稳定性条件可以用于保证每个阶段的渐近稳定性和整个过程的指数稳定性。在稳定性条件推导过程中，一些必要的参数被引入到李雅普诺夫函数和指数稳定的条件中。通过求解稳定性条件，可以获得这些参数以计算每

个阶段的平均驻留时间。此外，为了避免因频繁切换而引起的系统不稳定，在不同阶段系统的切换信号需要满足各自的平均驻留时间。

5.2.2　鲁棒切换预测控制器设计

1. 扩展模型的建立

通过式（5-5）和定义 $\Delta x^p(k)=x^p(k)-x^p(k-1)$， $\Delta u^p(k)=u^p(k)-u^p(k-1)$，$\Delta y^p(k)=y^p(k)-y^p(k-1)$，得到如下每个阶段的增量形式：

$$\begin{cases}\Delta x^p(k+1)=A^p(k)\Delta x^p(k)+A_d^p(k)\Delta x^p(k-d(k))+B^p(k)\Delta u^p(k)+\overline{w}^p(k)\\ \Delta y^p(k)=C^p\Delta x^p(k)\end{cases} \tag{5-12}$$

其中，$\overline{w}^p(k)=(\Delta_a^p(k)-\Delta_a^p(k-1))x^p(k-1)+(\Delta_d^p(k)-\Delta_d^p(k-1))\,x^p(k-1-d(k-1))+(\Delta_b^p(k)-\Delta_b^p(k-1))u^p(k-1)+\Delta w^p(k)$ 为未知有界扰动，包括由不确定性干扰引起的内部干扰和外界因素所带来的外部干扰。

定义输出跟踪误差为 $e^p(k)=y^p(k)-r^p(k)$，有

$$\begin{aligned}e^p(k+1)=&\,e^p(k)+C^pA^p(k)\Delta x^p(k)+C^pA_d^p(k)\Delta x^p(k-d(k))\\&+C^pB^p(k)\Delta u^p(k)+C^p\overline{w}^p(k)\end{aligned} \tag{5-13}$$

将输出跟踪误差扩展到式（5-12），可得如下的扩展状态空间模型为

$$\begin{cases}\overline{x}_1^p(k+1)=\overline{A}^p(k)\overline{x}_1^p(k)+\overline{A}_d^p(k)\overline{x}_1^p(k-d(k))+\overline{B}^p(k)\Delta u^p(k)+\overline{G}^p\overline{w}^p(k)\\ \Delta y^p(k)=\overline{C}^p\overline{x}_1^p(k)\\ z^p(k)=e^p(k)=\overline{E}^p\overline{x}_1^p(k)\end{cases} \tag{5-14}$$

其中，$\overline{x}_1^p(k)=\begin{bmatrix}\Delta x^p(k)\\ e^p(k)\end{bmatrix}$，$\overline{x}_1^p(k-d(k))=\begin{bmatrix}\Delta x^p(k-d(k))\\ e^p(k-d(k))\end{bmatrix}$，$\overline{A}^p(k)=\begin{bmatrix}A^p+\Delta_a^p(k) & 0\\ C^pA^p+C^p\Delta_a^p(k) & I^p\end{bmatrix}$ $=\overline{A}^p+\overline{\Delta}_a^p(k)$，$\overline{A}^p=\begin{bmatrix}A^p & 0\\ C^pA^p & I^p\end{bmatrix}$，$\overline{\Delta}_a^p(k)=\overline{N}^p\Delta^p(k)\overline{H}^p$，$\overline{A}_d^p(k)=\begin{bmatrix}A_d^p+\Delta_d^p(k) & 0\\ C^pA_d^p+C^p\Delta_d^p(k) & 0\end{bmatrix}$ $=\overline{A}_d^p+\overline{\Delta}_d^p(k)$，$\overline{A}_d^p=\begin{bmatrix}A_d^p & 0\\ C^pA_d^p & 0\end{bmatrix}$，$\overline{\Delta}_d^p(k)=\overline{N}^p\Delta^p(k)\overline{H}_d^p$，$\overline{B}^p(k)=\begin{bmatrix}B^p+\Delta_b^p\\ C^pB^p+C^p\Delta_b^p\end{bmatrix}$ $=\overline{B}^p+\overline{\Delta}_b^p(k)$，$\overline{B}^p=\begin{bmatrix}B^p\\ C^pB^p\end{bmatrix}$，$\overline{\Delta}_b^p(k)=\overline{N}^p\Delta^p(k)\overline{H}_b^p$，$\overline{N}^p=\begin{bmatrix}N^p\\ C^pN^p\end{bmatrix}$，$\overline{H}^p=\begin{bmatrix}H^p & 0\end{bmatrix}$，$\overline{H}_d^p=\begin{bmatrix}H_d^p & 0\end{bmatrix}$，$\overline{H}_b^p=\begin{bmatrix}H_b^p & 0\end{bmatrix}$，$\overline{G}^p=\begin{bmatrix}I^p\\ C^p\end{bmatrix}$，$\overline{C}^p=\begin{bmatrix}C^p & 0\end{bmatrix}$，$\overline{E}^p=\begin{bmatrix}0 & I^p\end{bmatrix}$。

正如之前陈述，在切换前后两个阶段模型可以通过一个变量连接在一起。在切换的瞬间，两个相邻阶段的状态关系为

$$
\begin{aligned}
\begin{bmatrix} \Delta x^{p+1}(T^p) \\ e^{p+1}(T^p) \end{bmatrix} &= \begin{bmatrix} \Phi^p \Delta x^p(T^p) \\ C^{p+1}\Phi^p(\Delta x^p(T^p) + x^p(T^p - 1)) - r^{p+1} \end{bmatrix} \\
&= \begin{bmatrix} \Phi^p \\ C^{p+1}\Phi^p \end{bmatrix} \begin{bmatrix} I & 0 \end{bmatrix} \begin{bmatrix} \Delta x^p(T^p) \\ e^p(T^p) \end{bmatrix} + \begin{bmatrix} 0 \\ C^{p+1}\Phi^p x^p(T^p - 1) - r^{p+1} \end{bmatrix}
\end{aligned} \tag{5-15}
$$

基于扩展的模型式（5-14），系统的控制律可以设计为

$$
\Delta u^p(k) = \bar{K}^p \bar{x}_1^p(k) = \bar{K}^p \begin{bmatrix} \Delta x^p(k) \\ e^p(k) \end{bmatrix} \tag{5-16}
$$

其中，$\bar{K}^p$ 是控制增益，可以通过后续的定理或者推论计算获得。将式（5-16）代入式（5-14），可得如下闭环系统模型为

$$
\begin{cases} \bar{x}_1^p(k+1) = \bar{\bar{A}}^p(k)\bar{x}_1^p(k) + \bar{A}_d^p(k)\bar{x}_1^p(k - d(k)) + \bar{G}^p \bar{w}^p(k) \\ \Delta y^p(k) = \bar{C}^p \bar{x}_1^p(k) \\ z^p(k) = e^p(k) = \bar{E}^p \bar{x}_1^p(k) \end{cases} \tag{5-17}
$$

其中，$\bar{\bar{A}}^p(k) = \bar{A}^p(k) + \bar{B}^p(k)\bar{K}^p$。

2. 主要定理和推论

本节的主要目的是给出稳定性条件来确保每个阶段为渐近稳定和整个系统为指数稳定。定理 5.1 和推论 5.1 分别针对系统存在时变时滞和常时滞的情况，给出了在输入和输出约束下切换系统鲁棒稳定和具有最优控制性能的充分条件。在此基础上，针对系统具有干扰情形，定理 5.2 和推论 5.2 给出具有 H_∞ 性能的充分条件。

定理 5.1 如果存在一些已知标量 $0 \leqslant d_m \leqslant d_M$，未知正定矩阵 $\bar{P}_1^p, \bar{T}_1^p, \bar{M}_1^p, \bar{L}_1^p, \bar{S}_1^p, \bar{S}_2^p, \bar{M}_3^p, \bar{M}_4^p, \bar{X}_1^p, \bar{X}_2^p \in \mathbf{R}^{(n_x^p + n_e^p)}$，未知矩阵 $\bar{Y}_1^p \in \mathbf{R}^{n_u^p \times (n_x^p + n_e^p)}$ 和未知标量 $0 < \partial^p < 1$，$\theta^p > 0$，$\vartheta^p > 1$，$\bar{\varepsilon}_1^p, \bar{\varepsilon}_2^p > 0$，使得如下的 LMI 条件：

$$
\begin{bmatrix}
\bar{\Pi}_{11}^p & \bar{\Pi}_{12}^p & \bar{\Pi}_{13}^p & \bar{\Pi}_{14}^p & \bar{\Pi}_{15}^p & \bar{\Pi}_{16}^p & \bar{\Pi}_{17}^p & \bar{\Pi}_{18}^p & \bar{\Pi}_{19}^p \\
* & \bar{\Pi}_{22}^p & 0 & 0 & 0 & 0 & 0 & 0 & 0 \\
* & * & \bar{\Pi}_{33}^p & 0 & 0 & 0 & 0 & 0 & 0 \\
* & * & * & \bar{\Pi}_{44}^p & 0 & 0 & 0 & 0 & 0 \\
* & * & * & * & \bar{\Pi}_{55}^p & 0 & 0 & 0 & 0 \\
* & * & * & * & * & \bar{\Pi}_{66}^p & 0 & 0 & 0 \\
* & * & * & * & * & * & \bar{\Pi}_{77}^p & 0 & 0 \\
* & * & * & * & * & * & * & \bar{\Pi}_{88}^p & 0 \\
* & * & * & * & * & * & * & * & \bar{\Pi}_{99}^p
\end{bmatrix} < 0 \tag{5-18}
$$

$$\begin{bmatrix} -1 & \overline{x}_l^{p\mathrm{T}}(k|k) \\ \overline{x}_l^p(k|k) & -\overline{\varphi}_l^p \end{bmatrix} \leqslant 0 \tag{5-19}$$

$$\begin{bmatrix} -\overline{\phi}^p & \overline{L}_1^p \\ * & -\psi_l^p \end{bmatrix} < 0 \tag{5-20}$$

$$\begin{bmatrix} -(\Delta u_M^p)^2 & \overline{Y}_1^p \\ \overline{Y}_1^{p\mathrm{T}} & -\overline{\varphi}_l^p \end{bmatrix} \leqslant 0 \tag{5-21}$$

$$\begin{bmatrix} -(\Delta y_M^p)^2(\overline{\varphi}_l^p) & \overline{C}^p\overline{\varphi}_l^p \\ (\overline{C}^p\overline{\varphi}_l^p)^\mathrm{T} & -I^p \end{bmatrix} \leqslant 0 \tag{5-22}$$

$$\begin{bmatrix} \overline{\psi}_l^p & \left(\left(\Phi^p\right)^{-1}\right)^\mathrm{T} \vartheta^p \overline{\psi}_l^{p-1} \\ * & \vartheta^p \overline{\psi}_l^{p-1} \end{bmatrix} \leqslant 0 \tag{5-23}$$

成立，则在 $\overline{w}^p(k)=0$ 的情况下系统式（5-17）在每一阶段是渐近稳定并且在每个批次是指数稳定。其中，控制增益为 $\overline{K}^p=\overline{Y}_1^p(\overline{L}_1^p)^{-1}$，$\overline{\phi}_1^p=-\partial^p\overline{L}_1^p+\overline{M}_3^p+\overline{D}_1^p\overline{S}_2^p+\overline{S}_2^p-(\partial^p)^{d_M}\overline{X}_2^p$，$\overline{\varphi}_l^p=\theta^p(\overline{\psi}_l^p)^{-1}$，$\overline{\psi}_l^p=\overline{P}_1^p+d_M\overline{T}_1^p+d_M\overline{M}_1^p+\dfrac{d_m+d_M}{2}(d_M-d_m+1)\overline{T}_1^p+d_M^2\dfrac{1+d_M}{2}\overline{G}_1^p$，$\overline{D}_1^p=(d_M-d_m+1)I^p$，$\overline{D}_2^p=(d_M)^2I^p$，“*”代表在对称位置转置元素，且

$$\overline{\Pi}_{11}^p=\begin{bmatrix} \overline{\phi}_1^p & 0 & (\partial^p)^{d_M}\overline{L}_1^p \\ 0 & -(\partial^p)^{d_M}\overline{S}_1^p & 0 \\ (\partial^p)^{d_M}\overline{L}_1^p & 0 & -(\partial^p)^{d_M}((\overline{M}_4^p)+(\overline{X}_1^p)) \end{bmatrix},\ \overline{\Pi}_{12}^p=\begin{bmatrix} \overline{L}_1^p\overline{A}^{p\mathrm{T}}+\overline{Y}_1^{p\mathrm{T}}\overline{B}^{p\mathrm{T}} \\ \overline{S}_1^p\overline{A}_d^p \\ 0 \end{bmatrix},\ \overline{\Pi}_{13}^p=$$

$$\begin{bmatrix} \overline{L}_1^p\overline{A}^{p\mathrm{T}}+\overline{Y}_1^{p\mathrm{T}}\overline{B}^{p\mathrm{T}}-\overline{L}_1^p \\ \overline{S}_1^p\overline{A}_d^p \\ 0 \end{bmatrix},\ \overline{\Pi}_{14}^p=\begin{bmatrix} \overline{L}_1^p(\overline{Q}_1^p)^{\frac{1}{2}} \\ 0 \\ 0 \end{bmatrix},\ \overline{\Pi}_{15}^p=\begin{bmatrix} \overline{Y}_1^{p\mathrm{T}}(\overline{R}_1^p)^{\frac{1}{2}} \\ 0 \\ 0 \end{bmatrix},\ \overline{\Pi}_{16}^p=\overline{\Pi}_{18}^p=\begin{bmatrix} \overline{L}_1^p\overline{H}^{p\mathrm{T}} \\ \overline{S}_1^p\overline{H}_d^{p\mathrm{T}} \\ 0 \end{bmatrix},$$

$$\overline{\Pi}_{17}^p=\overline{\Pi}_{19}^p=\begin{bmatrix} \overline{Y}_1^{p\mathrm{T}}\overline{H}_b^{p\mathrm{T}} \\ 0 \\ 0 \end{bmatrix},\quad \overline{\Pi}_{22}^p=\left[-\overline{L}_1^p+\overline{\varepsilon}_1^p\overline{N}^p\overline{N}^{p\mathrm{T}}+\overline{\varepsilon}_2^p\overline{N}^p\overline{N}^{p\mathrm{T}}\right],\quad \overline{\Pi}_{33}^p=[-\overline{X}_1^p(\overline{D}_2^p)^{-1}+$$

$\overline{\varepsilon}_1^p\overline{N}^p\overline{N}^{p\mathrm{T}}+\overline{\varepsilon}_2^p\overline{N}^p\overline{N}^{p\mathrm{T}}]$，$\overline{\Pi}_{44}^p=\overline{\Pi}_{55}^p=-\theta^pI^p$，$\overline{\Pi}_{66}^p=\overline{\Pi}_{88}^p=-\overline{\varepsilon}_1^pI^p$，$\overline{\Pi}_{77}^p=\overline{\Pi}_{99}^p=-\overline{\varepsilon}_2^pI^p$，$\vartheta^p$ 是在两个阶段切换瞬间的一个未知参数。

每一阶段的平均驻留时间可以通过如下的式（5-24）获得，为

$$\tau^p \geqslant (\tau^p)^* = -\frac{\ln\vartheta^p}{\ln\partial^p} \tag{5-24}$$

其中，∂^p 为和 ϑ^p 为通过求解定理 5.1 的 LMI 条件获得的未知量。

证明　为了获得切换系统式（5-17）在 $\overline{w}^p(k)=0$ 情况下的鲁棒稳定性，系统需满足如下的鲁棒约束条件：

$$
\begin{aligned}
&V^p(\overline{x}_1^p(k+i+1|k))-V^p(\overline{x}_1^p(k+i|k))\leqslant -[(\overline{x}_1^p(k+i|k))^{\mathrm{T}}\overline{Q}_1^p(\overline{x}_1^p(k+i|k))\\
&+\Delta u^p(k+i|k)^{\mathrm{T}}\overline{R}_1^p\Delta u^p(k+i|k)]
\end{aligned}
\tag{5-25}
$$

将式（5-25）左右两边从 $i=0$ 到 ∞ 进行累加，且需 $V(x_1(\infty))=0$ 或 $x_1(\infty)=0$，可得

$$
\overline{J}_\infty^p(k)\leqslant V^p(\overline{x}_1^p(k))\leqslant\theta^p \tag{5-26}
$$

其中，θ^p 是 $\overline{J}_\infty^p(k)$ 的上界。定义如下的 Lyapunov-Krasovskii 函数为

$$
V^p(\overline{x}_1^p(k+i))=\sum_{j=1}^{5}V_j^p(\overline{x}_1^p(k+i)) \tag{5-27}
$$

其中，

$$
V_1^p(\overline{x}_1^p(k+i))=\overline{x}_1^{p\mathrm{T}}(k+i)\overline{P}_1^p\overline{x}_1^p(k+i)=\overline{x}_1^{p\mathrm{T}}(k+i)\theta^p(\overline{L}_1^p)^{-1}\overline{x}_1^p(k+i)
$$

$$
\begin{aligned}
V_2^p(\overline{x}_1^p(k+i))&=\sum_{r=k-d(k)}^{k-1}\overline{x}_1^{p\mathrm{T}}(r+i)(\partial^p)^{k-1-r}\overline{T}_1^p\overline{x}_1^p(r+i)\\
&=\sum_{r=k-d(k)}^{k-1}\overline{x}_1^{p\mathrm{T}}(r+i)(\partial^p)^{k-1-r}\theta^p(\overline{S}_1^p)^{-1}\overline{x}_1^p(r+i)
\end{aligned}
$$

$$
\begin{aligned}
V_3^p(\overline{x}_1^p(k+i))&=\sum_{r=k-d_M}^{k-1}\overline{x}_1^{p\mathrm{T}}(r+i)(\partial^p)^{k-1-r}\overline{M}_1^p\overline{x}_1^p(r+i)\\
&=\sum_{r=k-d_M}^{k-1}\overline{x}_1^{p\mathrm{T}}(r+i)(\partial^p)^{k-1-r}\theta^p(\overline{M}_2^p)^{-1}\overline{x}_1^p(r+i)
\end{aligned}
$$

$$
\begin{aligned}
V_4^p(\overline{x}_1^p(k+i))&=\sum_{s=-d_M}^{-d_m}\sum_{r=k+s}^{k-1}\overline{x}_1^{p\mathrm{T}}(r+i)(\partial^p)^{k-1-r}\overline{T}_1^p\overline{x}_1^p(r+i)\\
&=\sum_{s=-d_M}^{-d_m}\sum_{r=k+s}^{k-1}\overline{x}_1^{p\mathrm{T}}(r+i)(\partial^p)^{k-1-r}\theta^p(\overline{S}_1^p)^{-1}\overline{x}_1^p(r+i)
\end{aligned}
$$

$$
\begin{aligned}
V_5^p(\overline{x}_1^p(k+i))&=d_M\sum_{s=-d_M}^{-1}\sum_{r=k+s}^{k-1}\overline{\delta}_1^{p\mathrm{T}}(r+i)(\partial^p)^{k-1-r}\overline{G}_1^p\overline{\delta}_1^p(r+i)\\
&=d_M\sum_{s=-d_M}^{-1}\sum_{r=k+s}^{k-1}\overline{\delta}_1^{p\mathrm{T}}(r+i)(\partial^p)^{k-1-r}\theta^p(\overline{X}_1^p)^{-1}\overline{\delta}_1^p(r+i)
\end{aligned}
$$

在式（5-27）的基础上，定义如下增量的 Lyapunov-Krasovskii 函数为

$$\Delta V^p(\bar{x}_1^p(k+i)) \leqslant V^p(\bar{x}_1^p(k+i+1)) - \partial^p V^p(\bar{x}_1^p(k+i)) = \sum_{j=1}^{5} \Delta V_j^p(\bar{x}_1^p(k+i)) \quad (5\text{-}28)$$

其中，

$$\Delta V_1^p(\bar{x}_1(k+i)) = \bar{x}_1^{p\mathrm{T}}(k+i+1)\theta^p(\bar{L}_1^p)^{-1}\bar{x}_1^p(k+i+1) - \partial^p \bar{x}_1^{p\mathrm{T}}(k+i)\theta^p(\bar{L}_1^p)^{-1}\bar{x}_1^p(k+i)$$

$$\begin{aligned}
\Delta V_2^p(\bar{x}_1^p(k+i)) = & \sum_{r=k+1-d(k+1)}^{k} \bar{x}_1^{p\mathrm{T}}(r+i)(\partial^p)^{k-r}\theta^p(\bar{S}_1^p)^{-1}\bar{x}_1^p(r+i) \\
& - \sum_{r=k-d(k)}^{k-1} \partial^p \bar{x}_1^{p\mathrm{T}}(r+i)(\partial^p)^{k-1-r}\theta^p(\bar{S}_1^p)^{-1}\bar{x}_1^p(r+i) \\
\leqslant & \bar{x}_1^{p\mathrm{T}}(k+i)\theta^p(\bar{S}_1^p)^{-1}\bar{x}_1^p(k+i) - \bar{x}_{1d}^{p\mathrm{T}}(k+i)(\partial^p)^{d_M}\theta^p(\bar{S}_1^p)^{-1}\bar{x}_{1d}^p(k+i) \\
& + \sum_{r=k-d_M+1}^{k-d_m} \bar{x}_1^{p\mathrm{T}}(r+i)(\partial^p)^{k-r}\theta^p(\bar{S}_1^p)^{-1}\bar{x}_1^p(r+i)
\end{aligned}$$

$$\begin{aligned}
\Delta V_3^p(\bar{x}_1^p(k+i)) = & \sum_{r=k+1-d_M}^{k} \bar{x}_1^{p\mathrm{T}}(r+i)(\partial^p)^{k-r}\theta^p(\bar{M}_2^p)^{-1}\bar{x}_1^p(r+i) \\
& - \sum_{r=k-d_M}^{k-1} \partial^p \bar{x}_1^{p\mathrm{T}}(r+i)(\partial^p)^{k-1-r}\theta^p(\bar{M}_2^p)^{-1}\bar{x}_1^p(r+i) \\
= & \bar{x}_1^{p\mathrm{T}}(k+i)\theta^p(\bar{M}_2^p)^{-1}\bar{x}_1^p(k+i) - \bar{x}_{1d_M}^{p\mathrm{T}}(k+i)(\partial^p)^{d_M}\theta^p(\bar{M}_2^p)^{-1}\bar{x}_{1d_M}^p(k+i)
\end{aligned}$$

$$\begin{aligned}
\Delta V_4^p(\bar{x}_1^p(k+i)) = & \sum_{s=-d_M}^{-d_m}\sum_{r=k+s+1}^{k} \bar{x}_1^{p\mathrm{T}}(r+i)(\partial^p)^{k-r}\theta^p(\bar{S}_1^p)^{-1}\bar{x}_1^p(r+i) \\
& - \sum_{s=-d_M}^{-d_m}\sum_{r=k+s}^{k-1} \partial^p \bar{x}_1^{p\mathrm{T}}(r+i)(\partial^p)^{k-1-r}\theta^p(\bar{S}_1^p)^{-1}\bar{x}_1^p(r+i) \\
< & (d_M - d_m + 1)\bar{x}_1^{p\mathrm{T}}(k+i)\theta^p(\bar{S}_1^p)^{-1}\bar{x}_1^p(k+i) \\
& - \sum_{r=k-d_M+1}^{k-d_m} \bar{x}_1^{p\mathrm{T}}(r+i)(\partial^p)^{k-r}\theta^p(\bar{S}_1^p)^{-1}\bar{x}_1^p(r+i)
\end{aligned}$$

$$\begin{aligned}
\Delta V_5^p(\bar{x}_1^p(k+i)) = & d_M \sum_{s=-d_M}^{-1}\sum_{r=k+s+1}^{k} \bar{\delta}_1^{p\mathrm{T}}(r+i)(\partial^p)^{k-r}\theta^p(\bar{X}_1^p)^{-1}\bar{\delta}_1^p(r+i) \\
& - d_M \sum_{s=-d_M}^{-1}\sum_{r=k+s}^{k-1} \partial^p \bar{\delta}_1^{p\mathrm{T}}(r+i)(\partial^p)^{k-1-r}\theta^p(\bar{X}_1^p)^{-1}\bar{\delta}_1^p(r+i) \\
= & d_M^2 \bar{\delta}_1^{p\mathrm{T}}(k+i)\theta^p(\bar{X}_1^p)^{-1}\bar{\delta}_1^p(k+i)
\end{aligned}$$

基于引理 1.2，可得

$$\begin{aligned}&\Delta V_5^p(\overline{x}_1^p(k+i))\\&\leqslant d_M^2\overline{\delta}_1^{p\mathrm{T}}(k+i)\theta^p(\overline{X}_1^p)^{-1}\overline{\delta}_1^p(k+i)-\sum_{r=k-d_M}^{k-1}\overline{\delta}_1^{p\mathrm{T}}(r+i)(\partial^p)^{k-r}\theta^p(\overline{X}_1^p)^{-1}\sum_{r=k-d_M}^{k-1}\overline{\delta}_1^p(r+i)\\&<d_M^2(\overline{x}_1^p(k+i+1)-\overline{x}_1^p(k+i))^{\mathrm{T}}\theta^p(\overline{X}_1^p)^{-1}(\overline{x}_1^p(k+i+1)-\overline{x}_1^p(k+i))\\&\quad-(\overline{x}_1^p(k+i)-\overline{x}_{1d_M}^p(k+i))^{\mathrm{T}}(\partial^p)^{d_M}\theta^p(\overline{X}_1^p)^{-1}(\overline{x}_1^p(k+i)-\overline{x}_{1d_M}^p(k+i))\end{aligned}$$

通过式（5-26），可知

$$(\theta^p)^{-1}\Delta V^p(\overline{x}_1^p(k+i|k))+(\theta^p)^{-1}\overline{J}^p(k)\leqslant 0 \tag{5-29}$$

其中，$\overline{J}^p(k)=(\overline{x}_1^p(k+i|k))^{\mathrm{T}}\overline{Q}_1^p(\overline{x}_1^p(k+i|k))+(\Delta u^p(k+i|k))^{\mathrm{T}}\overline{R}_1^p\Delta u^p(k+i|k)$ 是最优性能指标。综合式（5-27）～式（5-29），可得

$$(\theta^p)^{-1}\Delta V^p(\overline{x}_1^p(k+i))+(\theta^p)^{-1}\overline{J}^p(k)<\overline{\varphi}_1^{p\mathrm{T}}(k)\overline{\Phi}_1^p\overline{\varphi}_1^p(k) \tag{5-30}$$

$$\overline{\Phi}_1^p=\begin{bmatrix}\phi_1^p & 0 & (\partial^p)^{d_M}(\overline{X}_1^p)^{-1}\\ * & -(\partial^p)^{d_M}(\overline{S}_1^p)^{-1} & 0\\ * & 0 & -(\partial^p)^{d_M}((\overline{M}_2^p)^{-1}+(\overline{X}_1^p)^{-1})\end{bmatrix}+\overline{\Lambda}_1^{p\mathrm{T}}(\overline{L}_1^p)^{-1}\overline{\Lambda}_1^p+\overline{\Lambda}_2^{p\mathrm{T}}(\overline{D}_2^p)^2(\overline{X}_1^p)^{-1}$$

$\overline{\Lambda}_2^p+\overline{\lambda}_1^{p\mathrm{T}}(\theta^p)^{-1}\overline{\lambda}_1^p+\overline{\lambda}_2^{p\mathrm{T}}(\theta^p)^{-1}\overline{\lambda}_2^p$，$\phi_1^p=-\partial^p(\overline{L}_1^p)^{-1}+(\overline{S}_1^p)^{-1}+(\overline{M}_2^p)^{-1}+\overline{D}_1(\overline{S}_1^p)^{-1}-(\partial^p)^{d_M}$ $(\overline{X}_1^p)^{-1}$，$\overline{\Lambda}_1^p=\begin{bmatrix}\overline{\overline{A}}^p(k) & \overline{A}_d^p(k) & 0\end{bmatrix}$，$\overline{\Lambda}_2^p=\begin{bmatrix}\overline{\overline{A}}^p(k)-I & \overline{A}_d^p(k) & 0\end{bmatrix}$，$\overline{\lambda}_1^p=\begin{bmatrix}(\overline{Q}_1^p)^{\frac{1}{2}} & 0 & 0\end{bmatrix}$，$\overline{\lambda}_2^p=\begin{bmatrix}(\overline{R}_1^p)^{\frac{1}{2}}\overline{Y}_1^p(\overline{L}_1^p)^{-1} & 0 & 0\end{bmatrix}$。

基于引理 1.1，如果 $\overline{\Phi}_1^p<0$ 则需满足如下的 LMI 条件：

$$\begin{bmatrix}\phi_1^p & 0 & (\partial^p)^{d_M}(\overline{X}_1^p)^{-1} & \overline{\overline{A}}^{p\mathrm{T}}(k) & (\overline{\overline{A}}^p(k)-I)^{\mathrm{T}} & (\overline{Q}_1^p)^{\frac{1}{2}} & (\overline{L}_1^{-1})^{\mathrm{T}}\overline{Y}_1^{p\mathrm{T}}((\overline{R}_1^p)^{\frac{1}{2}})^{\mathrm{T}}\\ * & -(\partial^p)^{d_M}(\overline{S}_1^p)^{-1} & 0 & \overline{A}_d^{p\mathrm{T}}(k) & \overline{A}_d^{p\mathrm{T}}(k) & 0 & 0\\ * & * & -(\partial^p)^{d_M}((\overline{M}_2^p)^{-1}+(\overline{X}_1^p)^{-1}) & 0 & 0 & 0 & 0\\ * & * & * & -\overline{L}_1^p & 0 & 0 & 0\\ * & * & * & * & -(\overline{D}_2)^{-1}\overline{X}_1^p & 0 & 0\\ * & * & * & * & * & -\theta^p I^p & 0\\ * & * & * & * & * & * & -\theta^p I^p\end{bmatrix}<0 \tag{5-31}$$

在式（5-31）左右两边同乘 diag[$\bar{L}_1^p \quad \bar{S}_1^p \quad \bar{X}_1^p \quad I^p \quad I^p \quad I^p \quad I^p$]且令 $\bar{L}_1^p(\bar{M}_2^p)^{-1}\bar{L}_1^p=\bar{M}_3^p$，$\bar{L}_1^p(\bar{S}_1^p)^{-1}\bar{L}_1^p=\bar{S}_2^p$，$\bar{L}_1^p(\bar{X}_1^p)^{-1}\bar{L}_1^p=\bar{X}_2^p$，$\bar{X}_1^p(\bar{M}_2^p)^{-1}\bar{X}_1^p=\bar{M}_4^p$，$\bar{K}^p=\bar{Y}_1^p(\bar{L}_1^p)^{-1}$，可得

$$\begin{bmatrix} \bar{\phi}_1^p & 0 & (\partial^p)^{d_M}\bar{T}_1^p & \bar{L}_1^p\bar{A}^{pT}(k)+\bar{Y}_1^{pT}\bar{B}^{pT}(k) & \bar{L}_1\bar{A}^{pT}(k)+\bar{Y}_1^{pT}\bar{B}^{pT}(k)-\bar{L}_1^p & \bar{L}_1^p(\bar{Q}_1^p)^{\frac{1}{2}} & \bar{Y}_1^{pT}(\bar{R}_1^p)^{\frac{1}{2}} \\ * & -(\partial^p)^{d_M}\bar{S}_1^p & 0 & \bar{S}_1\bar{A}_d^{pT}(k) & \bar{S}_1^p\bar{A}_d^{pT}(k) & 0 & 0 \\ * & * & -(\partial^p)^{d_M}((\bar{M}_4^p)+(\bar{X}_1^p)) & 0 & 0 & 0 & 0 \\ * & * & * & -\bar{L}_1^p & 0 & 0 & 0 \\ * & * & * & * & -\bar{D}_2^{-1}\bar{X}_1^p & 0 & 0 \\ * & * & * & * & * & -\theta^pI^p & 0 \\ * & * & * & * & * & * & -\theta^pI^p \end{bmatrix}<0 \tag{5-32}$$

基于引理 1.3，式（5-32）可以转化为条件式（5-18）。

此外，为了确保系统的稳定性，根据式（5-26）可知 $V^p(\bar{x}_1^p(k))\leqslant\theta^p$。然后基于式（5-28），有 $V^p(\bar{x}_1^p(k))=\bar{\xi}^{pT}(k)\bar{\psi}_1^p\bar{\xi}^p(k)$，其中，$\bar{\xi}^p(k)=\left[\bar{x}_1^p(k)^{\mathrm{T}} \quad \bar{x}_1^p(k-d(k))^{\mathrm{T}} \cdots \bar{x}_1^p(k-d_M)^{\mathrm{T}} \cdots \bar{\delta}_1^p(k-1)^{\mathrm{T}}\right]$。取最大的状态 $\bar{x}_l^p(k)=\max(\bar{x}_1^p(\bar{r}),\ \bar{\delta}_1^p(\bar{r}))$，$\bar{r}\in(k-d_M,k)$，可得

$$V^p(\bar{x}_1^p(k))\leqslant\bar{x}_l^{pT}(k)\bar{\psi}_l^p\bar{x}_l^p(k)\leqslant\theta^p \tag{5-33}$$

其中，$\bar{\psi}_l^p=\bar{P}_1^p+d_M\bar{T}_1^p+d_M\bar{M}_1^p+\dfrac{d_m+d_M}{2}(d_M-d_m+1)\bar{T}_1^p+d_M^2\dfrac{1+d_M}{2}\bar{G}_1^p$。令 $\bar{\varphi}_l^p=\theta^p\cdot(\bar{\psi}_l^p)^{-1}$，并基于引理 1.1，可得条件式（5-19）。

为了确保矩阵 $\bar{\psi}_l^p$ 是可逆的，令 $\psi_l^p=\bar{L}_1^p\bar{\psi}_l^p\bar{L}_1^p$，$(\bar{\psi}_l^p)^{-1}=\bar{L}_1^p(\psi_l^p)^{-1}\bar{L}_1^p$，$(\bar{\psi}_l^p)^{-1}<(\theta^p)^{-1}\bar{\phi}^p=\phi^p$，有 $\bar{L}_1^p(\psi_l^p)^{-1}\bar{L}_1^p<\phi^p$，即 $-\phi^p+\bar{L}_1^p(\psi_l^p)^{-1}\bar{L}_1^p<0$，再利用引理 1.1 可得条件式（5-20）。

对于输入约束，有

$$\begin{aligned}\left\|\Delta u^{p}(k+i)\mid k\right\|^{2}&=\left\|\bar{Y}_{1}^{p}(\bar{L}_{1}^{p})^{-1}\bar{x}_{1}^{p}(k+i\mid k)\right\|^{2}=\left\|\bar{Y}_{1}^{p}(\tilde{\theta}^{p})^{-1}\bar{P}_{1}^{p}\bar{x}_{1}^{p}(k+i\mid k)\right\|^{2}\\&\leqslant\left\|\bar{Y}_{1}^{p}(\tilde{\theta}^{p})^{-1}\bar{\phi}_{l}^{p}\bar{x}_{l}^{p}(k+i\mid k)\right\|^{2}=\left\|\bar{Y}_{1}^{p}(\bar{\varphi}_{l}^{p})^{-1}\bar{x}_{l}^{p}(k+i\mid k)\right\|^{2}\leqslant\bar{Y}_{1}^{p}(\bar{\varphi}_{l}^{p})^{-1}\bar{Y}_{1}^{p\mathrm{T}}\end{aligned}\tag{5-34}$$

则可得条件式（5-21）。

对于输出约束，有$\left\|\Delta y^{p}(k+i)\right\|^{2}=\left\|\bar{C}^{p}\,\bar{x}_{1}^{p}(k+i\mid k)\right\|^{2}$，通过条件式（5-22）可知其小于$(\Delta y_{M}^{p})^{2}\bar{x}_{1}^{p}(k+i\mid k)(\bar{\varphi}_{l}^{p})^{-1}\bar{x}_{1}^{p\mathrm{T}}(k+i\mid k)$。取状态值$\bar{x}_{l}^{p}(k+i)=\max(\bar{x}_{1}^{p}(k+i)\bar{\delta}_{1}^{p}(k+i))$，有$(\Delta y_{M}^{p})^{2}\bar{x}_{1}^{p}(k+i)(\bar{\varphi}_{l}^{p})^{-1}\bar{x}_{1}^{p\mathrm{T}}(k+i)\leqslant(\Delta y_{M}^{p})^{2}\bar{x}_{l}^{p}(k+i)(\bar{\varphi}_{l}^{p})^{-1}\bar{x}_{l}^{p\mathrm{T}}(k+i)\leqslant(\Delta y_{M}^{p})^{2}$。

另外，系统从一个阶段到另外一个阶段其状态在切换的瞬间需要满足：

$$V^{p}(\bar{x}_{1}(k))\leqslant\vartheta^{p}V^{p-1}(\bar{x}_{1}(k))\tag{5-35}$$

综合式（5-9）、式（5-28）和式（5-35），可得

$$\bar{x}_{1}^{p\mathrm{T}}(k+i)\bar{\psi}_{l}^{p}\bar{x}_{1}^{p}(k+i)\leqslant\bar{x}_{1}^{p\mathrm{T}}(k+i)\left(\left(\varPhi^{p}\right)^{-1}\right)^{\mathrm{T}}\vartheta^{p}\bar{\psi}_{l}^{p-1}\left(\varPhi^{p}\right)^{-1}\bar{x}_{1}^{p}(k+i)\tag{5-36}$$

即

$$\bar{\psi}_{l}^{p}-\vartheta^{p}\left(\left(\varPhi^{p}\right)^{-1}\right)^{\mathrm{T}}\bar{\psi}_{l}^{p-1}\left(\varPhi^{p}\right)^{-1}\leqslant 0\tag{5-37}$$

为此，基于引理 1.1 可得条件式（5-23）。

通过式（5-29），可得

$$\begin{aligned}V^{p}(\bar{x}_{1}^{p}(k+i+1))&\leqslant\partial^{p}V^{p}(\bar{x}_{1}^{p}(k+i))=\partial^{p}\Bigg[\bar{x}_{1}^{p\mathrm{T}}(k+i)\theta^{p}(\bar{L}_{1}^{p})^{-1}\bar{x}_{1}^{p}(k+i)\\&+\sum_{r=k-d(k)}^{k-1}\bar{x}_{1}^{p\mathrm{T}}(r+i)(\partial^{p})^{k-1-r}\theta^{p}(\bar{S}_{1}^{p})^{-1}\bar{x}_{1}^{p}(r+i)+\sum_{r=k-d_{M}}^{k-1}\bar{x}_{1}^{p\mathrm{T}}(r+i)(\partial^{p})^{k-1-r}\theta^{p}(\bar{M}_{2}^{p})^{-1}\bar{x}_{1}^{p}(r+i)\\&+\sum_{s=-d_{M}}^{-d_{m}}\sum_{r=k+s}^{k-1}\bar{x}_{1}^{p\mathrm{T}}(r+i)(\partial^{p})^{k-1-r}\theta^{p}(\bar{S}_{1}^{p})^{-1}\bar{x}_{1}^{p}(r+i)\\&+d_{M}\sum_{s=-d_{M}}^{-1}\sum_{r=k+s}^{k-1}\bar{\delta}_{1}^{p\mathrm{T}}(r+i)(\partial^{p})^{k-1-r}\theta^{p}(\bar{X}_{1}^{p})^{-1}\bar{\delta}_{1}^{p}(r+i)\Bigg]\end{aligned}\tag{5-38}$$

从而通过定理 5.3 可知，系统在每一阶段是渐近稳定的。

对于$\forall k\in[T^{p-1},T^{p})$，若系统在第$p$阶段是渐近稳定的，则需满足如下条件：

$$V^{\upsilon(T^{p})}(\bar{x}_{1}(k))<(\partial^{p})^{O-T^{p-1}}V^{\upsilon(T^{p})}(\bar{x}_{1}(T^{p-1}))\tag{5-39}$$

根据式（5-34），可知在两个相邻阶段切换的瞬间，如下条件成立：

$$V^{\upsilon(T^{p})}(\bar{x}_{1}(T^{p-1}))\leqslant\vartheta^{p}V^{\upsilon(T^{p})^{-}}(\bar{x}_{1}(T^{p-1}))\tag{5-40}$$

综合式（5-39）和式（5-40），可得

$$\begin{aligned}
V^{\upsilon(T^p)}(\bar{x}_1(k)) &< (\partial^p)^{O-T^{p-1}} V^{\upsilon(T^p)}(\bar{x}_1(T^{p-1})) \\
&\leqslant \vartheta^p (\partial^p)^{O-T^{p-1}} V^{\upsilon(T^p)^-}(\bar{x}_1(T^{p-1})) \\
&\vdots \\
&\leqslant \prod_{p=1}^{P} (\vartheta^p)^{N_0+\left(T^p(f,O)/\tau^p\right)} \prod_{p=1}^{P} (\partial^p)^{T^p(f,O)} V^{\upsilon(T^1)^-}(\bar{x}_1(T^0)) \\
&= \exp\left(\sum_{p=1}^{P} N_0 \ln \vartheta^p\right) \prod_{p=1}^{P} ((\vartheta^p)^{1/\tau^p} (\partial^p))^{T^p(f,O)} V^{\upsilon(T^1)^-}(\bar{x}_1(T^0))
\end{aligned} \tag{5-41}$$

根据式（5-24），可得

$$\tau^p + \frac{\ln \vartheta^p}{\ln \partial^p} \geqslant 0 \tag{5-42}$$

由于 $0 < \partial^p < 1$，则 $\ln \partial^p < 0$，有

$$\tau^p \ln \partial^p + \ln \vartheta^p \leqslant 0 \tag{5-43}$$

而

$$(\vartheta^p)^{1/\tau^p}(\partial^p) = \exp\left(\ln\left[(\vartheta^p)^{1/\tau^p}(\partial^p)\right]\right) = \exp\left(\left[1/\tau^p \ln \vartheta^p + \ln \partial^p\right]\right) \tag{5-44}$$

则式（5-42）可以改写为

$$(\vartheta^p)^{1/\tau^p}(\partial^p) \leqslant 1 \tag{5-45}$$

令 $\varsigma = \max_{p\in P}((\vartheta^p)^{1/\tau^p}(\partial^p))$，$\eta = \exp\left(\sum_{p=1}^{P} N_0 \ln \vartheta^p\right)$，有 $V^{\upsilon(T^p)}(\bar{x}_1(k)) \leqslant \eta \varsigma^{O-f} V^{\upsilon(T^1)^-}$ $(\bar{x}_1(T^0))$。

因此，基于定义 1.3 和定义 1.4 可知系统在每一批次是指数稳定的。至此，定理 5.1 证明完毕。上述分析是系统的时滞为时变时滞的情况，当其为常时滞时，可得如下的推论 5.1。

推论 5.1　如果存在一已知标量 $d_1 \geqslant 0$，未知正定矩阵 $\bar{P}_1^p$，$\bar{T}_1^p$，$\bar{L}_1^p$，$\bar{S}_1^p$，$\bar{S}_2^p$，$\bar{X}_1^p$，$\bar{X}_2^p \in \mathbf{R}^{(n_x^p+n_e^p)}$，未知矩阵 $\bar{Y}_1^p \in \mathbf{R}^{n_u^p \times (n_x^p+n_e^p)}$ 和未知标量 $0 < \partial^p < 1$，$\theta^p > 0$，$\vartheta^p > 1$，$\bar{\varepsilon}_1^p, \bar{\varepsilon}_2^p > 0$，使得如下的 LMI 条件：

$$\begin{bmatrix} \Re_{11}^{pp} & \Re_{12}^{pp} & \Re_{13}^{pp} & \Re_{14}^{pp} & \Re_{15}^{pp} & \Re_{16}^{pp} & \Re_{17}^{pp} & \Re_{18}^{pp} & \Re_{19}^{pp} \\ * & \bar{\Pi}_{22}^{pp} & 0 & 0 & 0 & 0 & 0 & 0 & 0 \\ * & * & \Re_{33}^{pp} & 0 & 0 & 0 & 0 & 0 & 0 \\ * & * & * & \bar{\Pi}_{44}^{pp} & 0 & 0 & 0 & 0 & 0 \\ * & * & * & * & \bar{\Pi}_{55}^{pp} & 0 & 0 & 0 & 0 \\ * & * & * & * & * & \bar{\Pi}_{66}^{pp} & 0 & 0 & 0 \\ * & * & * & * & * & * & \bar{\Pi}_{77}^{pp} & 0 & 0 \\ * & * & * & * & * & * & * & \bar{\Pi}_{88}^{pp} & 0 \\ * & * & * & * & * & * & * & * & \bar{\Pi}_{99}^{pp} \end{bmatrix} < 0 \tag{5-46}$$

$$\begin{bmatrix} -1 & \bar{x}_l^{p\mathrm{T}}(k|k) \\ \bar{x}_l^p(k|k) & -\tilde{\varphi}_l^p \end{bmatrix} \leqslant 0 \tag{5-47}$$

$$\begin{bmatrix} -\bar{\phi}^p & \bar{L}_1^p \\ * & -\tilde{\psi}_l^p \end{bmatrix} < 0 \tag{5-48}$$

$$\begin{bmatrix} -(\Delta u_M^p)^2 & \bar{Y}_1^p \\ \bar{Y}_1^{p\mathrm{T}} & -\tilde{\varphi}_l^p \end{bmatrix} \leqslant 0 \tag{5-49}$$

$$\begin{bmatrix} -(\Delta y_M^p)^2(\tilde{\varphi}_l^p) & \bar{C}^p\tilde{\varphi}_l^p \\ (\bar{C}^p\tilde{\varphi}_l^p)^{\mathrm{T}} & -I^p \end{bmatrix} \leqslant 0 \tag{5-50}$$

$$\begin{bmatrix} \tilde{\psi}_l^p & \left(\left(\Phi^p\right)^{-1}\right)^{\mathrm{T}} \vartheta^p \tilde{\psi}_l^{p-1} \\ * & \vartheta^p \tilde{\psi}_l^{p-1} \end{bmatrix} \leqslant 0 \tag{5-51}$$

成立，则在 $\bar{w}^p(k)=0$ 的情况下系统式（5-17）在每一阶段是渐近稳定并且在每个批次是指数稳定。其中，$\bar{K}^p = \bar{Y}_1^p(\bar{L}_1^p)^{-1}$，$\hat{\phi}_1^p = -\partial^p \bar{L}_1^p + \bar{S}_2^p - (\partial^p)^{d_1}\bar{X}_2^p$，$\bar{X}_1^p(\bar{S}_1^p)^{-1}\bar{X}_1^p = \bar{X}_3^p$，$\tilde{\varphi}_l^p = \theta(\tilde{\psi}_l^p)^{-1}$，$\tilde{\psi}_l^p = \bar{P}_1^p + \bar{d}_1\bar{T}_1^p + d_M^2\dfrac{1+d_M}{2}\bar{G}_1^p$，$\Re_{11}^{pp} = \begin{bmatrix} \hat{\phi}_1^p & (\partial^p)^{d_1}\bar{L}_1^p \\ (\partial^p)^{d_1}\bar{L}_1^p & -(\partial^p)^{d_1}((\bar{X}_3^p)+(\bar{X}_1^p)) \end{bmatrix}$，

$\Re_{12}^{pp} = \begin{bmatrix} \bar{L}_1^p\bar{A}^{p\mathrm{T}} + \bar{Y}_1^{p\mathrm{T}}\bar{B}^{p\mathrm{T}} \\ \bar{X}_1^p\bar{A}_d^p \end{bmatrix}$，$\Re_{13}^{pp} = \begin{bmatrix} \bar{L}_1^p\bar{A}^{p\mathrm{T}} + \bar{Y}_1^{p\mathrm{T}}\bar{B}^{p\mathrm{T}} - \bar{L}_1^p \\ \bar{X}_1^p\bar{A}_d^p \end{bmatrix}$，$\Re_{14}^{pp} = \begin{bmatrix} \bar{L}_1^p(\bar{Q}_1^p)^{\frac{1}{2}} \\ 0 \end{bmatrix}$，$\Re_{15}^{pp} = \begin{bmatrix} \bar{Y}_1^{p\mathrm{T}}(\bar{R}_1^p)^{\frac{1}{2}} \\ 0 \end{bmatrix}$，$\Re_{16}^{pp} = \Re_{18}^{pp} = \begin{bmatrix} \bar{L}_1^p\bar{H}^{p\mathrm{T}} \\ \bar{X}_1^p\bar{H}_d^{p\mathrm{T}} \end{bmatrix}$，$\Re_{17}^{pp} = \Re_{19}^{pp} = \begin{bmatrix} \bar{Y}_1^{p\mathrm{T}}\bar{H}_b^{p\mathrm{T}} \\ 0 \end{bmatrix}$，$\Re_{33}^{pp} = [-d_1^{-2}\bar{X}_1^p + \bar{\varepsilon}_1^p\bar{N}^p\bar{N}^{p\mathrm{T}} + \bar{\varepsilon}_2^p\bar{N}^p\bar{N}^{p\mathrm{T}}]$。

证明 不同于定理 5.1，系统具有常时滞，其 Lyapunov 函数选择为

$$V^p(\overline{x}_1^p(k+i))=\sum_{j=1}^{3}V_j(\overline{x}_1^p(k+i)) \tag{5-52}$$

其中，$V_1^p(\overline{x}_1^p(k+i))=\overline{x}_1^{pT}(k+i)\overline{P}_1^p\overline{x}_1^p(k+i)=\overline{x}_1^{pT}(k+i)\theta^p(\overline{L}_1^p)^{-1}\overline{x}_1^p(k+i)$，$V_2^p(\overline{x}_1(k+i))=\sum_{r=k-d_1}^{k-1}\overline{x}_1^{pT}(r+i)\overline{T}_1^p\overline{x}_1^p(r+i)=\sum_{r=k-d_1}^{k-1}\overline{x}_1^{pT}(r+i)\theta^p(\overline{S}_1^p)^{-1}\overline{x}_1^p(r+i)$，$V_3^p(x_1^p(k+i))=d_1\sum_{s=-d_1}^{-1}\sum_{r=k+s}^{k-1}\overline{\delta}_1^{pT}(r+i)\overline{G}_1^p\overline{\delta}_1^p(r+i)=d_1\sum_{s=-d_1}^{-1}\sum_{r=k+s}^{k-1}\overline{\delta}_1^{pT}(r+i)\theta^p(\overline{X}_1^p)^{-1}\overline{\delta}_1^p(r+i)$。

后续的证明类似于定理 5.1，在此不再赘余列出。

定理 5.2 如果存在一些已知标量 $0\leqslant d_m\leqslant d_M$，$\gamma^p>0$，未知正定矩阵 $\overline{P}_1^p$，$\overline{T}_1^p,\overline{M}_1^p$，$\overline{G}_1^p$，$\overline{L}_1^p$，$\overline{S}_1^p$，$\overline{S}_2^p$，$\overline{M}_3^p$，$\overline{M}_4^p$，$\overline{X}_1^p$，$\overline{X}_2^p\in\mathbf{R}^{(n_x^p+n_e^p)}$，未知矩阵 $\overline{Y}_1^p\in\mathbf{R}^{n_u^p\times(n_x^p+n_e^p)}$ 和未知标量 $0<\partial^p<1$，$\theta^p>0$，$\vartheta^p>1$，$\overline{\varepsilon}_1^p,\overline{\varepsilon}_2^p>0$，使得如下的 LMI 条件：

$$\begin{bmatrix}\Im_{11}^p & \Im_{12}^p & \Im_{13}^p & \Im_{14}^p & \Im_{15}^p & \Im_{16}^p & \Im_{17}^p & \Im_{18}^p & \Im_{19}^p & \Im_{1,10}^p\\ * & \overline{\Pi}_{22}^p & 0 & 0 & 0 & 0 & 0 & 0 & 0 & 0\\ * & * & \overline{\Pi}_{33}^p & 0 & 0 & 0 & 0 & 0 & 0 & 0\\ * & * & * & \Im_{44}^p & 0 & 0 & 0 & 0 & 0 & 0\\ * & * & * & * & \overline{\Pi}_{44}^p & 0 & 0 & 0 & 0 & 0\\ * & * & * & * & * & \overline{\Pi}_{55}^p & 0 & 0 & 0 & 0\\ * & * & * & * & * & * & \overline{\Pi}_{66}^p & 0 & 0 & 0\\ * & * & * & * & * & * & * & \overline{\Pi}_{77}^p & 0 & 0\\ * & * & * & * & * & * & * & * & \overline{\Pi}_{88}^p & 0\\ * & * & * & * & * & * & * & * & * & \overline{\Pi}_{99}^p\end{bmatrix}<0 \tag{5-53}$$

$$\begin{bmatrix}-1 & \overline{x}_l{}^{pT}(k|k)\\ \overline{x}_l^p(k|k) & -\overline{\varphi}_l^p\end{bmatrix}\leqslant 0 \tag{5-54}$$

$$\begin{bmatrix}-\overline{\phi}_1{}^p & \overline{L}_1^p\\ * & -\psi_l^p\end{bmatrix}<0 \tag{5-55}$$

$$\begin{bmatrix}-(\Delta u_M^p)^2 & \overline{Y}_1^p\\ \overline{Y}_1^{pT} & -\overline{\varphi}_l^p\end{bmatrix}\leqslant 0 \tag{5-56}$$

$$\begin{bmatrix}-(\Delta y_M^p)^2(\overline{\varphi}_l^p) & \overline{C}^p\overline{\varphi}_l^p\\ (\overline{C}^p\overline{\varphi}_l^p)^{T} & -I^p\end{bmatrix}\leqslant 0 \tag{5-57}$$

$$\begin{bmatrix} \overline{\psi}_l^p & \left(\left(\Phi^p\right)^{-1}\right)^{\mathrm{T}} \vartheta^p \overline{\psi}_l^{p-1} \\ * & \vartheta^p \overline{\psi}_l^{p-1} \end{bmatrix} \leqslant 0 \tag{5-58}$$

成立，则在 $\overline{w}^p(k) \neq 0$ 的情况下系统式（5-17）在每一阶段是渐近稳定并且在每个批次是指数稳定。其中，$\overline{\phi}_1^p = -\partial^p \overline{L}_1^p + \overline{M}_3^p + \overline{D}_1 \overline{S}_2^p + \overline{S}_2^p - (\partial^p)^{d_M} \overline{X}_2^p$，$\overline{D}_1 = (d_M - d_m + 1) I^p$，$\overline{D}_2 = (d_M)^2 I^p$，$\overline{\varphi}_l^p = \theta^p (\overline{\psi}_l^p)^{-1}$，$\overline{\psi}_l^p = \overline{P}_1^p + d_M \overline{T}_1^p + d_M \overline{M}_1^p + \dfrac{d_m + d_M}{2}(d_M - d_m + 1)\overline{T}_1^p + d_M^2 \dfrac{1 + d_M}{2} \overline{G}_1^p$，$\Im_{11}^p = \begin{bmatrix} \overline{\phi}_1^p & 0 & (\partial^p)^{d_M} \overline{L}_1^p & 0 \\ * & -(\partial^p)^{d_M} \overline{S}_1^p & 0 & 0 \\ * & * & -(\partial^p)^{d_M}((\overline{M}_4^p) + (\overline{X}_1^p)) & 0 \\ * & * & * & -(\gamma^p)^2 I^p \end{bmatrix}$，$\Im_{12}^p = \begin{bmatrix} \overline{L}_1^p \overline{A}^{p\mathrm{T}} + \overline{Y}_1^{p\mathrm{T}} \overline{B}^{p\mathrm{T}} \\ \overline{S}_1^p \overline{A}_d^p \\ 0 \\ \overline{G}^{p\mathrm{T}} \end{bmatrix}$，$\Im_{13}^p = \begin{bmatrix} \overline{L}_1^p \overline{A}^{p\mathrm{T}} + \overline{Y}_1^{p\mathrm{T}} \overline{B}^{p\mathrm{T}} - \overline{L}_1^p \\ \overline{S}_1^p \overline{A}_d^p \\ 0 \\ \overline{G}^{p\mathrm{T}} \end{bmatrix}$，$\Im_{14}^p = \begin{bmatrix} \tilde{\overline{L}}_1^p \tilde{\overline{E}}^{p\mathrm{T}} \\ 0 \\ 0 \\ 0 \end{bmatrix}$，$\Im_{15}^p = \begin{bmatrix} \tilde{\overline{L}}_1^p (\tilde{\overline{Q}}_1^p)^{\frac{1}{2}} \\ 0 \\ 0 \\ 0 \end{bmatrix}$，$\Im_{16}^p = \begin{bmatrix} \tilde{\overline{Y}}_1^{p\mathrm{T}} (\tilde{\overline{R}}_1^p)^{\frac{1}{2}} \\ 0 \\ 0 \\ 0 \end{bmatrix}$，$\Im_{17}^p = \Im_{19}^p = \begin{bmatrix} \tilde{\overline{L}}_1^p \tilde{\overline{H}}^{p\mathrm{T}} \\ \tilde{\overline{S}}_1^p \tilde{\overline{H}}_d^{p\mathrm{T}} \\ 0 \\ 0 \end{bmatrix}$，$\Im_{18}^p = \Im_{1,10}^p = \begin{bmatrix} \tilde{\overline{Y}}_1^{p\mathrm{T}} \tilde{\overline{H}}_b^{p\mathrm{T}} \\ 0 \\ 0 \\ 0 \end{bmatrix}$，$\Im_{44}^p = -I^p$。

证明　对于系统式（5-17）在 $\overline{w}^p(k) \neq 0$ 的情况下，基于定义 1.2，引入 H_∞ 性能指标，得

$$J^p = \sum_{k=0}^{\infty} [z^{p\mathrm{T}}(k) z^p(k) - (\gamma^p)^2 \overline{w}^{p\mathrm{T}}(k) \overline{w}^p(k)] \tag{5-59}$$

对于任意的 $\overline{w}^p(k) \in L_2[0, \infty]$，由于 $V(\hat{x}_1(0)) = 0$，$V(\hat{x}_1(\infty)) \geqslant 0$，$\overline{J}_\infty > 0$，可得

$$J^p \leqslant \sum_{k=0}^{\infty} [z^{p\mathrm{T}}(k) z^p(k) - (\gamma^p)^2 \overline{w}^{p\mathrm{T}}(k) \overline{w}^p(k) + (\theta^p)^{-1} \Delta V^p(\overline{x}_1^p(k)) + (\theta^p)^{-1} \overline{J}^p(k)] \tag{5-60}$$

类似于定理 5.1，式（5-29）可以改写为

$$\begin{aligned} & z^{p\mathrm{T}}(k) z^p(k) - (\gamma^p)^2 \overline{w}^{p\mathrm{T}}(k) \overline{w}^p(k) + (\theta^p)^{-1} \Delta V^p(\overline{x}_1^p(k)) + (\theta^p)^{-1} \overline{J}^p(k) \\ & = \begin{bmatrix} \overline{\varphi}_1^p(k) \\ \overline{w}^p(k) \end{bmatrix}^{\mathrm{T}} \end{aligned}$$

$$\left\{\begin{bmatrix}\bar{\phi}_1^p & 0 & (\partial^p)^{d_M}(\bar{X}_1^p)^{-1} & 0\\ * & -(\partial^p)^{d_M}(\bar{S}_1^p)^{-1} & 0 & 0\\ * & * & -(\partial^p)^{d_M}((\bar{M}_2^p)^{-1}+(\bar{X}_1^p)^{-1}) & 0\\ * & * & * & -(\gamma^p)^2\end{bmatrix}+\begin{bmatrix}\bar{\Lambda}_1^{pT}\\ \bar{G}^{pT}\end{bmatrix}(\bar{L}_1^p)^{-1}\begin{bmatrix}\bar{\Lambda}_1^p & \bar{G}^p\end{bmatrix}\bar{\Lambda}_1+\begin{bmatrix}\bar{\Lambda}_2^{pT}\\ \bar{G}^{pT}\end{bmatrix}(\bar{D}_2^p)^{-1}(\bar{X}_1^p)^{-1}\begin{bmatrix}\bar{\Lambda}_2^p & \bar{G}^p\end{bmatrix}\right.$$

$$\left.\begin{bmatrix}\bar{E}^{pT}\\ 0\\ 0\\ 0\end{bmatrix}\begin{bmatrix}\bar{E}^p & 0 & 0 & 0\end{bmatrix}+\begin{bmatrix}\bar{\lambda}_1^p & 0\end{bmatrix}^{\mathrm{T}}(\theta^p)^{-1}\begin{bmatrix}\bar{\lambda}_1^p & 0\end{bmatrix}+\begin{bmatrix}\bar{\lambda}_2^p & 0\end{bmatrix}^{\mathrm{T}}(\theta^p)^{-1}\begin{bmatrix}\bar{\lambda}_2^p & 0\end{bmatrix}\right\}\begin{bmatrix}\bar{\varphi}_1^p(k)\\ \bar{w}^p(k)\end{bmatrix} \tag{5-61}$$

根据定理 5.1 可知，如果系统稳定则需满足如下充分条件：

$$\begin{bmatrix}\bar{\phi}_1^{pp} & 0 & (\partial^p)^{d_M}(\bar{X}_1^p)^{-1} & 0\\ * & -(\partial^p)^{d_M}(\bar{S}_1^p)^{-1} & 0 & 0\\ * & * & -(\partial^p)^{d_M}((\bar{M}_2^p)^{-1}+(\bar{X}_1^p)^{-1}) & 0\\ * & * & * & -(\gamma^p)^2\end{bmatrix}+\begin{bmatrix}\bar{\Lambda}_1^{pT}\\ \bar{G}^{pT}\end{bmatrix}(\bar{L}_1^p)^{-1}\begin{bmatrix}\bar{\Lambda}_1^p & \bar{G}^p\end{bmatrix}$$

$$+\begin{bmatrix}\bar{\Lambda}_2^{pT}\\ \bar{G}^{pT}\end{bmatrix}\bar{D}_2^{-1}(\bar{X}_1^p)^{-1}\begin{bmatrix}\bar{\Lambda}_2^p & \bar{G}^p\end{bmatrix}+\begin{bmatrix}\bar{E}^{pT}\\ 0\\ 0\\ 0\end{bmatrix}\begin{bmatrix}\bar{E}^p & 0 & 0 & 0\end{bmatrix}+\begin{bmatrix}\bar{\lambda}_1^p & 0\end{bmatrix}^{\mathrm{T}}(\theta^p)^{-1}\begin{bmatrix}\bar{\lambda}_1^p & 0\end{bmatrix}$$

$$+\begin{bmatrix}\bar{\lambda}_2^p & 0\end{bmatrix}^{\mathrm{T}}(\theta^p)^{-1}\begin{bmatrix}\bar{\lambda}_2^p & 0\end{bmatrix}<0 \tag{5-62}$$

因此，H_∞ 无穷性能得以保证。

至此，完成了定理 5.2 的证明。

注释 5.3 在每一阶段的控制增益 $\bar{K}^p$ 可以通过求解 LMI 条件式（5-53）～式（5-58）获得。然而，在不变集式（5-55）中状态 $\bar{x}_l^{pT}(k\,|\,k)$ 将会随着系统的运行而改变。为此，需要在每一采样时刻实时求解 LMI 条件。

推论 5.2 如果存在一些已知标量 $d_1\geqslant 0$，$\gamma^p>0$，未知正定矩阵 $\bar{P}_1^p,\bar{T}_1^p,\bar{G}_1^p$，$\bar{L}_1^p,\bar{S}_1^p,\bar{S}_2^p$，$\bar{X}_1^p,\bar{X}_2^p,\bar{X}_3^p\in\mathbf{R}^{(n_x^p+n_e^p)}$，未知矩阵 $\bar{Y}_1^p\in\mathbf{R}^{n_u^p\times(n_x^p+n_e^p)}$ 和未知标量 $0<\partial^p<1$，$\theta^p>0$，$\vartheta^p>1$，$\bar{\varepsilon}_1^p,\bar{\varepsilon}_2^p>0$，使得如下的 LMI 条件：

$$\begin{bmatrix} \wp_{11}^{pp} & \wp_{12}^{pp} & \wp_{13}^{pp} & \wp_{14}^{pp} & \wp_{15}^{pp} & \wp_{16}^{pp} & \wp_{17}^{pp} & \wp_{18}^{pp} & \wp_{19}^{pp} & \wp_{1,10}^{pp} \\ * & \overline{\Pi}_{22}^{pp} & 0 & 0 & 0 & 0 & 0 & 0 & 0 & 0 \\ * & * & \Re_{33}^{pp} & 0 & 0 & 0 & 0 & 0 & 0 & 0 \\ * & * & * & \overline{\Pi}_{44}^{pp} & 0 & 0 & 0 & 0 & 0 & 0 \\ * & * & * & * & \overline{\Pi}_{55}^{pp} & 0 & 0 & 0 & 0 & 0 \\ * & * & * & * & * & \Im_{44}^{p} & 0 & 0 & 0 & 0 \\ * & * & * & * & * & * & \overline{\Pi}_{66}^{pp} & 0 & 0 & 0 \\ * & * & * & * & * & * & * & \overline{\Pi}_{77}^{pp} & 0 & 0 \\ * & * & * & * & * & * & * & * & \overline{\Pi}_{88}^{pp} & 0 \\ * & * & * & * & * & * & * & * & * & \overline{\Pi}_{99}^{pp} \end{bmatrix} < 0 \quad (5\text{-}63)$$

$$\begin{bmatrix} -1 & \overline{x}_l^{p\mathrm{T}}(k|k) \\ \overline{x}_l^{p}(k|k) & -\tilde{\varphi}_l^p \end{bmatrix} \leqslant 0 \quad (5\text{-}64)$$

$$\begin{bmatrix} -\overline{\phi}^{p} & \overline{L}_1^p \\ * & -\tilde{\psi}_l^p \end{bmatrix} < 0 \quad (5\text{-}65)$$

$$\begin{bmatrix} -(\Delta u_M^p)^2 & \overline{Y}_1^{p} \\ \overline{Y}_1^{p\mathrm{T}} & -\tilde{\varphi}_l^p \end{bmatrix} \leqslant 0 \quad (5\text{-}66)$$

$$\begin{bmatrix} -(\Delta y_M^p)^2(\tilde{\varphi}_l^p) & \overline{C}^p\tilde{\varphi}_l^p \\ (\overline{C}^p\tilde{\varphi}_l^p)^{\mathrm{T}} & -I^p \end{bmatrix} \leqslant 0 \quad (5\text{-}67)$$

$$\begin{bmatrix} \tilde{\psi}_l^p & \left(\left(\Phi^p\right)^{-1}\right)^{\mathrm{T}} \vartheta^p\tilde{\psi}_l^{p-1} \\ * & \vartheta^p\tilde{\psi}_l^{p-1} \end{bmatrix} \leqslant 0 \quad (5\text{-}68)$$

成立，则在$\overline{w}^p(k)\neq 0$的情况下系统式（5-17）在每一阶段是渐近稳定并且在每个批次是指数稳定。其中，$\overline{K}^p=\overline{Y}_1^p(\overline{L}_1^p)^{-1}$，$\widehat{\phi}_1^p=-\partial^p\overline{L}_1^p+\overline{S}_2^p-(\partial^p)^{d_M}\overline{X}_2^p$，$\overline{X}_1^p(S_1^p)^{-1}\overline{X}_1^p=\overline{X}_3^p$，$\overline{D}=\overline{d}_1 I$，$\tilde{\varphi}_l^p=\theta(\tilde{\psi}_l^p)^{-1}$，$\tilde{\psi}_l^p=\overline{P}_1^p+\overline{d}_1\overline{T}_1^p+d_M^2\dfrac{1+d_M}{2}\overline{G}_1^p$，$\wp_{11}^{pp}=\begin{bmatrix}\widehat{\phi}_1^p & (\partial^p)^{d_1}\overline{L}_1^p \\ (\partial^p)^{d_1}\overline{L}_1^p & -(\partial^p)^{d_1}((\overline{X}_3^p)+(\overline{X}_1^p))\end{bmatrix}$，

$$\wp_{12}^{pp}=\begin{bmatrix}\overline{L}_1^p\overline{A}^p+\overline{Y}_1^{p\mathrm{T}}\overline{B}^{p\mathrm{T}} \\ \overline{X}_1^p\overline{A}_d^p \\ \overline{G}^{p\mathrm{T}}\end{bmatrix},\ \wp_{13}^{pp}=\begin{bmatrix}\overline{L}_1^p\overline{A}^p+\overline{Y}_1^{p\mathrm{T}}\overline{B}^{p\mathrm{T}}-\overline{L}_1^p \\ \overline{X}_1^p\overline{A}_d^p \\ \overline{G}^{p\mathrm{T}}\end{bmatrix},\ \wp_{14}^{pp}=\begin{bmatrix}\overline{L}_1^p(\overline{Q}_1^p)^{\frac{1}{2}} \\ 0 \\ 0\end{bmatrix},\ \wp_{15}^{pp}=\begin{bmatrix}\overline{Y}_1^{p\mathrm{T}}(\overline{R}_1^p)^{\frac{1}{2}} \\ 0 \\ 0\end{bmatrix},$$

$$\wp_{16}^{pp} = \begin{bmatrix} \bar{L}_1^p \bar{E}^{pT} \\ 0 \\ 0 \end{bmatrix}, \quad \wp_{17}^{pp} = \wp_{19}^{pp} = \begin{bmatrix} \bar{L}_1^p \bar{H}^{pT} \\ \bar{X}_1^p \bar{H}_d^{pT} \\ 0 \end{bmatrix}, \quad \wp_{18}^{pp} = \wp_{1,10}^{pp} = \begin{bmatrix} \bar{Y}_1^{pT} \bar{H}_b^{pT} \\ 0 \\ 0 \end{bmatrix}。$$

推论 5.2 的证明类似于定理 5.2，在此省略。

5.3　具有时变时滞的多阶段间歇过程鲁棒预测容错控制

5.3.1　多阶段故障系统闭环模型建立

具有不确定性、外界未知干扰、部分执行器故障和区间时变时滞的多阶段间歇过程可以表示为如下的状态空间形式：

$$\begin{cases} x^{v(k)}(k+1) = A^{v(k)}(k)x^{v(k)}(k) + A_d^{v(k)}(k)x^{v(k)}(k-d(k)) + B^{v(k)}u^{v(k)}(k) + w^{v(k)}(k) \\ y^{v(k)}(k) = C^{v(k)}x^{v(k)}(k) \end{cases} \tag{5-69}$$

其中，$x^{v(k)}(k)\in \mathbf{R}^{n_x^{v(k)}}$，$u^{v(k)}(k)\in \mathbf{R}^{n_u^{v(k)}}$，$y^{v(k)}(k)\in \mathbf{R}^{n_y^{v(k)}}$ 和 $w^{v(k)}(k)\in \mathbf{R}^{n_w^{v(k)}}$ 分别为 k 时刻系统状态、控制输入、系统输出和外界未知有界干扰。$d(k)$ 是时变时滞，满足式（5-70）约束：

$$d_m \leqslant d(k) \leqslant d_M \tag{5-70}$$

式中，d_M 和 d_m 分别是每个阶段中时滞的上界和下界。

在多阶段间歇过程中，$v(k): R^+ \to \{1,2,\cdots,p,\cdots,P\}$ 是表示系统当前运行所在阶段的标志符号，也可以看作在不同阶段之间进行切换的信号。该信号通常与系统的运行时间和状态有关。P 表示在每个批次或周期总的阶段数，$v(k)=p$ 表示系统正在第 p 个阶段运行。在第 p 个子系统中，$A^p(k) = A^p + \Delta_a^p(k)$，　$A_d^p(k) = A_d^p + \Delta_d^p(k)$，$A^p, A_d^p, B^p, C^p$ 是与模型相关的常值矩阵，$\Delta_a^p(k), \Delta_d^p(k)$ 是满足式（5-71）的维数固定但数值随时间不断变化的矩阵。

$$\begin{bmatrix} \Delta_a^p(k) & \Delta_d^p(k) \end{bmatrix} = N^p \Delta^p(k) \begin{bmatrix} H^p & H_d^p \end{bmatrix} \tag{5-71}$$

式中，N^p, H^p, H_d^p 是由系统参数决定的固定矩阵，$\Delta^p(k)$ 是随时间 k 不断变化的不确定参数，满足式（5-72）约束：

$$\Delta^{pT}(k)\Delta^p(k) \leqslant I^p \tag{5-72}$$

基于以上分析，在第 p 阶段的子系统模型可以描述为如下形式：

$$\begin{cases} x^p(k+1) = A^p(k)x^p(k) + A_d^p(k)x^p(k-d(k)) + B^p u^p(k) + w^p(k) \\ y^p(k) = C^p x^p(k) \end{cases} \tag{5-73}$$

为提高产品的经济效益，系统的输入和输出需要满足如下约束：

$$\begin{cases} \left\| u^p(k) \right\| \leqslant u_M^p \\ \left\| y^p(k) \right\| \leqslant y_M^p \end{cases} \tag{5-74}$$

式中，u_M^p 和 y_M^p 分别是第 p 阶段的输入和输出上界。

对于形如式（5-73）的子系统在式（5-74）形式约束和不确定性集 Ω 的影响下，RMPC 的控制目标是使以下性能指标最小化：

$$\begin{gathered} \min_{\Delta u^p(k+i), i\geqslant 0} \quad \max_{[A^p(k+i) \quad A_d^p(k+i) \quad B^p(k+i)]\in\Omega, i\geqslant 0} J_\infty^p \\ J_\infty^p(k) = \sum_{i=0}^{\infty} [(x^p(k+i\,|\,k))^{\mathrm{T}} Q^p (\overline{x}^p(k+i\,|\,k)) + u^p(k+i\,|\,k)^{\mathrm{T}} R^p u^p(k+i\,|\,k)] \end{gathered} \tag{5-75}$$

约束条件为

$$\begin{cases} \left\| u^p(k+i\,|\,k) \right\| \leqslant u_M^p \\ \left\| y^p(k+i) \right\| \leqslant y_M^p \end{cases} \tag{5-76}$$

式中，$x^p(k+i\,|\,k)$ 和 $u^p(k+i\,|\,k)$ 分别是第 p 阶段 k 时刻预测的 $k+i$ 时刻系统状态和控制输入。Q^p 和 R^p 分别是第 p 阶段的状态和输入参数矩阵。

此外，由于系统长时间运行和生产设备的频繁操作，执行器故障是不可避免的。通常，执行器故障可以分为三类，包括部分故障（$\alpha^p > 0$），完全故障（$\alpha^p = 0$）和卡死故障（$\alpha^p = u_\alpha^p$），可以用不同的 α^p 值表示。对于后面两种故障，执行器无法进行动作，此时设计何种控制器都不能保证系统可以稳定运行。因此，本节针对 $\alpha^p > 0$ 的情况进行研究，这种情况可以表示为

$$u^{pF}(k) = \alpha^p u^p(k) \tag{5-77}$$

$$0 \leqslant \underline{\alpha}^p \leqslant \alpha^p \leqslant \overline{\alpha}^p \tag{5-78}$$

其中，控制输入 $u^p(k)$ 是控制器的计算值，$u^{pF}(k)$ 是执行器在部分失效的情况下实际的输出量，并且 $\underline{\alpha}^p \leqslant 1$ 和 $\overline{\alpha}^p \geqslant 1$ 是已知矩阵。为表示故障范围，引入如下定义。

$$\beta^p = \frac{\overline{\alpha}^p + \underline{\alpha}^p}{2}, \quad \beta_0 = (\overline{\alpha}^p + \underline{\alpha}^p)^{-1}(\overline{\alpha}^p - \underline{\alpha}^p) \tag{5-79}$$

根据式（5-77）～式（5-79），可得存在未知矩阵，使得

$$\alpha^p = (I^p + \alpha_0^p)\beta^p \tag{5-80}$$

式中，$\left|\alpha_0^p\right| \leqslant \beta_0^p \leqslant I^p$。

基于上述部分执行器故障的分析，第 p 阶段的子系统可以表示为

$$\begin{cases} x^p(k+1) = A^p(k)x^p(k) + A_d^p(k)x^p(k-d(k)) + B^p\alpha^p u^p(k) + w^p(k) \\ y^p(k) = C^p x^p(k) \end{cases} \tag{5-81}$$

在多阶段间歇过程中阶段之间的切换是不可忽略的。对于相邻的两个阶段，模型可能会有所不同。但是，可以在两个相邻状态之间找到合适的变量来连接它们。例如，在注塑过程中，腔内压力是将注塑阶段和保压阶段联系在一起的核心参数。因此，引入下式来转换两个相邻阶段间的系统状态。

$$x^{p+1}(T^p) = \Phi^p x^p(T^p) \tag{5-82}$$

式中，T^p 是系统从第 p 阶段切换到第 p+1 阶段的时间点，这个时间点既是第 p 阶段的结束时间也是第 p+1 阶段的初始时间；Φ^p 为两个阶段间的状态转移矩阵。

由于每个批次中阶段之间的切换信号由系统的状态确定，因此系统的切换信号表示如下：

$$v(k+1)=\begin{cases} v(k)+1, & M^{v(k)+1}(x(k)) < 0 \\ v(k), & \text{其他} \end{cases} \tag{5-83}$$

其中，$M^{v(k)+1}(x(k)) < 0$ 是确定系统是否进行切换的条件，当触发切换条件时，系统将从当前阶段切换到下一个阶段。通常，系统切换点是影响产品质量的重要因素，这个时间点可以表示为

$$T^p = \min\left\{k > T^{p-1} \mid M^p(x(k)) < 0\right\}, \quad T^0 = 0 \tag{5-84}$$

每个批次不同阶段间的切换时间序列可以表示为 $\Sigma = \left\{(T^1, v(T^1)), (T^2, v(T^2)), \cdots, (T^P, v(T^P))\right\}$，并且两个切换时间点之间的间隔必须满足 $T^p - T^{p-1} \geqslant \tau^p$，其中，$\tau^p$ 为每个阶段需要运行的最短时间，该时间可以通过后续的稳定性条件计算。

在式（5-73）的基础上，令 $\Delta x^p(k) = x^p(k) - x^p(k-1)$，$\Delta u^p(k) = u^p(k) - u^p(k-1)$，$\Delta y^p(k) = y^p(k) - y^p(k-1)$，可得每个阶段的增量模型如下：

$$\begin{cases} \Delta x^p(k+1) = A^p(k)\Delta x^p(k) + A_d^p(k)\Delta x^p(k-d(k)) + B^p\alpha^p \Delta u^p(k) + \overline{w}^p(k) \\ \Delta y^p(k) = C^p \Delta x^p(k) \end{cases} \tag{5-85}$$

式中，$\overline{w}^p(k) = (\Delta_a^p(k) - \Delta_a^p(k-1))x^p(k-1) + (\Delta_d^p(k) - \Delta_d^p(k-1))\, x^p(k-1-d(k-1)) + \Delta w^p(k)$ 是包括不确定性引起的内部干扰和外界未知有界干扰的集总干扰。

令 $c^p(k)$ 为设定值，则输出误差 $e^p(k) = y^p(k) - c^p(k)$，由式（5-81）可得

$$
\begin{aligned}
e^{p}(k+1)=e^{p}(k)+C^{p}A^{p}(k)\Delta x^{p}(k)+C^{p}A_{d}^{p}(k)\Delta x^{p}(k-d(k)) \\
+C^{p}B^{p}\alpha^{p}\Delta u^{p}(k)+C^{p}\overline{w}^{p}(k)
\end{aligned}
\tag{5-86}
$$

将式（5-85）和式（5-86）相结合，建立以下扩展模型：

$$
\begin{cases}
\overline{x}_{1}^{p}(k+1)=\overline{A}^{p}(k)\overline{x}_{1}^{p}(k)+\overline{A}_{d}^{p}(k)\overline{x}_{1}^{p}(k-d(k))+\overline{B}^{p}\alpha^{p}\Delta u^{p}(k)+\overline{G}^{p}\overline{w}^{p}(k) \\
\Delta y^{p}(k)=\overline{C}^{p}\overline{x}_{1}^{p}(k) \\
z^{p}(k)=e^{p}(k)=\overline{E}^{p}\overline{x}_{1}^{p}(k)
\end{cases}
\tag{5-87}
$$

式中，$\overline{x}_{1}^{p}(k)=\begin{bmatrix}\Delta x^{p}(k)\\ e^{p}(k)\end{bmatrix}$，$\overline{x}_{1}^{p}(k-d(k))=\begin{bmatrix}\Delta x^{p}(k-d(k))\\ e^{p}(k-d(k))\end{bmatrix}$，$\overline{A}^{p}(k)=\begin{bmatrix}A^{p}+\Delta_{a}^{p}(k) & 0\\ C^{p}A^{p}+C^{p}\Delta_{a}^{p}(k) & I^{p}\end{bmatrix}$ $=\overline{A}^{p}+\overline{\Delta}_{a}^{p}(k)$，$\overline{A}^{p}=\begin{bmatrix}A^{p} & 0\\ C^{p}A^{p} & I^{p}\end{bmatrix}$，$\overline{\Delta}_{a}^{p}(k)=\overline{N}^{p}\Delta^{p}(k)\overline{H}^{p}$，$\overline{A}_{d}^{p}(k)=\begin{bmatrix}A_{d}^{p}+\Delta_{d}^{p}(k) & 0\\ C^{p}A_{d}^{p}+C^{p}\Delta_{d}^{p}(k) & 0\end{bmatrix}$ $=\overline{A}_{d}^{p}+\overline{\Delta}_{d}^{p}(k)$，$\overline{A}_{d}^{p}=\begin{bmatrix}A_{d}^{p} & 0\\ C^{p}A_{d}^{p} & 0\end{bmatrix}$，$\overline{\Delta}_{d}^{p}(k)=\overline{N}^{p}\Delta^{p}(k)\overline{H}_{d}^{p}$，$\overline{B}^{p}(k)=\begin{bmatrix}B^{p}+\Delta_{b}^{p}\\ C^{p}B^{p}+C^{p}\Delta_{b}^{p}\end{bmatrix}=\overline{B}^{p}+$ $\overline{\Delta}_{b}^{p}(k)$，$\overline{B}^{p}=\begin{bmatrix}B^{p}\\ C^{p}B^{p}\end{bmatrix}$，$\overline{\Delta}_{b}^{p}(k)=\overline{N}^{p}\Delta^{p}(k)\overline{H}_{b}^{p}$，$\overline{N}^{p}=\begin{bmatrix}N^{p}\\ C^{p}N^{p}\end{bmatrix}$，$\overline{H}^{p}=[H^{p}\ \ 0]$，$\overline{H}_{d}^{p}=[H_{d}^{p}\ \ 0]$，$\overline{H}_{b}^{p}=\begin{bmatrix}H_{b}^{p} & 0\end{bmatrix}$，$\overline{G}^{p}=\begin{bmatrix}I^{p}\\ C^{p}\end{bmatrix}$，$\overline{C}^{p}=\begin{bmatrix}C^{p} & 0\end{bmatrix}$，$\overline{E}^{p}=\begin{bmatrix}0 & I^{p}\end{bmatrix}$。

将式（5-82）与式（5-86）相结合，可得阶段间扩展状态关系如下：

$$
\begin{aligned}
\begin{bmatrix}\Delta x^{p+1}(T^{p})\\ e^{p+1}(T^{p})\end{bmatrix}&=\begin{bmatrix}\Phi^{p}\Delta x^{p}(T^{p})\\ C^{p+1}\Phi^{p}(\Delta x^{p}(T^{p})+x^{p}(T^{p}-1))-r^{p+1}\end{bmatrix} \\
&=\begin{bmatrix}\Phi^{p}\\ C^{p+1}\Phi^{p}\end{bmatrix}\begin{bmatrix}I & 0\end{bmatrix}\begin{bmatrix}\Delta x^{p}(T^{p})\\ e^{p}(T^{p})\end{bmatrix}+\begin{bmatrix}0\\ C^{p+1}\Phi^{p}x^{p}(T^{p}-1)-r^{p+1}\end{bmatrix}
\end{aligned}
\tag{5-88}
$$

式（5-87）是多自由度状态空间模型，基于此模型，设计以下控制律分别调整系统状态和输出误差。这样不仅可以保证控制器的收敛性和跟踪性能，还可以提高控制器的控制精度。

$$
\Delta u^{p}(k)=\overline{K}^{p}\overline{x}_{1}^{p}(k)=\overline{K}^{p}\begin{bmatrix}\Delta x^{p}(k)\\ e^{p}(k)\end{bmatrix}
\tag{5-89}
$$

其中，$\overline{K}^{p}$为控制律增益，可通过后续定理和推论来计算。将式（5-89）代入式（5-87），可得多阶段间歇过程闭环状态空间扩展模型。

$$
\begin{cases}
\overline{x}_{1}^{p}(k+1)=\overline{\overline{A}}^{p}(k)\overline{x}_{1}^{p}(k)+\overline{A}_{d}^{p}(k)\overline{x}_{1}^{p}(k-d(k))+\overline{G}^{p}\overline{w}^{p}(k) \\
\Delta y^{p}(k)=\overline{C}^{p}\overline{x}_{1}^{p}(k) \\
z^{p}(k)=e^{p}(k)=\overline{E}^{p}\overline{x}_{1}^{p}(k)
\end{cases}
\tag{5-90}
$$

式中，$\bar{\bar{A}}^p(k)=\bar{A}^p(k)+\bar{B}^p\alpha^p\bar{K}^p$。

5.3.2　鲁棒容错切换预测控制器

本部分给出确保多阶段间歇过程在每个阶段渐近稳定且每个批次指数稳定的稳定性条件。在无外界干扰情况下，定理 5.3 和推论 5.3 分别推导出具有时变时滞的控制系统和常时滞的控制系统分别稳定的充分条件。而定理 5.4 和推论 5.5 在定理 5.3 和推论 5.3 的基础上引入 H_∞ 性能指标，增强系统的抗干扰能力。

定理 5.3　如果存在已知标量 $0\leqslant d_m\leqslant d_M$，未知对称正矩阵 $\bar{P}_1^p,\bar{T}_1^p,\bar{M}_1^p$，$\bar{L}_1^p$，$\bar{S}_1^p$，$\bar{S}_2^p$，$\bar{M}_3^p$，$\bar{M}_4^p$，$\bar{X}_1^p$，$\bar{X}_2^p\in\mathbf{R}^{(n_x^p+n_e^p)}$，未知矩阵 $\bar{Y}_1^p\in\mathbf{R}^{n_u^p\times(n_x^p+n_e^p)}$ 和未知标量 $0<\partial^p<1$，$\theta^p>0$，$\vartheta^p>1$，$\bar{\varepsilon}_1^p,\bar{\varepsilon}_2^p>0$，使得以下 LMI 条件成立，可以保证多阶段闭环控制系统式（5-90）当 $\bar{w}^p(k)=0$ 时在每个阶段渐近稳定且每个批次指数稳定。

$$\begin{bmatrix}\bar{\Pi}_{11}^p & \bar{\Pi}_{12}^p & \bar{\Pi}_{13}^p & \bar{\Pi}_{14}^p & \bar{\Pi}_{15}^p & \bar{\Pi}_{16}^p & \bar{\Pi}_{17}^p & \bar{\Pi}_{18}^p & \bar{\Pi}_{19}^p\\ * & \bar{\Pi}_{22}^p & 0 & 0 & 0 & 0 & 0 & 0 & 0\\ * & * & \bar{\Pi}_{33}^p & 0 & 0 & 0 & 0 & 0 & 0\\ * & * & * & \bar{\Pi}_{44}^p & 0 & 0 & 0 & 0 & 0\\ * & * & * & * & \bar{\Pi}_{55}^p & 0 & 0 & 0 & 0\\ * & * & * & * & * & \bar{\Pi}_{66}^p & 0 & 0 & 0\\ * & * & * & * & * & * & \bar{\Pi}_{77}^p & 0 & 0\\ * & * & * & * & * & * & * & \bar{\Pi}_{88}^p & 0\\ * & * & * & * & * & * & * & * & \bar{\Pi}_{99}^p\end{bmatrix}<0 \tag{5-91}$$

$$\begin{bmatrix}-1 & \bar{x}_l^{p\mathrm{T}}(k\mid k)\\ \bar{x}_l^p(k\mid k) & -\bar{\varphi}_l^p\end{bmatrix}\leqslant 0 \tag{5-92}$$

$$\begin{bmatrix}-\bar{\phi}^p & \bar{L}_1^p\\ * & -\psi_l^p\end{bmatrix}<0 \tag{5-93}$$

$$\begin{bmatrix}(\Delta u_M^p)^2 & \bar{Y}_1^p\\ \bar{Y}_1^{p\mathrm{T}} & -\bar{\varphi}_l^p\end{bmatrix}\leqslant 0 \tag{5-94}$$

$$\begin{bmatrix}-(\Delta y_M^p)^2(\bar{\varphi}_l^p) & \bar{C}^p\bar{\varphi}_l^p\\ (\bar{C}^p\bar{\varphi}_l^p)^\mathrm{T} & -I^p\end{bmatrix}\leqslant 0 \tag{5-95}$$

$$\begin{bmatrix} \bar{\psi}_l^p & \left((\Phi^p)^{-1}\right)^{\mathrm{T}} \vartheta^p \bar{\psi}_l^{p-1} \\ * & \vartheta^p \bar{\psi}_l^{p-1} \end{bmatrix} \leqslant 0 \tag{5-96}$$

其中，控制律增益为 $\bar{K}^p = \bar{Y}_1^p (\bar{L}_1^p)^{-1}$，$\bar{\phi}_1^p = -\partial^p \bar{L}_1^p + \bar{M}_3^p + \bar{D}_1^p \bar{S}_2^p + \bar{S}_2^p - (\partial^p)^{d_M} \bar{X}_2^p$，$\bar{\varphi}_l^p = \theta^p (\bar{\psi}_l^p)^{-1}$，$\bar{\psi}_l^p = \bar{P}_1^p + d_M \bar{T}_1^p + d_M \bar{M}_1^p + \dfrac{d_m + d_M}{2}(d_M - d_m + 1)\bar{T}_1^p + d_M^2 \dfrac{1 + d_M}{2} \bar{G}_1^p$，$\bar{D}_1^p = (d_M - d_m + 1) I^p$，$\bar{D}_2^p = (d_M)^2 I^p$，“ * ” 表示对称位置中的元素的转置，并且

$$\bar{\Pi}_{11}^p = \begin{bmatrix} \bar{\phi}_1^p & 0 & (\partial^p)^{d_M} \bar{L}_1^p \\ 0 & -(\partial^p)^{d_M} \bar{S}_1^p & 0 \\ (\partial^p)^{d_M} \bar{L}_1^p & 0 & -(\partial^p)^{d_M} ((\bar{M}_4^p) + (\bar{X}_1^p)) \end{bmatrix}, \quad \bar{\Pi}_{12}^p = \begin{bmatrix} \bar{L}_1^p \bar{A}^{p\mathrm{T}} + \bar{Y}_1^{p\mathrm{T}} \beta^p \bar{B}^{p\mathrm{T}} \\ \bar{S}_1^p \bar{A}_d^p \\ 0 \end{bmatrix},$$

$$\bar{\Pi}_{13}^p = \begin{bmatrix} \bar{L}_1^p \bar{A}^{p\mathrm{T}} + \bar{Y}_1^{p\mathrm{T}} \beta^p \bar{B}^{p\mathrm{T}} - \bar{L}_1^p \\ \bar{S}_1^p \bar{A}_d^p \\ 0 \end{bmatrix}, \quad \bar{\Pi}_{14}^p = \begin{bmatrix} \bar{L}_1^p (\bar{Q}_1^p)^{\frac{1}{2}} \\ 0 \\ 0 \end{bmatrix}, \quad \bar{\Pi}_{15}^p = \begin{bmatrix} \bar{Y}_1^{p\mathrm{T}} (\bar{R}_1^p)^{\frac{1}{2}} \\ 0 \\ 0 \end{bmatrix}, \quad \bar{\Pi}_{16}^p = \bar{\Pi}_{18}^p =$$

$$\begin{bmatrix} \bar{L}_1^p \bar{H}^{p\mathrm{T}} \\ \bar{S}_1^p \bar{H}_d^{p\mathrm{T}} \\ 0 \end{bmatrix}, \quad \bar{\Pi}_{17}^p = \bar{\Pi}_{19}^p = \begin{bmatrix} \bar{Y}_1^{p\mathrm{T}} \beta^p \\ 0 \\ 0 \end{bmatrix}, \quad \bar{\Pi}_{22}^p = \left[-\bar{L}_1^p + \bar{\varepsilon}_1^p \bar{N}^p \bar{N}^{p\mathrm{T}} + \bar{\varepsilon}_2^p B^p (\beta_0^p)^2 B^{p\mathrm{T}}\right], \quad \bar{\Pi}_{33}^p =$$

$\left[-\bar{X}_1^p (\bar{D}_2^p)^{-1} + \bar{\varepsilon}_1^p \bar{N}^p \bar{N}^{p\mathrm{T}} + \bar{\varepsilon}_2^p B^p (\beta_0^p)^2 B^{p\mathrm{T}}\right]$，$\bar{\Pi}_{44}^p = \bar{\Pi}_{55}^p = -\theta^p I^p$，$\bar{\Pi}_{66}^p = \bar{\Pi}_{88}^p = -\bar{\varepsilon}_1^p I^p$，$\bar{\Pi}_{77}^p = \bar{\Pi}_{99}^p = -\bar{\varepsilon}_2^p I^p$，$\vartheta^p$ 是切换发生时不同阶段之间能量补偿系数。

每个阶段平均驻留时间可通过下式计算：

$$\tau^p \geqslant (\tau^p)^* = -\frac{\ln \vartheta^p}{\ln \partial^p} \tag{5-97}$$

其中，$(\tau^p)^*$ 是理论上每个阶段运行的最短时间；∂^p 和 ϑ^p 是通过求解定理 5.3 的 LMI 条件获得的未知量。

证明　为方便后续推导，定义部分符号，如下所示：

$\bar{x}_{1d}^p(k+i) = \bar{x}_1^p(k+i-d(k+i))$，$\bar{x}_{1d_M}^p(k+i) = \bar{x}_1^p(k+i-d_M)$

$\bar{\delta}_1^p(k+i) = \bar{x}_1^p(k+i+1) - \bar{x}_1^p(k+i)$，$\bar{\varphi}_1^p(k+i) = \left[\bar{x}_1^{p\mathrm{T}}(k+i) \quad \bar{x}_{1d}^{p\mathrm{T}}(k+i) \quad \bar{x}_{1d_M}^{p\mathrm{T}}(k+i)\right]^{\mathrm{T}}$

在 $\bar{w}^p(k) = 0$ 情况下，为确保切换系统式（3.22）鲁棒稳定性，系统需要满足以下鲁棒稳定性约束条件：

$$\begin{aligned} & V^p(\bar{x}_1^p(k+i+1|k)) - V^p(\bar{x}_1^p(k+i|k)) \leqslant \\ & -[(\bar{x}_1^p(k+i|k))^{\mathrm{T}} \bar{Q}_1^p (\bar{x}_1^p(k+i|k)) + \Delta u^p(k+i|k)^{\mathrm{T}} \bar{R}_1^p \Delta u^p(k+i|k)] \end{aligned} \tag{5-98}$$

将式（5-98）两边从 $i=0$ 到 ∞ 相加，已知 $V(x_1(\infty)) = 0$ 或 $x_1(\infty) = 0$，可得

$$\overline{J}_{\infty}^{p}(k)\leqslant V^{p}(\overline{x}_{1}^{p}(k))\leqslant\theta^{p}\tag{5-99}$$

其中，θ^p 是 $\overline{J}_{\infty}^{p}(k)$ 的上界。选取如下 Lyapunov-Krasovskii 函数[73]：

$$V^{p}(\overline{x}_{1}^{p}(k+i))=\sum_{j=1}^{5}V_{j}^{p}(\overline{x}_{1}^{p}(k+i))\tag{5-100}$$

其中，

$$V_{1}^{p}(\overline{x}_{1}^{p}(k+m))=\overline{x}_{1}^{p\mathrm{T}}(k+m)\overline{P}_{1}^{p}\overline{x}_{1}^{p}(k+m)=\overline{x}_{1}^{p\mathrm{T}}(k+m)\theta^{p}(\overline{L}_{1}^{p})^{-1}\overline{x}_{1}^{p}(k+m)$$

$$\begin{aligned}V_{2}^{p}(\overline{x}_{1}^{p}(k+m))&=\sum_{r=k-d(k)}^{k-1}\overline{x}_{1}^{p\mathrm{T}}(r+m)(\partial^{p})^{k-1-r}\overline{T}_{1}^{p}\overline{x}_{1}^{p}(r+m)\\&=\sum_{r=k-d(k)}^{k-1}\overline{x}_{1}^{p\mathrm{T}}(r+m)(\partial^{p})^{k-1-r}\theta^{p}(\overline{S}_{1}^{p})^{-1}\overline{x}_{1}^{p}(r+m)\end{aligned}$$

$$\begin{aligned}V_{3}^{p}(\overline{x}_{1}^{p}(k+m))&=\sum_{r=k-d_{M}}^{k-1}\overline{x}_{1}^{p\mathrm{T}}(r+m)(\partial^{p})^{k-1-r}\overline{M}_{1}^{p}\overline{x}_{1}^{p}(r+m)\\&=\sum_{r=k-d_{M}}^{k-1}\overline{x}_{1}^{p\mathrm{T}}(r+m)(\partial^{p})^{k-1-r}\theta^{p}(\overline{M}_{2}^{p})^{-1}\overline{x}_{1}^{p}(r+m)\end{aligned}$$

$$\begin{aligned}V_{4}^{p}(\overline{x}_{1}^{p}(k+m))&=\sum_{s=-d_{M}}^{-d_{m}}\sum_{r=k+s}^{k-1}\overline{x}_{1}^{p\mathrm{T}}(r+m)(\partial^{p})^{k-1-r}\overline{T}_{1}^{p}\overline{x}_{1}^{p}(r+m)\\&=\sum_{s=-d_{M}}^{-d_{m}}\sum_{r=k+s}^{k-1}\overline{x}_{1}^{p\mathrm{T}}(r+m)(\partial^{p})^{k-1-r}\theta^{p}(\overline{S}_{1}^{p})^{-1}\overline{x}_{1}^{p}(r+m)\end{aligned}$$

$$\begin{aligned}V_{5}^{p}(\overline{x}_{1}^{p}(k+m))&=d_{M}\sum_{s=-d_{M}}^{-1}\sum_{r=k+s}^{k-1}\overline{\delta}_{1}^{p\mathrm{T}}(r+m)(\partial^{p})^{k-1-r}\overline{G}_{1}^{p}\overline{\delta}_{1}^{p}(r+m)\\&=d_{M}\sum_{s=-d_{M}}^{-1}\sum_{r=k+s}^{k-1}\overline{\delta}_{1}^{p\mathrm{T}}(r+m)(\partial^{p})^{k-1-r}\theta^{p}(\overline{X}_{1}^{p})^{-1}\overline{\delta}_{1}^{p}(r+m)\end{aligned}$$

其中，$\overline{P}_{1}^{p},\overline{T}_{1}^{p},\overline{M}_{1}^{p},\overline{M}_{2}^{p}$ 和 $\overline{G}_{1}^{p}$ 是正定矩阵。

令 $\overline{\xi}^{p}(k+m)=\begin{bmatrix}\overline{x}_{1}^{p}(k+m)^{\mathrm{T}} & \overline{x}_{1}^{p}(k+m-d(k))^{\mathrm{T}} & \cdots & \overline{x}_{1}^{p}(k+m-d_{M})^{\mathrm{T}} & \cdots & \overline{\delta}_{1}^{p}(k+m-1)^{\mathrm{T}}\end{bmatrix}$，$\overline{\psi}_{1}^{p}=\mathrm{diag}\begin{bmatrix}\overline{P}_{1}^{p} & \overline{T}_{1}^{p} & \cdots & \overline{M}_{1}^{p} & \cdots & d_{M}\overline{G}_{1}^{p}\end{bmatrix}$，$(\overline{\Pi}_{1}^{p})^{-1}=\mathrm{diag}\begin{bmatrix}(\overline{L}_{1}^{p})^{-1} & (\overline{S}_{1}^{p})^{-1} & \cdots & (\overline{M}_{2}^{p})^{-1} & \cdots & d_{M}(\overline{X}_{1}^{p})^{-1}\end{bmatrix}$，可得

$$V^{p}(\overline{x}_{1}^{p}(k+m))=\overline{\xi}^{p\mathrm{T}}(k+m)\overline{\psi}_{1}^{p}\overline{\xi}^{p}(k+m)=\overline{\xi}^{p\mathrm{T}}(k+m)\theta^{p}(\overline{\Pi}_{1}^{p})^{-1}\overline{\xi}^{p}(k+m)\tag{5-101}$$

其中，$\overline{\xi}^{p}(k)=\begin{bmatrix}\overline{x}_{1}^{p}(k)^{\mathrm{T}} & \overline{x}_{1}^{p}(k-d(k))^{\mathrm{T}} & \cdots & \overline{x}_{1}^{p}(k-d_{M})^{\mathrm{T}} & \cdots & \overline{\delta}_{1}^{p}(k-1)^{\mathrm{T}}\end{bmatrix}$。

将式（5-100）写成增量形式可得

$$\Delta V^p(\overline{x}_1^p(k+m)) \leqslant V^p(\overline{x}_1^p(k+m+1)) - \partial^p V^p(\overline{x}_1^p(k+m)) = \sum_{j=1}^{5} \Delta V_j^p(\overline{x}_1^p(k+m)) \tag{5-102}$$

其中，

$$\begin{aligned}
\Delta V_1^p(\overline{x}_1(k+m)) &= \overline{x}_1^{p\mathrm{T}}(k+m+1)\theta^p(\overline{L}_1^p)^{-1}\overline{x}_1^p(k+m+1) \\
&\quad - \partial^p \overline{x}_1^{p\mathrm{T}}(k+m)\theta^p(\overline{L}_1^p)^{-1}\overline{x}_1^p(k+m) \\
\Delta V_2^p(\overline{x}_1^p(k+m)) &= \sum_{r=k+1-d(k+1)}^{k} \overline{x}_1^{p\mathrm{T}}(r+m)(\partial^p)^{k-r}\theta^p(\overline{S}_1^p)^{-1}\overline{x}_1^p(r+m) \\
&\quad - \sum_{r=k-d(k)}^{k-1} \partial^p \overline{x}_1^{p\mathrm{T}}(r+m)(\partial^p)^{k-1-r}\theta^p(\overline{S}_1^p)^{-1}\overline{x}_1^p(r+m) \\
&\leqslant \overline{x}_1^{p\mathrm{T}}(k+m)\theta^p(\overline{S}_1^p)^{-1}\overline{x}_1^p(k+m) \\
&\quad - \overline{x}_{1d}^{p\mathrm{T}}(k+m)(\partial^p)^{d_M}\theta^p(\overline{S}_1^p)^{-1}\overline{x}_{1d}^p(k+m) \\
&\quad + \sum_{r=k-d_M+1}^{k-d_m} \overline{x}_1^{p\mathrm{T}}(r+m)(\partial^p)^{k-r}\theta^p(\overline{S}_1^p)^{-1}\overline{x}_1^p(r+m) \\
\Delta V_3^p(\overline{x}_1^p(k+m)) &= \sum_{r=k+1-d_M}^{k} \overline{x}_1^{p\mathrm{T}}(r+m)(\partial^p)^{k-r}\theta^p(\overline{M}_2^p)^{-1}\overline{x}_1^p(r+m) \\
&\quad - \sum_{r=k-d_M}^{k-1} \partial^p \overline{x}_1^{p\mathrm{T}}(r+m)(\partial^p)^{k-1-r}\theta^p(\overline{M}_2^p)^{-1}\overline{x}_1^p(r+m) \\
&= \overline{x}_1^{p\mathrm{T}}(k+m)\theta^p(\overline{M}_2^p)^{-1}\overline{x}_1^p(k+m) \\
&\quad - \overline{x}_{1d_M}^{p\mathrm{T}}(k+m)(\partial^p)^{d_M}\theta^p(\overline{M}_2^p)^{-1}\overline{x}_{1d_M}^p(k+m) \\
\Delta V_4^p(\overline{x}_1^p(k+m)) &= \sum_{s=-d_M}^{-d_m}\sum_{r=k+s+1}^{k} \overline{x}_1^{p\mathrm{T}}(r+m)(\partial^p)^{k-r}\theta^p(\overline{S}_1^p)^{-1}\overline{x}_1^p(r+m) \\
&\quad - \sum_{s=-d_M}^{-d_m}\sum_{r=k+s}^{k-1} \partial^p \overline{x}_1^{p\mathrm{T}}(r+m)(\partial^p)^{k-1-r}\theta^p(\overline{S}_1^p)^{-1}\overline{x}_1^p(r+m) \\
&< (d_M-d_m+1)\overline{x}_1^{p\mathrm{T}}(k+m)\theta^p(\overline{S}_1^p)^{-1}\overline{x}_1^p(k+m) \\
&\quad - \sum_{r=k-d_M+1}^{k-d_m} \overline{x}_1^{p\mathrm{T}}(r+m)(\partial^p)^{k-r}\theta^p(\overline{S}_1^p)^{-1}\overline{x}_1^p(r+m) \\
\Delta V_5^p(\overline{x}_1^p(k+m)) &= d_M \sum_{s=-d_M}^{-1}\sum_{r=k+s+1}^{k} \overline{\delta}_1^{p\mathrm{T}}(r+m)(\partial^p)^{k-r}\theta^p(\overline{X}_1^p)^{-1} \cdot \\
&\quad \overline{\delta}_1^p(r+m) - d_M \sum_{s=-d_M}^{-1}\sum_{r=k+s}^{k-1} \partial^p \overline{\delta}_1^{p\mathrm{T}}(r+m)(\partial^p)^{k-1-r} \cdot \\
&\quad \theta^p(\overline{X}_1^p)^{-1}\overline{\delta}_1^p(r+m) \\
&= d_M^2 \overline{\delta}_1^{p\mathrm{T}}(k+m)\theta^p(\overline{X}_1^p)^{-1}\overline{\delta}_1^p(k+m)
\end{aligned}$$

利用引理 1.2，$\Delta V_5^p(\overline{x}_1^p(k+m))$ 满足：

$$\begin{aligned}\Delta V_5^p(\overline{x}_1^p(k+m)) &\leqslant d_M^2\overline{\delta}_1^{p\mathrm{T}}(k+m)\theta^p(\overline{X}_1^p)^{-1}\overline{\delta}_1^p(k+m)\\&\quad-\sum_{r=k-d_M}^{k-1}\overline{\delta}_1^{p\mathrm{T}}(r+m)(\partial^p)^{k-r}\theta^p(\overline{X}_1^p)^{-1}\sum_{r=k-d_M}^{k-1}\overline{\delta}_1^p(r+m)\\&< d_M^2(\overline{x}_1^p(k+m+1)-\overline{x}_1^p(k+m))^{\mathrm{T}}\theta^p(\overline{X}_1^p)^{-1}(\overline{x}_1^p(k+m+1)\\&\quad-\overline{x}_1^p(k+m))-(\overline{x}_1^p(k+m)-\overline{x}_{1d_M}^p(k+m))^{\mathrm{T}}(\partial^p)^{d_M}\theta^p(\overline{X}_1^p)^{-1}\cdot\\&\quad(\overline{x}_1^p(k+m)-\overline{x}_{1d_M}^p(k+m))\end{aligned}\tag{5-103}$$

将式（5-98）、式（5-99）和式（5-102）相结合，可得

$$(\theta^p)^{-1}\Delta V^p(\overline{x}_1^p(k+m\,|\,k))+(\theta^p)^{-1}\overline{J}^p(k)\leqslant 0\tag{5-104}$$

其中，$\overline{J}^p(k)=(\overline{x}_1^p(k+m\,|\,k))^{\mathrm{T}}\overline{Q}_1^p(\overline{x}_1^p(k+m\,|\,k))+(\Delta u^p(k+m\,|\,k))^{\mathrm{T}}\overline{R}_1^p\Delta u^p(k+m\,|\,k)$ 是鲁棒预测控制性能指标。

将式（5-102）代入式（5-104），可得

$$(\theta^p)^{-1}\Delta V^p(\overline{x}_1^p(k+m))+(\theta^p)^{-1}\overline{J}^p(k)<\overline{\varphi}_1^{p\mathrm{T}}(k)\overline{\Phi}_1^p\overline{\varphi}_1^p(k)\tag{5-105}$$

$$\overline{\Phi}_1^p=\begin{bmatrix}\phi_1^p & 0 & (\partial^p)^{d_M}(\overline{X}_1^p)^{-1}\\ * & -(\partial^p)^{d_M}(\overline{S}_1^p)^{-1} & 0\\ * & 0 & -(\partial^p)^{d_M}((\overline{M}_2^p)^{-1}+(\overline{X}_1^p)^{-1})\end{bmatrix}+\overline{\Lambda}_1^{p\mathrm{T}}(\overline{L}_1^p)^{-1}\overline{\Lambda}_1^p+\overline{\Lambda}_2^{p\mathrm{T}}(\overline{D}_2^p)^2(\overline{X}_1^p)^{-1}$$

$\overline{\Lambda}_2^p+\overline{\lambda}_1^{p\mathrm{T}}(\theta^p)^{-1}\overline{\lambda}_1^p+\overline{\lambda}_2^{p\mathrm{T}}(\theta^p)^{-1}\overline{\lambda}_2^p$，$\phi_1^p=-\partial^p(\overline{L}_1^p)^{-1}+(\overline{S}_1^p)^{-1}+(\overline{M}_2^p)^{-1}+\overline{D}_1(\overline{S}_1^p)^{-1}-(\partial^p)^{d_M}(\overline{X}_1^p)^{-1}$，$\overline{\Lambda}_1^p=\begin{bmatrix}\overline{\overline{A}}^p(k) & \overline{A}_d^p(k) & 0\end{bmatrix}$，$\overline{\Lambda}_2^p=\begin{bmatrix}\overline{\overline{A}}^p(k)-I & \overline{A}_d^p(k) & 0\end{bmatrix}$，$\overline{\lambda}_1^p=\begin{bmatrix}(\overline{Q}_1^p)^{\frac{1}{2}} & 0 & 0\end{bmatrix}$，

$\overline{\lambda}_2^p=\begin{bmatrix}(\overline{R}_1^p)^{\frac{1}{2}}\overline{Y}_1^p(\overline{L}_1^p)^{-1} & 0 & 0\end{bmatrix}$。

利用引理 1.1，令 $\overline{\Phi}_1^p<0$ 可得如下 LMI 条件：

$$\left[\begin{matrix}\phi_1^p & 0 & (\partial^p)^{d_M}(\overline{X}_1^p)^{-1} & \overline{\overline{A}}^{p\mathrm{T}}(k)\\ * & -(\partial^p)^{d_M}(\overline{S}_1^p)^{-1} & 0 & \overline{A}_d^{p\mathrm{T}}(k)\\ * & * & -(\partial^p)^{d_M}((\overline{M}_2^p)^{-1}+(\overline{X}_1^p)^{-1}) & 0\\ * & * & * & -\overline{L}_1^p\\ * & * & * & *\\ * & * & * & *\\ * & * & * & *\end{matrix}\right.$$

$$
\begin{bmatrix}
\cdots & (\bar{\bar{A}}^p(k)-I)^{\mathrm{T}} & (\bar{Q}_1^p)^{\frac{1}{2}} & (\bar{L}_1^{-1})^{\mathrm{T}}\bar{Y}_1^{p\mathrm{T}}((\bar{R}_1^p)^{\frac{1}{2}})^{\mathrm{T}} \\
\cdots & \bar{A}_d^{p\mathrm{T}}(k) & 0 & 0 \\
\cdots & 0 & 0 & 0 \\
\cdots & 0 & 0 & 0 \\
\cdots & -(\bar{D}_2)^{-1}\bar{X}_1^p & 0 & 0 \\
\cdots & * & -\theta^p I^p & 0 \\
\cdots & * & * & -\theta^p I^p
\end{bmatrix}<0 \qquad (5\text{-}106)
$$

在式（5-106）左右两边同时乘以 diag[$\bar{L}_1^p \quad \bar{S}_1^p \quad \bar{X}_1^p \quad I^p \quad I^p \quad I^p \quad I^p$]，令 $\bar{L}_1^p(\bar{M}_2^p)^{-1}\bar{L}_1^p=\bar{M}_3^p$，$\bar{L}_1^p(\bar{S}_1^p)^{-1}\bar{L}_1^p=\bar{S}_2^p$，$\bar{L}_1^p(\bar{X}_1^p)^{-1}\bar{L}_1^p=\bar{X}_2^p$，$\bar{X}_1^p(\bar{M}_2^p)^{-1}\bar{X}_1^p=\bar{M}_4^p$，$\bar{K}^p=\bar{Y}_1^p(\bar{L}_1^p)^{-1}$，可得

$$
\begin{bmatrix}
\bar{\phi}_1^p & 0 & (\partial^p)^{d_M}\bar{L}_1^p & \bar{L}_1^p\bar{A}^{p\mathrm{T}}(k)+\bar{Y}_1^{p\mathrm{T}}\bar{B}^{p\mathrm{T}}\alpha^p & \cdots \\
* & -(\partial^p)^{d_M}\bar{S}_1^p & 0 & \bar{S}_1\bar{A}_d^{p\mathrm{T}}(k) & \cdots \\
* & * & -(\partial^p)^{d_M}((\bar{M}_4^p)+(\bar{X}_1^p)) & 0 & \cdots \\
* & * & * & -\bar{L}_1^p & \cdots \\
* & * & * & * & \cdots \\
* & * & * & * & \cdots \\
* & * & * & * & \cdots
\end{bmatrix}
$$

$$
\begin{bmatrix}
\cdots & \bar{L}_1\bar{A}^{p\mathrm{T}}(k)+\bar{Y}_1^{p\mathrm{T}}\bar{B}^{p\mathrm{T}}\alpha^p-\bar{L}_1^p & \bar{L}_1^p(\bar{Q}_1^p)^{\frac{1}{2}} & \bar{Y}_1^{p\mathrm{T}}(\bar{R}_1^p)^{\frac{1}{2}} \\
\cdots & \bar{S}_1^p\bar{A}_d^{p\mathrm{T}}(k) & 0 & 0 \\
\cdots & 0 & 0 & 0 \\
\cdots & 0 & 0 & 0 \\
\cdots & -\bar{D}_2^{-1}\bar{X}_1^p & 0 & 0 \\
\cdots & * & -\theta^p I^p & 0 \\
\cdots & * & * & -\theta^p I^p
\end{bmatrix}<0 \quad (5\text{-}107)
$$

利用引理 1.3，式（5-107）可推导出式（5-91）。

为获得系统的不变集，由式（5-99）可知 $V^p(\bar{x}_1^p(k))\leqslant\theta^p$，结合式（5-101）可知 $V^p(\bar{x}_1^p(k))=\bar{\xi}^{p\mathrm{T}}(k)\bar{\psi}_1^p\bar{\xi}^p(k)$，取系统状态 $\bar{x}_l^p(k)=\max(\bar{x}_1^p(\bar{r}) \quad \bar{\delta}_1^p(\bar{r}))$ 可得式（5-108）：

$$
V^p(\bar{x}_1^p(k))\leqslant\bar{x}_l^{p\mathrm{T}}(k)\bar{\psi}_l^p\bar{x}_l^p(k)\leqslant\theta^p \qquad (5\text{-}108)
$$

式中，$\bar{r}\in(k-d_M,k)$，$\bar{\psi}_l^p=\bar{P}_1^p+d_M\bar{T}_1^p+d_M\bar{M}_1^p+\dfrac{d_m+d_M}{2}(d_M-d_m+1)\bar{T}_1^p+d_M^2\dfrac{1+d_M}{2}\bar{G}_1^p$，令 $\bar{\varphi}_l^p=\ \theta^p(\bar{\psi}_l^p)^{-1}$，利用引理 1.1，可得式（5-92）。

为了确保矩阵 $\bar{\psi}_l^p$ 是可逆的，令 $\psi_l^p=\bar{L}_1^p\bar{\psi}_l^p\bar{L}_1^p$，$(\bar{\psi}_l^p)^{-1}=\bar{L}_1^p(\psi_l^p)^{-1}\bar{L}_1^p$，$(\bar{\psi}_l^p)^{-1}<$

$(\theta^p)^{-1}\bar{\phi}^p=\phi^p$，$(\tilde{\bar{\psi}}_l^p)^{-1}<(\tilde{\theta}^p)^{-1}\tilde{\bar{\phi}}^p=\tilde{\phi}^p$，可得 $\bar{L}_1^p(\psi_l^p)^{-1}\bar{L}_1^p<\phi^p$，进而可知 $-\phi^p+\bar{L}_1^p(\psi_l^p)^{-1}\bar{L}_1^p<0$，因此利用引理 1.1，可得式（5-93）。

对于输入约束，其满足：

$$
\begin{aligned}
\left\|\Delta u^p(k+m)\,|\,k\right\|^2&=\left\|\bar{Y}_1^p(\bar{L}_1^p)^{\;1}x_1^p(k+m\,|\,k)\right\|^2\\
&=\left\|\bar{Y}_1^p(\tilde{\theta}^p)^{-1}\bar{P}_1^p\bar{x}_1^p(k+m\,|\,k)\right\|^2\\
&\leqslant\left\|\bar{Y}_1^p(\tilde{\theta}^p)^{-1}\bar{\phi}_l^p\bar{x}_1^p(k+m\,|\,k)\right\|^2\\
&=\left\|\bar{Y}_1^p(\bar{\varphi}_l^p)^{-1}\bar{x}_l^p(k+m\,|\,k)\right\|^2\\
&\leqslant\bar{Y}_1^p(\bar{\varphi}_l^p)^{-1}\bar{Y}_1^{p\mathrm{T}}
\end{aligned}
\tag{5-109}
$$

由此，可得式（5-94）。

对于输出约束，为得式（5-95），已知 $\left\|\Delta y^p(k+m)\right\|^2=\left\|\bar{C}^p\,\bar{x}_1^p(k+m\,|\,k)\right\|^2$ 小于 $(\Delta y_M^p)^2\bar{x}_1^p(k+m\,|\,k)(\bar{\varphi}_l^p)^{-1}\bar{x}_1^{p\mathrm{T}}(k+m\,|\,k)$，取系统状态 $\bar{x}_l^p(k+m)=\max(\bar{x}_1^p(k+m))$，则有 $(\Delta y_M^p)^2\bar{x}_1^p(k+m)(\bar{\varphi}_l^p)^{-1}\bar{x}_1^{p\mathrm{T}}(k+m)\leqslant(\Delta y_M^p)^2\bar{x}_l^p(k+m)(\bar{\varphi}_l^p)^{-1}\bar{x}_l^{p\mathrm{T}}(k+m)\leqslant(\Delta y_M^p)^2$。

当控制系统在阶段间切换时，系统的能量需要满足下式：

$$
V^p(\bar{x}_1(k))\leqslant\vartheta^pV^{p-1}(\bar{x}_1(k))
\tag{5-110}
$$

根据式（5-82）、式（5-101）和式（5-110）可得

$$
\bar{x}_1^{p\mathrm{T}}(k+m)\bar{\psi}_l^p\bar{x}_1^p(k+m)\leqslant\bar{x}_1^{p\mathrm{T}}(k+m)\left(\left(\Phi^p\right)^{-1}\right)^{\mathrm{T}}\vartheta^p\bar{\psi}_l^{p-1}\left(\Phi^p\right)^{-1}\bar{x}_1^p(k+m)
\tag{5-111}
$$

将式（5-111）两边同时消去 $\bar{x}_1^{p\mathrm{T}}(k+m)$ 可得

$$
\bar{\psi}_l^p-\vartheta^p\left(\left(\Phi^p\right)^{-1}\right)^{\mathrm{T}}\bar{\psi}_l^{p-1}\left(\Phi^p\right)^{-1}\leqslant 0
\tag{5-112}
$$

利用引理 1.1，可得式（5-96）。

根据式（5-102），存在

$$
\begin{aligned}
V^p(\bar{x}_1^p(k+m+1))&\leqslant\partial^pV^p(\bar{x}_1^p(k+m))\\
&=\partial^p\Bigg[\bar{x}_1^{p\mathrm{T}}(k+m)\theta^p(\bar{L}_1^p)^{-1}\bar{x}_1^p(k+m)\\
&\quad+\sum_{r=k-d(k)}^{k-1}\bar{x}_1^{p\mathrm{T}}(r+m)(\partial^p)^{k-1-r}\theta^p(\bar{S}_1^p)^{-1}\bar{x}_1^p(r+m)\\
&\quad+\sum_{r=k-d_M}^{k-1}\bar{x}_1^{p\mathrm{T}}(r+m)(\partial^p)^{k-1-r}\theta^p(\bar{M}_2^p)^{-1}\bar{x}_1^p(r+m)
\end{aligned}
$$

$$
\begin{aligned}
&+\sum_{s=-d_M}^{-d_m}\sum_{r=k+s}^{k-1}\overline{x}_1^{pT}(r+m)(\partial^p)^{k-1-r}\theta^p(\overline{S}_1^p)^{-1}\overline{x}_1^p(r+m)\\
&\left.+d_M\sum_{s=-d_M}^{-1}\sum_{r=k+s}^{k-1}\overline{\delta}_1^{pT}(r+m)(\partial^p)^{k-1-r}\theta^p(\overline{X}_1^p)^{-1}\overline{\delta}_1^p(r+m)\right]
\end{aligned}
\tag{5-113}
$$

根据引理 1.4 可得，在每个阶段系统都是渐近稳定的。

在每个批次中，假设系统运行在第 p 个阶段，运行时间为 k，采用向前递推的思想保证系统能量衰减。在向前递推过程中系统将会依次经过第 p 阶段、第 $p-1$ 阶段与第 p 阶段切换点、第 $p-1$ 阶段、第 $p-2$ 阶段与第 $p-1$ 阶段切换时刻等依次循环，最后到第 1 阶段，如图 5-1 所示。

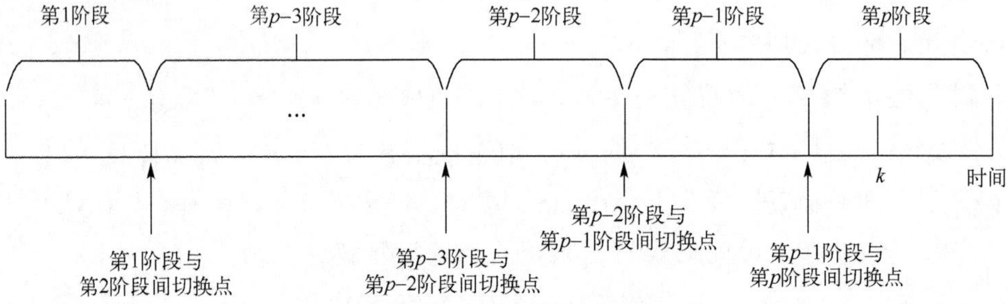

图 5-1　多阶段间歇过程切换顺序图

对于 $\forall k\in[T^{p-1},T^p)$，如果可以保证系统渐近稳定，则 Lyapunov 函数满足以下条件：

$$
V^{\hbar(T^p)}(\overline{x}_1(k))<(\partial^p)^{O-T^{p-1}}V^{\hbar(T^p)}(\overline{x}_1(T^{p-1}))
\tag{5-114}
$$

在两个相邻阶段之间切换时，由式（5-110）可知

$$
V^{\hbar(T^p)}(\overline{x}_1(T^{p-1}))\leqslant\vartheta^pV^{\hbar(T^p)^-}(\overline{x}_1(T^{p-1}))
\tag{5-115}
$$

将式（5-114）和式（5-115）结合，根据上述的逆推过程，可得式（5-116）：

$$
\begin{aligned}
V^{\hbar(T^p)}(\overline{x}_1(k))&<(\partial^p)^{O-T^{p-1}}V^{\hbar(T^p)}(\overline{x}_1(T^{p-1}))\\
&\leqslant\vartheta^p(\partial^p)^{O-T^{p-1}}V^{\hbar(T^p)^-}(\overline{x}_1(T^{p-1}))\\
&\;\vdots\\
&\leqslant\prod_{p=1}^{p}(\vartheta^p)^{N_0+\left(T^p(f,O)/\tau^p\right)}\prod_{p=1}^{p}(\partial^p)^{T^p(f,O)}V^{\hbar(T^1)^-}(\overline{x}_1(T^0))\\
&=\exp\left(\sum_{p=1}^{p}N_0\ln\vartheta^p\right)\prod_{p=1}^{p}((\vartheta^p)^{1/\tau^p}(\partial^p))^{T^p(f,O)}V^{\hbar(T^1)^-}(\overline{x}_1(T^0))
\end{aligned}
\tag{5-116}
$$

根据式（5-97），存在

$$\tau^p+\frac{\ln\vartheta^p}{\ln\partial^p}\geqslant 0 \tag{5-117}$$

由于 $0<\partial^p<1$，$\ln\partial^p<0$ 则有

$$\tau^p\ln\partial^p+\ln\vartheta^p\leqslant 0 \tag{5-118}$$

因此

$$(\vartheta^p)^{1/\tau^p}(\partial^p)=\exp\left(\ln\left[(\vartheta^p)^{1/\tau^p}(\partial^p)\right]\right)=\exp\left(\left[1/\tau^p\ln\vartheta^p+\ln\partial^p\right]\right) \tag{5-119}$$

由式（5-118）可得

$$(\vartheta^p)^{1/\tau^p}(\partial^p)\leqslant 1 \tag{5-120}$$

令 $\varsigma=\max_{p\in P}((\vartheta^p)^{1/\tau^p}(\partial^p))$，$\eta=\exp\left(\sum_{p=1}^{P}N_0\ln\vartheta^p\right)$，则式（5-116）可改写为 $V^{\hbar(T^p)}(\overline{x}_1(k))\leqslant\eta\varsigma^{O-f}V^{\hbar(T^1)^-}(\overline{x}_1(T^0))$。

利用定义 1.3 和定义 1.4，多阶段闭环控制系统式（5-90）在每个批次的指数稳定性被证明。至此，定理 5.3 证明完毕。

推论 5.3　如果存在已知标量 $d_1\geqslant 0$，未知对称正矩阵 $\overline{P}_1^p,\overline{T}_1^p,\overline{M}_1^p,\overline{L}_1^p,\overline{S}_1^p,\overline{S}_2^p,\overline{M}_3^p,\overline{M}_4^p,\overline{X}_1^p,\overline{X}_2^p,\overline{X}_3^p\in\mathbf{R}^{(n_x^p+n_e^p)}$，未知矩阵 $\overline{Y}_1^p\in\mathbf{R}^{n_u^p\times(n_x^p+n_e^p)}$ 和未知标量 $0<\partial^p<1$，$\theta^p>0$，$d_1\geqslant 0$，$\vartheta^p>1$，$\varepsilon_1^p,\varepsilon_2^p>0$，使得如下 LMI 条件成立，可以保证多阶段闭环控制系统式（5-90）当 $\overline{w}^p(k)=0$ 时在每个阶段渐近稳定且每个批次指数稳定：

$$\begin{bmatrix}
\Re_{11}^{pp} & \Re_{12}^{pp} & \Re_{13}^{pp} & \Re_{14}^{pp} & \Re_{15}^{pp} & \Re_{16}^{pp} & \Re_{17}^{pp} & \Re_{18}^{pp} & \Re_{19}^{pp}\\
* & \overline{\Pi}_{22}^{pp} & 0 & 0 & 0 & 0 & 0 & 0 & 0\\
* & * & \Re_{33}^{pp} & 0 & 0 & 0 & 0 & 0 & 0\\
* & * & * & \overline{\Pi}_{44}^{pp} & 0 & 0 & 0 & 0 & 0\\
* & * & * & * & \overline{\Pi}_{55}^{pp} & 0 & 0 & 0 & 0\\
* & * & * & * & * & \overline{\Pi}_{66}^{pp} & 0 & 0 & 0\\
* & * & * & * & * & * & \overline{\Pi}_{77}^{pp} & 0 & 0\\
* & * & * & * & * & * & * & \overline{\Pi}_{88}^{pp} & 0\\
* & * & * & * & * & * & * & * & \overline{\Pi}_{99}^{pp}
\end{bmatrix}<0 \tag{5-121}$$

$$\begin{bmatrix}
-1 & \overline{x}_l^{p\mathrm{T}}(k|k)\\
\overline{x}_l^p(k|k) & -\overline{\varphi}_l^p
\end{bmatrix}\leqslant 0 \tag{5-122}$$

$$\begin{bmatrix} -\overline{\phi}^{p} & \overline{L}_1^p \\ * & -\tilde{\psi}_l^p \end{bmatrix} < 0 \tag{5-123}$$

$$\begin{bmatrix} -(\Delta u_M^p)^2 & \overline{Y}_1^p \\ \overline{Y}_1^{p\mathrm{T}} & -\tilde{\varphi}_l^p \end{bmatrix} \leqslant 0 \tag{5-124}$$

$$\begin{bmatrix} -(\Delta y_M^p)^2(\tilde{\varphi}_l^p) & \overline{C}^p\tilde{\varphi}_l^p \\ (\overline{C}^p\tilde{\varphi}_l^p)^{\mathrm{T}} & -I^p \end{bmatrix} \leqslant 0 \tag{5-125}$$

$$\begin{bmatrix} \tilde{\psi}_l^p & \left((\Phi^p)^{-1}\right)^{\mathrm{T}} \vartheta^p \tilde{\psi}_l^{p-1} \\ * & \vartheta^p \tilde{\psi}_l^{p-1} \end{bmatrix} \leqslant 0 \tag{5-126}$$

其中，控制律增益为 $\overline{K}^p = \overline{Y}_1^p(\overline{L}_1^p)^{-1}$，$\widehat{\phi}_1^p = -\partial^p \overline{L}_1^p + \overline{S}_2^p - (\partial^p)^{d_1}\overline{X}_2^p$，$\overline{X}_1^p(\overline{S}_1^p)^{-1}\overline{X}_1^p = \overline{X}_3^p$，$\tilde{\varphi}_l^p = \theta(\tilde{\psi}_l^p)^{-1}$，$\tilde{\psi}_l^p = \overline{P}_1^p + \overline{d}_1\overline{T}_1^p + d_M^2\dfrac{1+d_M}{2}\overline{G}_1^p$，“*”表示对称位置中的元素的转置，并且 $\Re_{11}^{pp} = \begin{bmatrix} \widehat{\phi}_1^p & (\partial^p)^{d_1}\overline{L}_1^p \\ (\partial^p)^{d_1}\overline{L}_1^p & -(\partial^p)^{d_1}((\overline{X}_3^p)+(\overline{X}_1^p)) \end{bmatrix}$，$\Re_{12}^{pp} = \begin{bmatrix} \overline{L}_1^p\overline{A}^{p\mathrm{T}} + \overline{Y}_1^{p\mathrm{T}}\beta^p\overline{B}^{p\mathrm{T}} \\ \overline{X}_1^p\overline{A}_d^p \end{bmatrix}$，$\Re_{13}^{pp} = \begin{bmatrix} \overline{L}_1^p\overline{A}^{p\mathrm{T}} + \overline{Y}_1^{p\mathrm{T}}\beta^p\overline{B}^{p\mathrm{T}} - \overline{L}_1^p \\ \overline{X}_1^p\overline{A}_d^p \end{bmatrix}$，$\Re_{14}^{pp} = \begin{bmatrix} \overline{L}_1^p(\overline{Q}_1^p)^{\frac{1}{2}} \\ 0 \end{bmatrix}$，$\Re_{15}^{pp} = \begin{bmatrix} \overline{Y}_1^{p\mathrm{T}}(\overline{R}_1^p)^{\frac{1}{2}} \\ 0 \end{bmatrix}$，$\Re_{16}^{pp} = \Re_{18}^{pp} = \begin{bmatrix} \overline{L}_1^p\overline{H}^{p\mathrm{T}} \\ \overline{X}_1^p\overline{H}_d^{p\mathrm{T}} \end{bmatrix}$，$\Re_{17}^{pp} = \Re_{19}^{pp} = \begin{bmatrix} \overline{Y}_1^{p\mathrm{T}}\beta^p \\ 0 \end{bmatrix}$，$\Re_{33}^{pp} = \left[-d_1^{-2}\overline{X}_1^p + \overline{\varepsilon}_1^p\overline{N}^p\overline{N}^{p\mathrm{T}} + \overline{\varepsilon}_2^p B^p(\beta_0^p)^2 B^{p\mathrm{T}}\right]$。

证明　与定理 5.3 不同，对于具有常时滞的系统，Lyapunov 函数可以选择如下：

$$V^p(\overline{x}_1^p(k+i)) = \sum_{j=1}^{3} V_j(\overline{x}_1^p(k+i)) \tag{5-127}$$

其中，$V_1^p(\overline{x}_1^p(k+i)) = \overline{x}_1^{p\mathrm{T}}(k+i)\overline{P}_1^p\overline{x}_1^p(k+i) = \overline{x}_1^{p\mathrm{T}}(k+i)\theta^p(\overline{L}_1^p)^{-1}\overline{x}_1^p(k+i)$，$V_2^p(\overline{x}_1(k+i)) = \sum_{r=k-d_1}^{k-1}\overline{x}_1^{p\mathrm{T}}(r+i)\overline{T}_1^p\overline{x}_1^p(r+i) = \sum_{r=k-d_1}^{k-1}\overline{x}_1^{p\mathrm{T}}(r+i)\theta^p(\overline{S}_1^p)^{-1}\overline{x}_1^p(r+i)$，$V_3^p(\overline{x}_1^p(k+i)) = d_1\sum_{s=-d_1}^{-1}\sum_{r=k+s}^{k-1}\overline{\delta}_1^{p\mathrm{T}}(r+i)\overline{G}_1^p\overline{\delta}_1^p(r+i) = d_1\sum_{s=-d_1}^{-1}\sum_{r=k+s}^{k-1}\overline{\delta}_1^{p\mathrm{T}}(r+i)\theta^p(\overline{X}_1^p)^{-1}\overline{\delta}_1^p(r+i)$。

随后的证明与定理 5.3 的证明相似，此处不做详细推导。

定理 5.4　如果存在已知标量 $0 \leqslant d_m \leqslant d_M$，$\gamma^p > 0$，未知对称正矩阵 $\overline{P}_1^p, \overline{T}_1^p, \overline{M}_1^p, \overline{L}_1^p, \overline{S}_1^p, \overline{S}_2^p, \overline{M}_3^p, \overline{M}_4^p, \overline{X}_1^p, \overline{X}_2^p \in \mathbf{R}^{(n_x^p+n_e^p)}$，未知矩阵 $\overline{Y}_1^p \in \mathbf{R}^{n_u^p \times (n_x^p+n_e^p)}$ 和未知标量

$0<\partial^p<1$，$\theta^p>0$，$\vartheta^p>1$，$\bar{\varepsilon}_1^p,\bar{\varepsilon}_2^p>0$，使得如下 LMI 条件成立，可以保证多阶段闭环控制系统式（5-90）当 $\bar{w}^p(k)\neq 0$ 时在每个阶段渐近稳定且每个批次指数稳定。

$$\begin{bmatrix} \Im_{11}^p & \Im_{12}^p & \Im_{13}^p & \Im_{14}^p & \Im_{15}^p & \Im_{16}^p & \Im_{17}^p & \Im_{18}^p & \Im_{19}^p & \Im_{1,10}^p \\ * & \bar{\Pi}_{22}^p & 0 & 0 & 0 & 0 & 0 & 0 & 0 & 0 \\ * & * & \bar{\Pi}_{33}^p & 0 & 0 & 0 & 0 & 0 & 0 & 0 \\ * & * & * & \Im_{44}^p & 0 & 0 & 0 & 0 & 0 & 0 \\ * & * & * & * & \bar{\Pi}_{44}^p & 0 & 0 & 0 & 0 & 0 \\ * & * & * & * & * & \bar{\Pi}_{55}^p & 0 & 0 & 0 & 0 \\ * & * & * & * & * & * & \bar{\Pi}_{66}^p & 0 & 0 & 0 \\ * & * & * & * & * & * & * & \bar{\Pi}_{77}^p & 0 & 0 \\ * & * & * & * & * & * & * & * & \bar{\Pi}_{88}^p & 0 \\ * & * & * & * & * & * & * & * & * & \bar{\Pi}_{99}^p \end{bmatrix}<0 \tag{5-128}$$

$$\begin{bmatrix} -1 & \bar{x}_l^{p\mathrm{T}}(k\,|\,k) \\ \bar{x}_l^p(k\,|\,k) & -\bar{\varphi}_l^p \end{bmatrix}\leqslant 0 \tag{5-129}$$

$$\begin{bmatrix} -\bar{\phi}^p & \bar{L}_1^p \\ * & -\bar{\psi}_l^p \end{bmatrix}<0 \tag{5-130}$$

$$\begin{bmatrix} -(\Delta u_M^p)^2 & \bar{Y}_1^p \\ \bar{Y}_1^{p\mathrm{T}} & -\bar{\varphi}_l^p \end{bmatrix}\leqslant 0 \tag{5-131}$$

$$\begin{bmatrix} -(\Delta y_M^p)^2(\bar{\varphi}_l^p) & \bar{C}^p\bar{\varphi}_l^p \\ (\bar{C}^p\bar{\varphi}_l^p)^\mathrm{T} & -I^p \end{bmatrix}\leqslant 0 \tag{5-132}$$

$$\begin{bmatrix} \bar{\psi}_l^p & \left(\left(\Phi^p\right)^{-1}\right)^\mathrm{T}\vartheta^p\bar{\psi}_l^{p-1} \\ * & \vartheta^p\bar{\psi}_l^{p-1} \end{bmatrix}\leqslant 0 \tag{5-133}$$

与此同时，控制律增益为 $\bar{K}^p=\bar{Y}_1^p(\bar{L}_1^p)^{-1}$，$\bar{\phi}_1^p=-\partial^p\bar{L}_1^p+\bar{M}_3^p+\bar{D}_1\bar{S}_2^p+\bar{S}_2^p-(\partial^p)^{d_M}\bar{X}_2^p$，$\bar{\varphi}_l^p=\theta^p(\bar{\psi}_i^p)^{-1}$，$\bar{\psi}_l^p=\bar{P}_1^p+d_M\bar{T}_1^p+d_M\bar{M}_1^p+\dfrac{d_m+d_M}{2}(d_M-d_m+1)\,\bar{T}_1^p+d_M^2\dfrac{1+d_M}{2}\bar{G}_1^p$，$\bar{D}_1-(d_M-d_m+1)I^p$，$\bar{D}_2=(d_M)^2I^p$，“*”表示对称位置中的元素的转置，并且

$$\Im_{11}^p=\begin{bmatrix} \bar{\phi}_1^p & 0 & (\partial^p)^{d_M}\bar{L}_1^p & 0 \\ * & -(\partial^p)^{d_M}\bar{S}_1^p & 0 & 0 \\ * & * & -(\partial^p)^{d_M}((\bar{M}_4^p)+(\bar{X}_1^p)) & 0 \\ * & * & * & -(\gamma^p)^2I^p \end{bmatrix},\quad \Im_{12}^p=\begin{bmatrix} \bar{L}_1^p\bar{A}^{p\mathrm{T}}+\bar{Y}_1^{p\mathrm{T}}\beta^p\bar{B}^{p\mathrm{T}} \\ \bar{S}_1^p\bar{A}_d^p \\ 0 \\ \bar{G}^{p\mathrm{T}} \end{bmatrix},$$

$$\Im_{13}^p=\begin{bmatrix}\bar{L}_1^p\bar{A}^{p\mathrm{T}}+\bar{Y}_1^{p\mathrm{T}}\beta^p\bar{B}^{p\mathrm{T}}-\bar{L}_1^p\\ \bar{S}_1^p\bar{A}_d^p\\ 0\\ \bar{G}^{p\mathrm{T}}\end{bmatrix},\quad \Im_{14}^p=\begin{bmatrix}\bar{L}_1^p\bar{E}^{p\mathrm{T}}\\ 0\\ 0\\ 0\end{bmatrix},\quad \Im_{15}^p=\begin{bmatrix}\bar{L}_1^p(\bar{Q}_1^p)^{\frac{1}{2}}\\ 0\\ 0\\ 0\end{bmatrix},\quad \Im_{16}^p=\begin{bmatrix}\bar{Y}_1^{p\mathrm{T}}(\bar{R}_1^p)^{\frac{1}{2}}\\ 0\\ 0\\ 0\end{bmatrix},$$

$$\Im_{17}^p=\Im_{19}^p=\begin{bmatrix}\bar{L}_1^p\bar{H}^{p\mathrm{T}}\\ \bar{S}_1^p\bar{H}_d^{p\mathrm{T}}\\ 0\\ 0\end{bmatrix},\quad \Im_{18}^p=\Im_{1,10}^p=\begin{bmatrix}\bar{Y}_1^{p\mathrm{T}}\beta^p\\ 0\\ 0\\ 0\end{bmatrix},\quad \Im_{44}^p=-I^p\text{。}$$

证明　在 $\bar{w}^p(k)\neq 0$ 的情况下，通过定义 1.2 引入以下 H_∞ 性能指标：

$$J^p=\sum_{k=0}^{\infty}[z^{p\mathrm{T}}(k)z^p(k)-(\gamma^p)^2\bar{w}^{p\mathrm{T}}(k)\bar{w}^p(k)] \tag{5-134}$$

对于任意非零 $\bar{w}^p(k)\in L_2[0,\infty]$，可知 $V(\bar{x}_1(0))=0$，$V(\bar{x}_1(\infty))\geqslant 0$，$\bar{J}_\infty>0$ 结合定义 1.1 可得

$$J^p\leqslant\sum_{k=0}^{\infty}[z^{p\mathrm{T}}(k)z^p(k)-(\gamma^p)^2\bar{w}^{p\mathrm{T}}(k)\bar{w}^p(k)+(\theta^p)^{-1}\Delta V^p(\bar{x}_1^p(k))+(\theta^p)^{-1}\bar{J}^p(k)] \tag{5-135}$$

将式（5-102）与式（5-135）相结合可得

$$\begin{aligned}&z^{p\mathrm{T}}(k)z^p(k)-(\gamma^p)^2\bar{w}^{p\mathrm{T}}(k)\bar{w}^p(k)+(\theta^p)^{-1}\Delta V^p(\bar{x}_1^p(k))+(\theta^p)^{-1}\bar{J}^p(k)\\
&=\begin{bmatrix}\bar{\varphi}_1^p(k)\\ \bar{w}^p(k)\end{bmatrix}^{\mathrm{T}}\left\{\begin{bmatrix}\bar{\phi}_1^p & 0 & (\partial^p)^{d_M}(\bar{X}_1^p)^{-1} & 0\\ * & -(\partial^p)^{d_M}(\bar{S}_1^p)^{-1} & 0 & 0\\ * & * & -(\partial^p)^{d_M}((\bar{M}_2^p)^{-1}+(\bar{X}_1^p)^{-1}) & 0\\ * & * & * & -(\gamma^p)^2\end{bmatrix}+\right.\\
&\quad\begin{bmatrix}\bar{\Lambda}_1^{p\mathrm{T}}\\ \bar{G}^{p\mathrm{T}}\end{bmatrix}(\bar{L}_1^p)^{-1}\begin{bmatrix}\bar{\Lambda}_1^p & \bar{G}^p\end{bmatrix}+\begin{bmatrix}\bar{\Lambda}_2^{p\mathrm{T}}\\ \bar{G}^{p\mathrm{T}}\end{bmatrix}(\bar{D}_2^p)^{-1}(\bar{X}_1^p)^{-1}\begin{bmatrix}\bar{\Lambda}_2^p & \bar{G}^p\end{bmatrix}+\\
&\quad\begin{bmatrix}\bar{E}^{p\mathrm{T}}\\ 0\\ 0\\ 0\end{bmatrix}\begin{bmatrix}\bar{E}^p & 0 & 0 & 0\end{bmatrix}+\begin{bmatrix}\bar{\lambda}_1^p & 0\end{bmatrix}^{\mathrm{T}}(\theta^p)^{-1}\begin{bmatrix}\bar{\lambda}_1^p & 0\end{bmatrix}\\
&\quad\left.+\begin{bmatrix}\bar{\lambda}_2^p & 0\end{bmatrix}^{\mathrm{T}}(\theta^p)^{-1}\begin{bmatrix}\bar{\lambda}_2^p & 0\end{bmatrix}\right\}\begin{bmatrix}\bar{\varphi}_1^p(k)\\ \bar{w}^p(k)\end{bmatrix}\end{aligned}$$

后续证明与定理 5.3 相似。因此，当 $\bar{w}^p(k)\neq 0$ 时，系统稳定性的充分条件为

$$\begin{bmatrix}\bar{\phi}_1^{pp} & 0 & (\partial^p)^{d_M}(\bar{X}_1^p)^{-1} & 0\\ * & -(\partial^p)^{d_M}(\bar{S}_1^p)^{-1} & 0 & 0\\ * & * & -(\partial^p)^{d_M}((\bar{M}_2^p)^{-1}+(\bar{X}_1^p)^{-1}) & 0\\ * & * & * & -(\gamma^p)^2\end{bmatrix}$$

$$
\begin{aligned}
&+\begin{bmatrix}\bar{\Lambda}_1^{p\mathrm{T}}\\ \bar{G}^{p\mathrm{T}}\end{bmatrix}(\bar{L}_1^p)^{-1}\begin{bmatrix}\bar{\Lambda}_1^p & \bar{G}^p\end{bmatrix}+\begin{bmatrix}\bar{\Lambda}_2^{p\mathrm{T}}\\ \bar{G}^{p\mathrm{T}}\end{bmatrix}\bar{D}_2^{-1}(\bar{X}_1^p)^{-1}\begin{bmatrix}\bar{\Lambda}_2^p & \bar{G}^p\end{bmatrix}\\
&+\begin{bmatrix}\bar{E}^{p\mathrm{T}}\\ 0\\ 0\\ 0\end{bmatrix}\begin{bmatrix}\bar{E}^p & 0 & 0 & 0\end{bmatrix}+\begin{bmatrix}\bar{\lambda}_1^p & 0\end{bmatrix}^{\mathrm{T}}(\theta^p)^{-1}\begin{bmatrix}\bar{\lambda}_1^p & 0\end{bmatrix}\\
&+\begin{bmatrix}\bar{\lambda}_2^p & 0\end{bmatrix}^{\mathrm{T}}(\theta^p)^{-1}\begin{bmatrix}\bar{\lambda}_2^p & 0\end{bmatrix}<0
\end{aligned}
\tag{5-136}
$$

至此，定理 5.4 证明完毕。

推论 5.4　如果存在已知标量 $\bar{d}_1 \geqslant 0$，$\gamma^p>0$，未知对称正矩阵 $\bar{P}_1^p,\bar{T}_1^p,\bar{M}_1^p,\bar{L}_1^p,\bar{S}_1^p,\bar{S}_2^p,\bar{M}_3^p,\bar{M}_4^p,\bar{X}_1^p,\bar{X}_2^p,\bar{X}_3^p\in\mathbf{R}^{(n_x^p+n_e^p)}$，未知矩阵 $\bar{Y}_1^p\in\mathbf{R}^{n_u^p\times(n_x^p+n_e^p)}$ 和未知标量 $0<\partial^p<1$，$\theta^p>0$，$\vartheta^p>1$，$\varepsilon_1^p,\varepsilon_2^p>0$，使得如下 LMI 条件成立，可以保证多阶段闭环控制系统式（5-90）当 $\bar{w}^p(k)\neq 0$ 时在每个阶段渐近稳定且每个批次指数稳定。

$$
\begin{bmatrix}
\wp_{11}^{pp} & \wp_{12}^{pp} & \wp_{13}^{pp} & \wp_{14}^{pp} & \wp_{15}^{pp} & \wp_{16}^{pp} & \wp_{17}^{pp} & \wp_{18}^{pp} & \wp_{19}^{pp} & \wp_{1,10}^{pp}\\
* & \bar{\Pi}_{22}^{pp} & 0 & 0 & 0 & 0 & 0 & 0 & 0 & 0\\
* & * & \mathfrak{R}_{33}^{pp} & 0 & 0 & 0 & 0 & 0 & 0 & 0\\
* & * & * & \bar{\Pi}_{44}^{pp} & 0 & 0 & 0 & 0 & 0 & 0\\
* & * & * & * & \bar{\Pi}_{55}^{pp} & 0 & 0 & 0 & 0 & 0\\
* & * & * & * & * & \mathfrak{I}_{44}^{p} & 0 & 0 & 0 & 0\\
* & * & * & * & * & * & \bar{\Pi}_{66}^{pp} & 0 & 0 & 0\\
* & * & * & * & * & * & * & \bar{\Pi}_{77}^{pp} & 0 & 0\\
* & * & * & * & * & * & * & * & \bar{\Pi}_{88}^{pp} & 0\\
* & * & * & * & * & * & * & * & * & \bar{\Pi}_{99}^{pp}
\end{bmatrix}<0 \tag{5-137}
$$

$$
\begin{bmatrix}-1 & \bar{x}_l^{p\mathrm{T}}(k\,|\,k)\\ \bar{x}_l^p(k\,|\,k) & -\chi_l^p\end{bmatrix}\leqslant 0 \tag{5-138}
$$

$$
\begin{bmatrix}-\bar{\phi}^p & \bar{L}_1^p\\ * & -\tilde{\psi}_l^p\end{bmatrix}<0 \tag{5-139}
$$

$$
\begin{bmatrix}-(\Delta u_M^p)^2 & \bar{Y}_1^p\\ \bar{Y}_1^{p\mathrm{T}} & -\tilde{\varphi}_l^p\end{bmatrix}\leqslant 0 \tag{5-140}
$$

$$
\begin{bmatrix}-(\Delta y_M^p)^2(\tilde{\varphi}_l^p) & \bar{C}^p\tilde{\varphi}_l^p\\ (\bar{C}^p\tilde{\varphi}_l^p)^{\mathrm{T}} & -I^p\end{bmatrix}\leqslant 0 \tag{5-141}
$$

$$\begin{bmatrix} \tilde{\psi}_l^p & \left(\left(\Phi^p\right)^{-1}\right)^{\mathrm{T}} \vartheta^p \tilde{\psi}_l^{p-1} \\ * & \vartheta^p \tilde{\psi}_l^{p-1} \end{bmatrix} \leqslant 0 \tag{5-142}$$

与此同时，控制律增益为 $\bar{K}^p = \bar{Y}_1^p (\bar{L}_1^p)^{-1}$，其中，$\hat{\phi}_1^p = -\partial^p \bar{L}_1^p + \bar{S}_2^p - (\partial^p)^{d_M} \bar{X}$，$\tilde{\varphi}_l^p = \theta(\tilde{\psi}_l^p)^{-1}$，$\tilde{\psi}_l^p = \bar{P}_1^p + \bar{d}_1 \bar{T}_1^p + d_M^2 \dfrac{1+d_M}{2} \bar{G}_1^p$，$\wp_{11}^{pp} = \begin{bmatrix} \hat{\phi}_1^p & (\partial^p)^{d_1} \bar{L}_1^p & 0 \\ * & -(\partial^p)^{d_1} (\bar{X}_3^p + \bar{X}_1^p) & 0 \\ * & * & -(\gamma^p)^2 I^p \end{bmatrix}$，

$\wp_{12}^{pp} = \begin{bmatrix} \bar{L}_1^p \bar{A}^p + \bar{Y}_1^{p\mathrm{T}} \beta^p \bar{B}^{p\mathrm{T}} \\ \bar{X}_1^p \bar{A}_d^p \\ \bar{G}^{p\mathrm{T}} \end{bmatrix}$，$\wp_{13}^{pp} = \begin{bmatrix} \bar{L}_1^p \bar{A}^p + \bar{Y}_1^{p\mathrm{T}} \beta^p \bar{B}^{p\mathrm{T}} - \bar{L}_1^p \\ \bar{X}_1^p \bar{A}_d^p \\ \bar{G}^{p\mathrm{T}} \end{bmatrix}$，$\wp_{14}^{pp} = \begin{bmatrix} \bar{L}_1^p (\bar{Q}_1^p)^{\frac{1}{2}} \\ 0 \\ 0 \end{bmatrix}$，$\wp_{15}^{pp} = \begin{bmatrix} \bar{Y}_1^{p\mathrm{T}} (\bar{R}_1^p)^{\frac{1}{2}} \\ 0 \\ 0 \end{bmatrix}$，$\wp_{16}^{pp} = \begin{bmatrix} \bar{L}_1^p \bar{E}^{p\mathrm{T}} \\ 0 \\ 0 \end{bmatrix}$，$\wp_{17}^{pp} = \wp_{19}^{pp} = \begin{bmatrix} \bar{L}_1^p \bar{H}^{p\mathrm{T}} \\ \bar{X}_1^p \bar{H}_d^{p\mathrm{T}} \\ 0 \end{bmatrix}$，$\wp_{18}^{pp} = \wp_{1,10}^{pp} = \begin{bmatrix} \bar{Y}_1^{p\mathrm{T}} \beta^p \\ 0 \\ 0 \end{bmatrix}$。

由于推论 5.4 可以由定理 5.4 和推论 5.3 相结合推出，因此省略其证明过程。

5.4　注塑成型过程仿真研究

5.4.1　系统描述

塑料制品具有成本低、可塑性强等优点，在生活中应用广泛，塑料工业在当今世界上占有极为重要的地位，多年来塑料制品的生产在世界各地高速发展。作为塑料制品加工的重要方法之一，注塑成型由于具有生产速度快、效率高、制品尺寸精确、产品易更新换代等优点，越来越多地用于塑料制品的生产。图 5-2 为常见的往复螺杆式注塑机实物图。

图 5-3 为注塑成型中最重要的四个阶段，分别为注射、保压、冷却、脱模。其中，注射和保压阶段对于产品的质量影响最大。注射阶段为了保证物料填充均匀，需要控制注射速度，过快或过慢的注射速度都会影响产品质量。保压阶段需要保证腔内压力防止塑料由于降温收缩对产品的影响。因此，对注射速度和保压压力的高精度控制，以及它们在切换瞬间保证系统稳定是实现高质量生产的重要因素。后续的结果将展现注射阶段和保压阶段的高精度切换控制。

图 5-2　往复螺杆式注塑机

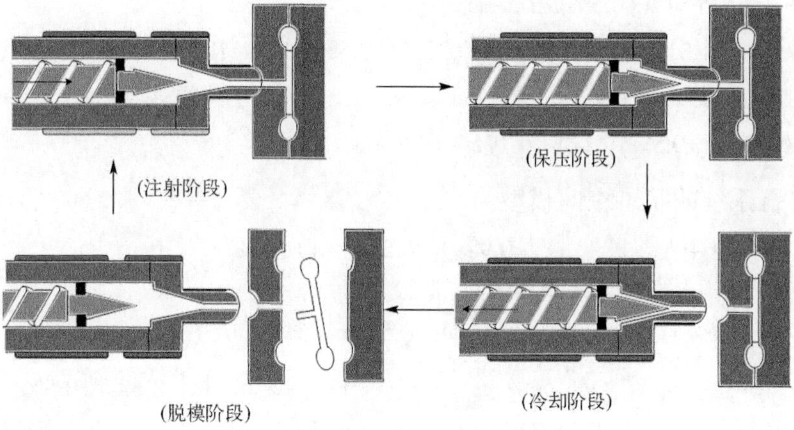

图 5-3　注塑成型的四个重要阶段

5.4.2　模型建立

为了验证所设计控制器的有效性，建立上述注塑成型过程的注射阶段和保压阶段的模型并通过 MATLAB 软件进行仿真研究。

在注射阶段，经过重复的阶跃测试，得到如下阀门开度（valve opening，VO）与注射速度（injection velocity，IV）之间的过程模型为

$$\frac{\mathrm{IV}}{\mathrm{VO}}=\frac{8.687z^{-1}-5.617z^{-2}}{1-0.9291z^{-1}-0.03191z^{-2}} \tag{5-143}$$

并且注射速度（IV）和喷嘴压力（nozzle pressure，NP）之间的模型为

$$\frac{\mathrm{NP}}{\mathrm{IV}}=\frac{0.1054}{1-z^{-1}} \tag{5-144}$$

在保压阶段，VO 和 NP 之间的模型为

$$\frac{\mathrm{NP}}{\mathrm{VO}}=\frac{171.8z^{-1}-156.8z^{-2}}{1-1.317z^{-1}-0.3259z^{-2}} \tag{5-145}$$

定义：

$$\begin{aligned}&x^1(k)=\left[\mathrm{IV}(k)\quad 0.03191\mathrm{IV}(k-1)-5.617\mathrm{VO}(k-1)\quad \mathrm{NP}(k)\right]^{\mathrm{T}}\\&u^1(k)=\mathrm{VO}(k),\quad y^1(k)=\mathrm{IV}(k)\\&x^2(k)=\left[\mathrm{NP}(k)\quad -0.3259\mathrm{NP}(k-1)-156.8\mathrm{VO}(k-1)\right]^{\mathrm{T}}\\&u^2(k)=\mathrm{VO}(k),\quad y^2(k)=\mathrm{NP}(k)\end{aligned} \tag{5-146}$$

结合式（5-144）～式（5-146），可得

$$\begin{aligned}y^1(k+1)=&0.9291(\pm0.5\%)y^1(k)+0.03191(\pm0.5\%)y^1(k-1)+8.687(\pm0.5\%)u^1(k)\\&-5.617(\pm0.5\%)u^1(k-1)\\y^2(k+1)=&1.317(\pm0.5\%)y^2(k)+0.3259(\pm0.5\%)y^2(k-1)+171.8(\pm0.5\%)u^2(k)\\&-156.8(\pm0.5\%)u^2(k-1)\\y^2(k+1)=&(\pm0.5\%)y^2(k)+0.1054(\pm0.5\%)y^1(k)\end{aligned}$$

因此，可得系统的状态空间模型为

$$\begin{bmatrix}y^1(k+1)\\0.3191y^1(k)-5.617u^1(k)\\y^2(k+1)\end{bmatrix}=\begin{bmatrix}0.9291(\pm0.5\%)&(\pm0.5\%)&0\\0.03191(\pm0.5\%)&0&0\\0.1054(\pm0.5\%)&0&(\pm0.5\%)\end{bmatrix}\times$$

$$\begin{bmatrix}y^1(k)\\0.3191y^1(k-1)-5.617u^1(k-1)\\y^2(k)\end{bmatrix}+\begin{bmatrix}8.687(\pm0.5\%)\\-5.617(\pm0.5\%)\\0\end{bmatrix}u^1(k)$$

$$\begin{bmatrix}y^2(k+1)\\0.3259y^2(k)-156.8u^2(k)\end{bmatrix}=\begin{bmatrix}1.317(\pm0.5\%)&(\pm0.5\%)\\-0.3259(\pm0.5\%)&0\end{bmatrix}$$

$$\begin{bmatrix}y^2(k)\\0.3259y^2(k-1)-156.8u^2(k-1)\end{bmatrix}+\begin{bmatrix}171.8(\pm0.5\%)\\-156.8(\pm0.5\%)\end{bmatrix}u^2(k)$$

其中，$x^1(k+1)=\left[y^1(k+1)\quad 0.03191y^1(k)-5.617u^1(k)\quad y^2(k+1)\right]^{\mathrm{T}}$，$x^1(k)=\left[y^1(k)\right.$ $\left.0.03191y^1(k-1)-5.617u^1(k-1)y^2(k)\right]^{\mathrm{T}}$，$x^2(k+1)=\left[y^2(k+1)-0.3259y^2(k)-156.8u^2\right.$ $\left.(k)\right]^{\mathrm{T}}$，$x^2(k)=\left[y^2(k)-0.3259y^2(k-1)-156.8u^2(k-1)\right]^{\mathrm{T}}$。

综上所示，注射阶段和保压阶段的状态空间模型为

$$\begin{cases}x^p(k+1)=A^px^p(k)+B^pu^p(k)\\y^p(k)=C^px^p(k)\end{cases}\quad p=1,2 \tag{5-147}$$

式中，$A^1=\begin{bmatrix}0.9291 & 1 & 0\\ 0.03191 & 0 & 0\\ 0.1054 & 0 & 1\end{bmatrix}$，$B^1=\begin{bmatrix}8.687\\ -5.617\\ 0\end{bmatrix}$，$C^1=\begin{bmatrix}1 & 0 & 0\end{bmatrix}$，$A^2=\begin{bmatrix}1.317 & 1\\ -0.3259 & 0\end{bmatrix}$，$B^2=\begin{bmatrix}171.8\\ -156.8\end{bmatrix}$，$C^2=\begin{bmatrix}1 & 0\end{bmatrix}$。当 $p=1$ 时，则表示控制系统处于注射阶段。当 $p=2$ 时，表示控制系统处于保压阶段。两阶段间的切换条件为

$$M^1(x(k))=350-\begin{bmatrix}0 & 0 & 1\end{bmatrix}x^1(k)<0 \tag{5-148}$$

考虑到注射过程具有区间时变时滞、不确定性和未知干扰，模型式（5-73）可以改写为

$$\begin{cases}x^p(k+1)=A^p(k)x^p(k)+A_d^p(k)x^p(k-d(k))+B^p(k)u^p(k)\\ \qquad +w^p(k)\\ y^p(k)=C^px^p(k)\end{cases} \tag{5-149}$$

考虑不确定性、时变时滞、部分执行器故障和未知干扰的影响后，状态空间模型可以构建为如下形式：

$$\begin{cases}x^p(k+1)=A^p(k)x^p(k)+A_d^p(k)x^p(k-d(k))+B^p\alpha^pu^p(k)+w^p(k)\\ y^p(k)=C^px^p(k)\end{cases} \tag{5-150}$$

其中，$1\leqslant d(k)\leqslant 3$，$A_d^1=\begin{bmatrix}0.02 & 0 & 0\\ 0.01 & 0 & 0\\ -0.0021 & 0 & 0\end{bmatrix}$，$N^1=\begin{bmatrix}0.1 & 0 & 0\\ 0 & 0.1 & 0\\ 0 & 0 & 0\end{bmatrix}$，$H^1=\begin{bmatrix}0.104 & 0 & 0\\ 0.5 & 0 & 0\\ 0 & 0 & 0\end{bmatrix}$，$H_d^1=\begin{bmatrix}0.04 & 0 & 0\\ 0.05 & 0 & 0\\ 0 & 0 & 0\end{bmatrix}$，$\Delta^1(k)=\begin{bmatrix}\Delta_1 & 0 & 0\\ 0 & \Delta_2 & 0\\ 0 & 0 & \Delta_3\end{bmatrix}$，$A_d^2=\begin{bmatrix}0.02 & 0\\ 0.01 & 0\end{bmatrix}$，$N^2=\begin{bmatrix}1 & 0\\ 0 & 1\end{bmatrix}$，$H^2=\begin{bmatrix}0.0104 & 0\\ -0.0304 & 0\end{bmatrix}$，$H_d^2=\begin{bmatrix}0.001 & 0\\ 0.002 & 0\end{bmatrix}$，$\Delta^2(k)=\begin{bmatrix}\Delta_7 & 0\\ 0 & \Delta_8\end{bmatrix}$，$w^1(k)=0.5\times[\Delta_4\quad \Delta_5\quad \Delta_6]^{\mathrm{T}}$，$w^2(k)=0.5\times[\Delta_9\quad \Delta_{10}]^{\mathrm{T}}$，$|\Delta_{ii}|\leqslant 1,\quad ii=1,2,\cdots,10$。假设存在未知的执行器故障 α^p。但已知 $0.4=\underline{\alpha}^p\leqslant\alpha^p\leqslant\overline{\alpha}^p=1.2$，根据式（5-79）可得 $\beta^p=0.8$，$\beta_0^p=0.5$。此外，系统的输入和输出约束为

$$\begin{cases}\left|y^1(k+i\,|\,k)\right|\leqslant 41, & 0<k<T^1\\ \left|y^2(k+i\,|\,k)\right|\leqslant 353, & T^1\leqslant k<T^2\\ \left|u^1(k+i\,|\,k)\right|\leqslant 4.5, & 0<k<T^1\\ \left|u^2(k+i\,|\,k)\right|\leqslant 0.57, & T^1\leqslant k<T^2\end{cases} \tag{5-151}$$

两个阶段的设定值为

$$\begin{cases} c^1(k) = 40, & 0 < k \leqslant T^1 \\ c^2(k) = 300, & T^1 < k < T^1 + T^2 \end{cases} \tag{5-152}$$

为评估控制系统的跟踪性能，引入以下公式：

$$D(k) = \begin{cases} \sqrt{e^{1\mathrm{T}}(k)e^1(k)}, & 0 \leqslant k < T_1 \\ \sqrt{e^{2\mathrm{T}}(k)e^2(k)}, & T_1 \leqslant k \leqslant T_1 + T_2 \end{cases} \tag{5-153}$$

5.4.3　多阶段切换运行控制效果

通过多次仿真试验，得到注射阶段的控制参数为 $\partial^1 = 0.9025$，$Q_1^1 = \mathrm{diag}[5,3,1.5,1]$，$R_1^1 = 0.1$，保压阶段的控制参数为 $\partial^2 = 0.9$，$Q_1^2 = \mathrm{diag}[6,2.5,1]$，$R_1^2 = 0.1$。不同于以往的经验法和平均驻留时间方法，通过定理 5.2 可求得每个阶段的平均驻留时间，分别为 $T^1 = 86\mathrm{s}$ 和 $T^2 = 88\mathrm{s}$。

在文献[132]的 4.3 节中针对具有时变时滞和未知干扰的多阶段间歇过程，提出了一种二维迭代学习控制（2-dimensional iterative learning control，2D-ILC）方法，该方法是目前对于间歇过程控制的主流方法。为此，将本章提出的方法与文献[132]中 4.3 节的 2D-ILC 方法进行对比研究。图 5-4 展示了第 50 批次注射阶段和保压阶段的输出响应曲线，其左边纵坐标为注射速度，右面纵坐标为喷嘴压力。从图中可以看出，对比于 2D-ILC 方法，定理 5.2 所提出的方法可以更快地跟踪设定值，并且在系统切换时可以避免不必要的超调，从而使系统运行更加稳定。此外，从第 50 批次 MATLAB 仿真时间而言，本章提出的方法仿真时间为

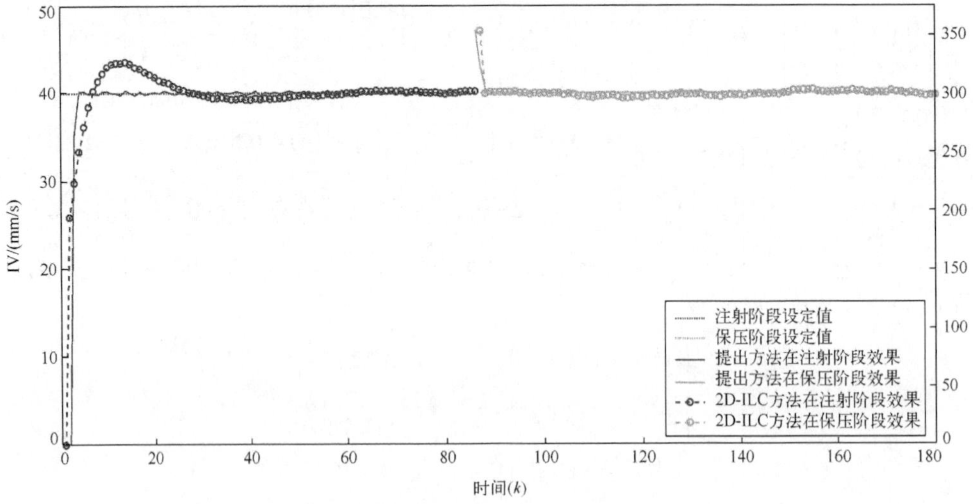

图 5-4　注射阶段和保压阶段的输出响应

8.099119s，而 2D-ILC 方法为 12.444231s，可以看出本章提出的方法可以缩短 34.9%的仿真时间，在一定程度上可以降低一定的计算负担。

相应的输入响应曲线如图 5-5 所示，从图中可以看出，对比于 2D-ILC 方法，定理 5.2 所提出的方法在系统发生切换时可以使得输入变量的轨迹更加平滑。同时也可以看到，当系统达到稳定时，通过基本不变的输入信号来实现系统的稳定运行，减少了系统在复杂环境运行时控制输入的连续调整和能量损耗，节约了生产成本，提高了生产效率。

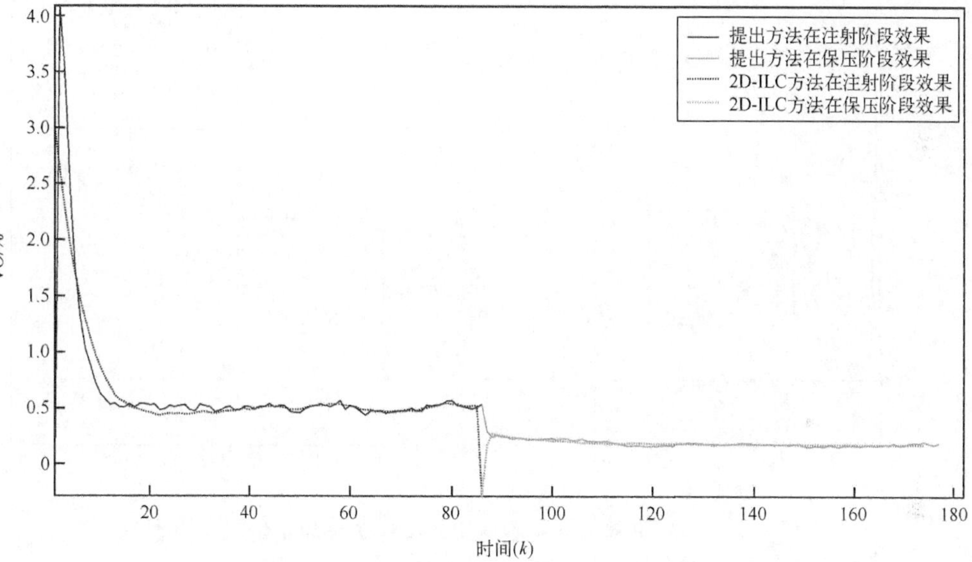

图 5-5 注射阶段和保压阶段的输入响应

正如之前控制器的设计，引入了包括参数 Q_1^p 和 R_1^p 的最优性能指标，而这些参数可以改进系统的控制性能。图 5-6 展示了三种不同 Q_1^p 情形下控制性能对比结果，其中，R_1^1 和 R_1^2 固定设置为 0.1，三种情形为情形 1：$Q_1^1=\text{diag}[5,3,1.5,1]$，$Q_1^2=\text{diag}[6,2.5,1]$；情形 2：$Q_1^1=\text{diag}[35,8,5,1]$，$Q_1^2=\text{diag}[50,20,5]$；情形 3：$Q_1^1=\text{diag}[35,15,10,5]$，$Q_1^2=\text{diag}[100,30,10]$。从图中可以看出，随着 Q_1^p 变大，控制性能变差，并且输出响应变慢。类似于图 5-5，图 5-7 是三种不同 R_1^p 情形下控制性能对比结果，其中，$Q_1^1=\text{diag}[5,3,1.5,1]$，$Q_1^2=\text{diag}[6,2.5,1]$，三种情形为情形 1：$R_1^1=0.1$，$R_1^2=0.1$；情形 2：$R_1^1=500$，$R_1^2=500$；情形 3：$R_1^1=1000$，$R_1^2=1000$。从图中可以发现，随着 R_1^p 变大，系统的控制性能也会变差。

图 5-8 和图 5-9 分别展示了第 1 批次、第 5 批次、第 10 批次、第 15 批次、第 20 批次、第 30 批次、第 40 批次和第 50 批次的输出响应曲线。从这些图中可以发现，由于 2D-ILC 方法需要之前批次的数据来计算控制律并且开始的批次信

息较少或者数据质量较差，其控制效果在开始的批次明显较差。然而，随着仿真的进行，数据量不断增加，可以看到在第 20 批次后其控制效果明显变好。值得注意的是定理 5.2 提出的方法视每个批次的不同阶段为单独的子系统并且进行单独控制，其控制器的设计不需要之前批次的信息，可以实现每个批次有效的控制。由于批次过程具有多样性和快速性等特性，有时需要小批量地生产并且经常会变换生产的对象。因此，提出的方法可以有效地避免采用之前批次较差的信息而导致资源浪费、能源损失以及生产不合格的产品。

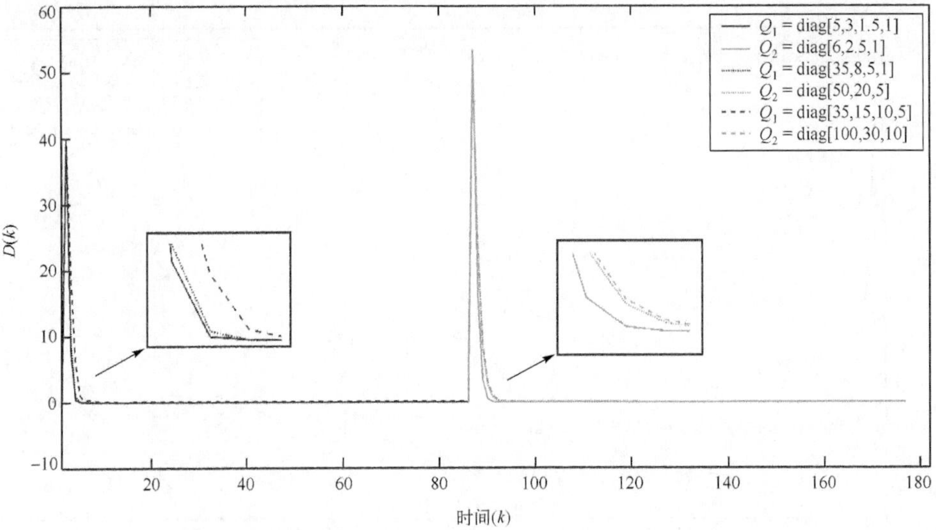

图 5-6　不同 Q_1^p 情况下注射阶段和保压阶段的系统跟踪性能

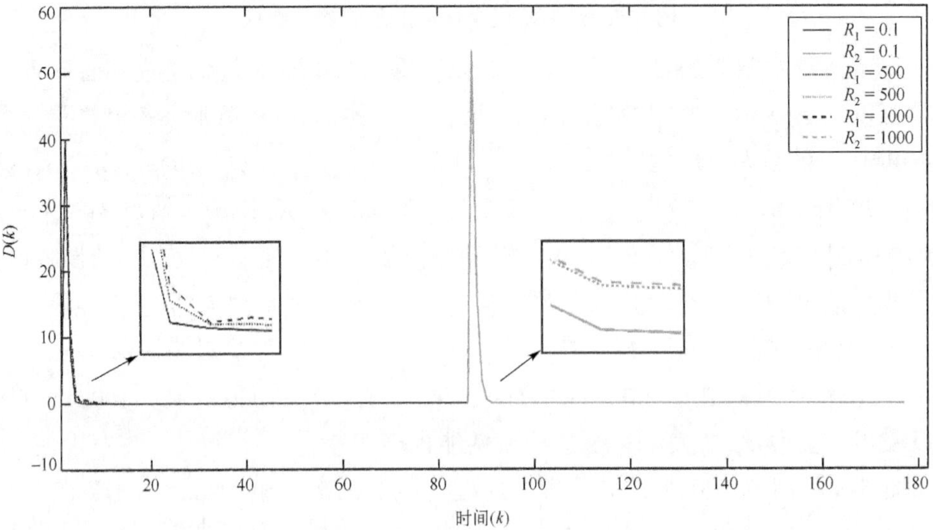

图 5-7　不同 R_1^p 情况下注射阶段和保压阶段的系统跟踪性能

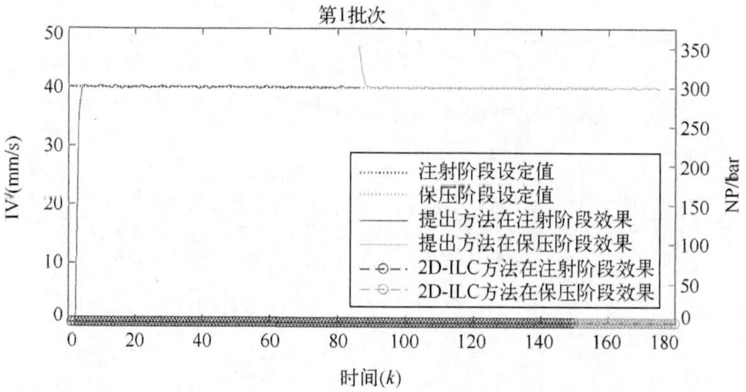
第1批次
IV/(mm/s)
NP/bar
时间(k)
注射阶段设定值
保压阶段设定值
提出方法在注射阶段效果
提出方法在保压阶段效果
2D-ILC方法在注射阶段效果
2D-ILC方法在保压阶段效果

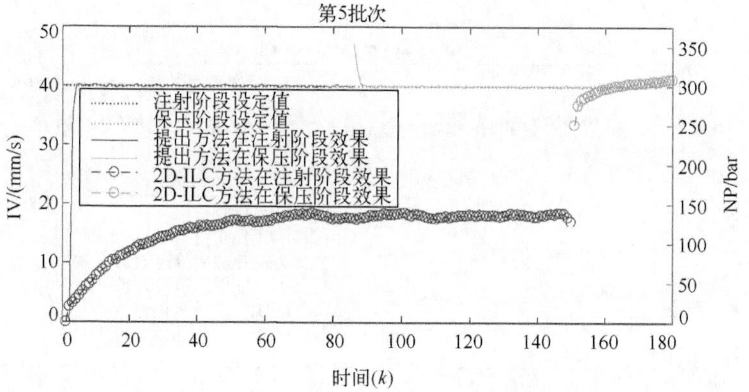
第5批次
IV/(mm/s)
NP/bar
时间(k)
注射阶段设定值
保压阶段设定值
提出方法在注射阶段效果
提出方法在保压阶段效果
2D-ILC方法在注射阶段效果
2D-ILC方法在保压阶段效果

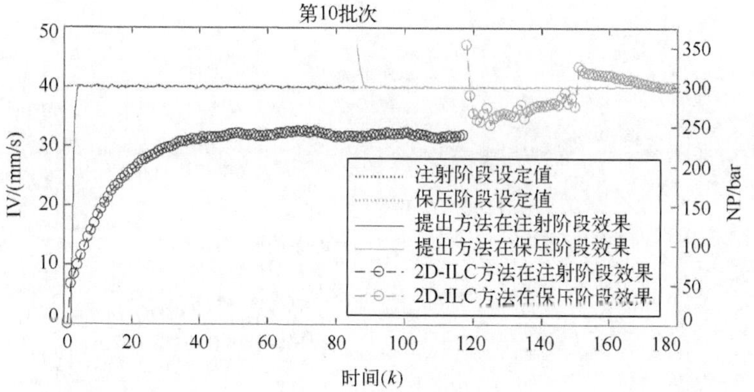
第10批次
IV/(mm/s)
NP/bar
时间(k)
注射阶段设定值
保压阶段设定值
提出方法在注射阶段效果
提出方法在保压阶段效果
2D-ILC方法在注射阶段效果
2D-ILC方法在保压阶段效果

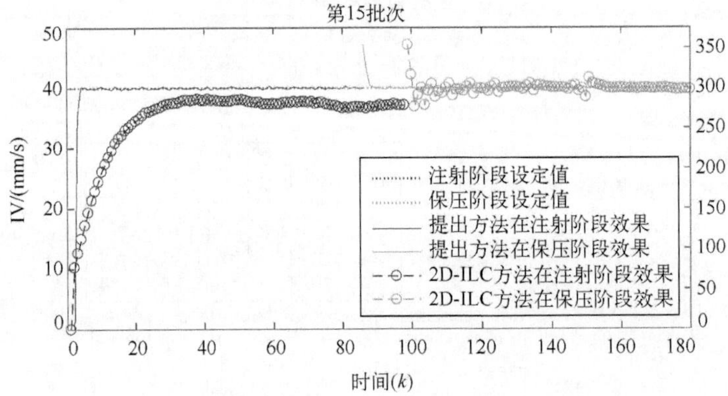

图 5-8　不同批次下注射阶段和保压阶段的输出响应①

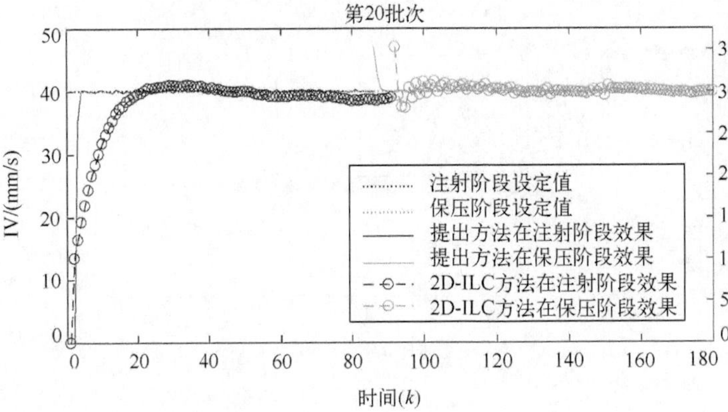

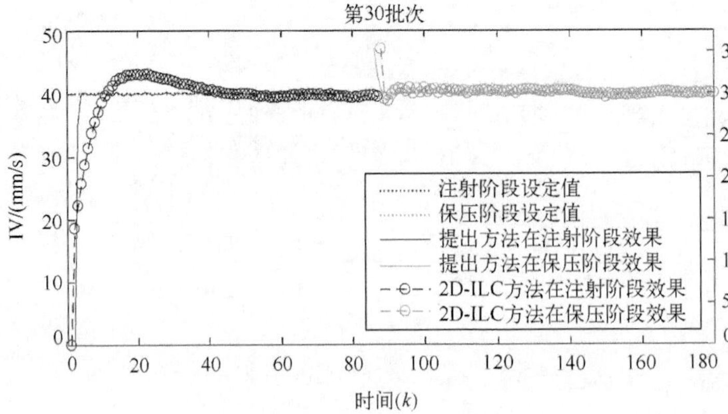

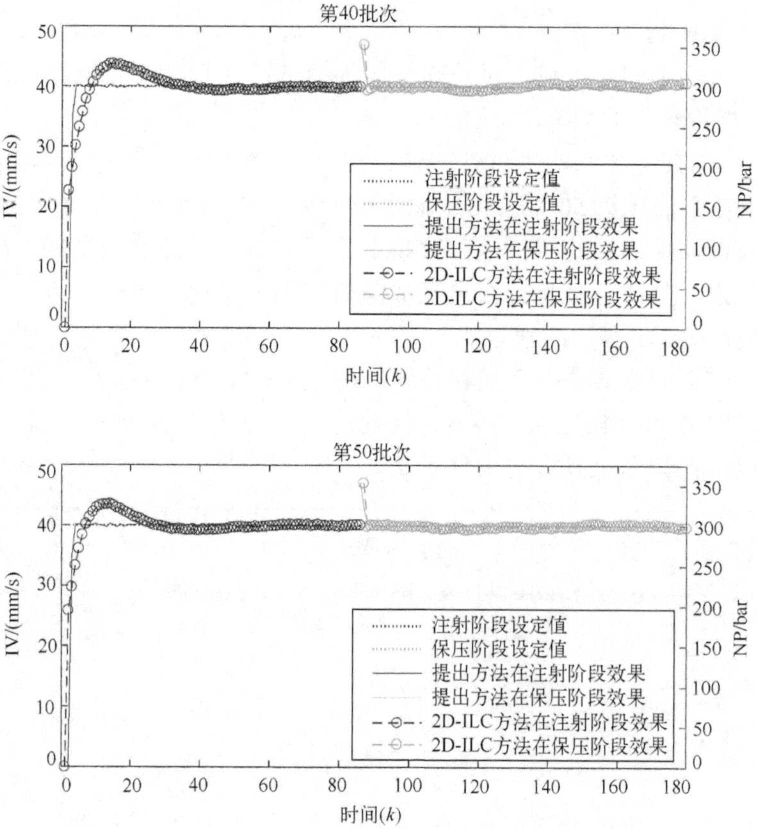

图 5-9　不同批次下注射阶段和保压阶段的输出响应②

同时也可以从图中看出，当喷嘴压力达到切换条件 350 bar 时，系统需要切换到保压阶段，采用 2D-ILC 方法，第 1 批次、第 5 批次、第 10 批次、第 15 批次、第 20 批次、第 30 批次、第 40 批次和第 50 批次切换时间分别为 151s、151s、118s、99s、92s、88s、87s、87s。明显地，随着批次增加切换时间逐渐变小但变化较大，在开始的几个批次不能满足生产需求，导致生产较多的不合格产品，从而影响经济效益，并且较大的切换时间也会导致生产效率低下。在第 32 批次后，切换时间稳定为 87s，其控制效果可以满足生产需求。然而，从图中可知采用定理 5.2 提出的方法其注射阶段的运行时间始终保持为 86s，比采用 2D-ILC 方法稳定时的运行时间降低了 1s。在大规模工业生产中，在相同的时间内 1s 的差距可以生产更多的产品同时降低产品的单位能源消耗。

5.4.4　多阶段切换容错控制效果

经过大量试验，确定注射阶段的参数为 $\partial^1 = 0.9025$， $Q_1^1 = \mathrm{diag}[5,3,1.5,1]$，

$R_1^1 = 0.1$，保压阶段的参数为 $\partial^2 = 0.9$，$Q_1^2 = \mathrm{diag}[6,2.5,1]$，$R_1^2 = 0.1$。与经验法和平均驻留时间方法不同，可以通过定理 5.4 计算两个阶段的平均驻留时间，分别是 $T^1 = 86\mathrm{s}$ 和 $T^2 = 88\mathrm{s}$。

将定理 5.3 所提方法与二维迭代学习控制（2D-ILC）[132]在有故障的情况下进行比较。两种方法在第 50 批次系统输出响应如图 5-10 所示。由图可知，定理 5.3 所提方法可以使控制系统更快地跟踪设定值，并减少不必要的过冲，使控制系统运行更加稳定。其次，当执行器出现故障时提出方法比 2D-ILC 方法具有更强的跟踪设定值能力。此外，两种方法在第 50 批的仿真时间上还存在一些差异。在仿真运行中，提出的方法在每个批次仿真时间为 8.099119s，而 2D-ILC 方法在每个批次仿真时间为 12.444231s。提出方法使仿真时间减少 34.9%，减轻了控制系统的计算负担，在计算上具有更大优势。

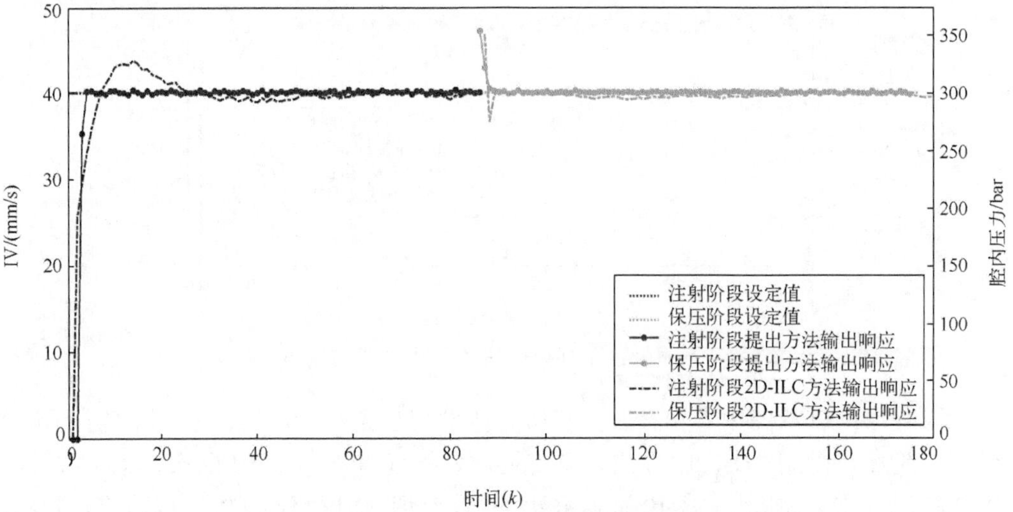

图 5-10　两种方法下注射阶段和保压阶段的输出响应

两种方法的输入响应如图 5-11 所示。由图可见，所提方法的输入变量在切换时比 2D-ILC 方法有更加平滑的轨迹。同时，当控制系统达到稳定时，可以通过基本不变的输入信号实现有效控制，减少控制输入的连续调整和能量损失，节省生产成本，提高生产效率。

在控制器设计中引入优化性能参数可以提高控制性能。当 R_1^1 和 R_1^2 固定为 0.1 时，在没有干扰的情况下，所提方法在三组不同 Q_1^p 参数下的控制性能对比如图 5-12 所示。第一组：$Q_1^1 = \mathrm{diag}[5,3,1.5,1]$，$Q_1^2 = \mathrm{diag}[6,2.5,1]$；第二组：$Q_1^1 = \mathrm{diag}[35,8,5,1]$，$Q_1^2 = \mathrm{diag}[50,20,5]$；第三组：$Q_1^1 = \mathrm{diag}[35,15,10,5]$，$Q_1^2 = \mathrm{diag}[100,30,10]$。

由图可知，当 Q_1^p 变大时，系统的控制性能变差，输出响应变慢。当 $Q_1^1 = \text{diag}[5,3,1.5,1]$，$Q_1^2 = \text{diag}[6,2.5,1]$ 时，提出的方法在三组不同 R_1^p 参数下的控制性能对比如图 5-13 所示。第一组：$R_1^1 = 0.1$，$R_1^2 = 0.1$；第二组：$R_1^1 = 500$，$R_1^2 = 500$；第三组：$R_1^1 = 1000$，$R_1^2 = 1000$。由图可知，随着 R_1^p 变大，系统的控制性能也变差。

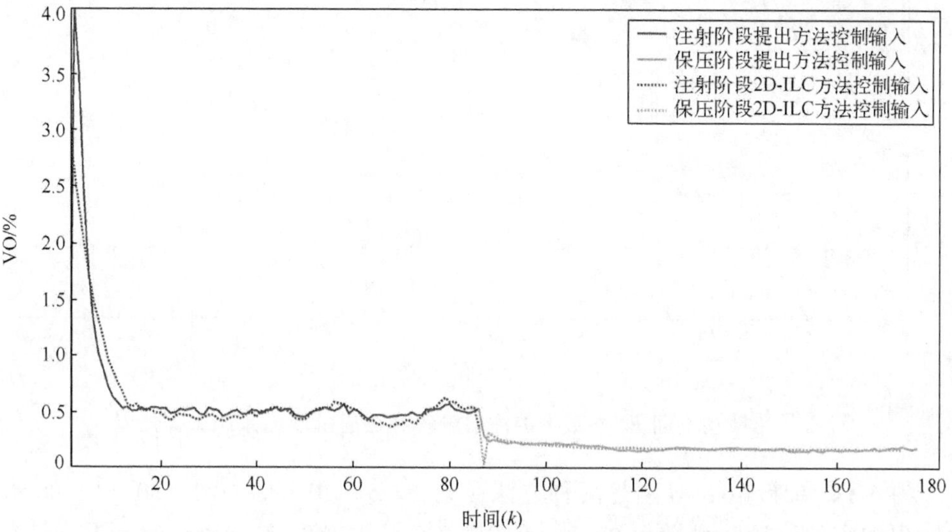

图 5-11　两种方法在注射阶段和保压阶段的输入响应

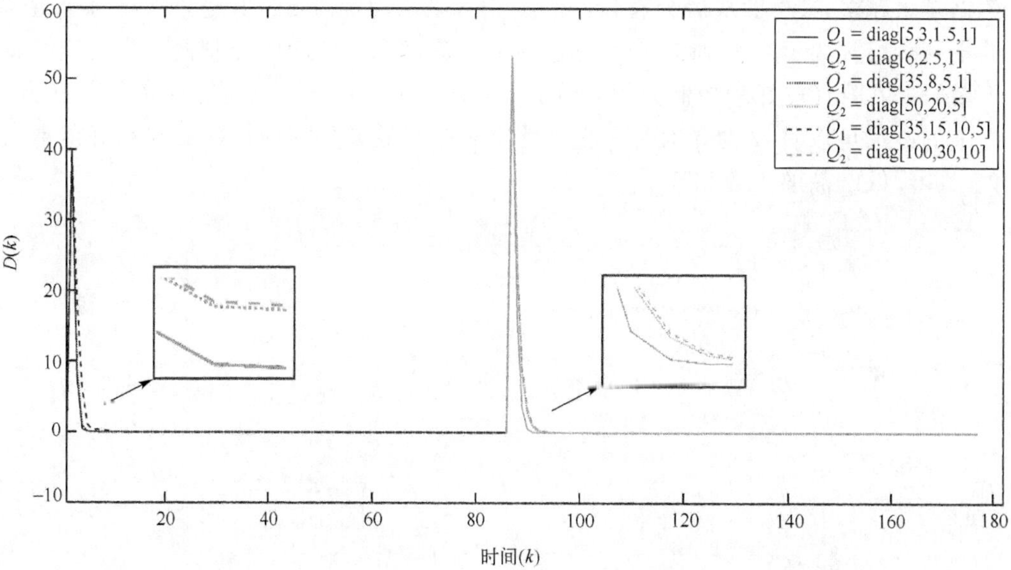

图 5-12　在不同 Q_1^p 参数下的注射阶段和保压阶段的系统跟踪性能

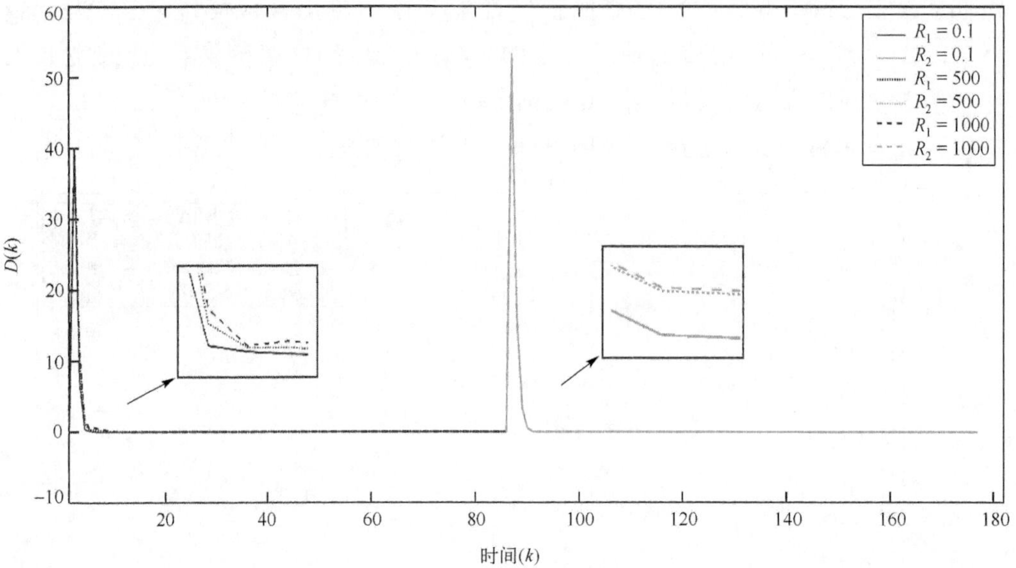

图 5-13　在不同 R_1^p 参数下的注射阶段和保压阶段的系统跟踪性能

图 5-14 和图 5-15 分别是两种方法在第 1、5、10、15、20、30、40 和 50 批次输出响应的比较。由图可知，由于 2D-ILC 方法需要前一批次的数据来计算控制律，因此当批次数据较少或不好时，控制效果低劣。但是，随着仿真的进行，数据越来越多，20 批次后会有较好的控制效果。而定理 5.3 所提方法将每个批次的不同阶段视为一个单独的子系统，并为子系统设计对应的控制器。当批次数据不多时，依旧有较好的控制效果。由于间歇过程有时只需要生产少量产品。因此，提出的方法可以有效地避免由于前几批次的控制效果欠佳而造成的材料和能量损失，并降低产品的不合格率。

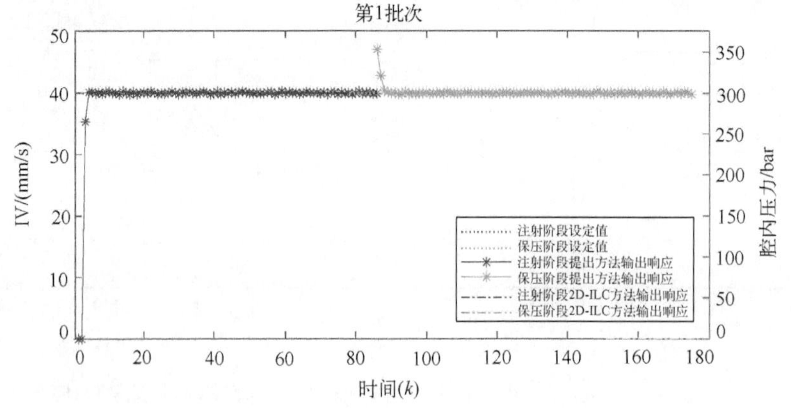

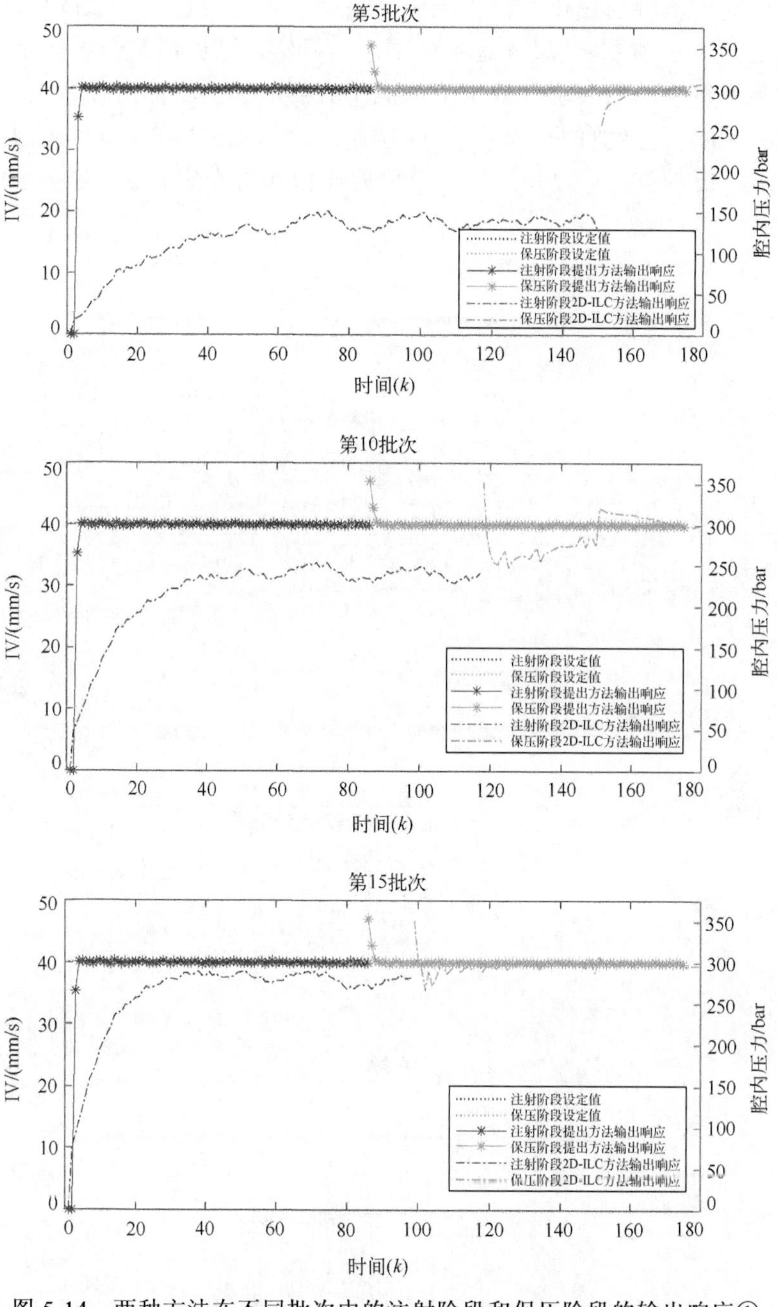

图 5-14　两种方法在不同批次中的注射阶段和保压阶段的输出响应①

另外，当喷嘴压力达到 350 bar 的切换条件时，2D-ILC 方法在第 5、10、15、20、30、40 和 50 批次的切换时间分别为 151s、151s、118s、99s、92s、88s 和 87s。

这种切换时间大范围的变化，将影响生产效率。第 32 批之后，2D-ILC 方法的切换时间稳定在 87s，控制效果满足生产要求。显然，这种情况会导致第 32 批次前生产的产品不符合出厂要求，给工厂造成不必要的损失。而所提方法注射阶段的运行时间为 86s，与计算的平均驻留时间相同，并且比 2D-ILC 方法节省 1s。在大规模生产中，1s 的差异可以使工厂在单位能耗相同的情况下生产更多的产品。

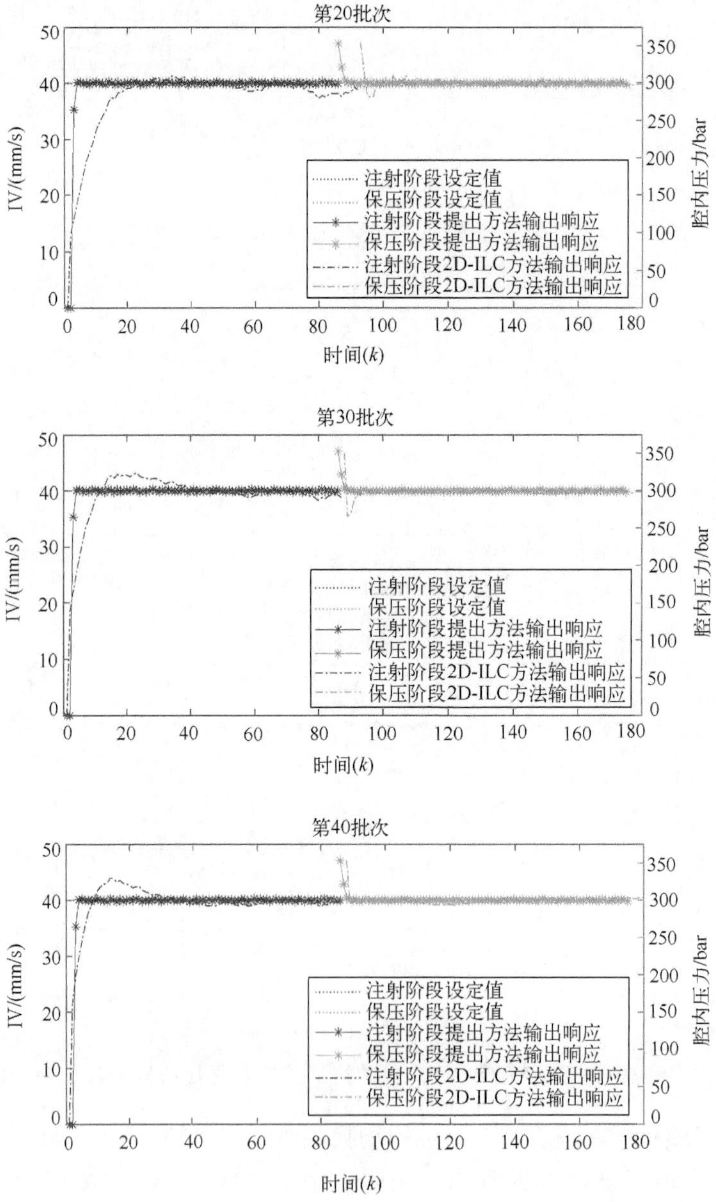

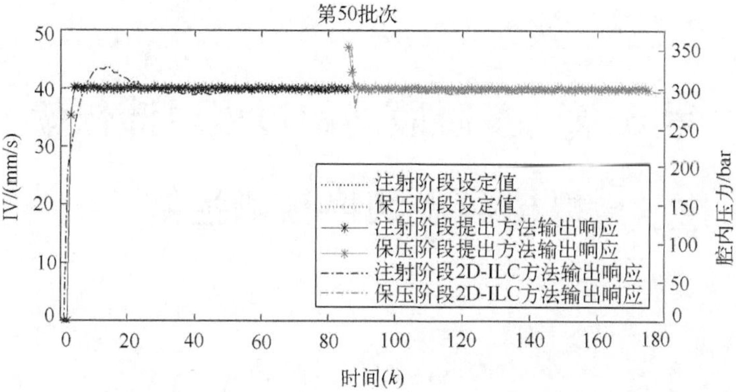

图 5-15　两种方法在不同批次中的注射阶段和保压阶段的输出响应②

5.5　本 章 小 结

本章主要研究了具有时变时滞的多阶段间歇过程鲁棒预测容错控制方法，包括无故障和有故障两种情况。针对无故障情况的研究，包括该类问题的描述、鲁棒切换预测控制器的设计和注塑成型过程的仿真研究，给出了保证间歇过程每个阶段渐近稳定和每个批次指数稳定的 LMI 充分条件，以得到系统每个阶段的控制律增益和最小运行时间，并通过注塑成型过程的注射和保压阶段的切换研究验证了所提方法的有效性和可行性。针对有故障的情况，提出了一种鲁棒预测切换控制方法。首先，通过建立具有扩展输出跟踪误差的多自由度状态空间模型，大大降低系统的稳态误差。其次，使用模态依赖的平均驻留时间方法，计算出每个阶段的最短运行时间。最后，对注塑成型过程中注射阶段和保压阶段进行仿真，验证了提出方法的有效性和可行性。

第 6 章　多阶段间歇过程时滞依赖鲁棒异步切换预测控制

6.1 引　　言

因为 ILC 可以使用批次中的数据来优化参数，不断调整控制输入并逐渐提高跟踪性能，所以成为间歇过程控制的常规方法。但这种方法很难处理非重复性干扰以及每个批次数据长度不一致的情况。为了弥补这个缺陷，可以将每个批次中的不同阶段视为单独的子系统并设计对应的控制器。加之，多阶段间歇过程在切换时可能存在控制器与系统状态不同步的情况，因此本章针对具有区间时变时滞和时变设定值的多阶段间歇过程提出一种鲁棒预测异步切换控制方法。首先，分析切换时系统的运行状态，将每个阶段建立为包括稳定和不稳定两种情况子系统的增量状态空间模型，并将系统输出误差引入到增量状态空间模型中构建扩展状态空间模型。一方面，可以确保设计的控制器分别调整系统状态和输出跟踪误差；另一方面，可以确保收敛性和跟踪设定值能力的同时为控制器提供更大的自由度。其次，基于扩展状态空间模型推导出使多阶段间歇过程在每个阶段渐近稳定且每个批次指数稳定的 LMI 条件，并通过求解 LMI 参数计算控制律增益以及稳定情况最短运行时间和不稳定情况最大运行时间。接着利用超前切换思想，根据计算出的时间提前给出控制器切换信号，避免不稳定情况的出现。在此基础上，针对具有非线性特性的多阶段间歇过程提出一种鲁棒模糊预测异步切换控制方法。该方法在线性方法的基础上，考虑到多阶段间歇过程存在模型非线性特性，结合模糊控制思想实现有效控制。此外，考虑到间歇过程生产中存在的部分执行器故障的问题，结合容错控制思想，提出了一种鲁棒异步切换预测容错控制方法。最后通过仿真验证，分别验证了线性控制器、非线性控制器和容错控制器在对应情况下的有效性和可行性。

6.2　具有时变设定值的多阶段间歇过程鲁棒预测异步切换控制

6.2.1　异步切换系统描述与建模

具有不确定性、区间时变时滞和外界未知干扰的多阶段间歇过程可以用如下形式的状态空间模型进行描述：

$$\begin{cases} x(k+1) = A^{v(k)}(k)x^{v(k)}(k) + A_d^{v(k)}(k)x^{v(k)}(k-d(k)) + B^{v(k)}(k)u^{v(k)}(k) + \omega^{v(k)}(k) \\ y(k) = C^{v(k)}x^{v(k)}(k) \end{cases} \tag{6-1}$$

其中，$x^{v(k)}(k) \in \mathbf{R}^{n_x^{v(k)}}$，$u^{v(k)}(k) \in \mathbf{R}^{n_u^{v(k)}}$，$y^{v(k)}(k) \in \mathbf{R}^{n_y^{v(k)}}$ 和 $\omega^{v(k)}(k)$ 分别是系统状态、控制输入、系统输出和外界未知有界干扰，$n_x^{v(k)}, n_u^{v(k)}, n_y^{v(k)}$ 分别是系统矩阵、输入矩阵和输出矩阵对应的维数，$d(k)$ 是时变时滞，满足如下约束：

$$d_m \leqslant d(k) \leqslant d_M \tag{6-2}$$

式中，d_M, d_m 分别是时滞 $d(k)$ 的上界和下界。

在多阶段间歇过程中，$v(k)$ 表示系统的切换信号，满足 $v(k): R^+ \to p := \{1,2,\cdots, P\}$。$p$ 是系统在不同阶段运行的标志，$v(k)=p$ 表示系统正在第 p 阶段运行。对于第 p 阶段的模型，$A^p(k) = A^p + \Delta_a^{pi}(k)$, $A_d^p(k) = A_d^p + \Delta_d^{pi}(k)$, $B^p(k) = B^p + \Delta_b^{pi}(k)$, A^p, A_d^p, B^p 和 C^p 是分别与子系统维数匹配的常数矩阵。$\Delta_a^{pi}(k), \Delta_d^{pi}(k), \Delta_b^{pi}(k)$ 是维数匹配但数值不确定的随机矩阵，满足：

$$\begin{bmatrix} \Delta_a^{pi}(k) & \Delta_d^{pi}(k) & \Delta_b^{pi}(k) \end{bmatrix} = N^{pi}\Delta^{pi}(k)\begin{bmatrix} H^{pi} & H_d^{pi} & H_b^{pi} \end{bmatrix} \tag{6-3}$$

式中，$\Delta^{pi\mathrm{T}}(k)\Delta^{pi}(k) \leqslant I^p$，$\Delta^{pi}(k)$ 是随着离散时间 k 时刻变化的未知不确定矩阵，$N^{pi}, H^{pi}, H_d^{pi}, H_b^{pi}$ 是与子系统相关的常数矩阵。

本节针对多阶段间歇过程提出一种异步切换方法。当系统从第 p–1 阶段运行到第 p 阶段时，系统需要经历两种情况，其中控制器与系统状态不匹配的阶段称为 p 阶段不稳定情况，控制器与系统状态匹配的阶段称为 p 阶段稳定情况，系统的运行过程如图 6-1 所示。因此，具有不确定性、时变时滞和外部未知有界扰动的第 p 阶段的状态空间模型可以表示为式（6-4）的形式。

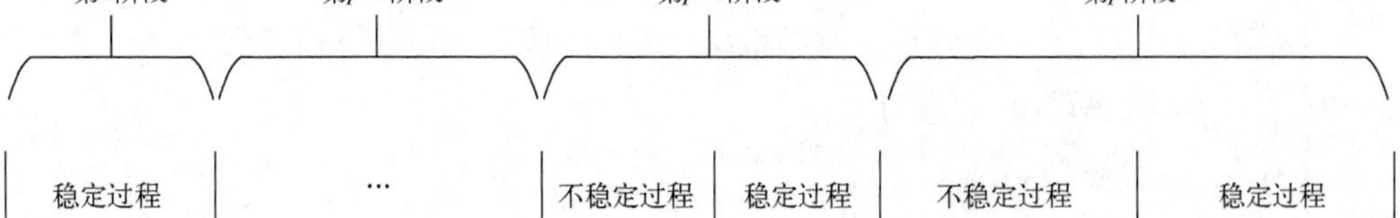

图 6-1　多阶段间歇过程异步切换阶段顺序图

$$\begin{cases} x^p(k+1) = A^p(k)x^p(k) + A_d^p(k)x^p(k-d(k)) + B^p(k)u^p(k) + \omega^p(k) \\ y^p(k) = C^p x^p(k) \end{cases} \tag{6-4a}$$

$$\begin{cases} x^p(k+1) = A^p(k)x^p(k) + A_d^p(k)x^p(k-d(k)) + B^p(k)u^{p-1}(k) + \omega^p(k) \\ y^p(k) = C^p x^p(k) \end{cases} \tag{6-4b}$$

其中，式（6-4a）是第 p 阶段稳定情况的状态空间模型，式（6-4b）是第 p 阶段不稳定情况的状态空间模型，$\omega^p(k)$ 是外界未知有界干扰。

另外，当系统在阶段间切换时，两个阶段的系统状态满足以下关系：

$$x^{p+1}(T^p) = \Phi^p x^p(T^p) \tag{6-5}$$

其中，Φ^p 表示第 p 阶段和第 $p+1$ 阶段之间的状态转换矩阵。

为确保不同阶段之间的平滑切换，给出如下形式的切换信号：

$$v(k+1)=\begin{cases} v(k)+1, & M^{v(k)+1}(x(k))<0 \\ v(k), & \text{其他} \end{cases} \tag{6-6}$$

其中，$M^{v(k)+1}(x(k))$ 是发生切换的切换条件。

由于多阶段间歇过程需要在阶段间进行切换，因此切换点的选择是影响生产效率的关键。切换点与切换条件之间满足如下关系：

$$T^p = \min\{k > T^{p-1} \mid M^{v(k)+1}(x(k)) < 0\}, \quad T^0 = 0 \tag{6-7}$$

在每个阶段中，存在稳定情况和不稳定情况，两种情况的切换点分别用 T^{pS} 和 T^{pU} 表示。因此，控制系统的时间序列可以表示为

$$\begin{aligned} \Sigma = \Big\{ & (T^{1S},\upsilon(T^{1S})),(T^{2U},\upsilon(T^{2U})),(T^{2S},\upsilon(T^{2S})),(T^{3U},\upsilon(T^{3U})), \\ & \cdots,(T^{pU},\upsilon(T^{pU})),(T^{pS},\upsilon(T^{pS}))\Big\} \end{aligned} \tag{6-8}$$

切换点的时间差需要满足 $T^{pS} - T^{pU} \geqslant \tau_S^p$, $T^{pU} - T^{(p-1)S} \leqslant \tau_U^p$，其中，$\tau_S^p$ 和 τ_U^p 分别是第 p 阶段稳定情况的最短运行时间和第 p 阶段不稳定情况的最长运行时间。

为减少系统误差并提高控制器的调节能力，使用系统的增量状态和输出误差作为扩展的系统状态，从而构建扩展的状态空间模型。在第 p 阶段中，稳定情况和不稳定情况的扩展状态空间模型为

$$\begin{cases} x_{1k}^{pS}(k+1) = A_k^p(k)x_{1k}^{pS}(k) + A_{dk}^p(k)x_{1k}^p(k-d(k)) + B_k^p(k)\Delta u^p(k) + G_k^p\overline{\omega}_k^{pS}(k) \\ \qquad + L_k^p \Delta r^p\left(k+1\right) \\ \Delta y^p(k) = C_k^p x_{1k}^{pS}(k) \\ z^{pS}(k) = e^{pS}(k) = E_k^p \overline{x}_{1k}^{pS}(k) \end{cases} \tag{6-9a}$$

$$\begin{cases} x_{1k}^{pU}(k+1) = A_k^p(k)x_{1k}^{pU}(k) + A_{dk}^p(k)x_{1k}^p(k-d(k)) + B_k^p(k)\Delta u^{p-1}(k) + G_k^p\overline{\omega}_k^{pU}(k) \\ \qquad + L_k^p\Delta r^p(k+1) \\ \Delta y^p(k) = C_k^p x_{1k}^{pU}(k) \\ z^{pU}(k) = e^{pU}(k) = E_k^p\overline{x}_{1k}^{pU}(k) \end{cases} \tag{6-9b}$$

上式中，$x_{1k}^{pS}(k)=\begin{bmatrix}\Delta x^p(k)\\ e^{pS}(k)\end{bmatrix}$，$x_{1k}^{pU}(k)=\begin{bmatrix}\Delta x^p(k)\\ e^{pU}(k)\end{bmatrix}$，$\overline{x}_{1k}^p(k-d(k))=\Delta x^p(k-d(k))$，$A_k^p(k)=\begin{bmatrix}A^p+\Delta_a^{pi}(k) & 0\\ C^pA^p+C^p\Delta_a^{pi}(k) & I^p\end{bmatrix}=A_k^p+\Delta_{ak}^{pi}(k)$，$A_k^p=\begin{bmatrix}A^p & 0\\ C^pA^p & I^p\end{bmatrix}$，$\Delta_{ak}^{pi}(k)=N_k^{pi}\Delta^{pi}(k)H_k^{pi}$，$A_{dk}^p(k)=\begin{bmatrix}A_d^p+\Delta_d^{pi}(k) & 0\\ C^pA_d^p+C^p\Delta_d^{pi}(k) & 0\end{bmatrix}=A_{dk}^p+\Delta_{dk}^{pi}(k)$，$A_{dk}^p=\begin{bmatrix}A_d^p & 0\\ C^pA_d^p & 0\end{bmatrix}$，$\Delta_{dk}^{pi}(k)=N_k^{pi}\Delta^{pi}(k)H_{dk}^{pi}$，$B_k^p(k)=\begin{bmatrix}B^p+\Delta_b^{pi}\\ C^pB^p+C^p\Delta_b^{pi}\end{bmatrix}=B_k^p+\Delta_{bk}^{pi}(k)$，$B_k^p=\begin{bmatrix}B^p\\ C^pB^p\end{bmatrix}$，$\Delta_{bk}^{pi}(k)=N_k^{pi}\Delta^{pi}(k)H_{bk}^{pi}$，$N_k^{pi}=\begin{bmatrix}N^{pi}\\ C^pN^{pi}\end{bmatrix}$，$H_k^{pi}=\begin{bmatrix}H^{pi} & 0\end{bmatrix}$，$H_{dk}^{pi}=\begin{bmatrix}H_d^{pi} & 0\end{bmatrix}$，$H_{bk}^{pi}=\begin{bmatrix}H_b^{pi} & 0\end{bmatrix}$，$G_k^p=\begin{bmatrix}I^p\\ C^p\end{bmatrix}$，$L_k^p=\begin{bmatrix}0\\ -I^p\end{bmatrix}$，$C_k^p=\begin{bmatrix}C^p & 0\end{bmatrix}$，$E_k^p=\begin{bmatrix}0 & I^p\end{bmatrix}$，$\overline{\omega}^{pS}(k)=(\Delta_a^{pi}(k)-\Delta_a^{pi}(k-1))x^p(k-1)+(\Delta_d^{pi}(k)-\Delta_d^{pi}(k-1))x^p(k-1-d(k-1))+(\Delta_b^{pi}(k)-\Delta_b^{pi}(k-1))u^p(k-1)+\Delta\omega^p(k)$，$\overline{\omega}^{pU}(k)=(\Delta_a^{pi}(k)-\Delta_a^{pi}(k-1))x^p(k-1)+(\Delta_d^{pi}(k)-\Delta_d^{pi}(k-1))x^p(k-1-d(k-1))+(\Delta_b^{pi}(k)-\Delta_b^{pi}(k-1))u^{p-1}(k-1)+\Delta\omega^p(k)$。

此外，$c^p(k)$ 是在第 p 阶段中可能随时间 k 变化而改变的设定值，而 $\Delta c^p(k+1)$ 是设定值的变化量。$e^p(k)=y^p(k)-c^p(k)$ 是第 p 阶段中系统输出与设定值的偏差。因此，在稳定情况和不稳定情况下，系统偏差可以表示为

$$\begin{aligned} e^{pS}(k+1) &= e^{pS}(k)+C^pA^p(k)\Delta x^p(k)+C^pA_d^p(k)\Delta x^p(k-d(k)) \\ &\quad +C^pB^p(k)\Delta u^p(k)+C^p\overline{\omega}^{pS}(k)-\Delta c^p(k+1) \end{aligned} \tag{6-10}$$

$$\begin{aligned} e^{pU}(k+1) &= e^{pU}(k)+C^pA^p(k)\Delta x^p(k)+C^pA_d^p(k)\Delta x^p(k-d(k)) \\ &\quad +C^pB^p(k)\Delta u^{p-1}(k)+C^p\overline{\omega}^{pU}(k)-\Delta c^p(k+1) \end{aligned} \tag{6-11}$$

类似地，扩展状态空间模型相邻阶段之间的系统状态满足以下关系：

$$\begin{aligned} \begin{bmatrix}\Delta x^p(T^{p-1})\\ e^p(T^{p-1})\end{bmatrix} &= \begin{bmatrix}\Phi^{p-1}\Delta x^{p-1}(T^{p-1})\\ C^p\Phi^{p-1}(\Delta x^{p-1}(T^{p-1})+x^{p-1}(T^{p-1}-1))-r^p\end{bmatrix} \\ &= \begin{bmatrix}\Phi^{p-1}\\ C^p\Phi^{p-1}\end{bmatrix}\begin{bmatrix}I & 0\end{bmatrix}\begin{bmatrix}\Delta x^{p-1}(T^{p-1})\\ e^{p-1}(T^{p-1})\end{bmatrix}+\begin{bmatrix}0\\ C^p\Phi^{p-1}x^{p-1}(T^{p-1}-1)-r^p\end{bmatrix} \end{aligned} \tag{6-12}$$

令 $\Phi^{p-1}=\begin{bmatrix}\Phi^{p-1}\\ C^{p}\Phi^{p-1}\end{bmatrix}\begin{bmatrix}I & 0\end{bmatrix}, \Gamma^{p-1}=\begin{bmatrix}0\\ C^{p}\Phi^{p-1}x^{p-1}(T^{p-1}-1)-r^{p}\end{bmatrix}$，则 $x_{1k}^{p}(k)=\Phi^{p-1}x_{1k}^{p-1}(k)+\Gamma^{p-1}$。

6.2.2 多阶段异步切换控制器设计

在本节中针对具有不确定性、区间时变时滞和外界未知干扰的多阶段间歇过程在切换时存在控制器与系统状态不同步的情况，设计鲁棒预测异步切换控制器。并且推导出每个阶段稳定情况最短运行时间和不稳定情况最长运行时间的计算方法。并利用超前切换思想提前给控制器切换信号，避免不稳定情况对系统的影响。

1. 控制律设计

为确保系统的收敛性和跟踪性能，控制系统在第 p 阶段稳定情况和不稳定情况的控制律设计如下：

$$\Delta u^{p}(k)=K_{k}^{p}\overline{x}_{1k}^{pS}(k)=K_{k}^{p}\begin{bmatrix}\Delta x^{p}(k)\\ e^{pS}(k)\end{bmatrix} \tag{6-13a}$$

$$\begin{aligned}\Delta u^{p-1}(k)&=K_{k}^{p-1}\overline{x}_{1k}^{(p-1)U}(k)=K_{k}^{p-1}\left(\left(\Phi^{p-1}\right)^{-1}\overline{x}_{1k}^{p}(k)-\left(\Phi^{p-1}\right)^{-1}\Gamma^{p-1}\right)\\&=K_{k}^{p-1}\left(\Phi^{p-1}\right)^{-1}\begin{bmatrix}\Delta x^{p}(k)\\ e^{p}(k)\end{bmatrix}-K_{k}^{p-1}\left(\Phi^{p-1}\right)^{-1}\Gamma^{p-1}\end{aligned} \tag{6-13b}$$

其中，K_{k}^{p} 和 K_{k}^{p-1} 分别代表系统在第 p 个阶段和第 p–1 个阶段的控制律增益。

将式（6-13）代入式（6-9），可得第 p 阶段稳定情况和不稳定情况闭环系统状态空间模型如下：

$$\begin{cases}x_{1k}^{pS}(k+1)=A_{kb}^{pS}(k)x_{1k}^{pS}(k)+A_{dk}^{p}(k)x_{1k}^{p}(k-d(k))+G_{k}^{p}\omega_{k}^{p}(k)\\ \qquad\qquad +L_{k}^{p}\Delta c^{p}\left(k+1\right)\\ \Delta y^{p}(k)=C_{k}^{p}x_{1k}^{pS}(k)\\ z^{pS}(k)=e^{pS}(k)=E_{k}^{p}\overline{x}_{1k}^{pS}(k)\end{cases} \tag{6-14a}$$

$$\begin{cases}x_{1k}^{pU}(k+1)=A_{kb}^{pU}(k)x_{1k}^{pU}(k)+A_{dk}^{p}(k)x_{1k}^{p}(k-d(k))-B_{k}^{p}(k)K_{k}^{p-1}\left(\Phi^{p-1}\right)^{-1}\Gamma^{p-1}\\ \qquad\qquad +G_{k}^{p}\omega_{k}^{p}(k)+L_{k}^{p}\Delta c^{p}\left(k+1\right)\\ \Delta y^{p}(k)=C_{k}^{p}x_{1k}^{pU}(k)\\ z^{pU}(k)=e^{pU}(k)=E_{k}^{p}\overline{x}_{1k}^{pU}(k)\end{cases} \tag{6-14b}$$

其中，$A_{kb}^{pS}(k)=A_{k}^{p}(k)+B_{k}^{p}(k)K_{k}^{p}$，$A_{kb}^{pU}(k)=A_{k}^{p}(k)+B_{k}^{p}(k)K_{k}^{p-1}\left(\Phi^{p-1}\right)^{-1}$。

2. 异步切换控制器设计

在本节中，定理 6.1 针对具有不确定性和区间时变时滞的多阶段异步切换系统推导出基于 LMI 形式的稳定性充分条件。定理 6.2 在定理 6.1 的基础上考虑了外界未知干扰对控制系统的影响。定理 6.3 在定理 6.2 的基础上考虑了时变设定值对控制系统的影响。

定理 6.1　如果存在已知标量 $0\leqslant d_m\leqslant d_M$，$\varpi^p>0$，未知对称正矩阵 P_1^{pS},T_1^{pS}，$M_1^{pS},G_1^{pS},L_1^{pS},S_1^{pS},S_2^{pS}$，$M_3^{pS}$，$M_4^{pS}$，$X_1^{pS}$，$X_2^{pS}$，$P_1^{(p-1)U},T_1^{(p-1)U},M_1^{(p-1)U},G_1^{(p-1)U},L_1^{(p-1)U},S_1^{(p-1)U}$，$S_2^{(p-1)U},M_3^{(p-1)U},M_4^{(p-1)U}$，$X_1^{(p-1)U},X_2^{(p-1)U}\in\mathbf{R}^{n_{x_{1k}}^p}$，未知矩阵 $Y_1^{pS}\in\mathbf{R}^{n_u^p\times n_{x_{1k}}^p}$ 和未知标量 $0<\varsigma_p^S<1$，$\varsigma_p^U>1$，$0<\partial^p<1$，$\theta^p>0$，$\mu_p^S>1$，$0<\mu_p^U<1$，$\varepsilon_1^{pS}>0$，$\varepsilon_2^{pS}>0$，$\varepsilon_1^{pU}>0$，$\varepsilon_2^{pU}>0$，使得如下 LMI 条件成立，可以保证多阶段闭环控制系统式（6-14）当 $\Delta c^p(k+1)=0$，$\omega_k^p(k)$=0 时，在每个阶段渐近稳定且每个批次指数稳定。

$$\begin{bmatrix}\Pi_{11}^{pS} & \Pi_{12}^{pS} & \Pi_{13}^{pS} & \Pi_{14}^{pS} & \Pi_{15}^{pS}\\ * & \Pi_{22}^{pS} & 0 & 0 & 0\\ * & * & \Pi_{33}^{pS} & 0 & 0\\ * & * & * & \Pi_{44}^{pS} & 0\\ * & * & * & * & \Pi_{55}^{pS}\end{bmatrix}<0 \tag{6-15}$$

$$\begin{bmatrix}\Pi_{11}^{pU} & \Pi_{12}^{pU} & \Pi_{13}^{pU} & \Pi_{14}^{pU} & \Pi_{15}^{pU}\\ * & \Pi_{22}^{pU} & 0 & 0 & 0\\ * & * & \Pi_{33}^{pU} & 0 & 0\\ * & * & * & \Pi_{44}^{pU} & 0\\ * & * & * & * & \Pi_{55}^{pU}\end{bmatrix}<0 \tag{6-16}$$

$$\begin{cases}V_p^S(\overline{x}_1(k))\leqslant\mu_p^S V_{p-1}^S(\overline{x}_1(k))\\ V_p^S(\overline{x}_1(k))\leqslant\mu_p^S V_p^U(\overline{x}_1(k))\\ V_p^U(\overline{x}_1(k))\leqslant\mu_p^U V_{p-1}^S(\overline{x}_1(k))\end{cases} \tag{6-17}$$

$$\begin{bmatrix}-1 & \overline{x}_l^{p\mathrm{T}}(k|k)\\ \overline{x}_l^p(k|k) & -\overline{\varphi}_l^p\end{bmatrix}\leqslant 0 \tag{6-18}$$

其中，

$$\Pi_{11}^{pS}=\begin{bmatrix}\phi_1^{pS} & 0 & (\varsigma_p^S)^{d_M}L_1^{pS}\\ * & -(\varsigma_p^S)^{d_M}S_1^{pS} & 0\\ * & * & -(\varsigma_p^S)^{d_M}((M_4^{pS})+(X_1^{pS}))\end{bmatrix}$$

$$\Pi_{12}^{pS}=\begin{bmatrix} L_1^{pS}A_k^{p\mathrm{T}}+Y_1^{pS\mathrm{T}}B_k^{p\mathrm{T}} & L_1^{pS}A_k^{p\mathrm{T}}+Y_1^{pS\mathrm{T}}B_k^{p\mathrm{T}}-L_1^{pS} \\ S_1^{pS}A_{dk}^{p\mathrm{T}} & S_1^{pS}A_{dk}^{p\mathrm{T}} \\ 0 & 0 \end{bmatrix}$$

$$\Pi_{13}^{pS}=\begin{bmatrix} L_1^{pS}(Q^{pS})^{\frac{1}{2}} & Y_1^{pS\mathrm{T}}(R^{pS})^{\frac{1}{2}} \\ 0 & 0 \\ 0 & 0 \end{bmatrix},\quad \Pi_{14}^{pS}=\Pi_{15}^{pS}=\begin{bmatrix} L_1^{pS}H_k^{pi\mathrm{T}} & Y_1^{pS\mathrm{T}}H_{bk}^{pi\mathrm{T}} \\ S_1^{pS}H_{dk}^{pi\mathrm{T}} & 0 \\ 0 & 0 \end{bmatrix}$$

$$\Pi_{22}^{pS}=\begin{bmatrix} -L_1^{pS}+\varepsilon_1^{pS}N_k^{pi}N_k^{pi\mathrm{T}}+\varepsilon_2^{pS}N_k^{pi}N_k^{pi\mathrm{T}} & 0 \\ 0 & -X_1^{pS}(D_2^p)^{-1}+\varepsilon_1^{pS}N_k^{pi}N_k^{pi\mathrm{T}}+\varepsilon_2^{pS}N_k^{pi}N_k^{pi\mathrm{T}} \end{bmatrix}$$

$$\Pi_{33}^{pS}=\begin{bmatrix} -\theta^p I^p & 0 \\ 0 & -\theta^p I^p \end{bmatrix},\quad \Pi_{44}^{pS}=\Pi_{55}^{pS}=\begin{bmatrix} -\varepsilon_1^{pS}I^p & 0 \\ 0 & -\varepsilon_2^{pS}I^p \end{bmatrix}$$

$$\Pi_{11}^{pU}=\begin{bmatrix} \phi_1^{pU} & 0 & (\varsigma_p^U)^{d_M}L_1^{(p-1)U} \\ * & -(\varsigma_p^{\mathrm{U}})^{d_M}S_1^{(p-1)U} & 0 \\ * & * & -(\varsigma_p^U)^{d_M}((M_4^{(p-1)U})+(X_1^{(p-1)U})) \end{bmatrix}$$

$$\Pi_{12}^{pU}=\begin{bmatrix} L_1^{(p-1)U}A_k^{p\mathrm{T}}+L_1^{(p-1)U}\left((\Phi^{p-1})^{-1}\right)^{\mathrm{T}}\left(K^{p-1}\right)^{\mathrm{T}}B_k^{p\mathrm{T}} \\ S_1^{(p-1)U}A_{dk}^{p\mathrm{T}} \\ 0 \end{bmatrix.$$
$$\begin{matrix} L_1^{(p-1)U}A_k^{p\mathrm{T}}+L_1^{(p-1)U}\left((\Phi^{p-1})^{-1}\right)^{\mathrm{T}}\left(K^{p-1}\right)^{\mathrm{T}}B_k^{p\mathrm{T}}-L_1^{(p-1)U} \\ S_1^{(p-1)U}A_{dk}^{p\mathrm{T}} \\ 0 \end{bmatrix}$$

$$\Pi_{13}^{pU}=\begin{bmatrix} L_1^{(p-1)U}(Q^{(p-1)U})^{\frac{1}{2}} & L_1^{(p-1)U}\left((\Phi^{p-1})^{-1}\right)^{\mathrm{T}}\left(K^{p-1}\right)^{\mathrm{T}}(R^{(p-1)U})^{\frac{1}{2}} \\ 0 & 0 \\ 0 & 0 \end{bmatrix}$$

$$\Pi_{14}^{pU}=\Pi_{15}^{pU}=\begin{bmatrix} L_1^{(p-1)U}H_k^{pi\mathrm{T}} & L_1^{(p-1)U}\left((\Phi^{p-1})^{-1}\right)^{\mathrm{T}}\left(K^{p-1}\right)^{\mathrm{T}}H_{bk}^{pi\mathrm{T}} \\ S_1^{(p-1)U}H_{dk}^{pi\mathrm{T}} & 0 \\ 0 & 0 \end{bmatrix}$$

$$\Pi_{22}^{pU}=\begin{bmatrix}-L_1^{(p-1)U}+\varepsilon_1^{pU}N_k^{pi}N_k^{pi\mathrm{T}}+\varepsilon_2^{pU}N_k^{pi}N_k^{pi\mathrm{T}} & 0\\ 0 & -X_1^{(p-1)U}(D_2^p)^{-1}+\varepsilon_1^{pU}N_k^{pi}N_k^{pi\mathrm{T}}+\varepsilon_2^{pU}N_k^{pi}N_k^{pi\mathrm{T}}\end{bmatrix}$$

$$\Pi_{33}^{pU}=\begin{bmatrix}-\theta^{p-1}I^{p-1} & 0\\ 0 & -\theta^{p-1}I^{p-1}\end{bmatrix},\quad \Pi_{44}^{pU}=\Pi_{55}^{pU}=\begin{bmatrix}-\varepsilon_1^{pU}I^p & 0\\ 0 & -\varepsilon_2^{pU}I^p\end{bmatrix}$$

$$\phi_1^{pS}=-\varsigma_p^S L_1^{pS}+M_3^{pS}+D_1^pS_2^{pS}+S_2^{pS}-(\varsigma_p^S)^{d_M}X_2^{pS}$$

$$\phi_1^{pU}=-\varsigma_p^U L_1^{(p-1)U}+M_3^{(p-1)U}+D_1^pS_2^{(p-1)U}+S_2^{(p-1)U}-(\varsigma_p^U)^{d_M}X_2^{(p-1)U}$$

$$D_1^p=(d_M-d_m+1)I^p,\quad D_2^p=(d_M)^2I^p$$

“*”表示对称位置中的元素的转置，第 p 阶段的控制律增益为 $K_k^p=Y_1^{pS}(L_1^{pS})^{-1}$。

每个阶段稳定情况运行时间和不稳定情况运行时间满足以下约束：

$$\begin{cases}\tau_S^p\geqslant(\tau_S^p)^*=-\dfrac{\ln\mu_p^S}{\ln\varsigma_p^S}\\[2ex] \tau_U^p\leqslant(\tau_U^p)^*=-\dfrac{\ln\mu_p^U}{\ln\varsigma_p^U}\end{cases}\tag{6-19}$$

其中，$(\tau_S^p)^*$, $(\tau_U^p)^*$ 分别是第 p 阶段稳态情况最短运行时间和不稳定情况最长运行时间。

证明　为使多阶段异步切换闭环系统在 $\Delta c^p(k+1)=0$，$\omega_k^p(k)$=0 的情况下具有鲁棒稳定性应满足以下关系：

$$\begin{aligned}&V_p^S(x_{1k}^p(k+i+1|k))-V_p^S(x_{1k}^p(k+i|k))\\&\leqslant-[(x_{1k}^p(k+i|k))^{\mathrm{T}}Q^{pS}(x_{1k}^p(k+i|k))+\Delta u^{pS}(k+i|k)^{\mathrm{T}}R^{pS}\Delta u^{pS}(k+i|k)]\end{aligned}\tag{6-20}$$

将式（6-20）两边从 $i=0$ 到 ∞ 相加，已知 $V(x_1(\infty))=0$ 或 $x_1(\infty)=0$，可得

$$J_\infty^{pS}(k)\leqslant V_p^S(x_{1k}^p(k))\leqslant\theta^p\tag{6-21}$$

其中，θ^p 是鲁棒预测性能指标 $J_\infty^{pS}(k)$ 的上边界。

为使后续证明更加直观，在证明中出现的符号定义如下：

$$x_{1kd}^p(k+i)=x_{1k}^p(k+i-d(k+i)),\quad x_{1kd_M}^p(k+i)=x_{1k}^p(k+i-d_M)$$

$$\delta_{1k}^p(k+i)=x_{1k}^p(k+i+1)-x_{1k}^p(k+i),\quad \varphi_{1k}^p(k+i)=\begin{bmatrix}x_{1k}^{p\mathrm{T}}(k+i) & x_{1kd}^{p\mathrm{T}}(k+i) & x_{1kd_M}^{p\mathrm{T}}(k+i)\end{bmatrix}^{\mathrm{T}}$$

考虑区间时变时滞对系统的影响，选取如下 Lyapunov 函数：

$$V_p^S(x_{1k}^p(k+i))=\sum_{p=1}^{5}V_p^{pS}(x_{1k}^p(k+i))\tag{6-22}$$

其中，

$$V_1^{pS}(x_{1k}^p(k+i)) = x_{1k}^{p\mathrm{T}}(k+i)P_1^{pS}x_{1k}^p(k+i) = x_{1k}^{p\mathrm{T}}(k+i)\theta^p(L_1^{pS})^{-1}x_{1k}^p(k+i)$$

$$V_2^{pS}(x_{1k}^p(k+i)) = \sum_{r=k-d(k)}^{k-1} x_{1k}^{p\mathrm{T}}(r+i)(\varsigma_p^S)^{k-1-r}T_1^{pS}x_{1k}^p(r+i)$$

$$= \sum_{r=k-d(k)}^{k-1} x_{1k}^{p\mathrm{T}}(r+i)(\varsigma_p^S)^{k-1-r}\theta^p(S_1^{pS})^{-1}x_{1k}^p(r+i)$$

$$V_3^{pS}(x_{1k}^p(k+i)) = \sum_{r=k-d_M}^{k-1} x_{1k}^{p\mathrm{T}}(r+i)(\varsigma_p^S)^{k-1-r}M_1^{pS}x_{1k}^p(r+i)$$

$$= \sum_{r=k-d_M}^{k-1} x_{1k}^{p\mathrm{T}}(r+i)(\varsigma_p^S)^{k-1-r}\theta^p(M_2^{pS})^{-1}x_{1k}^p(r+i)$$

$$V_4^{pS}(x_{1k}^p(k+i)) = \sum_{s=-d_M}^{-d_m}\sum_{r=k+s}^{k-1} x_{1k}^{p\mathrm{T}}(r+i)(\varsigma_p^S)^{k-1-r}T_1^{pS}x_{1k}^p(r+i)$$

$$= \sum_{s=-d_M}^{-d_m}\sum_{r=k+s}^{k-1} x_{1k}^{p\mathrm{T}}(r+i)(\varsigma_p^S)^{k-1-r}\theta^p(S_1^{pS})^{-1}x_{1k}^p(r+i)$$

$$V_5^{pS}(x_{1k}^p(k+i)) = d_M\sum_{s=-d_M}^{-1}\sum_{r=k+s}^{k-1} \delta_{1k}^{p\mathrm{T}}(r+i)(\varsigma_p^S)^{k-1-r}G_1^{pS}\delta_{1k}^p(r+i)$$

$$= d_M\sum_{s=-d_M}^{-1}\sum_{r=k+s}^{k-1} \delta_{1k}^{p\mathrm{T}}(r+i)(\varsigma_p^S)^{k-1-r}\theta^p(X_1^{pS})^{-1}\delta_{1k}^p(r+i)$$

式中，$P_1^{pS}, T_1^{pS}, M_1^{pS}, M_2^{pS}$ 和 G_1^{pS} 是正定对称矩阵。

令 $\xi_k^p(k+i) = \left[x_{1k}^p(k+i)^\mathrm{T} \quad x_{1k}^p(k+i-d(k))^\mathrm{T} \quad \cdots \quad x_{1k}^p(k+i-d_M)^\mathrm{T} \quad \cdots \quad \delta_{1k}^p(k+i-1)^\mathrm{T}\right]$，$\psi_1^{pS} = \mathrm{diag}\left[P_1^{pS} \quad T_1^{pS} \quad \cdots \quad M_1^{pS} \quad \cdots \quad d_M G_1^{pS}\right]$，$(\Pi^{pS})^{-1} = \mathrm{diag}\left[(L_1^{pS})^{-1} \quad (S_1^{pS})^{-1} \quad \cdots \quad (M_2^{pS})^{-1} \quad \cdots \quad d_M(X_1^{pS})^{-1}\right]$，则上式可以表示为以下形式：

$$V_p^S(x_{1k}^p(k+i)) = \xi_k^{p\mathrm{T}}(k+i)\psi_1^p\xi_k^p(k+i) = \xi_k^{p\mathrm{T}}(k+i)\theta^p(\Pi^{pS})^{-1}\xi_k^p(k+i) \tag{6-23}$$

将式（6-22）与式（6-23）相结合可得

$$\Delta V_p^S(x_{1k}^p(k+i)) \leqslant V_p^S(x_{1k}^p(k+i+1)) - \varsigma_p^S V_p^S(x_{1k}^p(k+i)) = \sum_{p=1}^{5}\Delta V_p^{pS}(x_{1k}^p(k+i)) \tag{6-24}$$

其中，

$$\Delta V_1^{pS}(x_{1k}(k+i)) = x_{1k}^{p\mathrm{T}}(k+i+1)\theta^p(L_1^{pS})^{-1}x_{1k}^p(k+i+1) - \varsigma_p^S x_{1k}^{p\mathrm{T}}(k+i)\theta^p(L_1^{pS})^{-1}x_{1k}^p(k+i)$$

$$\Delta V_2^{pS}(x_{1k}^p(k+i)) = \sum_{r=k+1-d(k+1)}^{k} x_{1k}^{p\mathrm{T}}(r+i)(\varsigma_p^S)^{k-r}\theta^p(S_1^{pS})^{-1}x_{1k}^p(r+i) - \sum_{r=k-d(k)}^{k-1}\varsigma_p^S x_{1k}^{p\mathrm{T}}(r+i)(\varsigma_p^S)^{k-1-r}\theta^p(S_1^{pS})^{-1}x_{1k}^p(r+i)$$

$$\leqslant x_{1k}^{p\mathrm{T}}(k+i)\theta^p(S_1^{pS})^{-1}x_{1k}^p(k+i) - x_{1kd}^{p\mathrm{T}}(k+i)(\varsigma_p^S)^{d_M}\theta^p(S_1^{pS})^{-1}x_{1kd}^p(k+i) + \sum_{r=k-d_M+1}^{k-d_m} x_{1k}^{p\mathrm{T}}(r+i)(\varsigma_p^S)^{k-r}\theta^p(S_1^{pS})^{-1}x_{1k}^p(r+i)$$

$$\Delta V_3^{pS}(x_{1k}^p(k+i)) = \sum_{r=k+1-d_M}^{k} x_{1k}^{p\mathrm{T}}(r+i)(\varsigma_j^S)^{k-r}\theta^p(M_2^{pS})^{-1}x_{1k}^p(r+i) - \sum_{r=k-d_M}^{k-1}\varsigma_p^S x_{1k}^{p\mathrm{T}}(r+i)(\varsigma_p^S)^{k-1-r}\theta^p(M_2^{pS})^{-1}x_{1k}^p(r+i)$$

$$= x_{1k}^{p\mathrm{T}}(k+i)\theta^p(M_2^{pS})^{-1}x_{1k}^p(k+i) - x_{1kd_M}^{p\mathrm{T}}(k+i)(\varsigma_p^S)^{d_M}\theta^p(M_2^{pS})^{-1}\cdot x_{1kd_M}^p(k+i)$$

$$\Delta V_4^{pS}(x_{1k}^p(k+i)) = \sum_{s=-d_M}^{-d_m}\sum_{r=k+s+1}^{k} x_{1k}^{p\mathrm{T}}(r+i)(\varsigma_p^S)^{k-r}\theta^p(S_1^{pS})^{-1}x_{1k}^p(r+i) - \sum_{s=-d_M}^{-d_m}\sum_{r=k+s}^{k-1}\varsigma_p^S x_{1k}^{p\mathrm{T}}(r+i)(\varsigma_p^S)^{k-1-r}\theta^p(S_1^{pS})^{-1}x_{1k}^p(r+i)$$

$$< (d_M - d_m + 1)x_{1k}^{p\mathrm{T}}(k+i)\theta^p(S_1^{pS})^{-1}x_{1k}^p(k+i) - \sum_{r=k-d_M+1}^{k-d_m} x_{1k}^{p\mathrm{T}}(r+i)(\varsigma_p^S)^{k-r}\theta^p(S_1^{pS})^{-1}x_{1k}^p(r+i)$$

$$\Delta V_5^{pS}(x_{1k}^p(k+i)) = d_M\sum_{s=-d_M}^{-1}\sum_{r=k+s+1}^{k}\delta_{1k}^{p\mathrm{T}}(r+i)(\varsigma_p^S)^{k-r}\theta^p(X_1^{pS})^{-1}\delta_{1k}^p(r+i) - d_M\sum_{s=-d_M}^{-1}\sum_{r=k+s}^{k-1}\varsigma_p^S\delta_{1k}^{p\mathrm{T}}(r+i)(\varsigma_p^S)^{k-1-r}\theta^p(X_1^{pS})^{-1}\delta_{1k}^p(r+i)$$

$$= d_M^2\delta_{1k}^{p\mathrm{T}}(k+i)\theta^p(X_1^{pS})^{-1}\delta_{1k}^p(k+i) - d_M\sum_{r=k-d_M}^{k-1}\delta_{1k}^{p\mathrm{T}}(r+i)(\varsigma_p^S)^{k-r}\theta^p(X_1^{pS})^{-1}\delta_{1k}^p(r+i)$$

利用引理 1.2，$\Delta V_5^{pS}(x_{1k}^p(k+i))$ 满足：

$$\Delta V_5^{pS}(x_{1k}^p(k+i)) \leqslant d_M^2\delta_{1k}^{p\mathrm{T}}(k+i)\theta^p(X_1^{pS})^{-1}\delta_{1k}^p(k+i) - \sum_{r=k-d_M}^{k-1}\delta_{1k}^{p\mathrm{T}}(r+i)(\varsigma_p^S)^{k-r}\theta^p(X_1^{pS})^{-1}\sum_{r=k-d_M}^{k-1}\delta_{1k}^p(r+i)$$

$$< d_M^2 (x_{1k}^p(k+i+1) - x_{1k}^p(k+i))^{\mathrm{T}} \theta^p (X_1^{pS})^{-1} (x_{1k}^p(k+i+1) - x_{1k}^p(k+i)) - (x_{1k}^p(k+i) - x_{1kd_M}^p(k+i))^{\mathrm{T}} (\varsigma_p^S)^{d_M} \theta^p (X_1^{pS})^{-1} \cdot (x_{1k}^p(k+i) - x_{1kd_M}^p(k+i)) \tag{6-25}$$

将式（6-20）与式（6-23）相结合，可得

$$(\theta^p)^{-1} \Delta V_p^S (x_{1k}^p(k+i\,|\,k)) + (\theta^p)^{-1} J^{pS}(k) \leqslant 0 \tag{6-26}$$

其中，优化的性能指标为

$$J^{pS}(k) = (x_{1k}^p(k+i\,|\,k))^{\mathrm{T}} Q_1^{pS} (x_{1k}^p(k+i\,|\,k)) + (\Delta u^{pS}(k+i\,|\,k))^{\mathrm{T}} R_1^{pS} \Delta u^{pS}(k+i\,|\,k)$$

由式（6-24）和式（6-26）可得式（6-27）：

$$(\theta^p)^{-1} \Delta V_p^S (x_{1k}^p(k+i)) + (\theta^p)^{-1} J^{pS}(k) < \varphi_{1k}^{p\mathrm{T}}(k) \Xi_1^{pS} \varphi_{1k}^p(k) \tag{6-27}$$

其中，$\Xi_1^{pS} = \begin{bmatrix} \phi_{1k}^{pS} & 0 & (\varsigma_p^S)^{d_M} (X_1^{pS})^{-1} \\ * & -(\varsigma_p^S)^{d_M} (S_1^{pS})^{-1} & 0 \\ * & 0 & -(\varsigma_p^S)^{d_M} ((M_2^{pS})^{-1} + (X_1^{pS})^{-1}) \end{bmatrix} + \Lambda_1^{pS\mathrm{T}} (L_1^{pS})^{-1} \Lambda_1^{pS} + \Lambda_2^{pS\mathrm{T}} (D_2^{pS})^2 (X_1^{pS})^{-1} \Lambda_2^{pS} + \lambda_1^{pS\mathrm{T}} (\theta^p)^{-1} \lambda_1^{pS} + \lambda_2^{pS\mathrm{T}} (\theta^p)^{-1} \lambda_2^{pS}$，$\phi_{1k}^{pS} = -\varsigma_p^S (L_1^{pS})^{-1} + (S_1^{jS})^{-1} + (M_2^{pS})^{-1} + D_1^p (\mathrm{S}_1^{pS})^{-1} - (\varsigma_p^S)^{d_M} (X_1^{pS})^{-1}$，$\Lambda_1^{pS} = \begin{bmatrix} A_{kb}^{pS}(k) & A_{dk}^p(k) & 0 \end{bmatrix}$，$\Lambda_2^{pS} = \begin{bmatrix} A_{kb}^{pS}(k) - I & A_{dk}^p(k) & 0 \end{bmatrix}$，$\lambda_1^{pS} = \begin{bmatrix} (Q^{pS})^{\frac{1}{2}} & 0 & 0 \end{bmatrix}$，$\lambda_2^{pS} = \begin{bmatrix} (R^{pS})^{\frac{1}{2}} Y_1^{pS} (L_1^{pS})^{-1} & 0 & 0 \end{bmatrix}$。

利用引理 1.1，令 $\Xi_1^{pS} < 0$ 可得如下 LMI 条件：

$$\begin{bmatrix} \phi_{1k}^{pS} & 0 & (\varsigma_p^S)^{d_M} (X_1^{pS})^{-1} & A_{kb}^{pS}(k) & (A_{kb}^{pS}(k) - I)^{\mathrm{T}} & (Q_1^{pS})^{\frac{1}{2}} & ((L_1^{pS})^{-1})^{\mathrm{T}} Y_1^{pS\mathrm{T}} ((R^{pS})^{\frac{1}{2}})^{\mathrm{T}} \\ * & -(\varsigma_p^S)^{d_M} (S_1^{pS})^{-1} & 0 & A_{dk}^p(k) & A_{dk}^p(k) & 0 & 0 \\ * & * & -(\varsigma_p^S)^{d_M} ((M_2^{pS})^{-1} + (X_1^{pS})^{-1}) & 0 & 0 & 0 & 0 \\ * & * & * & -L_1^{pS} & 0 & 0 & 0 \\ * & * & * & * & -(D_2^p)^{-1} X_1^{pS} & 0 & 0 \\ * & * & * & * & * & -\theta^p I^p & 0 \\ * & * & * & * & * & * & -\theta^p I^p \end{bmatrix} < 0 \tag{6-28}$$

为消除式（6-28）中未知矩阵的逆，在式（6-28）的左侧和右侧同时乘以 diag $[L_1^{pS}\ \ S_1^{pS}\ \ X_1^{pS}\ \ I^p\ \ I^p\ \ I^p\ \ I^p]$，令 $L_1^{pS}(M_2^{pS})^{-1}L_1^{pS}=M_3^{pS}$，$X_1^{pS}(M_2^{pS})^{-1}X_1^{pS}=M_4^{pS}$，$L_1^{pS}(S_1^{pS})L_1^{pS}=S_2^{pS}$，$L_1^{pS}(X_1^{pS})^{-1}L_1^{pS}=X_2^{pS}$，$K^{pS}=Y_1^{pS}(L_1^{pS})^{-1}$，可得

$$\begin{bmatrix} \phi_1^{pS} & 0 & (\varsigma_p^S)^{d_M}L_1^{pS} & L_1^{pS}A_k^{pT}(k)+Y_1^{pST}B_k^{pT}(k) & L_1^{pS}A_k^{pT}(k)+Y_1^{pST}B_k^{pT}(k)-L_1^{pS} & L_1^{pS}(Q^{pS})^{\frac{1}{2}} & Y_1^{pST}(R^{pS})^{\frac{1}{2}} \\ * & -(\varsigma_p^S)^{d_M}S_1^{pS} & 0 & S_1^{pS}A_{dk}^{pT}(k) & S_1^{pS}A_{dk}^{pT}(k) & 0 & 0 \\ * & * & -(\varsigma_p^S)^{d_M}((M_4^{pS})+(X_1^{pS})) & 0 & 0 & 0 & 0 \\ * & * & * & -L_1^{pS} & 0 & 0 & 0 \\ * & * & * & * & -(D_2^p)^{-1}X_1^{pS} & 0 & 0 \\ * & * & * & * & * & -\theta^p I^p & 0 \\ * & * & * & * & * & * & -\theta^p I^p \end{bmatrix}<0 \tag{6-29}$$

在式（6-29）的基础上利用引理 1.3 可得式（6-15）。

其次，对于 p 阶段不稳定情况，此时系统状态已经进行切换，但控制器还保持在上一阶段，因此控制器的控制律 K_k^{p-1} 是已知量。

在不稳定的情况下需要满足 $V_p^U(\overline{x}_1(k+1))\leqslant\varsigma_p^U V_p^U(\overline{x}_1(k))$，Lyapunov 函数满足：

$$V_p^U(x_{1k}^p(k+i))=\xi_k^{pT}(k+i)\psi_1^{pU}\xi_k^p(k+i)=\xi_k^{pT}(k+i)\theta^p(\Pi^{pU})^{-1}\xi_k^p(k+i) \tag{6-30}$$

其中，$\xi_k^p(k+i)=\left[x_{1k}^p(k+i)^{\mathrm T}\ \ x_{1k}^p(k+i-d(k))^{\mathrm T}\cdots\ x_{1k}^p(k+i-d_M)^{\mathrm T}\ \cdots\ \delta_{1k}^p(k+i-1)^{\mathrm T}\right]$，$\psi_1^{pU}=\mathrm{diag}\left[P_1^{(p-1)U}\ \ T_1^{(p-1)U}\ \ \cdots\ \ M_1^{(p-1)U}\ \ \cdots\ \ d_M G_1^{(p-1)U}\right]$，$(\Pi^{pU})^{-1}=\mathrm{diag}\left[(L_1^{(p-1)U})^{-1}\ \ (S_1^{(p-1)U})^{-1}\ \ \cdots\ \ (M_2^{(p-1)U})^{-1}\ \ \cdots\ \ d_M(X_1^{(p-1)U})^{-1}\right]$，令 $\Delta V_p^U(x_{1k}^p(k+i))=V_p^U(x_{1k}^{pU}(k+i+1))-\varsigma_p^U V_p^U(x_{1k}^{pU}(k+i))$，由于 $x_{1k}^{pU}(k+1)=A_{kb}^{pU}(k)x_{1k}^{pU}(k)+A_{dk}^p(k)x_{1k}^p(k-d(k))-B_k^p(k)K_k^{p-1}\left(\Phi^{p-1}\right)^{-1}\Gamma^{p-1}+G_k^p\omega_k^p(k)+L_k^p\Delta c^p\left(k+1\right)$，$x_{1k}^{pU}(k+1)\leqslant x_{1k}^p(k+1)=A_{kb}^{pU}(k)x_{1k}^{pU}(k)+A_{dk}^p(k)x_{1k}^p(k-d(k))+G_k^p\omega_k^p(k)+L_k^p\cdot\Delta c^p\left(k+1\right)$，因此：

$$\begin{aligned}\Delta V_p^U(x_{1k}^p(k+i)) &\leqslant V_p^U(x_{1k}^p(k+i+1)) - \varsigma_p^U V_p^U(x_{1k}^p(k+i)) \\ &= \sum_{p=1}^{5} \Delta V_p^{pU}(x_{1k}^p(k+i))\end{aligned} \tag{6-31}$$

其中，

$$\begin{aligned}\Delta V_1^{pU}(x_{1k}(k+i)) = {} & x_{1k}^{p\mathrm{T}}(k+i+1)\theta^p(L_1^{(p-1)U})^{-1}x_{1k}^p(k+i+1) \\ & - \varsigma_p^U x_{1k}^{p\mathrm{T}}(k+i)\theta^p(L_1^{(p-1)U})^{-1}x_{1k}^p(k+i)\end{aligned}$$

$$\begin{aligned}\Delta V_2^{pU}(x_{1k}^p(k+i)) = {} & \sum_{r=k+1-d(k+1)}^{k} x_{1k}^{p\mathrm{T}}(r+i)(\varsigma_p^U)^{k-r}\theta^p(S_1^{(p-1)U})^{-1}x_{1k}^p(r+i) \\ & - \sum_{r=k-d(k)}^{k-1} \varsigma_p^U x_{1k}^{p\mathrm{T}}(r+i)(\varsigma_p^U)^{k-1-r}\theta^p(S_1^{(p-1)U})^{-1}x_{1k}^p(r+i) \\ \leqslant {} & x_{1k}^{p\mathrm{T}}(k+i)\theta^p(S_1^{(p-1)U})^{-1}x_{1k}^p(k+i) - x_{1kd}^{p\mathrm{T}}(k+i)(\varsigma_p^U)^{d_{\max}}\theta^p(S_1^{(p-1)U})^{-1} \cdot \\ & x_{1kd}^p(k+i) + \sum_{r=k-d_{\max}+1}^{k-d_{\min}} x_{1k}^{p\mathrm{T}}(r+i)(\varsigma_p^U)^{k-r}\theta^p(S_1^{(p-1)U})^{-1}x_{1k}^p(r+i)\end{aligned}$$

$$\begin{aligned}\Delta V_3^{pU}(x_{1k}^p(k+i)) = {} & \sum_{r=k+1-d_M}^{k} x_{1k}^{p\mathrm{T}}(r+i)(\varsigma_p^U)^{k-r}\theta^p(M_2^{(p-1)U})^{-1}x_{1k}^p(r+i) \\ & - \sum_{r=k-d_M}^{k-1} \varsigma_p^U x_{1k}^{p\mathrm{T}}(r+i)(\varsigma_p^U)^{k-1-r}\theta^p(M_2^{(p-1)U})^{-1}x_{1k}^p(r+i) \\ = {} & x_{1k}^{p\mathrm{T}}(k+i)\theta^p(M_2^{(p-1)U})^{-1}x_{1k}^p(k+i) - x_{1kd_M}^{p\mathrm{T}}(k+i)(\varsigma_p^U)^{d_M}\theta^p \cdot \\ & (M_2^{(p-1)U})^{-1}x_{1kd_M}^p(k+i)\end{aligned}$$

$$\begin{aligned}\Delta V_4^{pU}(x_{1k}^p(k+i)) = {} & \sum_{s=-d_M}^{-d_m}\sum_{r=k+s+1}^{k} x_{1k}^{p\mathrm{T}}(r+i)(\varsigma_p^U)^{k-r}\theta^p(S_1^{(p-1)U})^{-1}x_{1k}^p(r+i) \\ & - \sum_{s=-d_M}^{-d_m}\sum_{r=k+s}^{k-1} \varsigma_p^U x_{1k}^{p\mathrm{T}}(r+i)(\varsigma_p^U)^{k-1-r}\theta^p(S_1^{(p-1)U})^{-1}x_{1k}^p(r+i) \\ < {} & (d_M-d_m+1)x_{1k}^{p\mathrm{T}}(k+i)\theta^p(S_1^{(p-1)U})^{-1}x_{1k}^p(k+i) \\ & - \sum_{r=k-d_M+1}^{k-d_m} x_{1k}^{p\mathrm{T}}(r+i)(\varsigma_p^U)^{k-r}\theta^p(S_1^{(p-1)U})^{-1}x_{1k}^p(r+i)\end{aligned}$$

$$\Delta V_5^{pU}(x_{1k}^p(k+i)) = d_M\sum_{s=-d_M}^{-1}\sum_{r=k+s+1}^{k}\delta_{1k}^{p\mathrm{T}}(r+i)(\varsigma_p^U)^{k-r}\theta^p(X_1^{pS})^{-1}\delta_{1k}^p(r+i)$$

$$
\begin{aligned}
&-d_M\sum_{s=-d_M}^{-1}\sum_{r=k+s}^{k-1}\varsigma_p^U\delta_{1k}^{p\mathrm{T}}(r+i)(\varsigma_p^U)^{k-1-r}\theta^p(X_1^{(p-1)U})^{-1}\delta_{1k}^p(r+i)\\
&=d_M^2\delta_{1k}^{p\mathrm{T}}(k+i)\theta^p(X_1^{(p-1)U})^{-1}\delta_{1k}^p(k+i)\\
&-d_M\sum_{r=k-d_M}^{k-1}\delta_{1k}^{p\mathrm{T}}(r+i)(\varsigma_p^U)^{k-r}\theta^p(X_1^{(p-1)U})^{-1}\delta_{1k}^p(r+i)
\end{aligned}
$$

利用引理 1.2，$\Delta V_5^{pU}(x_{1k}^p(k+i))$ 满足：

$$
\begin{aligned}
\Delta V_5^{pU}(x_{1k}^p(k+i))&\leqslant d_M^2\delta_{1k}^{p\mathrm{T}}(k+i)\theta^p(X_1^{(p-1)U})^{-1}\delta_{1k}^p(k+i)\\
&-\sum_{r=k-d_M}^{k-1}\delta_{1k}^{p\mathrm{T}}(r+i)(\varsigma_p^U)^{k-r}\theta^p(X_1^{(p-1)U})^{-1}\sum_{r=k-d_M}^{k-1}\delta_{1k}^p(r+i)\\
&<d_M^2(x_{1k}^p(k+i+1)-x_{1k}^p(k+i))^{\mathrm{T}}\theta^p(X_1^{(p-1)U})^{-1}(x_{1k}^p(k+i+1)\\
&-x_{1k}^p(k+i))-(x_{1k}^p(k+i)-x_{1kd_M}^p(k+i))^{\mathrm{T}}(\varsigma_p^U)^{d_M}\theta^p\cdot\\
&(X_1^{(p-1)U})^{-1}(x_{1k}^p(k+i)-x_{1kd_M}^p(k+i))
\end{aligned}
\tag{6-32}
$$

后续证明与第 p 阶段稳定情况证明相似，此处不再赘余，因此，可得式(6-16)。

此外，假设异步切换系统在第 p 阶段离散时间为 k 的稳定情况下运行。由式（6-15）～式（6-17）可得

$$
\begin{aligned}
V_p^S(x_{1k}(k))&<(\varsigma_p^S)^{O-T^{p-1/p}}V_p^S(x_{1k}(T^{p-1/p}))\leqslant\mu_p^S(\varsigma_p^S)^{O-T^{p-1}}V_p^U(x_{1k}(T^{p-1/p}))\\
&\leqslant(\varsigma_p^S)^{O-T^{p-1}}\mu_p^S(\varsigma_p^U)^{T^{p-1/p}-T^{p-1}}V_p^U(x_{1k}(T^{p-1}))\leqslant(\varsigma_p^S)^{O-T^{p-1}}\mu_p^S(\varsigma_p^U)^{T^{p-1/p}-T^{p-1}}\cdot\\
&\quad\mu_p^U V_{p-1}^S(x_{1k}(T^{p-1}))\\
&\quad\vdots\\
&\leqslant\prod_{j=1}^{J}(\mu_p^S)^{N_0^S+\left(T_S^p(f,O)/\tau_S^p\right)}\prod_{j=1}^{J}(\varsigma_p^S)^{T_S^p(f,O)}\prod_{j=1}^{J}(\mu_p^U)^{N_0^U+\left(T_U^p(f,O)/\tau_U^p\right)}\prod_{j=1}^{J}(\varsigma_p^U)^{T_U^p(f,O)}V_1^S(x_{1k}(T^0))\\
&=\exp\left(\sum_{j=1}^{J}N_0^S\ln\mu_p^S+\sum_{j=1}^{J}N_0^U\ln\mu_p^U\right)\prod_{j=1}^{J}((\mu_p^S)^{1/\tau_S^p}(\varsigma_p^S))^{T_S^p(f,O)}\prod_{j=1}^{J}((\mu_p^U)^{1/\tau_U^p}(\varsigma_p^U))^{T_U^p(f,O)}\cdot\\
&\quad V_1^S(x_{1k}(T^0))
\end{aligned}
\tag{6-33}
$$

由式（6-19）可知

$$
\begin{cases}
\tau_S^p+\dfrac{\ln\mu_p^S}{\ln\varsigma_p^S}\geqslant 0\\
\tau_U^p+\dfrac{\ln\mu_p^U}{\ln\varsigma_p^U}\leqslant 0
\end{cases}
\tag{6-34}
$$

因为 $0<\varsigma_p^S<1$，$\varsigma_p^U>1$，$\mu_p^S>1$，$0<\mu_p^U<1$，所以

$$\begin{cases}\tau_S^p\ln\varsigma_p^S+\ln\mu_p^S\leqslant 0\\ \tau_U^p\ln\varsigma_p^U+\ln\mu_p^U\leqslant 0\end{cases}\tag{6-35}$$

式（6-35）可改写为

$$\begin{cases}(\mu_p^S)^{1/\tau_S^p}(\varsigma_p^S)=\exp\left(\ln\left[(\mu_p^S)^{1/\tau_S^p}(\varsigma_p^S)\right]\right)=\exp\left(\left[1/\tau_S^p\ln\mu_p^S+\ln\varsigma_p^S\right]\right)\\ (\mu_p^U)^{1/\tau_U^p}(\varsigma_p^U)=\exp\left(\ln\left[(\mu_p^U)^{1/\tau_U^p}(\varsigma_p^U)\right]\right)=\exp\left(\left[1/\tau_U^p\ln\mu_p^U+\ln\varsigma_p^U\right]\right)\end{cases}\tag{6-36}$$

式（6-19）可改写为

$$\begin{cases}(\mu_p^S)^{1/\tau_S^p}(\varsigma_p^S)\leqslant 1\\ (\mu_p^U)^{1/\tau_U^p}(\varsigma_p^U)\leqslant 1\end{cases}\tag{6-37}$$

令 $\varsigma=\max_{p\in P}((\mu_p^S)^{1/\tau_S^p}(\varsigma_p^S),(\mu_p^U)^{1/\tau_U^p}(\varsigma_p^U))$，$\eta=\exp\left(\sum_{j=1}^{J}N_0^S\ln\mu_p^S+\sum_{j=1}^{J}N_0^U\ln\mu_p^U\right)$，则

$$V_p^S(x_{1k}(k))\leqslant\eta\varsigma^{O-f}V_1^S(x_{1k}(T^0))\tag{6-38}$$

至此，多阶段间歇过程在每个批次指数稳定的条件被证明。

此外，系统的不变集是一个重要指标，令 $\overline{x}_l^p(k)=\max(x_{1k}^p(\overline{r})\quad\delta_{1k}^p(\overline{r}))$，$\overline{r}\in(k-d_{\max},k)$，则有

$$V^p(x_{1k}^p(k))\leqslant\overline{x}_l^{p\mathrm{T}}(k)\overline{\psi}_{lk}^p\overline{x}_l^p(k)\leqslant\theta^p\tag{6-39}$$

其中，$\overline{\psi}_{1k}^p=P_1^p+d_MT_1^p+d_MM_1^p+\frac{d_m+d_M}{2}(d_M-d_m+1)T_1^p+d_M^2\frac{1+d_M}{2}G_1^p$，令 $\overline{\varphi}_l^p=\theta^p(\overline{\psi}_{1k}^p)^{-1}$，利用引理 1.1，可得式（6-18）。

至此，定理 6.1 证明完毕。

定理 6.2　如果存在已知标量 $0\leqslant d_m\leqslant d_M$，$\varpi^p>0$，未知对称正矩阵 P_1^{pS},T_1^{pS}，M_1^{pS}，M_2^{pS}，G_1^{pS}，L_1^{pS}，S_1^{pS}，S_2^{pS}，M_3^{pS}，M_4^{pS}，X_1^{pS}，X_2^{pS}，$P_1^{(p-1)U}$，$T_1^{(p-1)U}$，$M_1^{(p-1)U}$，$M_2^{(p-1)U}$，$G_1^{(p-1)U}$，$L_1^{(p-1)U}$，$S_1^{(p-1)U}$，$S_2^{(p-1)U}$，$M_3^{(p-1)U}$，$M_4^{(p-1)U}$，$X_1^{(p-1)U}$，$X_2^{(p-1)U}\in\mathbf{R}^{n_{x_{1k}}^p}$，未知矩阵 $Y_1^{pS}\in\mathbf{R}^{n_u^p\times n_{x_{1k}}^p}$ 和未知标量 $0<\varsigma_p^S<1$，$\varsigma_p^U>1$，$0<\partial^p<1$，$\theta^p>0$，$\mu_p^S>1$，$0<\mu_p^U<1$，$\varepsilon_1^{pS}>0$，$\varepsilon_2^{pS}>0$，$\varepsilon_1^{pU}>0$，$\varepsilon_2^{pU}>0$，使得如下 LMI 条件成立，可以保证多阶段闭环控制系统式（6-14）当 $\Delta c^p(k+1)=0$，$\omega_k^p(k)\neq 0$ 时，在每个阶段渐近稳定且每个批次指数稳定。

$$\begin{bmatrix} Ш_{11}^{pS} & Ш_{12}^{pS} & Ш_{13}^{pS} & Ш_{14}^{pS} & Ш_{15}^{pS} \\ * & Ш_{22}^{pS} & 0 & 0 & 0 \\ * & * & Ш_{33}^{pS} & 0 & 0 \\ * & * & * & Ш_{44}^{pS} & 0 \\ * & * & * & * & Ш_{55}^{pS} \end{bmatrix} < 0 \tag{6-40}$$

$$\begin{bmatrix} Ш_{11}^{pU} & Ш_{12}^{pU} & Ш_{13}^{pU} & Ш_{14}^{pU} & Ш_{15}^{pU} \\ * & Ш_{22}^{pU} & 0 & 0 & 0 \\ * & * & Ш_{33}^{pU} & 0 & 0 \\ * & * & * & Ш_{44}^{pU} & 0 \\ * & * & * & * & Ш_{55}^{pU} \end{bmatrix} < 0 \tag{6-41}$$

$$\begin{cases} V_p^S(\overline{x}_1(k)) \leqslant \mu_p^S V_{p-1}^S(\overline{x}_1(k)) \\ V_p^S(\overline{x}_1(k)) \leqslant \mu_p^S V_p^U(\overline{x}_1(k)) \\ V_p^U(\overline{x}_1(k)) \leqslant \mu_p^U V_{p-1}^S(\overline{x}_1(k)) \end{cases} \tag{6-42}$$

$$\begin{bmatrix} -1 & \overline{x}_l^{p\mathrm{T}}(k|k) \\ \overline{x}_l^p(k|k) & -\overline{\varphi}_l^p \end{bmatrix} \leqslant 0 \tag{6-43}$$

其中，

$$Ш_{11}^{pS} = \begin{bmatrix} \phi_{1w}^{pS} & 0 & (\varsigma_p^S)^{d_M} L_1^{pS} & 0 \\ * & -(\varsigma_p^S)^{d_M} S_1^{pS} & 0 & 0 \\ * & * & -(\varsigma_p^S)^{d_M}((M_4^{pS})+(X_1^{pS})) & 0 \\ * & * & * & -(\varpi^p)^2 I^p \end{bmatrix}$$

$$Ш_{12}^{pS} = \begin{bmatrix} L_1^{pS} A_k^{p\mathrm{T}} + Y_1^{pS\mathrm{T}} B_k^{p\mathrm{T}} & L_1^{pS} A_k^{p\mathrm{T}} + Y_1^{pS\mathrm{T}} B_k^{p\mathrm{T}} - L_1^{pS} \\ S_1^{pS} A_{dk}^{p\mathrm{T}} & S_1^{pS} A_{dk}^{p\mathrm{T}} \\ 0 & 0 \\ G_k^{p\mathrm{T}} & G_k^{p\mathrm{T}} \end{bmatrix}$$

$$Ш_{13}^{pS} = \begin{bmatrix} L_1^{pS} E_k^{p\mathrm{T}} & L_1^{pS}(Q^{pS})^{\frac{1}{2}} & Y_1^{pS\mathrm{T}}(R^{pS})^{\frac{1}{2}} \\ 0 & 0 & 0 \\ 0 & 0 & 0 \\ 0 & 0 & 0 \end{bmatrix}, \quad Ш_{14}^{pS} = Ш_{15}^{pS} = \begin{bmatrix} L_1^{pS} H_k^{pi\mathrm{T}} & Y_1^{pS\mathrm{T}} H_{bk}^{pi\mathrm{T}} \\ S_1^{pS} H_{dk}^{pi\mathrm{T}} & 0 \\ 0 & 0 \\ 0 & 0 \end{bmatrix}$$

$$\text{Ш}_{22}^{pS}=\begin{bmatrix}-L_1^{pS}+\varepsilon_1^{pS}N_k^{pi}N_k^{pi\mathrm{T}}+\varepsilon_2^{pS}N_k^{pi}N_k^{pi\mathrm{T}} & 0\\ 0 & -X_1^{pS}(D_2^p)^{-1}+\varepsilon_1^{pS}N_k^{pi}N_k^{pi\mathrm{T}}+\varepsilon_2^{pS}N_k^{pi}N_k^{pi\mathrm{T}}\end{bmatrix}$$

$$\text{Ш}_{33}^{pS}=\begin{bmatrix}-I^p & 0 & 0\\ 0 & -\theta^p I^p & 0\\ 0 & 0 & -\theta^p I^p\end{bmatrix},\quad \text{Ш}_{44}^{pS}=\text{Ш}_{55}^{pS}=\begin{bmatrix}-\varepsilon_1^{pS}I^p & 0\\ 0 & -\varepsilon_2^{pS}I^p\end{bmatrix}$$

$$\text{Ш}_{11}^{pU}=\begin{bmatrix}\phi_{1w}^{pU} & 0 & (\varsigma_p^U)^{d_M}L_1^{(p-1)U} & 0\\ * & -(\varsigma_p^{\mathrm{U}})^{d_M}S_1^{(p-1)U} & 0 & 0\\ * & * & -(\varsigma_p^U)^{d_M}((M_4^{(p-1)U})+(X_1^{(p-1)U})) & 0\\ * & * & * & -(\varpi^{pU})^2 I^p\end{bmatrix}$$

$$\text{Ш}_{12}^{pU}=\begin{bmatrix}L_1^{(p-1)U}A_k^{p\mathrm{T}}+L_1^{(p-1)U}\left((\Phi^{p-1})^{-1}\right)^{\mathrm{T}}\left(K^{p-1}\right)^{\mathrm{T}}B_k^{p\mathrm{T}} & L_1^{(p-1)U}A_k^{p\mathrm{T}}+L_1^{(p-1)U}\left((\Phi^{p-1})^{-1}\right)^{\mathrm{T}}\left(K^{p-1}\right)^{\mathrm{T}}B_k^{p\mathrm{T}}-L_1^{(p-1)U}\\ S_1^{(p-1)U}A_{dk}^{p\mathrm{T}} & S_1^{(p-1)U}A_{dk}^{p\mathrm{T}}\\ 0 & 0\\ G_k^{p\mathrm{T}} & G_k^{p\mathrm{T}}\end{bmatrix}$$

$$\text{Ш}_{13}^{pU}=\begin{bmatrix}L_1^{(p-1)U}E_k^{pT} & L_1^{(p-1)U}(Q^{(p-1)U})^{\frac{1}{2}} & L_1^{(p-1)U}\left((\Phi^{p-1})^{-1}\right)^{\mathrm{T}}\left(K^{p-1}\right)^{\mathrm{T}}(R^{(p-1)U})^{\frac{1}{2}}\\ 0 & 0 & 0\\ 0 & 0 & 0\\ 0 & 0 & 0\end{bmatrix}$$

$$\text{Ш}_{14}^{pU}=\text{Ш}_{15}^{pU}=\begin{bmatrix}L_1^{(p-1)U}H_k^{pi\mathrm{T}} & L_1^{(p-1)U}\left((\Phi^{p-1})^{-1}\right)^{\mathrm{T}}\left(K^{p-1}\right)^{\mathrm{T}}H_{bk}^{pi\mathrm{T}}\\ S_1^{(p-1)U}H_{dk}^{pi\mathrm{T}} & 0\\ 0 & 0\\ 0 & 0\end{bmatrix}$$

$$\text{Ш}_{22}^{pU}=\begin{bmatrix}-L_1^{(p-1)U}+\varepsilon_1^{pU}N_k^{pi}N_k^{pi\mathrm{T}}+\varepsilon_2^{pU}N_k^{pi}N_k^{pi\mathrm{T}} & 0\\ 0 & -X_1^{(p-1)U}(D_2^p)^{-1}+\varepsilon_1^{pU}N_k^{pi}N_k^{pi\mathrm{T}}+\varepsilon_2^{pU}N_k^{pi}N_k^{pi\mathrm{T}}\end{bmatrix}$$

$$\amalg_{33}^{pU}=\begin{bmatrix}-I^{p} & 0 & 0\\ 0 & -\theta^{p-1}I^{p-1} & 0\\ 0 & 0 & -\theta^{p-1}I^{p-1}\end{bmatrix},\quad \amalg_{44}^{pU}=\amalg_{55}^{pU}=\begin{bmatrix}-\varepsilon_1^{pU}I^{p} & 0\\ 0 & -\varepsilon_2^{pU}I^{p}\end{bmatrix}$$

$$\phi_{1w}^{pS}=-\varsigma_p^S L_1^{pS}+M_3^{pS}+D_1^pS_2^{pS}+S_2^{pS}-(\varsigma_p^S)^{d_M}X_2^{pS}$$

$$\phi_{1w}^{pU}=-\varsigma_p^U L_1^{(p-1)U}+M_3^{(p-1)U}+D_1^pS_2^{(p-1)U}+S_2^{(p-1)U}-(\varsigma_p^U)^{d_M}X_2^{(p-1)U}$$

$$D_1^p=(d_M-d_m+1)I^p,\ D_2^p=(d_M)^2I^p$$

证明　为增加控制系统的抗干扰能力，引入如下 H_∞ 性能指标：

$$J^p=\sum_{k=0}^{\infty}[\left(z^{pS}(k)\right)^{\mathrm T}z^{pS}(k)-(\varpi^p)^2\left(\omega_k^p(k)\right)^{\mathrm T}\omega_k^p(k)] \tag{6-44}$$

对于任意非零 $\omega_k^p(k)\in L_2[0,\infty]$，可知 $V(\overline{x}_1(0))=0$，$V(\overline{x}_1(\infty))\geqslant 0$，$\overline{J}_\infty>0$，结合定义 1.1 可得

$$J_\omega^p\leqslant\sum_{k=0}^{\infty}[\left(z^{pS}(k)\right)^{\mathrm T}z^{pS}(k)-(\varpi^p)^2\left(\omega_k^p(k)\right)^{\mathrm T}\omega_k^p(k)+(\theta^p)^{-1}\Delta V^p(x_{1k}^p(k))+(\theta^p)^{-1}J^{pS}(k)] \tag{6-45}$$

在 $\omega_k^p(k)\neq 0$ 的情况下，将式（6-31）和式（6-45）相结合，可得

$$\begin{aligned}&\left(z^{pS}(k)\right)^{\mathrm T}z^{pS}(k)-(\varpi^p)^2\left(\omega_k^p(k)\right)^{\mathrm T}\omega_k^p(k)+(\theta^p)^{-1}\Delta V^p(x_{1k}^p(k))+(\theta^p)^{-1}J^{pS}(k)\\
&=\begin{bmatrix}\varphi_{1k}^p(k)\\ \omega_k^p(k)\end{bmatrix}^{\mathrm T}\left\{\begin{aligned}&\begin{bmatrix}\phi_{1w}^{pS} & 0 & (\varsigma_p^S)^{d_M}(X_1^{pS})^{-1} & 0\\ * & -(\varsigma_p^S)^{d_M}(S_1^{pS})^{-1} & 0 & 0\\ * & * & -(\varsigma_p^S)^{d_M}((M_2^{pS})^{-1}+(X_1^{pS})^{-1}) & 0\\ * & * & * & -(\varpi^p)^2\end{bmatrix}+\\
&\begin{bmatrix}\left(\Lambda_1^{pS}\right)^{\mathrm T}\\ G_k^{p\mathrm T}\end{bmatrix}(L_1^{pS})^{-1}\begin{bmatrix}\Lambda_1^{pS} & G_k^p\end{bmatrix}+\begin{bmatrix}\left(\Lambda_2^{pS}\right)^{\mathrm T}\\ G_k^{p\mathrm T}\end{bmatrix}(D_2^p)^{-1}(X_1^{pS})^{-1}\begin{bmatrix}\Lambda_2^{pS} & G_k^p\end{bmatrix}\\
&+\begin{bmatrix}E_k^{p\mathrm T}\\ 0\\ 0\\ 0\end{bmatrix}\begin{bmatrix}E_k^p & 0 & 0 & 0\end{bmatrix}+\begin{bmatrix}\lambda_1^{pS} & 0\end{bmatrix}^{\mathrm T}(\theta^p)^{-1}\begin{bmatrix}\lambda_1^{pS} & 0\end{bmatrix}\\
&+\begin{bmatrix}\lambda_2^{pS} & 0\end{bmatrix}^{\mathrm T}(\theta^p)^{-1}\begin{bmatrix}\lambda_2^{pS} & 0\end{bmatrix}\end{aligned}\right\}\begin{bmatrix}\varphi_{1k}^p(k)\\ \omega_k^p(k)\end{bmatrix}\end{aligned}$$

因此，系统渐近稳定的充分条件为

$$\begin{bmatrix} \phi_{1w}^{pS} & 0 & (\varsigma_p^S)^{d_M}(X_1^{pS})^{-1} & 0 \\ * & -(\varsigma_p^S)^{d_M}(S_1^{pS})^{-1} & 0 & 0 \\ * & * & -(\varsigma_p^S)^{d_M}((M_2^{pS})^{-1}+(X_1^{pS})^{-1}) & 0 \\ * & * & * & -(\varpi^p)^2 \end{bmatrix}$$

$$+\begin{bmatrix} \left(\Lambda_1^{pS}\right)^{\mathrm{T}} \\ G_k^{p\mathrm{T}} \end{bmatrix}(L_1^{pS})^{-1}\begin{bmatrix} \Lambda_1^{pS} & G_k^p \end{bmatrix}+\begin{bmatrix} \left(\Lambda_2^{pS}\right)^{\mathrm{T}} \\ G_k^{p\mathrm{T}} \end{bmatrix}(D_2^p)^{-1}(X_1^{pS})^{-1}\begin{bmatrix} \Lambda_2^{pS} & G_k^p \end{bmatrix}+\begin{bmatrix} E_k^{p\mathrm{T}} \\ 0 \\ 0 \\ 0 \end{bmatrix}\cdot$$

$$\begin{bmatrix} E_k^p & 0 & 0 & 0 \end{bmatrix}+\begin{bmatrix} \lambda_1^{pS} & 0 \end{bmatrix}^{\mathrm{T}}(\theta^p)^{-1}\begin{bmatrix} \lambda_1^{pS} & 0 \end{bmatrix}+\begin{bmatrix} \lambda_2^{pS} & 0 \end{bmatrix}^{\mathrm{T}}(\theta^p)^{-1}\begin{bmatrix} \lambda_2^{pS} & 0 \end{bmatrix}<0 \quad (6\text{-}46)$$

与稳定情况类似，不稳定情况满足：

$$\begin{bmatrix} \phi_{1w}^{pU} & 0 & (\varsigma_p^U)^{d_M}(X_1^{(p-1)U})^{-1} & 0 \\ * & -(\varsigma_p^U)^{d_M}(S_1^{(p-1)U})^{-1} & 0 & 0 \\ * & * & -(\varsigma_p^U)^{d_M}((M_2^{(p-1)U})^{-1}+(X_1^{(p-1)U})^{-1}) & 0 \\ * & * & * & -(\varpi^p)^2 \end{bmatrix}$$

$$+\begin{bmatrix} \left(\Lambda_1^{pU}\right)^{\mathrm{T}} \\ G_k^{p\mathrm{T}} \end{bmatrix}(L_1^{(p-1)U})^{-1}\begin{bmatrix} \Lambda_1^{pU} & G_k^p \end{bmatrix}+\begin{bmatrix} \left(\Lambda_2^{pU}\right)^{\mathrm{T}} \\ G_k^{p\mathrm{T}} \end{bmatrix}(D_2^p)^{-1}(X_1^{(p-1)U})^{-1}\begin{bmatrix} \Lambda_2^{pU} & G_k^p \end{bmatrix}$$

$$+\begin{bmatrix} E_k^{p\mathrm{T}} \\ 0 \\ 0 \\ 0 \end{bmatrix}\begin{bmatrix} E_k^p & 0 & 0 & 0 \end{bmatrix}+\begin{bmatrix} \lambda_1^{pU} & 0 \end{bmatrix}^{\mathrm{T}}(\theta^p)^{-1}\begin{bmatrix} \lambda_1^{pU} & 0 \end{bmatrix}+\begin{bmatrix} \lambda_2^{pU} & 0 \end{bmatrix}^{\mathrm{T}}(\theta^p)^{-1}\begin{bmatrix} \lambda_2^{pU} & 0 \end{bmatrix}<0$$

（6-47）

至此，多阶段间歇过程满足$\|z^{pS}\| \leqslant \varpi^p \|\omega_k^p\|$，具有$H_\infty$性能指标，增强了控制系统的抗干扰能力。

综上所述，定理 6.2 证明完毕。

定理 6.3　如果存在已知标量 $0 \leqslant d_m \leqslant d_M$，未知对称正矩阵 P_1^{pS}，T_1^{pS}，M_1^{pS}，G_1^{pS}，L_1^{pS}，S_1^{pS}，S_2^{pS}，M_3^{pS}，M_4^{pS}，X_1^{pS}，X_2^{pS}，$P_1^{(p-1)U}$，$T_1^{(p-1)U}$，$M_1^{(p-1)U}$，$G_1^{(p-1)U}$，$L_1^{(p-1)U}$，$S_1^{(p-1)U}$，$S_2^{(p-1)U}$，$M_3^{(p-1)U}$，$M_4^{(p-1)U}$，$X_1^{(p-1)U}$，$X_2^{(p-1)U} \in \mathbf{R}^{n_{x_{1k}}^p}$，未知矩阵 $Y_1^{pS} \in \mathbf{R}^{n_u^p \times n_{x_{1k}}^p}$ 和未知标量 $0<\varsigma_p^S<1$，$\varsigma_p^U>1$，$0<\partial^p<1$，$\theta^p>0$，$\mu_p^S>1$，$0<\mu_p^U<1$，$\varepsilon_1^{pS}>0$，$\varepsilon_2^{pS}>0$，$\varepsilon_1^{pU}>0$，$\varepsilon_2^{pU}>0$，使得如下 LMI 条件成立，可以保证多阶段闭环控制系统式（6-14）当 $\Delta c^p(k+1) \neq 0$，$\omega_k^p(k) \neq 0$ 时，在每个阶段渐近稳定且每个批次指数稳定。

$$\begin{bmatrix} \aleph_{11}^{pS} & \aleph_{12}^{pS} & \aleph_{13}^{pS} & \aleph_{14}^{pS} & \aleph_{15}^{pS} \\ * & \aleph_{22}^{pS} & 0 & 0 & 0 \\ * & * & \aleph_{33}^{pS} & 0 & 0 \\ * & * & * & \aleph_{44}^{pS} & 0 \\ * & * & * & * & \aleph_{55}^{pS} \end{bmatrix} < 0 \tag{6-48}$$

$$\begin{bmatrix} \aleph_{11}^{pU} & \aleph_{12}^{pU} & \aleph_{13}^{pU} & \aleph_{14}^{pU} & \aleph_{15}^{pU} \\ * & \aleph_{22}^{pU} & 0 & 0 & 0 \\ * & * & \aleph_{33}^{pU} & 0 & 0 \\ * & * & * & \aleph_{44}^{pU} & 0 \\ * & * & * & * & \aleph_{55}^{pU} \end{bmatrix} < 0 \tag{6-49}$$

$$\begin{cases} V_p^S(\overline{x}_1(k)) \leqslant \mu_p^S V_{p-1}^S(\overline{x}_1(k)) \\ V_p^S(\overline{x}_1(k)) \leqslant \mu_p^S V_p^U(\overline{x}_1(k)) \\ V_p^U(\overline{x}_1(k)) \leqslant \mu_p^U V_{p-1}^S(\overline{x}_1(k)) \end{cases} \tag{6-50}$$

$$\begin{bmatrix} -1 & \overline{x}_l^{pT}(k|k) \\ \overline{x}_l^p(k|k) & -\overline{\varphi}_l^p \end{bmatrix} \leqslant 0 \tag{6-51}$$

其中，

$$\aleph_{11}^{jS} = \begin{bmatrix} \phi_{1w}^{pS} & 0 & (\varsigma_p^S)^{d_M} L_1^{pS} & 0 & 0 \\ * & -(\varsigma_p^S)^{d_M} S_1^{pS} & 0 & 0 & 0 \\ * & * & -(\varsigma_p^S)^{d_M}((M_4^{pS})+(X_1^{pS})) & 0 & 0 \\ * & * & * & -(\varpi^p)^2 I^p & 0 \\ * & * & * & * & -(o^p)^2 I^p \end{bmatrix}$$

$$\aleph_{12}^{pS} = \begin{bmatrix} L_1^{pS} A_k^{pT} + Y_1^{pST} B_k^{pT} & L_1^{pS} A_k^{pT} + Y_1^{pST} B_k^{pT} - L_1^{pS} \\ S_1^{pS} A_{dk}^{pT} & S_1^{pS} A_{dk}^{pT} \\ 0 & 0 \\ G_k^{pT} & G_k^{pT} \\ L_k^{pT} & L_k^{pT} \end{bmatrix}$$

$$\aleph_{13}^{pS} = \begin{bmatrix} L_1^{pS} E_k^{pT} & L_1^{pS} E_k^{pT} & L_1^{pS} (Q^{pS})^{\frac{1}{2}} & Y_1^{pST} (R^{pS})^{\frac{1}{2}} \\ 0 & 0 & 0 & 0 \\ 0 & 0 & 0 & 0 \\ 0 & 0 & 0 & 0 \\ 0 & 0 & 0 & 0 \end{bmatrix}$$

$$\aleph_{14}^{pS} = \aleph_{15}^{pS} = \begin{bmatrix} L_1^{pS} H_k^{pi\mathrm{T}} & Y_1^{pS\mathrm{T}} H_{bk}^{pi\mathrm{T}} \\ S_1^{pS} H_{dk}^{pi\mathrm{T}} & 0 \\ 0 & 0 \\ 0 & 0 \\ 0 & 0 \end{bmatrix}$$

$$\aleph_{22}^{pS} = \begin{bmatrix} -L_1^{pS} + \varepsilon_1^{pS} N_k^{pi} N_k^{pi\mathrm{T}} + \varepsilon_2^{pS} N_k^{pi} N_k^{pi\mathrm{T}} & 0 \\ 0 & -X_1^{pS}(D_2^p)^{-1} + \varepsilon_1^{pS} N_k^{pi} N_k^{pi\mathrm{T}} + \varepsilon_2^{pS} N_k^{pi} N_k^{pi\mathrm{T}} \end{bmatrix}$$

$$\aleph_{33}^{pS} = \begin{bmatrix} -I^p & 0 & 0 & 0 \\ 0 & -I^p & 0 & 0 \\ 0 & 0 & -\theta^p I^p & 0 \\ 0 & 0 & 0 & -\theta^p I^p \end{bmatrix}, \quad \aleph_{44}^{pS} = \aleph_{55}^{pS} = \begin{bmatrix} -\varepsilon_1^{pS} I^p & 0 \\ 0 & -\varepsilon_2^{pS} I^p \end{bmatrix}$$

$$\aleph_{11}^{pU} = \begin{bmatrix} \phi_{1w}^{pU} & 0 & (\varsigma_p^U)^{d_M} L_1^{(p-1)U} & 0 & 0 \\ * & -(\varsigma_p^{\mathrm{U}})^{d_M} S_1^{(p-1)U} & 0 & 0 & 0 \\ * & * & -(\varsigma_p^U)^{d_M}((M_4^{(p-1)U}) + (X_1^{(p-1)U})) & 0 & 0 \\ * & * & * & -(\varpi^{pU})^2 I^p & 0 \\ * & * & * & * & -(o^{pU})^2 I^p \end{bmatrix}$$

$$\aleph_{12}^{pU} = \begin{bmatrix} L_1^{(p-1)U} A_k^{p\mathrm{T}} + L_1^{(p-1)U}\left((\varPhi^{p-1})^{-1}\right)^{\mathrm{T}}\left(K^{p-1}\right)^{\mathrm{T}} B_k^{p\mathrm{T}} & L_1^{(p-1)U} A_k^{p\mathrm{T}} + L_1^{(p-1)U}\left((\varPhi^{p-1})^{-1}\right)^{\mathrm{T}}\left(K^{p-1}\right)^{\mathrm{T}} B_k^{p\mathrm{T}} - L_1^{(p-1)U} \\ S_1^{(p-1)U} A_{dk}^{p\mathrm{T}} & S_1^{(p-1)U} A_{dk}^{p\mathrm{T}} \\ 0 & 0 \\ G_k^{p\mathrm{T}} & G_k^{p\mathrm{T}} \\ L_k^{p\mathrm{T}} & L_k^{p\mathrm{T}} \end{bmatrix}$$

$$\aleph_{13}^{pU} = \begin{bmatrix} L_1^{(p-1)U} E_k^{pT} & L_1^{(p-1)U} E_k^{pT} & L_1^{(p-1)U}(Q^{(p-1)U})^{\frac{1}{2}} & L_1^{(p-1)U}\left((\varPhi^{p-1})^{-1}\right)^{\mathrm{T}}\left(K^{p-1}\right)^{\mathrm{T}}(R^{(p-1)U})^{\frac{1}{2}} \\ 0 & 0 & 0 & 0 \\ 0 & 0 & 0 & 0 \\ 0 & 0 & 0 & 0 \\ 0 & 0 & 0 & 0 \end{bmatrix}$$

$$\aleph_{14}^{pU}=\aleph_{15}^{pU}=\begin{bmatrix} L_1^{(p-1)U}H_k^{pi\mathrm{T}} & L_1^{(p-1)U}\left(\left(\Phi^{p-1}\right)^{-1}\right)^{\mathrm{T}}\left(K^{p-1}\right)^{\mathrm{T}}H_{bk}^{pi\mathrm{T}} \\ S_1^{(p-1)U}H_{dk}^{pi\mathrm{T}} & 0 \\ 0 & 0 \\ 0 & 0 \\ 0 & 0 \end{bmatrix}$$

$$\aleph_{22}^{pU}=\begin{bmatrix} -L_1^{(p-1)U}+\varepsilon_1^{pU}N_k^{pi}N_k^{pi\mathrm{T}}+\varepsilon_2^{pU}N_k^{pi}N_k^{pi\mathrm{T}} & 0 \\ 0 & -X_1^{(p-1)U}(D_2^p)^{-1}+\varepsilon_1^{pU}N_k^{pi}N_k^{pi\mathrm{T}}+\varepsilon_2^{pU}N_k^{pi}N_k^{pi\mathrm{T}} \end{bmatrix}$$

$$\aleph_{33}^{pU}=\begin{bmatrix} -I^p & 0 & 0 & 0 \\ 0 & -I^p & 0 & 0 \\ 0 & 0 & -\theta^{p-1}I^{p-1} & 0 \\ 0 & 0 & 0 & -\theta^{p-1}I^{p-1} \end{bmatrix},\quad \aleph_{44}^{pU}=\aleph_{55}^{pU}=\begin{bmatrix} -\varepsilon_1^{pU}I^p & 0 \\ 0 & -\varepsilon_2^{pU}I^p \end{bmatrix}$$

$$\phi_{1w}^{pS}=-\varsigma_p^S L_1^{pS}+M_3^{pS}+D_1^p S_2^{pS}+S_2^{pS}-(\varsigma_p^S)^{d_M}X_2^{pS}$$

$$\phi_{1w}^{pU}=-\varsigma_p^U L_1^{(p-1)U}+M_3^{(p-1)U}+D_1^p S_2^{(p-1)U}+S_2^{(p-1)U}-(\varsigma_p^U)^{d_M}X_2^{(p-1)U}$$

$$D_1^p=(d_M-d_m+1)I^p,\quad D_2^p=(d_M)^2 I^p$$

证明　由于设定值的变化可以看作是已知的有界扰动，因此本节使用 H_∞ 性能指标，来解决随时间变化的设定值对系统的影响。

在定理 6.2 的基础上，当系统在 $\Delta c^p(k+1)\neq 0,\ \omega_k^p(k)\neq 0$ 的情况下，为保证系统稳定，引入如下与时变设定值有关的 H_∞ 性能指标。

$$J^{pr}=\sum_{k=0}^{\infty}[\left(z^{pS}(k)\right)^{\mathrm{T}}z^{pS}(k)-(o^p)^2\left(\Delta c^p(k+1)\right)^{\mathrm{T}}\Delta c^p(k+1)] \tag{6-52}$$

对于 $\Delta c^p(k+1)\in L_2[0,\infty]$，$w_k^p(k)\in L_2[0,\infty]$，将式（6-44）、式（6-52）和定义 1.2 结合可得

$$\begin{aligned} J_{\omega r}^p\leqslant\sum_{k=0}^{\infty}[&\left(z^{pS}(k)\right)^{\mathrm{T}}z^{pS}(k)-(\varpi^p)^2\left(\omega_k^p(k)\right)^{\mathrm{T}}\omega_k^p(k)+\left(z^{pS}(k)\right)^{\mathrm{T}}z^{pS}(k) \\ &-(o^p)^2\left(\Delta c^p(k+1)\right)^{\mathrm{T}}\Delta c^p(k+1)+(\theta^p)^{-1}\Delta V^p(x_{1k}^p(k))+(\theta^p)^{-1}J^{pS}(k)] \end{aligned} \tag{6-53}$$

与定理 6.2 类似，可得稳定情况和不稳定情况下多阶段间歇过程在每个阶段渐近稳定充分条件，如式（6-54）和式（6-55）所示：

$$\begin{bmatrix} \phi_{1w}^{pS} & 0 & (\varsigma_p^S)^{d_M}(X_1^{pS})^{-1} & 0 & 0 \\ * & -(\varsigma_p^S)^{d_M}(S_1^{pS})^{-1} & 0 & 0 & 0 \\ * & * & -(\varsigma_p^S)^{d_M}((M_2^{pS})^{-1}+(X_1^{pS})^{-1}) & 0 & 0 \\ * & * & * & -(\varpi^p)^2 & 0 \\ * & * & * & * & -(o^p)^2 \end{bmatrix}$$

$$
+\begin{bmatrix} \left(\Lambda_1^{pS}\right)^{\mathrm{T}} \\ G_k^{p\mathrm{T}} \\ L_k^{p\mathrm{T}} \end{bmatrix}(L_1^{pS})^{-1}\begin{bmatrix} \Lambda_1^{pS} & G_k^p & L_k^p \end{bmatrix}+\begin{bmatrix} \left(\Lambda_2^{pS}\right)^{\mathrm{T}} \\ G_k^{p\mathrm{T}} \\ L_k^{p\mathrm{T}} \end{bmatrix}(D_2^p)^{-1}(X_1^{pS})^{-1}\begin{bmatrix} \Lambda_2^{pS} & G_k^{p\mathrm{T}} & L_k^{p\mathrm{T}} \end{bmatrix}
$$

$$
+\begin{bmatrix} E_k^{p\mathrm{T}} \\ 0 \\ 0 \\ 0 \\ 0 \end{bmatrix}\begin{bmatrix} E_k^p & 0 & 0 & 0 & 0 \end{bmatrix}+\begin{bmatrix} E_k^{p\mathrm{T}} \\ 0 \\ 0 \\ 0 \\ 0 \end{bmatrix}\begin{bmatrix} E_k^p & 0 & 0 & 0 & 0 \end{bmatrix}+\begin{bmatrix} \lambda_1^{pS} & 0 & 0 \end{bmatrix}^{\mathrm{T}}(\theta^p)^{-1}\cdot
$$

$$
\begin{bmatrix} \lambda_1^{pS} & 0 & 0 \end{bmatrix}+\begin{bmatrix} \lambda_2^{pS} & 0 & 0 \end{bmatrix}^{\mathrm{T}}(\theta^p)^{-1}\begin{bmatrix} \lambda_2^{pS} & 0 & 0 \end{bmatrix}<0 \tag{6-54}
$$

$$
\begin{bmatrix} \phi_{1w}^{pU} & 0 & (\varsigma_p^U)^{d_M}(X_1^{(p-1)U})^{-1} & 0 & 0 \\ * & -(\varsigma_p^U)^{d_M}(S_1^{(p-1)U})^{-1} & 0 & 0 & 0 \\ * & * & -(\varsigma_p^U)^{d_M}((M_2^{(p-1)U})^{-1}+(X_1^{(p-1)U})^{-1}) & 0 & 0 \\ * & * & * & -(\varpi^p)^2 & 0 \\ * & * & * & * & -(o^p)^2 \end{bmatrix}
$$

$$
+\begin{bmatrix} \left(\Lambda_1^{pU}\right)^{\mathrm{T}} \\ G_k^{p\mathrm{T}} \\ L_k^{p\mathrm{T}} \end{bmatrix}(L_1^{(p-1)U})^{-1}\begin{bmatrix} \Lambda_1^{pU} & G_k^p & L_k^p \end{bmatrix}+\begin{bmatrix} \left(\Lambda_2^{pU}\right)^{\mathrm{T}} \\ G_k^{p\mathrm{T}} \\ L_k^{p\mathrm{T}} \end{bmatrix}(D_2^p)^{-1}(X_1^{(p-1)U})^{-1}\begin{bmatrix} \Lambda_2^{pU} & G_k^{p\mathrm{T}} & L_k^{p\mathrm{T}} \end{bmatrix}
$$

$$
+\begin{bmatrix} E_k^{p\mathrm{T}} \\ 0 \\ 0 \\ 0 \\ 0 \end{bmatrix}\begin{bmatrix} E_k^p & 0 & 0 & 0 & 0 \end{bmatrix}+\begin{bmatrix} E_k^{p\mathrm{T}} \\ 0 \\ 0 \\ 0 \\ 0 \end{bmatrix}\begin{bmatrix} E_k^p & 0 & 0 & 0 & 0 \end{bmatrix}+\begin{bmatrix} \lambda_1^{pU} & 0 & 0 \end{bmatrix}^{\mathrm{T}}(\theta^p)^{-1}\cdot
$$

$$
\begin{bmatrix} \lambda_1^{pU} & 0 & 0 \end{bmatrix}+\begin{bmatrix} \lambda_2^{pU} & 0 & 0 \end{bmatrix}^{\mathrm{T}}(\theta^p)^{-1}\begin{bmatrix} \lambda_2^{pU} & 0 & 0 \end{bmatrix}<0 \tag{6-55}
$$

至此，定理 6.3 证明完毕。

6.3 非线性多阶段间歇过程鲁棒模糊预测异步切换控制

6.3.1 多阶段非线性模型建立

1. 多阶段间歇过程 T-S 模糊模型建立

具有不确定性、时变时滞和外界干扰的非线性多阶段间歇过程可以表示为如下 T-S 模型形式。

如果 $Z_1(k)$ 是 M_1^i， $Z_2(k)$ 是 M_2^i， …， $Z_q(k)$ 是 M_q^i， 则

$$\begin{cases} x(k+1) = A^{\upsilon(k)i}(k)x(k) + A_d^{\upsilon(k)i}(k)x(k-d(k)) \\ \qquad + B^{\upsilon(k)i}(k)u(k) + w^{\upsilon(k)i}(k) \\ y(k) = C^{\upsilon(k)i}x(k) \end{cases} \tag{6-56}$$

其中， $Z_1(k),\cdots,Z_q(k)$ 为前件变量， $M_h^i(i=1,\ 2,\cdots,l;\ h=1,\ 2,\cdots,q)$ 为第 i 条模糊规则的第 h 条模糊集。

与第 5 章相同，考虑到异步切换的情况，将多阶段间歇过程根据系统状态可以分为第 p 阶段稳定情况和第 p 阶段不稳定情况。因此，多阶段间歇过程在不同情况下可以表示为如下形式：

$$\begin{cases} x^p(k+1) = \sum_{i=1}^{l} \hbar^i(x(k))(A^{pi}(k)x^p(k) + A_d^{pi}(k)x^p(k-d(k))) \\ \qquad + \sum_{i=1}^{l} \hbar^i(x(k))B^{pi}(k)u^p(k) + w^p(k) \\ y^p(k) = C^{pi}x^p(k) \end{cases} \tag{6-57a}$$

$$\begin{cases} x^p(k+1) = \sum_{i=1}^{l} \hbar^i(x(k))(A^{pi}(k)x^p(k) + A_d^{pi}(k)x^p(k-d(k))) \\ \qquad + \sum_{i=1}^{l} \hbar^i(x(k))B^{pi}(k)u^{p-1}(k) + w^p(k) \\ y^p(k) = C^{pi}x^p(k) \end{cases} \tag{6-57b}$$

其中，式(6-57a)为第 p 阶段稳定情况，式(6-57b)为第 p 阶段不稳定情况；$\hbar^i(x(k)) = M^i(x(k))/\sum_{i=1}^{l} M^i(x(k))$， $\sum_{i=1}^{l} \hbar^i(x(k)) = 1$， $M^i(x(k))=\prod_{h=1}^{q} M_h^i$， $M^i(x(k))$ 是模糊准则， $x(k) \subset \mathbf{R}^{n_x}$， $u(k) \in \mathbf{R}^{n_u}$， $y(k) \in \mathbf{R}^{n_y}$， $w(k) \in \mathbf{R}^{n_w}$ 是表示在离散 k 时刻的系统状态、控制输入、系统输出和外界未知有界干扰， $d(k)$ 是时变时滞，满足：

$$d_m \leqslant d(k) \leqslant d_M \tag{6-58}$$

式中， d_M 和 d_m 分别是时滞的上界和下界， $A^{pi}(k) = A^{pi} + \Delta_a^{pi}(k)$， $A_d^{pi}(k) = A_d^{pi} + \Delta_d^{pi}(k)$， $B^{pi}(k) = B^{pi} + \Delta_b^{pi}(k)$， A^{pi}， A_d^{pi}， B^{pi} 和 C^{pi} 是相应维数的常数矩阵， $\Delta_a^{pi}(k)$, $\Delta_d^{pi}(k)$ 和 $\Delta_b^{pi}(k)$ 满足：

$$\begin{bmatrix}\Delta_a^{pi}(k) & \Delta_d^{pi}(k) & \Delta_b^{pi}(k)\end{bmatrix}=N^{pi}\Delta^{pi}(k)\begin{bmatrix}H^{pi} & H_d^{pi} & H_b^{pi}\end{bmatrix} \tag{6-59}$$

式中，$N^{pi},H^{pi},H_d^{pi},H_b^{pi}$ 是相应维数的已知常数矩阵，$\Delta^{pi}(k)$ 是与离散时间 k 有关的不确定摄动，满足 $\Delta^{pi\mathrm{T}}(k)\Delta^{pi}(k)\leqslant I^{pi}$ 。

当系统在不同阶段间切换时，前后两个阶段的系统状态存在一定的联系，如在注塑成型过程中随着注射阶段原材料的注入，腔内的压力也会随着变化，而压力的大小是保压阶段的控制变量。因此两个阶段的状态可用下式关联：

$$x^p(T^{p-1})=\Phi^{p-1}x^{p-1}(T^{p-1}) \tag{6-60}$$

式中，$\Phi^{p-1}\in\mathbf{R}^{n_x^p\times n_x^{p-1}}$ 为相邻两个阶段的状态转移矩阵。

此外，系统所处的阶段是否发生变化取决于切换条件是否发生。系统所处的运行阶段可以表示为

$$p=\begin{cases}p+1, & M^{p+1}(x(k))<0\\ p, & \text{其他}\end{cases} \tag{6-61}$$

式中，$M^{p+1}(x(k))<0$ 是切换条件。

当系统状态符合切换条件时，切换点 T^p 满足：

$$T^p=\min\left\{k>T^{p-1}\mid M^p(x(k))<0\right\},\quad T^0=0 \tag{6-62}$$

由于在一个阶段内存在稳定情况和不稳定情况，两种情况的切换点分别用 T^{pS} 和 T^{pU} 表示，系统的时间序列可以表示为

$$\begin{aligned}\Sigma=&\left\{(T^{1S},\upsilon(T^{1S})),(T^{2U},\upsilon(T^{2U})),(T^{2S},\upsilon(T^{2S})),\right.\\&\left.(T^{3U},\upsilon(T^{3U})),\cdots,(T^{PU},\upsilon(T^{PU})),(T^{PS},\upsilon(T^{PS}))\right\}\end{aligned} \tag{6-63}$$

而切换点之间满足 $T^{pS}-T^{pU}\geqslant\tau_S^p$，$T^{pU}-T^{(p-1)S}\leqslant\tau_U^p$，其中，$\tau_S^p$ 和 τ_U^p 分别为稳定情况最短运行时间和不稳定情况最长运行时间。

2. 新型多自由度状态空间模型建立

为保证系统的跟踪性能，在式（6-57）的基础上引入输出跟踪误差，可得

$$\begin{cases}\overline{x}_1^p(k+1)=\sum\limits_{i=1}^{l}\hbar^i(x(k))\overline{A}^{pi}(k)\overline{x}_1^p(k)+\sum\limits_{i=1}^{l}\hbar^i(x(k))\overline{A}_d^{pi}(k)\overline{x}_1^p(k-d(k))\\ \qquad\qquad +\sum\limits_{i=1}^{l}\hbar^i(x(k))\overline{B}^{pi}(k)\Delta u^p(k)+\overline{G}^{pi}\overline{w}^p(k)\\ \Delta y^p(k)=\overline{C}^p\overline{x}_1^p(k)\\ z^p(k)=e^p(k)=\overline{E}^p\overline{x}_1^p(k)\end{cases} \tag{6-64a}$$

$$
\begin{cases}
\bar{x}_1^p(k+1)=\sum\limits_{i=1}^{l}\hbar^i(x(k))\bar{A}^{pi}(k)\bar{x}_1^p(k)+\sum\limits_{i=1}^{l}\hbar^i(x(k))\bar{A}_d^{pi}(k)\bar{x}_1^p(k-d(k)) \\
\qquad +\sum\limits_{i=1}^{l}\hbar^i(x(k))\bar{B}^{pi}(k)\Delta u^{p-1}(k)+\bar{G}^{pi}\bar{w}^p(k) \\
\Delta y^p(k)=\bar{C}^p\bar{x}_1^p(k) \\
z^p(k)=e^p(k)=\bar{E}^p\bar{x}_1^p(k)
\end{cases}
\tag{6-64b}
$$

式中，$\bar{x}_1^p(k)=\begin{bmatrix}\Delta x^p(k)\\ e^p(k)\end{bmatrix}$，$\bar{x}_1^p(k-d(k))=\begin{bmatrix}\Delta x^p(k-d(k))\\ e^p(k-d(k))\end{bmatrix}$，$\bar{A}^{pi}(k)=\begin{bmatrix}A^{pi}+\Delta_a^{pi}(k) & 0\\ C^{pi}A^{pi}+C^{pi}\Delta_a^{pi}(k) & I^p\end{bmatrix}$ $=\bar{A}^{pi}+\bar{\Delta}_a^{pi}(k)$，$\bar{A}^{pi}=\begin{bmatrix}A^{pi} & 0\\ C^{pi}A^{pi} & I^p\end{bmatrix}$，$\bar{\Delta}_a^{pi}(k)=\bar{N}^{pi}\Delta^{pi}(k)\bar{H}^{pi}$，$\bar{A}_d^{pi}(k)=\begin{bmatrix}A_d^{pi}+\Delta_d^{pi}(k) & 0\\ C^{pi}A_d^{pi}+C^{pi}\Delta_d^{pi}(k) & 0\end{bmatrix}$ $=\bar{A}_d^{pi}+\bar{\Delta}_d^{pi}(k)$，$\bar{A}_d^{pi}=\begin{bmatrix}A_d^{pi} & 0\\ C^{pi}A_d^{pi} & 0\end{bmatrix}$，$\bar{\Delta}_d^{pi}(k)=\bar{N}^{pi}\Delta^{pi}(k)\bar{H}_d^{pi}$，$\bar{B}^{pi}(k)=\begin{bmatrix}B^{pi}+\Delta_b^{pi}\\ C^{pi}B^{pi}+C^{pi}\Delta_b^{pi}\end{bmatrix}$ $=\bar{B}^{pi}+\bar{\Delta}_b^{pi}(k)$，$\bar{B}^{pi}=\begin{bmatrix}B^{pi}\\ C^{pi}B^{pi}\end{bmatrix}$，$\bar{\Delta}_b^{pi}(k)=\bar{N}^{pi}\Delta^{pi}(k)\bar{H}_b^{pi}$，$\bar{N}^{pi}=\begin{bmatrix}N^{pi}\\ C^{pi}N^{pi}\end{bmatrix}$，$\bar{H}^{pi}=\begin{bmatrix}H^{pi} & 0\end{bmatrix}$，$\bar{H}_d^{pi}=\begin{bmatrix}H_d^{pi} & 0\end{bmatrix}$，$\bar{H}_b^{pi}=\begin{bmatrix}H_b^{pi} & 0\end{bmatrix}$，$\bar{G}^{pi}=\begin{bmatrix}I^{pi}\\ C^{pi}\end{bmatrix}$，$\bar{C}^{pi}=\begin{bmatrix}C^{pi} & 0\end{bmatrix}$，$\bar{E}^{pi}=\begin{bmatrix}0 & I^{pi}\end{bmatrix}$。

扩展后新的状态空间变量之间的关系如下：

$$
\begin{aligned}
\begin{bmatrix}\Delta x^p(T^{p-1})\\ e^p(T^{p-1})\end{bmatrix}&=\begin{bmatrix}\Phi^{p-1}\Delta x^{p-1}(T^{p-1})\\ C^{pi}\Phi^{p-1}(\Delta x^{p-1}(T^{p-1})+x^{p-1}(T^{p-1}-1))-c^p\end{bmatrix}\\
&=\begin{bmatrix}\Phi^{p-1}\\ C^{pi}\Phi^{p-1}\end{bmatrix}\begin{bmatrix}I & 0\end{bmatrix}\begin{bmatrix}\Delta x^{p-1}(T^{p-1})\\ e^{p-1}(T^{p-1})\end{bmatrix}+\begin{bmatrix}0\\ C^{pi}\Phi^{p-1}x^{p-1}(T^{p-1}-1)-c^p\end{bmatrix}
\end{aligned}
\tag{6-65a}
$$

令 $\Phi^{p-1}=\begin{bmatrix}\Phi^{p-1}\\ C^{pi}\Phi^{p-1}\end{bmatrix}\begin{bmatrix}I & 0\end{bmatrix}$，$\Gamma^{p-1}=\begin{bmatrix}0\\ C^{pi}\Phi^{p-1}x^{p-1}(T^{p-1}-1)-c^p\end{bmatrix}$，则有

$$
\bar{x}_1^p(k)=\Phi^{p-1}\bar{x}_1^{p-1}(k)+\Gamma^{p-1}
\tag{6-65b}
$$

由式（6-65b）可得

$$
\bar{x}_1^{p-1}(k)=\left(\Phi^{p-1}\right)^{-1}\bar{x}_1^p(k)-\left(\Phi^{p-1}\right)^{-1}\Gamma^{p-1}
\tag{6-65c}
$$

6.3.2　非线性间歇过程控制器设计

1. 鲁棒模糊预测异步切换控制律设计

分别设计第 p 阶段稳定情况和不稳定情况控制律如下：

$$\Delta u^{pi}(k)=\bar{K}^{pi}\bar{x}_1^p(k)=\bar{K}^{pi}\begin{bmatrix}\Delta x^p(k)\\ e^p(k)\end{bmatrix}$$

$$\Delta u^p(k)=\sum_{i=1}^{l}\hbar^i(x(k))\bar{K}^{pi}\begin{bmatrix}\Delta x^p(k)\\ e^p(k)\end{bmatrix} \tag{6-66a}$$

$$\begin{aligned}\Delta u^{p-1}(k)&=\bar{K}^{(p-1)j}\bar{x}_1^{p-1}(k)=\bar{K}^{(p-1)j}\left(\left(\Phi^{p-1}\right)^{-1}\bar{x}_1^p(k)-\left(\Phi^{p-1}\right)^{-1}\Gamma^{p-1}\right)\\ &=\bar{K}^{(p-1)j}\left(\Phi^{p-1}\right)^{-1}\begin{bmatrix}\Delta x^p(k)\\ e^p(k)\end{bmatrix}-\bar{K}^{(p-1)j}\left(\Phi^{p-1}\right)^{-1}\Gamma^{p-1}\end{aligned} \tag{6-66b}$$

$$\Delta u^{p-1}(k)=\sum_{j=1}^{l}\hbar^i(x(k))\left(\bar{K}^{(p-1)j}\left(\Phi^{p-1}\right)^{-1}\begin{bmatrix}\Delta x^p(k)\\ e^p(k)\end{bmatrix}-\bar{K}^{(p-1)j}\left(\Phi^{p-1}\right)^{-1}\Gamma^{p-1}\right)$$

式中，$\bar{K}^p$ 为控制律增益。将式（6-66a）和式（6-66b）分别代入式（6-64a）和式（6-64b），得到闭环系统在第 p 阶段稳定情况和第 p 阶段不稳定情况的状态空间模型如下：

$$\begin{cases}\bar{x}_1^p(k+1)=\sum_{i=1}^{l}\sum_{j=1}^{l}\hbar^i(x(k))\hbar^j(x(k))\bar{\bar{A}}^{pij}(k)\bar{x}_1^p(k)\\ \qquad\qquad+\sum_{i=1}^{l}\hbar^i(x(k))\bar{A}_d^{pi}(k)\bar{x}_1^p(k-d(k))+\bar{G}^{pi}\bar{w}^p(k)\\ \Delta y^p(k)=\bar{C}^p\bar{x}_1^p(k)\\ z^p(k)=e^p(k)=\bar{E}^p\bar{x}_1^p(k)\end{cases} \tag{6-67a}$$

$$\begin{cases}\bar{x}_1^p(k+1)=\sum_{i=1}^{l}\sum_{j=1}^{l}\hbar^i(x(k))\hbar^j(x(k))\ddot{A}^{pij}(k)\bar{x}_1^p(k)\\ \qquad\qquad+\sum_{i=1}^{l}\hbar^i(x(k))\bar{A}_d^{pi}(k)\bar{x}_1^p(k-d(k))-\bar{B}^{pi}(k)\bar{K}^{p-1}(\Phi^{p-1})^{-1}\Gamma^{p-1}+\bar{G}^{pi}\bar{w}^p(k)\\ \Delta y^p(k)=\bar{C}^{pi}\bar{x}_1^p(k)\\ z^p(k)=e^p(k)=\bar{E}^{pi}\bar{x}_1^p(k)\end{cases} \tag{6-67b}$$

式中，$\bar{\bar{A}}^p(k)=\bar{A}^{pi}(k)+\bar{B}^{pi}(k)\bar{K}^{pj}$，$\ddot{A}^p(k)=\bar{A}^{pi}(k)+\bar{B}^{pi}(k)\bar{K}^{(p-1)j}\left(\Phi^{p-1}\right)^{-1}$。

2. 主要定理

定理 6.4　在 $\bar{w}^p(k)\neq 0$ 的情况下，如果存在已知标量 $0\leqslant d_m\leqslant d_M$，未知正定对称矩阵 $\bar{P}_1^p, \bar{T}_1^p, \bar{M}_1^p, \bar{G}_1^p, \bar{L}_1^p, \bar{S}_1^p, \bar{S}_2^p, \bar{M}_3^p, \bar{M}_4^p, \bar{X}_1^p, \bar{X}_2^p, \bar{\bar{P}}_1^{p-1}, \bar{\bar{T}}_1^{p-1}, \bar{\bar{M}}_1^{p-1}, \bar{\bar{S}}_1^{p-1}$,

$\bar{\bar{S}}_2^{p-1}$, $\bar{\bar{M}}_3^{p-1}$, $\bar{\bar{M}}_4^{p-1}$, $\bar{\bar{X}}_1^{p-1}$, $\bar{\bar{X}}_2^{p-1} \in \mathbf{R}^{(n_x+n_e)}$，矩阵 $\bar{Y}_1^p \in \mathbf{R}^{n_u \times (n_x+n_e)}$ 和未知标量 $0<\varsigma_p^S<1$，$\varsigma_p^U>1$，$\theta^p>0$，$\mu_p^S>1$，$0<\mu_p^U<1$，$\varepsilon_1^{pS}>0$，$\varepsilon_2^{pS}>0$，$\varepsilon_1^{pU}>0$，$\varepsilon_2^{pU}>0$，ς_p^S，ς_p^U，使得如下的 LMI 条件成立，则可以保证非线性多阶段间歇过程在每个阶段渐近稳定且每个批次指数稳定。

$$\begin{bmatrix} \bar{\Pi}_{11}^{pii} & \bar{\Pi}_{12}^{pii} & \bar{\Pi}_{13}^{pii} & \bar{\Pi}_{14}^{pii} & \bar{\Pi}_{15}^{pii} \\ * & \bar{\Pi}_{22}^{pii} & 0 & 0 & 0 \\ * & * & \bar{\Pi}_{33}^{pii} & 0 & 0 \\ * & * & * & \bar{\Pi}_{44}^{pii} & 0 \\ * & * & * & * & \bar{\Pi}_{55}^{pii} \end{bmatrix} < 0 \tag{6-68a}$$

$$\begin{bmatrix} \bar{\Pi}_{11}^{pij} & \bar{\Pi}_{12}^{pij} & \bar{\Pi}_{13}^{pij} & \bar{\Pi}_{14}^{pij} & \bar{\Pi}_{15}^{pij} \\ * & \bar{\Pi}_{22}^{pij} & 0 & 0 & 0 \\ * & * & \bar{\Pi}_{33}^{pij} & 0 & 0 \\ * & * & * & \bar{\Pi}_{44}^{pij} & 0 \\ * & * & * & * & \bar{\Pi}_{55}^{pij} \end{bmatrix} < 0 \tag{6-68b}$$

$$\begin{bmatrix} \bar{\bar{\Pi}}_{11}^{pii} & \bar{\bar{\Pi}}_{12}^{pii} & \bar{\bar{\Pi}}_{13}^{pii} & \bar{\bar{\Pi}}_{14}^{pii} & \bar{\bar{\Pi}}_{15}^{pii} \\ * & \bar{\bar{\Pi}}_{22}^{pii} & 0 & 0 & 0 \\ * & * & \bar{\bar{\Pi}}_{33}^{pii} & 0 & 0 \\ * & * & * & \bar{\bar{\Pi}}_{44}^{pii} & 0 \\ * & * & * & * & \bar{\bar{\Pi}}_{55}^{pii} \end{bmatrix} < 0 \tag{6-68c}$$

$$\begin{bmatrix} \bar{\bar{\Pi}}_{11}^{pij} & \bar{\bar{\Pi}}_{12}^{pij} & \bar{\bar{\Pi}}_{13}^{pij} & \bar{\bar{\Pi}}_{14}^{pij} & \bar{\bar{\Pi}}_{15}^{pij} \\ * & \bar{\bar{\Pi}}_{22}^{pij} & 0 & 0 & 0 \\ * & * & \bar{\bar{\Pi}}_{33}^{pij} & 0 & 0 \\ * & * & * & \bar{\bar{\Pi}}_{44}^{pij} & 0 \\ * & * & * & * & \bar{\bar{\Pi}}_{55}^{pij} \end{bmatrix} < 0 \tag{6-68d}$$

$$\begin{cases} V_p^S(\bar{x}_1(k)) \leqslant \mu_p^S V_{p-1}^S(\bar{x}_1(k)) \\ V_p^S(\bar{x}_1(k)) \leqslant \mu_p^S V_p^U(\bar{x}_1(k)) \\ V_p^U(\bar{x}_1(k)) \leqslant \mu_p^U V_{p-1}^S(\bar{x}_1(k)) \end{cases} \tag{6-68e}$$

$$\begin{bmatrix} -1 & \bar{x}_l^{p\mathrm{T}}(k|k) \\ \bar{x}_l^p(k|k) & -\bar{\varphi}_l^p \end{bmatrix} \leqslant 0 \tag{6-68f}$$

其中，V_p^S 表示第 p 个阶段稳定情况系统的 Lyapunov 函数，V_p^U 表示第 p 个阶段不稳定情况系统的 Lyapunov 函数。

$$\bar{\Pi}_{11}^{pii} = \bar{\Pi}_{11}^{pij} = \begin{bmatrix} \bar{\phi}_1^p & 0 & (\varsigma_p^S)^{d_M}\bar{L}_1^p & 0 \\ * & -(\varsigma_p^S)^{d_M}\bar{S}_1^p & 0 & 0 \\ * & * & -(\varsigma_p^S)^{d_M}((\bar{M}_4^p)+(\bar{X}_1^p)) & 0 \\ * & * & * & -(\gamma^p)^2 I^p \end{bmatrix}$$

$$\bar{\Pi}_{12}^{pii} = \begin{bmatrix} \bar{L}_1^{pi}\bar{A}^{pi\mathrm{T}} + \bar{Y}_1^{pi\mathrm{T}}\bar{B}^{pi\mathrm{T}} & \bar{L}_1^{pi}\bar{A}^{pi\mathrm{T}} + \bar{Y}_1^{pi\mathrm{T}}\bar{B}^{pi\mathrm{T}} - \bar{L}_1^{pi} \\ \bar{S}_1^{pi}\bar{A}_d^{pi\mathrm{T}} & \bar{S}_1^{pi}\bar{A}_d^{pi\mathrm{T}} \\ 0 & 0 \\ \bar{G}^{pi\mathrm{T}} & \bar{G}^{pi\mathrm{T}} \end{bmatrix}$$

$$\bar{\Pi}_{13}^{pii} = \begin{bmatrix} \bar{L}_1^{pi}\bar{E}^{p\mathrm{T}} & \bar{L}_1^{pi}(\bar{Q}_1^p)^{\frac{1}{2}} & \bar{Y}_1^{pi\mathrm{T}}(\bar{R}_1^p)^{\frac{1}{2}} \\ 0 & 0 & 0 \\ 0 & 0 & 0 \\ 0 & 0 & 0 \end{bmatrix},\quad \bar{\Pi}_{14}^{pii} = \bar{\Pi}_{15}^{pii} = \begin{bmatrix} \bar{L}_1^{pi}\bar{H}^{pi\mathrm{T}} & \bar{Y}_1^{pi\mathrm{T}}\bar{H}_b^{pi\mathrm{T}} \\ \bar{S}_1^{pi}\bar{H}_d^{pi\mathrm{T}} & 0 \\ 0 & 0 \\ 0 & 0 \end{bmatrix}$$

$$\bar{\Pi}_{12}^{pij} = \begin{bmatrix} \bar{L}_1^{pi}V^{pij} + \bar{Y}_1^{pi\mathrm{T}}F^{pij} & \bar{L}_1^{pi}V^{pij} + \bar{Y}_1^{pi\mathrm{T}}F^{pij} - \bar{L}_1^{pi} \\ \bar{S}_1^{pi}\bar{A}_d^{pi\mathrm{T}} & \bar{S}_1^{pi}\bar{A}_d^{pi\mathrm{T}} \\ 0 & 0 \\ \bar{G}^{pi\mathrm{T}} & \bar{G}^{pi\mathrm{T}} \end{bmatrix}$$

$$\bar{\Pi}_{13}^{pij} = \begin{bmatrix} \bar{L}_1^{pi}\bar{E}^{p\mathrm{T}} & \bar{L}_1^{pi}(\bar{Q}_1^p)^{\frac{1}{2}} & \dfrac{\bar{Y}_1^{i\mathrm{T}} + \bar{Y}_1^{j\mathrm{T}}}{2}(\bar{R}_1^p)^{\frac{1}{2}} \\ 0 & 0 & 0 \\ 0 & 0 & 0 \\ 0 & 0 & 0 \end{bmatrix}$$

$$\bar{\Pi}_{14}^{pij} = \bar{\Pi}_{15}^{pij} = \begin{bmatrix} \frac{1}{2}\bar{L}_1^{pi}\bar{H}^{pi\mathrm{T}} & \frac{1}{2}\bar{L}_1^{pi}\bar{H}^{pj\mathrm{T}} & \frac{1}{2}\bar{Y}_1^{pj\mathrm{T}}\bar{H}_b^{pi\mathrm{T}} & \frac{1}{2}\bar{Y}_1^{pi\mathrm{T}}\bar{H}_b^{pj\mathrm{T}} \\ \bar{S}_1^{pi}\bar{H}_d^{pi\mathrm{T}} & 0 & 0 & 0 \\ 0 & 0 & 0 & 0 \\ 0 & 0 & 0 & 0 \end{bmatrix}$$

$$\bar{\Pi}_{22}^{pii} = \bar{\Pi}_{22}^{pij} = \begin{bmatrix} -\bar{L}_1^{pi} + \bar{\varepsilon}_1^{pi}\bar{N}^{pi}\bar{N}^{pi\mathrm{T}} + \bar{\varepsilon}_2^{pi}\bar{N}^{pi}\bar{N}^{pi\mathrm{T}} & 0 \\ 0 & -\bar{X}_1^{pi}(\bar{D}_2^{pi})^{-1} + \bar{\varepsilon}_1^{pi}\bar{N}^{pi}\bar{N}^{pi\mathrm{T}} + \bar{\varepsilon}_2^{pi}\bar{N}^{pi}\bar{N}^{pi\mathrm{T}} \end{bmatrix}$$

$$\bar{\Pi}_{33}^{pii}=\bar{\Pi}_{33}^{pij}=\begin{bmatrix}-I^p & 0 & 0\\ 0 & -\theta^p I^p & 0\\ 0 & 0 & -\theta^p I^p\end{bmatrix},\quad \bar{\Pi}_{44}^{pii}=\bar{\Pi}_{55}^{pii}=\begin{bmatrix}-\bar{\varepsilon}_1^{pi}I^p & 0\\ 0 & -\bar{\varepsilon}_2^{pi}I^p\end{bmatrix}$$

$$\bar{\Pi}_{44}^{pij}=\bar{\Pi}_{55}^{pij}=\begin{bmatrix}-\bar{\varepsilon}_1^{pi}I^p & 0 & 0 & 0\\ 0 & -\bar{\varepsilon}_1^{pj}I^p & 0 & 0\\ 0 & 0 & -\bar{\varepsilon}_2^{pi}I^p & 0\\ 0 & 0 & 0 & -\bar{\varepsilon}_2^{pj}I^p\end{bmatrix}$$

$$\bar{\bar{\Pi}}_{11}^{pii}=\bar{\bar{\Pi}}_{11}^{pij}=\begin{bmatrix}\bar{\bar{\phi}}_1^{p} & 0 & (\varsigma_p^U)^{d_M}\bar{\bar{L}}_1^{p-1} & 0\\ * & -(\varsigma_p^{\mathrm{U}})^{d_M}\bar{\bar{S}}_1^{p-1} & 0 & 0\\ * & * & -(\varsigma_p^U)^{d_M}((\bar{\bar{M}}_4^{p-1})+(\bar{\bar{X}}_1^{p-1})) & 0\\ * & * & * & -(\gamma^p)^2 I^p\end{bmatrix}$$

$$\bar{\bar{\Pi}}_{12}^{pii}=\begin{bmatrix}\bar{\bar{L}}_1^{p-1}\bar{A}^{pi\mathrm{T}}+\bar{\bar{L}}_1^{p-1}\left((\varPhi^{p-1})^{-1}\right)^{\mathrm{T}}\left(K^{(p-1)i}\right)^{\mathrm{T}}\bar{B}^{pi\mathrm{T}} & \bar{\bar{L}}_1^{p-1}\bar{A}^{pi\mathrm{T}}+\bar{\bar{L}}_1^{p-1}\left((\varPhi^{p-1})^{-1}\right)^{\mathrm{T}}\left(K^{(p-1)i}\right)^{\mathrm{T}}\bar{B}^{pi\mathrm{T}}-\bar{\bar{L}}_1^{p-1}\\ \bar{\bar{S}}_1^{p-1}\bar{A}_d^{pi} & \bar{\bar{S}}_1^{p-1}\bar{A}_d^{pi}\\ 0 & 0\\ \bar{G}^{pi\mathrm{T}} & \bar{G}^{pi\mathrm{T}}\end{bmatrix}$$

$$\bar{\bar{\Pi}}_{13}^{pii}=\begin{bmatrix}\bar{\bar{L}}_1^{p-1}\bar{E}^{pi\mathrm{T}} & \bar{\bar{L}}_1^{p-1}(\bar{\bar{Q}}_1^{p-1})^{\frac{1}{2}} & \bar{\bar{L}}_1^{p-1}\left((\varPhi^{p-1})^{-1}\right)^{\mathrm{T}}\left(K^{(p-1)i}\right)^{\mathrm{T}}(\bar{\bar{R}}_1^{p-1})^{\frac{1}{2}}\\ 0 & 0 & 0\\ 0 & 0 & 0\\ 0 & 0 & 0\end{bmatrix}$$

$$\bar{\bar{\Pi}}_{14}^{pii}=\bar{\bar{\Pi}}_{15}^{pii}=\begin{bmatrix}\bar{\bar{L}}_1^{p-1}\bar{H}^{pi\mathrm{T}} & \bar{\bar{L}}_1^{p-1}\left((\varPhi^{p-1})^{-1}\right)^{\mathrm{T}}\left(K^{(p-1)i}\right)^{\mathrm{T}}\bar{H}_b^{pi\mathrm{T}}\\ \bar{\bar{S}}_1^{p-1}\bar{H}_d^{pi\mathrm{T}} & 0\\ 0 & 0\\ 0 & 0\end{bmatrix}$$

$$\bar{\bar{\Pi}}_{12}^{pij}=\begin{bmatrix}\bar{\bar{L}}_1^{p-1}V^{pij}+\Xi^{pij} & \bar{\bar{L}}_1^{p-1}V^{pij}+\Xi^{pij}-\bar{\bar{L}}_1^{p-1}\\ \bar{\bar{S}}_1^{p-1}\bar{A}_d^{pi} & \bar{\bar{S}}_1^{p-1}\bar{A}_d^{pi}\\ 0 & 0\\ \bar{G}^{pi\mathrm{T}} & \bar{G}^{pi\mathrm{T}}\end{bmatrix}$$

$$\bar{\bar{\Pi}}_{13}^{pij}=\begin{bmatrix}\bar{\bar{L}}_1^{p-1}\bar{E}^{p\mathrm{T}} & \bar{L}_1^{p-1}(\bar{\bar{Q}}_1^{p-1})^{\frac{1}{2}} & \dfrac{\bar{\bar{L}}_1^{p-1}\left((\Phi^{p-1})^{-1}\right)^{\mathrm{T}}\left(K^{(p-1)j}\right)^{\mathrm{T}}+\bar{\bar{L}}_1^{p-1}\left((\Phi^{p-1})^{-1}\right)^{\mathrm{T}}\left(K^{(p-1)i}\right)^{\mathrm{T}}}{2}(\bar{\bar{R}}_1^{p-1})^{\frac{1}{2}}\\ 0 & 0 & 0\\ 0 & 0 & 0\\ 0 & 0 & 0\end{bmatrix}$$

$$\bar{\bar{\Pi}}_{14}^{pij}=\bar{\bar{\Pi}}_{15}^{pij}=\begin{bmatrix}\dfrac{1}{2}\bar{L}_1^{p-1i}\bar{H}^{pi\mathrm{T}} & \dfrac{1}{2}\bar{L}_1^{p-1}\bar{H}^{pj\mathrm{T}} & \dfrac{1}{2}\bar{\bar{L}}_1^{p-1}\left((\Phi^{p-1})^{-1}\right)^{\mathrm{T}}\left(K^{(p-1)j}\right)^{\mathrm{T}}\bar{H}_b^{pi\mathrm{T}} & \dfrac{1}{2}\bar{\bar{L}}_1^{p-1}\left((\Phi^{p-1})^{-1}\right)^{\mathrm{T}}\left(K^{(p-1)i}\right)^{\mathrm{T}}\bar{H}_b^{pj\mathrm{T}}\\ \bar{S}_1^{p-1i}\bar{H}_d^{pi\mathrm{T}} & 0 & 0 & 0\\ 0 & 0 & 0 & 0\\ 0 & 0 & 0 & 0\end{bmatrix}$$

$$\bar{\bar{\Pi}}_{22}^{pii}=\bar{\bar{\Pi}}_{22}^{pij}=\begin{bmatrix}-\bar{\bar{L}}_1^{p-1}+\bar{\bar{\varepsilon}}_1^{pi}\bar{N}^{pi}\bar{N}^{pi\mathrm{T}}+\bar{\bar{\varepsilon}}_2^{pi}\bar{N}^{pi}\bar{N}^{pi\mathrm{T}} & 0\\ 0 & -\bar{\bar{X}}_1^{p-1}(\bar{D}_2^{p})^{-1}+\bar{\bar{\varepsilon}}_1^{pi}\bar{N}^{pi}\bar{N}^{pi\mathrm{T}}+\bar{\bar{\varepsilon}}_2^{pi}\bar{N}^{pi}\bar{N}^{pi\mathrm{T}}\end{bmatrix}$$

$$\bar{\bar{\Pi}}_{33}^{pii}=\bar{\bar{\Pi}}_{33}^{pij}=\begin{bmatrix}-I^{p-1} & 0 & 0\\ 0 & -\theta^{p-1}I^{p-1} & 0\\ 0 & 0 & -\theta^{p-1}I^{p-1}\end{bmatrix},\quad \bar{\bar{\Pi}}_{44}^{pii}=\bar{\bar{\Pi}}_{44}^{pij}=\begin{bmatrix}-\bar{\bar{\varepsilon}}_1^{pi}I^{p} & 0\\ 0 & -\bar{\bar{\varepsilon}}_2^{pi}I^{p}\end{bmatrix}$$

$$\bar{\bar{\Pi}}_{44}^{pij}=\bar{\bar{\Pi}}_{55}^{pij}=\begin{bmatrix}-\bar{\bar{\varepsilon}}_1^{pi}I^{p} & 0 & 0 & 0\\ 0 & -\bar{\bar{\varepsilon}}_1^{pj}I^{p} & 0 & 0\\ 0 & 0 & -\bar{\bar{\varepsilon}}_2^{pi}I^{p} & 0\\ 0 & 0 & 0 & -\bar{\bar{\varepsilon}}_2^{pj}I^{p}\end{bmatrix}$$

$$V^{pij}=\frac{\overline{A}^{i\mathrm{T}}+\overline{A}^{j\mathrm{T}}}{2},\quad F^{pij}=\frac{\overline{Y}_1^{j\mathrm{T}}\overline{B}^{i\mathrm{T}}+\overline{Y}_1^{i\mathrm{T}}\overline{B}^{j\mathrm{T}}}{2}$$

$$\Xi^{pij}=\frac{\overline{\overline{L}}_1^{p-1}\left((\Phi^{p-1})^{-1}\right)^{\mathrm{T}}\left(K^{(p-1)i}\right)^{\mathrm{T}}\overline{B}^{pj\mathrm{T}}}{2}+\frac{\overline{\overline{L}}_1^{p-1}\left((\Phi^{p-1})^{-1}\right)^{\mathrm{T}}\left(K^{(p-1)j}\right)^{\mathrm{T}}\overline{B}^{pi\mathrm{T}}}{2}$$

其中，$\overline{\phi}_1^{p}=-\varsigma_p^S\overline{L}_1^p+\overline{M}_3^p+\overline{D}_1^p\overline{S}_2^p+\overline{S}_2^p-(\varsigma_p^S)^{d_M}\overline{X}_2^p$，$\overline{\overline{\phi}}_1^{p+1}=-\varsigma_p^U\overline{\overline{L}}_1^{p-1}+\overline{\overline{M}}_3^{p-1}+\overline{D}_1^p\overline{\overline{S}}_2^{p-1}+\overline{\overline{S}}_2^{p-1}-(\varsigma_p^U)^{d_M}\overline{\overline{X}}_2^{p-1}$，$\overline{D}_2^p=(d_M)^2I^p$，$\overline{D}_1^p=(d_M-d_m+1)I^p$。

通过求解上述 LMI 条件可得对应参数，根据这些参数可以计算出每个阶段稳定情况和不稳定情况对应的 μ_p^S，μ_p^U，则系统在稳定情况和不稳定情况的运行时间 τ_S^p，τ_U^p 满足式（6-69a）和式（6-69b）：

$$\tau_S^p\geqslant(\tau_S^p)^*=-\frac{\ln\mu_p^S}{\ln\varsigma_p^S}\tag{6-69a}$$

$$\tau_U^p\leqslant(\tau_U^p)^*=-\frac{\ln\mu_p^U}{\ln\varsigma_p^U}\tag{6-69b}$$

证明　首先，为保证闭环系统在稳定情况渐近稳定，令 $\overline{x}_1(k)$ 满足如下约束：

$$\begin{aligned}&V_p^S(x_{1k}^{pi}(k+m+1\mid k))-V_p^S(x_{1k}^{pi}(k+m\mid k))\leqslant\\&-[(x_{1k}^{pi}(k+m\mid k))^{\mathrm{T}}Q^{pS}(x_{1k}^{pi}(k+m\mid k))+\Delta u^{pjS}(k+m\mid k)^{\mathrm{T}}R^{pS}\Delta u^{pjS}(k+m\mid k)]\end{aligned}\tag{6-70}$$

将上式左右两边从 $m=0$ 到 ∞ 叠加，已知 $V(\overline{x}_1(\infty))=0$，$\overline{x}_1(\infty)=0$，可得

$$J_\infty^{pijS}(k)\leqslant V_p^S(x_{1k}^{pi}(k))\leqslant\theta^p\tag{6-71}$$

其中，θ^p 是 $J_\infty^{pijS}(k)$ 的上边界。

为方便后续证明，定义如下符号：

$$x_{1kd}^{pi}(k+m)=x_{1k}^{pi}(k+m-d(k+m)),\quad\delta_{1k}^{pi}(k+m)=x_{1k}^{pi}(k+m+1)-x_{1k}^{pi}(k+m)$$

$$x_{1kd_M}^{pi}(k+m)=x_{1k}^{pi}(k+m-d_M),\quad\varphi_{1k}^{pi}(k+m)=\begin{bmatrix}x_{1k}^{pi\mathrm{T}}(k+m) & x_{1kd}^{pi\mathrm{T}}(k+m) & x_{1kd_M}^{pi\mathrm{T}}(k+m)\end{bmatrix}^{\mathrm{T}}$$

考虑到区间时变时滞对系统的影响，选择以下 Lyapunov 函数：

$$V_p^S(x_{1k}^{pi}(k+m))=\sum_{n=1}^{5}V_n^{pS}(x_{1k}^{pi}(k+m))\tag{6-72}$$

其中，

$$V_1^{pS}(x_{1k}^{pi}(k+m))=x_{1k}^{pi\mathrm{T}}(k+m)P_1^{pS}x_{1k}^{pi}(k+m)=x_{1k}^{pi\mathrm{T}}(k+m)\theta^{pi}(L_1^{pS})^{-1}x_{1k}^{pi}(k+m)$$

$$V_2^{pS}(x_{1k}^{pi}(k+m))=\sum_{r=k-d(k)}^{k-1}x_{1k}^{pi\mathrm{T}}(r+m)(\varsigma_p^S)^{k-1-r}T_1^{pS}x_{1k}^{pi}(r+m)$$

$$= \sum_{r=k-d(k)}^{k-1} x_{1k}^{pi\mathrm{T}}(r+m)(\varsigma_p^S)^{k-1-r}\theta^p(S_1^{pS})^{-1}x_{1k}^{pi}(r+m)$$

$$V_3^{pS}(x_{1k}^{pi}(k+m)) = \sum_{r=k-d_M}^{k-1} x_{1k}^{pi\mathrm{T}}(r+m)(\varsigma_p^S)^{k-1-r}M_1^{pS}x_{1k}^{pi}(r+m)$$

$$= \sum_{r=k-d_M}^{k-1} x_{1k}^{pi\mathrm{T}}(r+m)(\varsigma_p^S)^{k-1-r}\theta^p(M_2^{pS})^{-1}x_{1k}^{pi}(r+m)$$

$$V_4^{pS}(x_{1k}^{pi}(k+m)) = \sum_{s=-d_M}^{-d_m}\sum_{r=k+s}^{k-1} x_{1k}^{pi\mathrm{T}}(r+m)(\varsigma_p^S)^{k-1-r}T_1^{pS}x_{1k}^{pi}(r+m)$$

$$= \sum_{s=-d_M}^{-d_m}\sum_{r=k+s}^{k-1} x_{1k}^{pi\mathrm{T}}(r+m)(\varsigma_p^S)^{k-1-r}\theta^p(S_1^{pS})^{-1}x_{1k}^{pi}(r+m)$$

$$V_5^{pS}(x_{1k}^{pi}(k+m)) = d_M\sum_{s=-d_M}^{-1}\sum_{r=k+s}^{k-1} \delta_{1k}^{pi\mathrm{T}}(r+m)(\varsigma_p^S)^{k-1-r}G_1^{pS}\delta_{1k}^{pi}(r+m)$$

$$= d_M\sum_{s=-d_M}^{-1}\sum_{r=k+s}^{k-1} \delta_{1k}^{pi\mathrm{T}}(r+m)(\varsigma_p^S)^{k-1-r}\theta^p(X_1^{pS})^{-1}\delta_{1k}^{pi}(r+m)$$

为保证系统稳定引入能量补偿系数 ς_p^S，则控制系统稳定性条件满足：

$$\Delta V_p^S(x_{1k}^{pi}(k+m)) \leqslant V_p^S(x_{1k}^{pi}(k+m+1)) - \varsigma_p^S V_p^S(x_{1k}^{pi}(k+m)) = \sum_{n=1}^{5}\Delta V_n^{pijS}(x_{1k}^{pi}(k+m)) \quad (6\text{-}73)$$

将式（6-70）和式（6-73）相结合，可得

$$(\theta^p)^{-1}\Delta V_p^S(x_{1k}^{pi}(k+m)) + (\theta^p)^{-1}J^{pijS}(k) < \varphi_{1k}^{pi\mathrm{T}}(k)\Xi_1^{pijS}\varphi_{1k}^{pi}(k) \quad (6\text{-}74)$$

式中，

$$\Xi_1^{pijS} = \begin{bmatrix} \phi_{1k}^{pS} & 0 & (\varsigma_p^S)^{\tilde{d}_M}(X_1^{pS})^{-1} \\ * & -(\varsigma_p^S)^{d_M}(S_1^{pS})^{-1} & 0 \\ * & 0 & -(\varsigma_p^S)^{\tilde{d}_M}((M_2^{pS})^{-1}+(X_1^{pS})^{-1}) \end{bmatrix}$$
$$+\Lambda_1^{pS\mathrm{T}}(L_1^{pS})^{-1}\Lambda_1^{pS} + \Lambda_2^{pS\mathrm{T}}(D_2^{pS})^2(X_1^{pS})^{-1}\Lambda_2^{pS} + \lambda_1^{pS\mathrm{T}}(\theta^p)^{-1}\lambda_1^{pS} + \lambda_2^{pS\mathrm{T}}(\theta^p)^{-1}\lambda_2^{pS} \quad (6\text{-}75)$$

其中，$\lambda_1^{pS} = \begin{bmatrix} (Q^{pS})^{\frac{1}{2}} & 0 & 0 \end{bmatrix}$, $\lambda_2^{pS} = \begin{bmatrix} \sum_{i=1}^{l}\hbar^i(x(k))(R^{pS})^{\frac{1}{2}}Y_1^{pS}(L_1^{pS})^{-1} & 0 & 0 \end{bmatrix}$, $\phi_{1k}^{pS} = -\varsigma_p^S(L_1^{pS})^{-1} +(S_1^{pS})^{-1} + (M_2^{pS})^{-1} + D_1^p(S_1^{pS})^{-1} - (\varsigma_p^S)^{d_M}(X_1^{pS})^{-1}$，$\Lambda_1^{pS} = \Bigg[\sum_{i=1}^{l}\sum_{j=1}^{l}\hbar^i(x(k))\hbar^j(x(k))A_{kb}^{pS}(k)$

$\left.\sum_{i=1}^{l}\hbar^i(x(k))A_{dk}^p(k)\quad 0\right]$，$\Lambda_2^{pS}=\left[\sum_{i=1}^{l}\sum_{j=1}^{l}\hbar^i(x(k))\hbar^j(x(k))A_{kb}^{pS}(k)-I\ \sum_{i=1}^{l}\hbar^i(x(k))A_{dk}^p(k)\ 0\right]$。

当 i=j 时，与第 5 章处理方式相同，在矩阵式（6-75）的两边乘以 diag[L_1^{pS}　S_1^{pS}　X_1^{pS}　I^p　I^p　I^p　I^p]，令 $L_1^{pS}(M_2^{pS})^{-1}L_1^{pS}=M_3^{pS}$，$L_1^{pS}(S_1^{pS})^{-1}L_1^{pS}=S_2^{pS}$，$L_1^{pS}(X_1^{pS})^{-1}L_1^{pS}=X_2^{pS}$，$X_1^{pS}(M_2^{pS})^{-1}X_1^{pS}=M_4^{pS}$，$K^{pS}=Y_1^{pS}(L_1^{pS})^{-1}$，并结合引理 1.1 和引理 1.3，可得第 p 阶段稳定情况渐近稳定条件式(6-68a)。同理，当 i≠j 时，可得式(6-68b)。此外，与稳定情况的推导类似，可得系统不稳定情况下 LMI 条件式（6-68c）和式（6-68d）。

其次，为保证系统在每个批次指数稳定，根据式（6-68a）～式（6-68e），得

$$\begin{aligned}V_p^S(x_{1k}(k))&<(\varsigma_p^S)^{O-T^{p-1/p}}V_p^S(x_{1k}(T^{p-1/p}))\\&\leqslant\mu_p^S(\varsigma_p^S)^{O-T^{p-1}}V_p^U(x_{1k}(T^{p-1/p}))\\&\leqslant(\varsigma_p^S)^{O-T^{p-1}}\mu_p^S(\varsigma_p^U)^{T^{p-1/p}-T^{p-1}}V_p^U(x_{1k}(T^{p-1}))\\&\leqslant(\varsigma_p^S)^{O-T^{p-1}}\mu_p^S(\varsigma_p^U)^{T^{p-1/p}-T^{p-1}}\mu_p^UV_{p-1}^S(x_{1k}(T^{p-1}))\\&\ \vdots\\&\leqslant\prod_{p=1}^{P}(\mu_p^S)^{N_0^S+\left(T_S^p(f,O)/\tau_S^p\right)}\prod_{p=1}^{P}(\varsigma_p^S)^{T_S^p(f,O)}\prod_{p=1}^{P}(\mu_p^U)^{N_0^U+\left(T_U^p(f,O)/\tau_U^p\right)}\\&\quad\times\prod_{p=1}^{P}(\varsigma_p^U)^{T_U^p(f,O)}V_1^S(x_{1k}(T^1))\\&=\exp\left(\sum_{p=1}^{P}N_0^S\ln\mu_p^S+\sum_{p=1}^{P}N_0^U\ln\mu_p^U\right)\prod_{p=1}^{P}((\mu_p^S)^{1/\tau_S^p}(\varsigma_p^S))^{T_S^p(f,O)}\\&\quad\times\prod_{p=1}^{P}((\mu_p^U)^{1/\tau_U^p}(\varsigma_p^U))^{T_U^p(f,O)}V_1^S(x_{1k}(T^1))\end{aligned}\tag{6-76}$$

由式（6-69）可得

$$\begin{cases}\tau_S^p+\dfrac{\ln\mu_p^S}{\ln\varsigma_p^S}\geqslant 0\\[2ex]\tau_U^p+\dfrac{\ln\mu_p^U}{\ln\varsigma_p^U}\leqslant 0\end{cases}\tag{6-77}$$

由于 $0<\varsigma_p^S<1$，$\varsigma_p^U>1$，$\mu_p^S>1$，$0<\mu_p^U<1$，式（6-77）可写为

$$\begin{cases}\tau_S^p\ln\varsigma_p^S+\ln\mu_P^S\leqslant 0\\\tau_U^p\ln\varsigma_p^U+\ln\mu_P^U\leqslant 0\end{cases}\tag{6-78}$$

因为

$$\begin{cases}(\mu_P^S)^{1/\tau_S^p}(\varsigma_p^S)=\exp\left(\ln\left[(\mu_P^S)^{1/\tau_S^p}(\varsigma_p^S)\right]\right)\\ \qquad\qquad\qquad=\exp\left(\left[\dfrac{1}{\tau_S^p}\ln\mu_P^S+\ln\varsigma_p^S\right]\right)\\ (\mu_P^U)^{1/\tau_U^p}(\varsigma_p^U)=\exp\left(\ln\left[(\mu_P^U)^{1/\tau_U^p}(\varsigma_p^U)\right]\right)\\ \qquad\qquad\qquad=\exp\left(\left[\dfrac{1}{\tau_U^p}\ln\mu_P^U+\ln\varsigma_p^U\right]\right)\end{cases} \tag{6-79}$$

将式（6-79）代入式（6-78）可得

$$\begin{cases}(\mu_P^S)^{1/\tau_S^p}(\varsigma_p^S)\leqslant 1\\ (\mu_P^U)^{1/\tau_U^p}(\varsigma_p^U)\leqslant 1\end{cases} \tag{6-80}$$

令 $\varsigma=\max_{p\in P}((\mu_P^S)^{1/\tau_S^p}(\varsigma_p^S),(\mu_P^U)^{1/\tau_U^p}(\varsigma_p^U))$，可得

$$V_p^S(x_{1k}(k))\leqslant\eta\varsigma^{O-f}V_1^S(x_{1k}(T^1)) \tag{6-81}$$

由此，可以确保基于条件（6-68e）的系统具有指数稳定性。

为得到系统的不变集，取系统状态的最大值 $\overline{x}_l^p(k)=\max(x_{1k}^p(\overline{r})\quad\delta_{1k}^p(\overline{r}))$，$\overline{r}\in(k-d_M,k)$，可得 $\overline{\psi}_{lk}^p=P_1^p+d_MT_1^p+d_MM_1^p+\dfrac{d_m+d_M}{2}(d_M-d_m+1)T_1^p+d_M^2\dfrac{1+d_M}{2}G_1^p$。令 $\overline{\varphi}_l^p=\theta^p(\overline{\psi}_{lk}^p)^{-1}$ 并利用引理 1.1，可得式（6-68f）。

至此，控制系统在每个阶段渐近稳定且每个批次指数稳定的 LMI 条件证明完毕。

6.4 具有执行器故障的多阶段间歇过程鲁棒异步切换预测容错控制

6.4.1 问题描述

针对一类具有不确定性、未知干扰、时变时滞和执行器部分故障的多阶段间歇过程，建立了一种状态空间模型，如下式所示。

$$\begin{cases} x^{\nu(k)}(k+1)=A^{\nu(k)}(k)x(k)+A_d^{\nu(k)}(k)x^{\nu(k)}(k-d(k))+B^{\nu(k)}u^{\nu(k)}(k) \\ \qquad +\omega^{\nu(k)}(k) \\ y^{\nu(k)}(k)=C^{\nu(k)}x^{\nu(k)}(k) \end{cases} \tag{6-82}$$

其中，$x^{\nu(k)}(k)\in\mathbf{R}^{n_x^{\nu(k)}}$，$u^{\nu(k)}(k)\in\mathbf{R}^{n_u^{\nu(k)}}$，$y^{\nu(k)}(k)\in\mathbf{R}^{n_y^{\nu(k)}}$，$\omega^{\nu(k)}(k)\in\mathbf{R}^{n_\omega^{\nu(k)}}$ 分别是在离散 k 时刻的系统状态、控制输入、系统输出和未知有界干扰。$d(k)$ 表示基于离散时间 k 的时变时滞，满足下式：

$$d_m\leqslant d(k)\leqslant d_M \tag{6-83}$$

其中，d_M 和 d_m 为时变时滞 $d(k)$ 的上界和下界。$\nu(k)$ 是依赖于离散时间的切换信号，满足 $\nu(k):R^+\to p=\{1,2,3,\cdots,P\}$。系统子模型 $A^p(k)=A^p+\Delta_a^p(k)$ 和 $B^p(k)=B^p+\Delta_b^p(k)$，其中，A^p,B^p,C^p 是适当维数的常数矩阵，$\Delta_a^p(k),\Delta_b^p(k)$ 是在离散 k 时刻的参数不确定性摄动，其满足如下形式：

$$\begin{bmatrix}\Delta_a^p(k) & \Delta_d^p(k)\end{bmatrix}=N^p\Delta^p(k)\begin{bmatrix}H^p & H_d^p\end{bmatrix} \tag{6-84}$$

$$\Delta^{p\mathrm{T}}(k)\Delta^p(k)\leqslant I^p \tag{6-85}$$

其中，N^p,H^p,H_d^p 是常数矩阵；$\Delta^p(k)$ 为离散时间 k 条件下的不确定性。

当 $\nu(k)=p$ 时，式（6-82）可以重写为式（6-86）。考虑到异步切换问题，我们将每个阶段分为稳定和不稳定两种情况。式（6-86a）为第 p 阶段稳定情况的模型，式（6-86b）为第 p 阶段不稳定情况的模型。因此，将式（6-82）变换为

$$\begin{cases} x^p(k+1)=A^p(k)x^p(k)+A_d^p(k)x^p(k-d(k))+ \\ \qquad B^pu^p(k)+\omega^p(k) \\ y^p(k)=C^px^p(k) \end{cases} \tag{6-86a}$$

$$\begin{cases} x^p(k+1)=A^p(k)x^p(k)+A_d^p(k)x^p(k-d(k))+ \\ \qquad B^pu^{p-1}(k)+\omega^p(k) \\ y^p(k)=C^px^p(k) \end{cases} \tag{6-86b}$$

此外，在实际的工业生产过程中，由于长期连续运行，控制器故障是不可避免的。因此，在正常计算值下执行器不能正常运行。一般来说，执行机构的故障有三种类型，即部分故障（$\alpha^p>0$）、完全故障（$\alpha^p=0$）和卡死故障（$\alpha^p=u_\alpha^p$）。由于后两种故障，系统无法正常运行，因此着重研究了部分故障这种情况，定义如下方程：

$$u^{pF}(k)=\alpha^pu^p(k) \tag{6-87}$$

$$0 \leqslant \underline{\alpha}^p \leqslant \alpha^p \leqslant \overline{\alpha}^p \tag{6-88}$$

其中，$u^p(k)$ 为控制器的控制输入，$u^{pF}(k)$ 为执行器部分失效时的控制值，$\underline{\alpha}^p \leqslant I$ 和 $\overline{\alpha}^p \geqslant I$ 为已知的矩阵。

为了提高控制器在故障情况下的控制性能，引入以下方程：

$$\beta^p = \frac{\overline{\alpha}^p + \underline{\alpha}^p}{2}, \quad \beta_0 = (\overline{\alpha}^p + \underline{\alpha}^p)^{-1}(\overline{\alpha}^p - \underline{\alpha}^p) \tag{6-89}$$

结合式（6-87）～式（6-89），可得

$$\alpha^p = (I^p + \alpha_0^p)\beta^p \tag{6-90}$$

其中，

$$\left|\alpha_0^p\right| \leqslant \beta_0^p \leqslant I^p$$

考虑执行器失效后，将描述第 p 阶段多阶段间歇过程的状态空间模型重写为

$$\begin{cases} x^p(k+1) = A^p(k)x^p(k) + A_d^p(k)x^p(k-d(k)) + B^p\alpha^p u^p(k) + \omega^p(k) \\ y(k) = C^p x^p(k) \end{cases} \tag{6-91a}$$

$$\begin{cases} x^p(k+1) = A^p(k)x^p(k) + A_d^p(k)x^p(k-d(k)) + B^p\alpha^p u^{p-1}(k) + \omega^p(k) \\ y^p(k) = C^p x^p(k) \end{cases} \tag{6-91b}$$

由于每个批次包含多个阶段，阶段之间的切换是不可避免的。因此，两个相邻相的系统状态满足如下方程：

$$x^p(T^{p-1}) = \Phi^p x^{p-1}(T^{p-1}) \tag{6-92}$$

其中，$\Phi^p \in \mathbf{R}^{n_x^{p+1} \times n_x^p}$ 为系统在第 $p-1$ 阶段与第 p 阶段之间的状态转移矩阵。相邻阶段发生切换时，切换条件如下：

$$\nu(k+1) = \begin{cases} \nu(k)+1, & \gamma^{\nu(k)+1}(x(k)) < 0 \\ \nu(k), & \text{其他} \end{cases} \tag{6-93}$$

其中，$\gamma^{\nu(k)+1}(x(k)) < 0$ 是系统的切换条件，它决定是否能发生切换。由于系统必须在两相之间进行切换，切换时间也是影响系统的关键因素，因此各切换点的时间与切换条件的关系可表示为

$$T^p = \min\left\{k > T^{p-1} \mid \gamma^p(x(k)) < 0\right\}, \quad T^0 = 0 \tag{6-94}$$

当达到一定条件时，系统从当前阶段切换到下一阶段。系统从上一阶段的稳定情况（模型和控制器匹配）切换到下一个阶段的不稳定情况（模型和控制器不匹配）。当模型与控制器再次匹配时，系统再次进入稳定状态。因此，为了使上述重复过程更加清晰，我们定义一个时间序列，如下式所示：

$$\begin{aligned}\sum=\{&(T^{1s},\nu(T^{1s})),(T^{2U},\nu(T^{2U})),(T^{2S},\nu(T^{2S})),(T^{3U},\nu(T^{3U})),\cdots,\\&(T^{pU},\nu(T^{pU})),(T^{pS},\nu(T^{pS})),\cdots,(T^{PU},\nu(T^{PU})),(T^{PS},\nu(T^{PS}))\}\end{aligned} \tag{6-95}$$

其中，$(T^{pU},\nu(T^{pU}))$ 是第 p 阶段的不稳定切换点，由于控制器切换不及时所导致的。$(T^{pS},\nu(T^{pS}))$ 是指控制器已完成切换的点。且两相的切换时间满足 $T^{pS}-T^{pU}\geqslant\tau_S^p$，$T^{pU}-T^{(p-1)U}\leqslant\tau_U^p$，其中，$\tau_S^p$ 和 τ_U^p 分别为稳定情况下的最短运行时间和不稳定情况下的最长运行时间。

为了减小系统的稳态误差并提高控制器的调节能力，采用了增量状态。并引入输出跟踪误差以建立新的状态空间模型，如下式所示：

$$\begin{cases}\overline{x}^{pS}(k+1)=A_k^p(k)\overline{x}^{pS}(k)+A_{dk}^p(k)\overline{x}^{pS}(k-d(k))+B_k^p\alpha^p\Delta u^p(k)+G_k^p\overline{\omega}^{pS}(k)\\\Delta y^p(k)=C_k^p\overline{x}^{pS}(k)\\z^{pS}(k)=e^{pS}(k)=E_k^p\overline{x}^{pS}(k)\end{cases} \tag{6-96a}$$

$$\begin{cases}\overline{x}^{pU}(k+1)=A_k^p(k)\overline{x}^{pU}(k)+A_{dk}^p(k)\overline{x}^{pU}(k-d(k))+B_k^p\alpha^p\Delta u^{p-1}(k)+G_k^p\overline{\omega}^{pU}(k)\\\Delta y^p(k)=C_k^p\overline{x}^{pU}(k)\\z^{pU}(k)=e^{pU}(k)=E_k^p\overline{x}^{pU}(k)\end{cases} \tag{6-96b}$$

其中，$\overline{x}^{pS}(k)=\begin{bmatrix}\Delta x^p(k)\\e^{pS}(k)\end{bmatrix}$，$\overline{x}^{pU}(k)=\begin{bmatrix}\Delta x^p(k)\\e^{pU}(k)\end{bmatrix}$，$\overline{x}^{pS}(k-d(k))=\begin{bmatrix}\Delta x^{pS}(k-d(k))\\e^{pS}(k-d(k))\end{bmatrix}$，$\overline{x}^{pU}(k-d(k))=\begin{bmatrix}\Delta x^{pU}(k-d(k))\\e^{pU}(k-d(k))\end{bmatrix}$，$A_k^p(k)=A_k^p+\Delta_{ak}^p(k)$，$A_k^p=\begin{bmatrix}A^p&0\\C^pA^p&I\end{bmatrix}$，$\Delta_{ak}^p(k)=N_k^p\Delta^p(k)H_k^p$，$A_{dk}^p(k)=A_{dk}^p+\Delta_{dk}^p(k)$，$A_{dk}^p=\begin{bmatrix}A_d^p&0\\C^pA_d^p&0\end{bmatrix}$，$\Delta_{dk}^p(k)=N_k^p\Delta^p(k)H_{dk}^p$，$B_k^p=\begin{bmatrix}B^p\\C^pB^p\end{bmatrix}$，$N_k^p=\begin{bmatrix}N^p\\C^pN^p\end{bmatrix}$，$G_k^p=\begin{bmatrix}I^p\\C^p\end{bmatrix}$，$C_k^p=\begin{bmatrix}C^p&0\end{bmatrix}$，$E_k^p=\begin{bmatrix}0&I^p\end{bmatrix}$，$H_k^p=\begin{bmatrix}H^p&0\end{bmatrix}$，$H_{dk}^p=\begin{bmatrix}H_d^p&0\end{bmatrix}$，$\overline{\omega}^{pS}(k)=(\Delta_a^p(k)-\Delta_a^p(k-1))x^p(k-1)+(\Delta_d^p(k)-\Delta_d^p(k-1))\cdot x^p(k-1-d(k-1))+\Delta\omega^p(k)$，$\overline{\omega}^{pU}(k)=(\Delta_a^p(k)-\Delta_a^p(k-1))x^p(k-1)+(\Delta_d^p(k)-\Delta_d^p(k-1))x^p(k-1-d(k-1))+\Delta\omega^p(k)$，$\Delta\omega^p(k)=\omega^p(k)-\omega^p(k-1)$。

$c^p(k)$ 是在第 p 阶段间歇过程的设定值，系统的输出跟踪误差定义为 $e^p(k)=y^p(k)-c^p(k)$，可以得到以下等式：

$$\begin{aligned}e^{pS}(k+1)=&e^{pS}(k)+C^pA^p(k)\Delta x^p(k)+C^pB^p(k)\alpha^p\Delta u^p(k)\\&+C^p\overline{\omega}^{pS}(k)\end{aligned}$$

$$e^{pU}(k+1)=e^{pU}(k)+C^pA^p(k)\Delta x^p(k)+C^pB^p(k)\alpha^p\Delta u^{p-1}(k)$$
$$+C^p\overline{\omega}^{pU}(k)$$

因此，扩展系统在两个连续阶段中的模型满足以下方程式：

$$\begin{aligned}\begin{bmatrix}\Delta x^{p+1}(T^p)\\ e^{p+1}(T^p)\end{bmatrix}&=\begin{bmatrix}\Phi^p\Delta x^p(T^p)\\ C^p\Phi^p(\Delta x^p(T^p)+x^p(T^p-1))-c^{p+1}\end{bmatrix}\\&=\begin{bmatrix}\Phi^p\\ C^p\Phi^p\end{bmatrix}\begin{bmatrix}I & 0\end{bmatrix}\begin{bmatrix}\Delta x^p(T^p)\\ e^p(T^p)\end{bmatrix}+\begin{bmatrix}0\\ C^p\Phi^p x^p(T^p-1)-c^{p+1}\end{bmatrix}\end{aligned}\tag{6-97}$$

其中，$\overline{\Phi}^p=\begin{bmatrix}\Phi^p\\ C^p\Phi^p\end{bmatrix}\begin{bmatrix}I & 0\end{bmatrix}$，$\varUpsilon^p=\begin{bmatrix}0\\ C^p\Phi^p x^p(T^p-1)-c^{p+1}\end{bmatrix}$ 简化后 $\overline{x}^{p+1}(k)=\overline{\Phi}^p\overline{x}^p(k)+\varUpsilon^p$。

6.4.2　鲁棒异步切换容错控制器设计

在本节中，设计了鲁棒的异步切换容错控制器，以保证在发生切换时和发生故障时多阶段间歇过程的稳定性。通过以下定理来求解每个阶段稳定情况的最短运行时间和每个阶段不稳定情况的最长运行时间。通过每个阶段不稳定情况下的最长运行时间，提前切换控制器，保证切换时的平滑稳定。同时，在控制器的设计中引入故障因子，降低了系统对故障的敏感性，使其在一定故障范围内依然能够稳定工作。因此，本节所提出的控制方法不仅可以保证系统在发生故障时的稳定性，而且可以保证在两个相邻阶段之间切换时系统的稳定性。

1. 异步切换容错控制器的设计

在稳定和不稳定情况下，根据式（6-96）设计一个鲁棒异步切换容错控制律，如下式所示：

$$\Delta u^p(k)=K_k^p\overline{x}^{pS}(k)=K_k^p\begin{bmatrix}\Delta x^p(k)\\ e^{pS}(k)\end{bmatrix}\tag{6-98a}$$

$$\begin{aligned}\Delta u^{p-1}(k)&=K_k^{p-1}\overline{x}^{(p-1)U}(k)\\&=K_k^{p-1}\left(\left(\Phi^{p-1}\right)^{-1}\overline{x}^p(k)+\left(\Phi^{p-1}\right)^{-1}\varUpsilon^{p-1}\right)\\&=K_k^{p-1}\left(\Phi^{p-1}\right)^{-1}\begin{bmatrix}\Delta x^p(k)\\ e^p(k)\end{bmatrix}+K_k^{p-1}\left(\Phi^{p-1}\right)^{-1}\varUpsilon^{p-1}\end{aligned}\tag{6-98b}$$

其中，K_k^p 和 K_k^{p-1} 分别是系统在第 p 阶段和第 $p-1$ 阶段的控制律增益。综合不同维数的系统状态关系式（6-92），可将式（6-98b）改写为

$$\Delta u^{p-1}(k) \leqslant K_k^{p-1}(\Phi^{p-1})^{-1}\overline{x}^p(k) \tag{6-99}$$

综合上述，将式（6-98）代入式（6-96），可得一个新的闭环系统在稳定情况和不稳定情况下的状态空间模型，如下式所示：

$$\begin{cases} \overline{x}^{pS}(k+1) = A_k^p(k)\overline{x}^{pS}(k) + A_{dk}^p(k)\overline{x}^{pS}(k-d(k)) \\ \qquad + B_k^p(k)\alpha^p\Delta u^p(k) + G_k^p\overline{\varpi}_k^p(k) \\ \Delta y^p(k) = C_k^p\overline{x}^{pS}(k) \\ z^{pS}(k) = e^{pS}(k) = E_k^p\overline{x}^{pS}(k) \end{cases} \tag{6-100a}$$

$$\begin{cases} \overline{x}^{pU}(k+1) = A_k^p(k)\overline{x}^{pU}(k) + A_{dk}^p(k)\overline{x}^{pU}(k-d(k)) \\ \qquad + B_k^p(k)\alpha^p K_k^{p-1}(\Re^{p-1})^{-1}\overline{x}_k^p(k) + G_k^p\overline{\varpi}_k^p(k) \\ \Delta y^p(k) = C_k^p\overline{x}^{pU}(k) \\ z^{pU}(k) = e^{pU}(k) = E_k^p\overline{x}^{pU}(k) \end{cases} \tag{6-100b}$$

2. *主要定理*

本节给出两个定理及相应的证明。定理 6.5 是具有不确定性、时变时滞和执行器部分故障的异步条件下多阶段间歇过程的一个充分条件。定理 6.6 在定理 6.5 的基础上考虑了未知干扰对系统的影响。

定理 6.5　系统式（6-100）在不考虑未知干扰的情况在每个阶段是渐近稳定的和每个批次是指数稳定的。如果存在标量 $0 \leqslant d_m \leqslant d_M$，对称正矩阵 Q^{pS}，R^{pS}, $Q^{(p-1)U}, R^{(p-1)U}$，正定对称矩阵 $P_1^{pS}, T_1^{pS}, M_1^{pS}, G_1^{pS}, L_1^{pS}$，$S_1^{pS}, S_2^{pS}, M_3^{pS}, M_4^{pS}$，$X_1^{pS}$，$X_2^{pS}, \beta^{pS}, Y^{pS}, P_1^{(p-1)U}, T_1^{(p-1)U}, M_1^{(p-1)U}, G_1^{(p-1)U}, \beta^{pU}, Y^{pU}, L_1^{(p-1)U}, S_1^{(p-1)U}, S_2^{(p-1)U}, M_3^{(p-1)U}$，$M_4^{(p-1)U}, X_1^{(p-1)U}, X_2^{(p-1)U} \in \mathbf{R}^{(n_x+n_e)}$ 和未知的标量 $0 < \varsigma_p^S < 1$，$\varsigma_p^U > 1$，$\theta^p > 0$，$\theta^{p-1} > 0$，$\varepsilon_1^{pS}, \varepsilon_2^{pS}, \varepsilon_1^{pU}$，$\varepsilon_2^{pU}, \theta^P > 0$，$\mu_p^S > 1$，$0 < \mu_p^U < 1$，则下面的线性矩阵不等式成立：

$$\begin{bmatrix} \Lambda_{11}^{pS} & \Lambda_{12}^{pS} & \Lambda_{13}^{pS} & \Lambda_{14}^{pS} & \Lambda_{15}^{pS} \\ * & \Lambda_{22}^{pS} & 0 & 0 & 0 \\ * & * & \Lambda_{33}^{pS} & 0 & 0 \\ * & * & * & \Lambda_{44}^{pS} & 0 \\ * & * & * & * & \Lambda_{55}^{pS} \end{bmatrix} < 0 \tag{6-101}$$

$$\begin{bmatrix} \Lambda_{11}^{pU} & \Lambda_{12}^{pU} & \Lambda_{13}^{pU} & \Lambda_{14}^{pU} & \Lambda_{15}^{pU} \\ * & \Lambda_{22}^{pU} & 0 & 0 & 0 \\ * & * & \Lambda_{33}^{pU} & 0 & 0 \\ * & * & * & \Lambda_{44}^{pU} & 0 \\ * & * & * & * & \Lambda_{55}^{pU} \end{bmatrix} < 0 \tag{6-102}$$

$$\begin{cases} V_p^S(\overline{x}_1(k)) \leqslant \mu_p^S V_{p-1}^S(\overline{x}_1(k)) \\ V_p^S(\overline{x}_1(k)) \leqslant \mu_p^S V_p^U(\overline{x}_1(k)) \\ V_p^U(\overline{x}_1(k)) \leqslant \mu_p^U V_{p-1}^S(\overline{x}_1(k)) \end{cases} \tag{6-103}$$

$$\begin{bmatrix} -1 & \overline{x}^{p\mathrm{T}}(k|k) \\ \overline{x}^p(k|k) & -P_1^p \end{bmatrix} \leqslant 0 \tag{6-104}$$

其中，

$$\Lambda_{11}^{pS} = \begin{bmatrix} \phi_1^{pS} & 0 & (\varsigma_p^S)^{d_M} L_1^{pS} \\ * & -(\varsigma_p^S)^{d_M} S_1^{pS} & 0 \\ * & * & -(\varsigma_p^S)^{d_M}((M_4^{pS})+(X_1^{pS})) \end{bmatrix}$$

$$\Lambda_{12}^{pS} = \begin{bmatrix} L_1^{pS} A_k^{p\mathrm{T}} + Y_1^{pS\mathrm{T}} \beta^{pS} B_k^{p\mathrm{T}} & L_1^{pS} A_k^{p\mathrm{T}} + Y_1^{pS\mathrm{T}} \beta^{pS} B_k^{p\mathrm{T}} - L_1^{pS} \\ S_1^{pS} A_{dk}^{p\mathrm{T}} & S_1^{pS} A_{dk}^{p\mathrm{T}} \\ 0 & 0 \end{bmatrix}$$

$$\Lambda_{13}^{pS} = \begin{bmatrix} L_1^{pS}(Q^{pS})^{\frac{1}{2}} & Y_1^{pS\mathrm{T}}(R^{pS})^{\frac{1}{2}} \\ 0 & 0 \\ 0 & 0 \end{bmatrix}, \quad \Lambda_{14}^{pS} = \begin{bmatrix} L_1^{pS} H_k^{p\mathrm{T}} & Y_1^{pS\mathrm{T}} \beta^{pS} \\ S_1^{pS} H_{dk}^{p\mathrm{T}} & 0 \\ 0 & 0 \end{bmatrix}, \quad \Lambda_{15}^{pS} = \begin{bmatrix} L_1^{pS} H_k^{p\mathrm{T}} & Y_1^{pS\mathrm{T}} \beta^{pS} \\ S_1^{pS} H_{dk}^{p\mathrm{T}} & 0 \\ 0 & 0 \end{bmatrix}$$

$$\Lambda_{22}^{pS} = \begin{bmatrix} -L_1^{pS} + \varepsilon_1^{pS} N_k^p N_k^{p\mathrm{T}} + \varepsilon_2^{pS} B_k^p (\beta_0^{pS})^2 B_k^{p\mathrm{T}} & 0 \\ 0 & -X_1^{pS}(D_2^p)^{-1} + \varepsilon_1^{pS} N_k^p N_k^{p\mathrm{T}} + \varepsilon_2^{pS} B_k^p (\beta_0^{pS})^2 B_k^{p\mathrm{T}} \end{bmatrix}$$

$$\Lambda_{33}^{pS} = \begin{bmatrix} -\theta^p I^p & 0 \\ 0 & -\theta^p I^p \end{bmatrix}, \quad \Lambda_{44}^{pS} = \Lambda_{55}^{pS} = \begin{bmatrix} -\varepsilon_1^{pS} I^p & 0 \\ 0 & -\varepsilon_2^{pS} I^p \end{bmatrix}$$

$$\Lambda_{11}^{pU} = \begin{bmatrix} \phi_1^{pU} & 0 & (\varsigma_p^U)^{d_M} L_1^{(p-1)U} \\ * & -(\varsigma_p^U)^{d_M} S_1^{(p-1)U} & 0 \\ * & * & -(\varsigma_p^U)^{d_M}((M_4^{(p-1)U})+(X_1^{(p-1)U})) \end{bmatrix}$$

$$\Lambda_{12}^{pU} = \begin{bmatrix} L_1^{(p-1)U} A_k^{p\mathrm{T}} + L_1^{(p-1)U}\left((\Phi^{p-1})^{-1}\right)^{\mathrm{T}}\left(K^{p-1}\right)^{\mathrm{T}} \beta^{pU} B_k^{p\mathrm{T}} \\ S_1^{(p-1)U} A_{dk}^{p\mathrm{T}} \\ 0 \end{bmatrix}$$

$$
\left.\begin{matrix} L_1^{(p-1)U}A_k^{pT}+L_1^{(p-1)U}\left((\Phi^{p-1})^{-1}\right)^{T}\left(K^{p-1}\right)^{T}\beta^{pU}B_k^{pT}-L_1^{(p-1)U} \\ S_1^{(p-1)U}A_{dk}^{pT} \\ 0 \end{matrix}\right]
$$

$$
\Lambda_{13}^{pU}=\begin{bmatrix} L_1^{(p-1)U}(Q^{(p-1)U})^{\frac{1}{2}} & L_1^{(p-1)U}\left((\Phi^{p-1})^{-1}\right)^{T}\left(K^{p-1}\right)^{T}(R^{(p-1)U})^{\frac{1}{2}} \\ 0 & 0 \\ 0 & 0 \end{bmatrix}
$$

$$
\Lambda_{14}^{pU}=\Lambda_{15}^{pU}=\begin{bmatrix} L_1^{(p-1)U}H_k^{pT} & L_1^{(p-1)U}\left((\Phi^{p-1})^{-1}\right)^{T}\left(K^{p-1}\right)^{T}\beta^{pU} \\ S_1^{(p-1)U}H_{dk}^{pT} & 0 \\ 0 & 0 \end{bmatrix}
$$

$$
\Lambda_{22}^{pU}=\begin{bmatrix} -L_1^{(p-1)U}+\varepsilon_1^{pU}N_k^pN_k^{pT}+\varepsilon_2^{pU}B_k^p(\beta_0^{pU})^2B_k^{pT} & 0 \\ 0 & -X_1^{(p-1)U}(D_2^p)^{-1}+\varepsilon_1^{pU}N_k^pN_k^{pT}+\varepsilon_2^{pU}B_k^p(\beta_0^{pU})^2B_k^{pT} \end{bmatrix}
$$

$$
\Lambda_{33}^{pU}=\begin{bmatrix} -\theta^{p-1}I^{p-1} & 0 \\ 0 & -\theta^{p-1}I^{p-1} \end{bmatrix},\quad \Lambda_{44}^{pU}=\Lambda_{55}^{pU}=\begin{bmatrix} -\varepsilon_1^{pU}I^p & 0 \\ 0 & -\varepsilon_2^{pU}I^p \end{bmatrix}
$$

$$
\phi_1^{pS}=-\varsigma_p^S L_1^{pS}+M_3^{pS}+D_1^pS_2^{pS}+S_2^{pS}-(\varsigma_p^S)^{d_M}X_2^{pS}
$$

$$
\phi_1^{pU}=-\varsigma_p^U L_1^{(p-1)U}+M_3^{(p-1)U}+D_1^pS_2^{(p-1)U}+S_2^{(p-1)U}-(\varsigma_p^U)^{d_M}X_2^{(p-1)U}
$$

$$
D_1^p=(d_M-d_m+1)I^p,\ D_2^p=(d_M)^2I^p
$$

根据上述线性矩阵不等式（LMI）条件，各阶段稳定情况下的最短运行时间和不稳定情况下的最长运行时间分别为

$$
\begin{cases} \tau_S^p \geqslant -\dfrac{\ln\mu_p^S}{\ln\varsigma_p^S} \\ \tau_U^p \leqslant -\dfrac{\ln\mu_p^U}{\ln\varsigma_p^U} \end{cases} \tag{6-105}
$$

证明　当 $\varpi_k^p=0$ 时，多阶段间歇过程在第 p 阶段的稳定情况和不稳定情况的证明如下。

第 p 阶段的稳定情况证明如下。

当不考虑系统受到干扰的情况下，系统的 Lyapunov 函数和鲁棒性能指标满足下式：

$$\begin{aligned}&V(\overline{x}^{pS}(k+i+1|k))-V(\overline{x}^{pS}(k+i|k))\leqslant\\&\quad -[(\overline{x}^{pS}(k+i|k)^{\mathrm{T}}Q^{pS}(\overline{x}^{pS}(k+i|k)+\Delta u^{pS}(k+i|k)^{\mathrm{T}}R^{pS}\Delta u^{pS}(k+i|k)]\end{aligned}\tag{6-106}$$

在 $V(\overline{x}_k^{pS}(\infty))=0$ 或 $\overline{x}_k^{pS}(\infty)=0$ 的条件下，式（3.34）两边从 $i=0$ 到 ∞，有

$$J_{\infty}^{pS}(k)\leqslant V_p^S(\overline{x}_k^p(k))\leqslant\theta^p\tag{6-107}$$

其中，θ^p 是 $J_{\infty}^{pS}(k)$ 的上界。

本节考虑到时变时滞对系统的影响，因此选择的 Lyapunov-Krasovskii 函数如下式所示：

$$V_p^S(x^p(k+i))=\sum_{j=1}^{5}V_j^{pS}(x^p(k+i))\tag{6-108}$$

其中，定义：

$$\overline{x}_d^p(k+i)=\overline{x}^p(k+i-d(k+i))$$

$$\overline{x}_{d_M}^p(k+i)=\overline{x}^p(k+i-d_M)$$

$$\delta^p(k+i)=\overline{x}^p(k+i+1)-\overline{x}^p(k+i)$$

$$\varphi^p(k+i)=\left[\overline{x}^{p\mathrm{T}}(k+i)\quad \overline{x}_d^{p\mathrm{T}}(k+i)\quad \overline{x}_{d_M}^{p\mathrm{T}}(k+i)\right]^{\mathrm{T}}$$

$$V_1^{pS}(x_k^p(k+i))=\overline{x}^{p\mathrm{T}}(k+i)P_1^{pS}\overline{x}^p(k+i)=\overline{x}^{p\mathrm{T}}(k+i)\theta^p(L_1^{pS})^{-1}\overline{x}^p(k+i)$$

$$V_2^{pS}(\overline{x}^p(k+i))=\sum_{r=k-d(k)}^{k-1}\overline{x}^{p\mathrm{T}}(r+i)(\varsigma_p^S)^{k-1-r}T_1^{pS}\overline{x}^p(r+i)$$

$$\begin{aligned}V_3^{pS}(\overline{x}^p(k+i))&=\sum_{r=k-d_M}^{k-1}\overline{x}^{p\mathrm{T}}(r+i)(\varsigma_p^S)^{k-1-r}M_1^{pS}\overline{x}^p(r+i)\\&=\sum_{r=k-d_M}^{k-1}\overline{x}^{p\mathrm{T}}(r+i)(\varsigma_p^S)^{k-1-r}\theta^p(M_2^{pS})^{-1}\overline{x}^p(r+i)\end{aligned}$$

$$\begin{aligned}V_4^{pS}(\overline{x}^p(k+i))&=\sum_{s=-d_M}^{-d_m}\sum_{r=k+s}^{k-1}\overline{x}^{p\mathrm{T}}(r+i)(\varsigma_p^S)^{k-1-r}T_1^{pS}\overline{x}^p(r+i)\\&=\sum_{s=-d_M}^{-d_m}\sum_{r=k+s}^{k-1}\overline{x}^{p\mathrm{T}}(r+i)(\varsigma_p^S)^{k-1-r}\theta^p(S_1^{pS})^{-1}\overline{x}^p(r+i)\end{aligned}$$

$$V_5^{pS}(\overline{x}^p(k+i)) = d_M \sum_{s=-d_M}^{-1} \sum_{r=k+s}^{k-1} \delta^{p\mathrm{T}}(r+i)(\varsigma_p^S)^{k-1-r} G_1^{pS} \delta^p(r+i)$$
$$= d_M \sum_{s=-d_M}^{-1} \sum_{r=k+s}^{k-1} \delta^{p\mathrm{T}}(r+i)(\varsigma_p^S)^{k-1-r} \theta^p (X_1^{pS})^{-1} \delta^p(r+i)$$

其中，$P_1^{pS}, T_1^{pS}, M_1^{pS}, M_2^{pS}$ 和 G_1^{pS} 是正定矩阵。

令 $\xi^p(k+i) = \left[\overline{x}^p(k+i)^\mathrm{T} \quad \overline{x}^p(k+i-d(k))^\mathrm{T} \cdots \quad \overline{x}^p(k+i-d_M)^\mathrm{T} \cdots \delta^p(k+i-1)^\mathrm{T}\right]^\mathrm{T}$，$\psi_1^{pS} = \mathrm{diag}\left[P_1^{pS} \quad T_1^{pS} \quad \cdots \quad M_1^{pS} \quad \cdots \quad d_M G_1^{pS}\right]$，$(\Pi^{pS})^{-1} = \mathrm{diag}\left[(L_1^{pS})^{-1} \quad (S_1^{pS})^{-1} \cdots (M_2^{pS})^{-1} \cdots \quad d_M (X_1^{pS})^{-1}\right]$。

因此，综合上述，可得式（6-109）：

$$V_p^S(\overline{x}^p(k+i)) = \xi^{p\mathrm{T}}(k+i)\psi_1^p \xi^p(k+i)$$
$$= \xi^{p\mathrm{T}}(k+i)\theta^p(\Pi^{pS})^{-1}\xi^p(k+i) \tag{6-109}$$

将（6-108）式改写为增量形式，如下式所示：

$$\Delta V_p^S(\overline{x}^p(k+i)) \leqslant V_p^S(\overline{x}^p(k+i+1)) - \varsigma_p^S V_p^S(\overline{x}^p(k+i))$$
$$= \sum_{j=1}^{5} \Delta V_j^{pS}(\overline{x}^p(k+i)) \tag{6-110}$$

其中，

$$\Delta V_1^{pS}(\overline{x}\ (k+i)) = \overline{x}^{p\mathrm{T}}(k+i+1)\theta^p(L_1^{pS})^{-1}\overline{x}^p(k+i+1) - \varsigma_p^S \overline{x}^{p\mathrm{T}}(k+i)\theta^p(L_1^{pS})^{-1}\overline{x}^p(k+i)$$

$$\Delta V_2^{pS}(\overline{x}^p(k+i)) = \sum_{r=k+1-d(k+1)}^{k} \overline{x}^{p\mathrm{T}}(r+i)(\varsigma_p^S)^{k-r}\theta^p(S_1^{pS})^{-1}\overline{x}^p(r+i)$$
$$- \sum_{r=k-d(k)}^{k-1} \varsigma_p^S \overline{x}^{p\mathrm{T}}(r+i)(\varsigma_p^S)^{k-1-r}\theta^p(S_1^{pS})^{-1}\overline{x}^p(r+i)$$
$$\leqslant \sum_{r=k+1-d_M}^{k-1} \overline{x}^{p\mathrm{T}}(r+i)(\varsigma_p^S)^{k-r}\theta^p(S_1^{pS})^{-1}\overline{x}^p(r+i) + \overline{x}^{p\mathrm{T}}(k+i)\theta^p(S_1^{pS})^{-1}\overline{x}^p(k+i)$$
$$- \sum_{r=k-d_m}^{k-1} \varsigma_p^S \overline{x}^{p\mathrm{T}}(r+i)(\varsigma_p^S)^{k-1-r}\theta^p(S_1^{pS})^{-1}\overline{x}^p(r+i)$$
$$= \overline{x}^{p\mathrm{T}}(k+i)\theta^p(S_1^{pS})^{-1}\overline{x}^p(k+i) - \overline{x}_d^{p\mathrm{T}}(k+i)(\varsigma_p^S)^{d_M}\theta^p(S_1^{pS})^{-1}\overline{x}_d^p(k+i)$$
$$+ \sum_{r=k-d_M+1}^{k-d_m} \overline{x}^{p\mathrm{T}}(r+i)(\varsigma_p^S)^{k-r}\theta^p(S_1^{pS})^{-1}\overline{x}^p(r+i)$$

$$\begin{aligned}\Delta V_3^{pS}(\overline{x}^p(k+i)) =& \sum_{r=k+1-d_M}^{k} \overline{x}^{p\mathrm{T}}(r+i)(\varsigma_p^S)^{k-r}\theta^p(M_2^{pS})^{-1}\overline{x}^p(r+i)\\ &-\sum_{r=k-d_M}^{k-1}\varsigma_p^S\overline{x}^{p\mathrm{T}}(r+i)(\varsigma_p^S)^{k-1-r}\theta^p(M_2^{pS})^{-1}\overline{x}^p(r+i)\\ =& \sum_{r=k+1-d_M}^{k-1}\overline{x}^{p\mathrm{T}}(r+i)(\varsigma_p^S)^{k-r-1}\theta^p(M_2^{pS})^{-1}\overline{x}^p(r+i)\\ &+\overline{x}^{p\mathrm{T}}(k+i)\theta^p(M_2^{pS})^{-1}\overline{x}^p(k+i)-\overline{x}_{d_M}^{p\mathrm{T}}(k+i)(\varsigma_p^S)^{d_M}\theta^p(M_2^{pS})^{-1}\overline{x}_{d_M}^p(k+i)\\ &-\sum_{r=k+1-d_M}^{k-1}\varsigma_p^S\overline{x}^{p\mathrm{T}}(r+i)(\varsigma_p^S)^{k-1-r}\theta^p(M_2^{pS})^{-1}\overline{x}^p(r+i)\\ =&\overline{x}^{p\mathrm{T}}(k+i)\theta^p(M_2^{pS})^{-1}\overline{x}^p(k+i)-\overline{x}_{d_M}^{p\mathrm{T}}(k+i)(\varsigma_p^S)^{d_M}\theta^p(M_2^{pS})^{-1}\overline{x}_{d_M}^p(k+i)\end{aligned}$$

$$\begin{aligned}\Delta V_4^{pS}(\overline{x}^p(k+i))=&\sum_{s=-d_M}^{-d_m}\sum_{r=k+s+1}^{k}\overline{x}^{p\mathrm{T}}(r+i)(\varsigma_p^S)^{k-r}\theta^p(S_1^{pS})^{-1}\overline{x}^p(r+i)\\ &-\sum_{s=-d_M}^{-d_m}\sum_{r=k+s}^{k-1}\varsigma_p^S x^{p\mathrm{T}}(r+i)(\varsigma_p^S)^{k-1-r}\theta^p(S_1^{pS})^{-1}\overline{x}^p(r+i)\\ <&(d_M-d_m+1)\overline{x}^{p\mathrm{T}}(k+i)\theta^p(S_1^{pS})^{-1}\overline{x}^p(k+i)\\ &-\sum_{r=k-d_M+1}^{k-d_m}\overline{x}^{p\mathrm{T}}(r+i)(\varsigma_p^S)^{k-r}\theta^p(S_1^{pS})^{-1}\overline{x}^p(r+i)\end{aligned}$$

根据引理 1.2，可得

$$\begin{aligned}&\Delta V_5^{pS}(\overline{x}^p(k+i))\leqslant d_M^2\delta^{p\mathrm{T}}(k+i)\theta^p(X_1^{pS})^{-1}\delta^p(k+i)\\ &-\sum_{r=k-d_M}^{k-1}\delta^{p\mathrm{T}}(r+i)(\varsigma_p^S)^{k-r}\theta^p(X_1^{pS})^{-1}\sum_{r=k-\tilde{d}_M}^{k-1}\delta^p(r+i)\\ &<d_M^2(\overline{x}^p(k+i+1)-\overline{x}^p(k+i))^{\mathrm{T}}\theta^p(X_1^{pS})^{-1}(\overline{x}^p(k+i+1)\\ &-\overline{x}^p(k+i))-(\overline{x}^p(k+i)-x_{d_M}^p(k+i))^{\mathrm{T}}(\varsigma_p^S)^{d_M}\theta^p(X_1^{pS})^{-1}\cdot\\ &(\overline{x}^p(k+i)-\overline{x}_{d_M}^p(k+i))\end{aligned} \tag{6-111}$$

由式（6-106）可得

$$(\theta^p)^{-1}\Delta V_p^S(\overline{x}^p(k+i\,|\,k))+(\theta^p)^{-1}J^{pS}(k)\leqslant 0 \tag{6-112}$$

其中，

$$J^{pS}(k)=(\overline{x}^p(k+i\,|\,k))^{\mathrm{T}}Q_1^{pS}(\overline{x}^p(k+i\,|\,k))+(\Delta u^{pS}(k+i\,|\,k))^{\mathrm{T}}R_1^{pS}\Delta u^{pS}(k+i\,|\,k))$$

综合式（6-110）～式（6-112），可得下式：

$$(\theta^p)^{-1}\Delta V_p^S(\overline{x}^p(k+i))+(\theta^p)^{-1}J^{pS}(k)<\varphi^{p\mathrm{T}}(k)\Phi^{pS}\varphi^p(k) \tag{6-113}$$

其中，$\Phi^{pS}=\begin{bmatrix}\phi_{1k}^{pS} & 0 & (\varsigma_p^S)^{\tilde{d}_M}(X_1^{pS})^{-1}\\ * & -(\varsigma_p^S)^{d_M}(S_1^{pS})^{-1} & 0\\ * & 0 & -(\varsigma_p^S)^{\tilde{d}_M}((M_2^{pS})^{-1}+(X_1^{pS})^{-1})\end{bmatrix}+\Lambda_1^{pS\mathrm{T}}(L_1^{pS})^{-1}\Lambda_1^{pS}+\Lambda_2^{pS\mathrm{T}}$ $(D_2^{pS})^2(X_1^{pS})^{-1}\Lambda_2^{pS}+\lambda_1^{pS\mathrm{T}}(\theta^p)^{-1}\lambda_1^{pS}+\lambda_2^{pS\mathrm{T}}(\theta^p)^{-1}\lambda_2^{pS}$，$\phi_{1k}^{pS}=-\varsigma_p^S(L_1^{pS})^{-1}+(\mathrm{S}_1^{pS})^{-1}+(M_2^{pS})^{-1}$ $+D_1^p(\mathrm{S}_1^{pS})^{-1}-(\varsigma_p^S)^{d_M}(X_1^{pS})^{-1}$，$\Lambda_1^{pS}=\begin{bmatrix}A_{kb}^{pS}(k) & A_{dk}^p(k) & 0\end{bmatrix}$，$\Lambda_2^{pS}=\begin{bmatrix}A_{kb}^{pS}(k)-I & A_{dk}^p(k) & 0\end{bmatrix}$，$\lambda_1^{pS}=\begin{bmatrix}(Q_1^{pS})^{\frac{1}{2}} & 0 & 0\end{bmatrix}$，$\lambda_2^{pS}=\begin{bmatrix}(R_1^{pS})^{\frac{1}{2}}Y_1^{pS}(L_1^{pS})^{-1} & 0 & 0\end{bmatrix}$。

根据引理 1.1，可以表示 LMI 形式，如下式所示：

$$\begin{bmatrix}\phi_k^{pS} & 0 & (\varsigma_p^S)^{d_M}(X_1^{pS})^{-1} & A_{kb}^{pS}(k) & (A_{kb}^{pS}(k)-I)^\mathrm{T} & (Q_1^{pS})^{\frac{1}{2}} & ((L_1^{pS})^{-1})^\mathrm{T}Y_1^{pS\mathrm{T}}((R_1^{pS})^{\frac{1}{2}})^\mathrm{T}\\ * & -(\varsigma_p^S)^{\tilde{d}_M}(S_1^{pS})^{-1} & 0 & A_{dk}^{p\mathrm{T}}(k) & A_{dk}^{p\mathrm{T}}(k) & 0 & 0\\ * & * & -(\varsigma_p^S)^{d_M}((M_2^{pS})^{-1}+(X_1^{pS})^{-1}) & 0 & 0 & 0 & 0\\ * & * & * & -L_1^{pS} & 0 & 0 & 0\\ * & * & * & * & -(D_2^p)^{-1}X_1^{pS} & 0 & 0\\ * & * & * & * & * & -\theta^p I^p & 0\\ * & * & * & * & * & * & -\theta^p I^p\end{bmatrix}<0 \tag{6-114}$$

将式（6-114）的左右两端同时乘以 diag$[L_1^{pS}\quad S_1^{pS}\quad X_1^{pS}\quad I^p\quad I^p\quad I^p\quad I^p]$，这样就可以消去式（6-114）中未知逆矩阵。

$$L_1^{pS}(M_2^{pS})^{-1}L_1^{pS}=M_3^{pS}，\ L_1^{pS}(S_1^{pS})^{-1}L_1^{pS}=S_2^{pS}，\ L_1^{pS}(X_1^{pS})^{-1}L_1^{pS}=X_2^{pS}$$

$$X_1^{pS}(M_2^{pS})^{-1}X_1^{pS}=M_4^{pS}，\ K^{pS}=Y_1^{pS}(L_1^{pS})^{-1}$$

可以得到如下式所示的式子：

$$
\begin{bmatrix}
\phi_1^{pS} & 0 & (\varsigma_p^S)^{d_M} L_1^{pS} & L_1^{pS} A_k^{p\mathrm{T}}(k) + Y_1^{pS\mathrm{T}} B_k^{p\mathrm{T}}(k) & L_1^{pS} A_k^{p\mathrm{T}}(k) + Y_1^{pS\mathrm{T}} B_k^{p\mathrm{T}}(k) - L_1^{pS} & L_1^{pS}(Q_1^{pS})^{\frac{1}{2}} & Y_1^{pS\mathrm{T}}(R_1^{pS})^{\frac{1}{2}} \\
* & -(\varsigma_p^S)^{d_M} S_1^{pS} & 0 & S_1^{pS} A_{dk}^{p\mathrm{T}}(k) & S_1^{pS} A_{dk}^{p\mathrm{T}}(k) & 0 & 0 \\
* & * & -(\varsigma_p^S)^{d_M}((M_4^{pS}) + (X_1^{pS})) & 0 & 0 & 0 & 0 \\
* & * & * & -L_1^{pS} & 0 & 0 & 0 \\
* & * & * & * & -(D_2^p)^{-1} X_1^{pS} & 0 & 0 \\
* & * & * & * & * & -\theta^p I^p & 0 \\
* & * & * & * & * & * & -\theta^p I^p
\end{bmatrix} < 0 \tag{6-115}
$$

综合式（6-115）和引理 1.3，可以得到式（6-101）。

第 p 阶段的不稳定情况证明如下。

当多阶段间歇过程处于异步状态时，系统状态已经切换，但是控制器还没有切换。因此，控制律 K_k^{p-1} 是一个已知的量。与稳定情况类似，证明了不稳定情况也满足 $V_U^p(\overline{x}_k(k+1)) \leqslant \varsigma_p^U V_U^p(\overline{x}_k(k))$ 。与稳定情况的证明类似，可以得到以下 Lyapunov-Krasovskii 函数：

$$
V_p^U(\overline{x}^p(k+i)) = \xi^{p\mathrm{T}}(k+i)\psi_1^{pU}\xi^p(k+i) = \xi^{p\mathrm{T}}(k+i)\theta^p(\Pi^{pU})^{-1}\xi^p(k+i) \tag{6-116}
$$

其中，$\xi^p(k+i) = \left[x^p(k+i)^{\mathrm{T}} \quad x^p(k+i-d(k))^{\mathrm{T}} \quad \cdots \quad x^p(k+i-d_M)^{\mathrm{T}} \quad \cdots \quad \delta^p(k+i-1)^{\mathrm{T}}\right]$，$\psi_1^{pU} = \mathrm{diag}\left[P_1^{(p-1)U} \quad T_1^{(p-1)U} \quad \cdots \quad M_1^{(p-1)U} \quad \cdots \quad d_M G_1^{(p-1)U}\right]$，$(\Pi^{pU})^{-1} = \mathrm{diag}\left[(L_1^{(p-1)U})^{-1} \quad (S_1^{(p-1)U})^{-1} \quad \cdots \quad (M_2^{(p-1)U})^{-1} \quad \cdots \quad d_M(X_1^{(p-1)U})^{-1}\right]$。

将式（6-117）改写成增量的形式，如下式所示：

$$
\begin{aligned}
\Delta V_p^U(\overline{x}^p(k+i)) &\leqslant V_p^U(\overline{x}^p(k+i+1)) - \varsigma_p^U V_p^U(\overline{x}^p(k+i)) \\
&= \sum_{j=1}^{5} \Delta V_j^{pU}(\overline{x}^p(k+i))
\end{aligned} \tag{6-117}
$$

其中，

$$\Delta V_1^{pU}(\overline{x}(k+i))=\overline{x}^{p\mathrm{T}}(k+i+1)\theta^p(L_1^{(p-1)U})^{-1}\overline{x}^p(k+i+1)-\varsigma_p^S\overline{x}^{p\mathrm{T}}(k+i)\theta^p(L_1^{pS})^{-1}\overline{x}^p(k+i)$$

$$\begin{aligned}\Delta V_2^{pU}(\overline{x}^p(k+i))=&\sum_{r=k+1-d(k+1)}^{k}\overline{x}^{p\mathrm{T}}(r+i)(\varsigma_p^S)^{k-r}\theta^p(S_1^{pS})^{-1}\overline{x}^p(r+i)-\sum_{r=k-d(k)}^{k-1}\varsigma_p^S\overline{x}^{p\mathrm{T}}(r+i)\cdot\\&(\varsigma_p^S)^{k-1-r}\theta^p(S_1^{pS})^{-1}\overline{x}^p(r+i)\\\leqslant&\,\overline{x}^{p\mathrm{T}}(k+i)\theta^p(S_1^{pS})^{-1}\overline{x}^p(k+i)-\overline{x}^{p\mathrm{T}}(k+i)(\varsigma_p^S)^{d_M}\theta^p(S_1^{pS})^{-1}\cdot\\&\overline{x}^p(k+i)+\sum_{r=k-d_M+1}^{k-d_m}\overline{x}^{p\mathrm{T}}(r+i)(\varsigma_p^S)^{k-r}\theta^p(S_1^{pS})^{-1}\overline{x}^p(r+i)\end{aligned}$$

$$\begin{aligned}\Delta V_3^{pU}(\overline{x}^p(k+i))=&\sum_{r=k+1-d_M}^{k}\overline{x}^{p\mathrm{T}}(r+i)(\varsigma_p^S)^{k-r}\theta^p(M_2^{pS})^{-1}\overline{x}^p(r+i)-\sum_{r=k-d_M}^{k-1}\varsigma_p^S\overline{x}^{p\mathrm{T}}(r+i)(\varsigma_p^S)^{k-1-r}\\&\theta^p(M_2^{pS})^{-1}\overline{x}^p(r+i)\\=&\,\overline{x}^{p\mathrm{T}}(k+i)\theta^p(M_2^{pS})^{-1}\overline{x}^p(k+i)-\overline{x}^{p\mathrm{T}}(k+i)(\varsigma_p^S)^{d_M}\theta^p(M_2^{pS})^{-1}\overline{x}^p(k+i)\end{aligned}$$

$$\begin{aligned}\Delta V_4^{pU}(\overline{x}^p(k+i))=&\sum_{s=-d_M}^{-d_m}\sum_{r=k+s+1}^{k}\overline{x}^{p\mathrm{T}}(r+i)(\varsigma_p^S)^{k-r}\theta^p(S_1^{pS})^{-1}\overline{x}^p(r+i)-\sum_{s=-d_M}^{-d_m}\sum_{r=k+s}^{k-1}\varsigma_p^S\overline{x}^{p\mathrm{T}}(r+i)\\&(\varsigma_p^S)^{k-1-r}\theta^p(S_1^{pS})^{-1}\overline{x}^p(r+i)\\<&\,(d_M-d_m+1)\overline{x}^{p\mathrm{T}}(k+i)\theta^p(S_1^{pS})^{-1}\overline{x}^p(k+i)\\&-\sum_{r=k-d_M+1}^{k-d_m}\overline{x}^{p\mathrm{T}}(r+i)(\varsigma_p^S)^{k-r}\theta^p(S_1^{pS})^{-1}\overline{x}^p(r+i)\end{aligned}$$

$$\begin{aligned}\Delta V_5^{pU}(\overline{x}^p(k+i))=&\,d_M\sum_{s=-d_M}^{-1}\sum_{r=k+s+1}^{k}\delta^{p\mathrm{T}}(r+i)(\varsigma_p^S)^{k-r}\theta^p(X_1^{pS})^{-1}\delta^p(r+i)\\&-d_M\sum_{s=-d_M}^{-1}\sum_{r=k+s}^{k-1}\varsigma_p^S\delta^{p\mathrm{T}}(r+i)(\varsigma_p^S)^{k-1-r}\theta^p(X_1^{pS})^{-1}\delta^p(r+i)\\=&\,d_M^2\delta^{p\mathrm{T}}(k+i)\theta^p(X_1^{pS})^{-1}\delta^p(k+i)\\&-d_M\sum_{r=k-d_M}^{k-1}\delta^{p\mathrm{T}}(r+i)(\varsigma_p^S)^{k-r}\theta^p(X_1^{pS})^{-1}\delta^p(r+i)\end{aligned}$$

可得

$$\begin{aligned}\Delta V_5^{pU}(\overline{x}^p(k+i))\leqslant&\,d_M^2\delta^{p\mathrm{T}}(k+i)\theta^p(X_1^{pS})^{-1}\delta^p(k+i)\\&-\sum_{r=k-d_M}^{k-1}\delta^{p\mathrm{T}}(r+i)(\varsigma_p^S)^{k-r}\theta^p(X_1^{pS})^{-1}\sum_{r=k-\tilde{d}_M}^{k-1}\delta^p(r+i)\\<&\,d_M^2(\overline{x}^p(k+i+1)-\overline{x}^p(k+i))^{\mathrm{T}}\theta^p(X_1^{pS})^{-1}(\overline{x}^p(k+i+1)\end{aligned}$$

$$-\overline{x}^{p}(k+i))-(\overline{x}^{p}(k+i)-\overline{x}^{p}(k+i))^{\mathrm{T}}(\varsigma_{p}^{S})^{d_{M}}\theta^{p}(X_{1}^{pS})^{-1}\cdot (\overline{x}^{p}(k+i)-\overline{x}^{p}(k+i)) \tag{6-118}$$

与稳定情况类似，不稳定情况可表示为下式：

$$(\theta^{p})^{-1}\Delta V_{p}^{U}(\overline{x}^{p}(k+i\,|\,k))+(\theta^{p})^{-1}J^{pU}(k)\leqslant 0 \tag{6-119}$$

其中，$J^{pU}(k)=(\overline{x}^{p}(k+i\,|\,k))^{\mathrm{T}}Q_{1}^{pU}(\overline{x}^{p}(k+i\,|\,k))+(\Delta u^{pU}(k+i\,|\,k))^{\mathrm{T}}R_{1}^{pU}\Delta u^{pU}(k+i\,|\,k)$。

不稳定情况与稳定情况相似，因此不稳定情况的证明在这里不再赘述。

另外，假设离散时间为 k，异步切换系统运行在第 p 阶段的稳定情况下，根据上述条件式（6-101）～式（6-103），可得以下关系：

$$\begin{aligned}
&V_{p}^{S}(x_{k}(k))<(\varsigma_{p}^{S})^{O-T^{p-1/p}}V_{p}^{S}(x_{k}(T^{p-1/p}))\leqslant\mu_{p}^{S}(\varsigma_{p}^{S})^{O-T^{p-1/p}}V_{p}^{U}(x_{k}(T^{p-1/p}))\\
&\leqslant(\varsigma_{p}^{S})^{O-T^{p-1/p}}\mu_{p}^{S}(\varsigma_{p}^{U})^{T^{p-1/p}-T^{p-1}}V_{p}^{U}(x_{k}(T^{p-1}))\leqslant(\varsigma_{p}^{S})^{O-T^{p-1/p}}\mu_{p}^{S}(\varsigma_{p}^{U})^{T^{p-1/p}-T^{p-1}}\\
&\mu_{p}^{U}V_{p-1}^{S}(x_{k}(T^{p-1}))\\
&\vdots\\
&\leqslant\prod_{p=1}^{P}(\mu_{p}^{S})^{N_{0}^{p}+\left(T_{S}^{p}(d,O)\big/\tau_{S}^{p}\right)}\times\prod_{p=1}^{P}(\varsigma_{p}^{S})^{T_{p}^{S}(d,O)}\times\prod_{p=1}^{P}(\mu_{p}^{U})^{N_{0}^{U}+\left(T_{U}^{p}(d,O)\big/\tau_{U}^{p}\right)}\times\\
&\prod_{p=1}^{P}(\varsigma_{p}^{U})^{T_{U}^{p}(d,O)}\times V_{1}^{S}(x_{k}(T^{1}))=\exp\left(\sum_{p=1}^{P}N_{0}^{S}\ln\mu_{p}^{S}+\sum_{p=1}^{P}N_{0}^{U}\ln\mu_{p}^{U}\right)\times\\
&\prod_{p=1}^{P}((\mu_{p}^{S})^{1/\tau_{S}^{p}}(\varsigma_{p}^{S}))^{T_{S}^{p}(d,O)}\times\prod_{p=1}^{P}((\mu_{p}^{U})^{1/\tau_{U}^{p}}(\varsigma_{p}^{U}))^{T_{U}^{p}(d,O)}V_{1}^{S}(x_{k}(T^{1}))
\end{aligned} \tag{6-120}$$

由式（6-105）可得

$$\begin{cases}\tau_{S}^{p}+\dfrac{\ln\mu_{p}^{S}}{\ln\varsigma_{p}^{S}}\geqslant 0\\[2ex]\tau_{U}^{p}+\dfrac{\ln\mu_{p}^{U}}{\ln\varsigma_{p}^{U}}\leqslant 0\end{cases} \tag{6-121}$$

由 $0<\varsigma_{p}^{S}<1$，$\varsigma_{p}^{U}>1$，$\mu_{p}^{S}>1$，$0<\mu_{p}^{U}<1$，可得

$$\begin{cases}\tau_{S}^{p}\ln\varsigma_{p}^{S}+\ln\mu_{p}^{S}\leqslant 0\\ \tau_{U}^{p}\ln\varsigma_{p}^{U}+\ln\mu_{p}^{U}\leqslant 0\end{cases} \tag{6-122}$$

进一步可得

$$\begin{cases}(\mu_p^S)^{1/\tau_S^p}(\varsigma_p^S)=\exp\left(\ln\left[(\mu_p^S)^{1/\tau_S^p}(\varsigma_p^S)\right]\right)\\ \qquad =\exp\left(\left[1/\tau_S^p\ln\mu_p^S+\ln\varsigma_p^S\right]\right)\\ (\mu_p^U)^{1/\tau_U^p}(\varsigma_p^U)=\exp\left(\ln\left[(\mu_p^U)^{1/\tau_U^p}(\varsigma_p^U)\right]\right)\\ \qquad =\exp\left(\left[1/\tau_U^p\ln\mu_p^U+\ln\varsigma_p^U\right]\right)\end{cases} \tag{6-123}$$

令 $\eta=\max_{p\in P}((\mu_P^S)^{\frac{1}{\tau_S^p}}(\varsigma_p^S),\ (\mu_P^U)^{\frac{1}{\tau_U^p}}(\varsigma_p^U))$， $\kappa=\exp(\sum_{p=1}^{P}N_0^S\ln\mu_p^S+\sum_{p=1}^{P}N_0^U\ln\mu_p^U)$，可得下式：

$$V_p^S(x_{1k}(k))\leqslant\eta\kappa^{O-f}V_1^S(x_{1k}(T^1)) \tag{6-124}$$

基于式（6-103）可以保证系统的指数稳定性。同时，在正常情况下 $V_p^S(x(k))\leqslant\varsigma^{O-f}V_1^S(x(T^1))$。

此外，为了得到系统的不变集，我们可以取 $\overline{x}^p(k)=\max(x^p(\overline{r})\quad\delta^p(\overline{r}))$，$\overline{r}\in(k-d_M,k)$ 的最大值，有下式成立：

$$V^p(x_{1k}^p(k))\leqslant\overline{x}_l^{p\mathrm{T}}(k)\overline{\psi}_{lk}^p\overline{x}_l^p(k)\leqslant\theta^p \tag{6-125}$$

其中，$\overline{\psi}_{lk}^p=P_1^p+d_MT_1^p+d_MM_1^p+\dfrac{d_m+d_M}{2}(d_M-d_m+1)T_1^p+d_M^2\dfrac{1+d_M}{2}G_1^p$。令 $\overline{\varphi}_l^p=\theta^p\cdot(\overline{\psi}_{lk}^p)^{-1}$，可以得到式（6-104）。

定理 6.6　系统式（6-91）在考虑未知干扰的情况在每个阶段是渐近稳定的和每个批次是指数稳定的。如果存在一些标量 $0\leqslant d_m\leqslant d_M$，对称正矩阵 Q^{pS}, R^{pS}, $Q^{(p-1)U}$, $R^{(p-1)U}$，正定对称矩阵 $P_1^{pS},T_1^{pS},M_1^{pS}$, G_1^{pS}, L_1^{pS}，$S_1^{pS},S_2^{pS},M_3^{pS},M_4^{pS}$, X_1^{pS},X_2^{pS}, $\beta^{pS},Y^{pS},P_1^{(p-1)U},T_1^{(p-1)U},M_1^{(p-1)U},G_1^{(p-1)U},\beta^{pU},Y^{pU},L_1^{(p-1)U},S_1^{(p-1)U},S_2^{(p-1)U},M_3^{(p-1)U},M_4^{(p-1)U}$, $X_1^{(p-1)U},X_2^{(p-1)U}\in\mathbf{R}^{(n_x+n_e)}$ 和未知的正标量 $0<\varsigma_p^S<1$， $\varsigma_p^U>1$， $\theta^p>0$， $\theta^{p-1}>0$， ε_1^{pS}, ε_2^{pS}, ε_1^{pU}, ε_2^{pU}, $\theta^p>0$， $\mu_p^S>1$， $0<\mu_p^U<1$，则下面的线性矩阵不等式成立：

$$\begin{bmatrix}\amalg_{11}^{pS} & \amalg_{12}^{pS} & \amalg_{13}^{pS} & \amalg_{14}^{pS} & \amalg_{15}^{pS}\\ * & \amalg_{22}^{pS} & 0 & 0 & 0\\ * & * & \amalg_{33}^{pS} & 0 & 0\\ * & * & * & \amalg_{44}^{pS} & 0\\ * & * & * & * & \amalg_{55}^{pS}\end{bmatrix}<0 \tag{6-126}$$

$$\begin{bmatrix} \amalg_{11}^{pU} & \amalg_{12}^{pU} & \amalg_{13}^{pU} & \amalg_{14}^{pU} & \amalg_{15}^{pU} \\ * & \amalg_{22}^{pU} & 0 & 0 & 0 \\ * & * & \amalg_{33}^{pU} & 0 & 0 \\ * & * & * & \amalg_{44}^{pU} & 0 \\ * & * & * & * & \amalg_{55}^{pU} \end{bmatrix} < 0 \tag{6-127}$$

$$\begin{cases} V_p^S(\overline{x}_1(k)) \leqslant \mu_p^S V_{p-1}^S(\overline{x}_1(k)) \\ V_p^S(\overline{x}_1(k)) \leqslant \mu_p^S V_p^U(\overline{x}_1(k)) \\ V_p^U(\overline{x}_1(k)) \leqslant \mu_p^U V_{p-1}^S(\overline{x}_1(k)) \end{cases} \tag{6-128}$$

$$\begin{bmatrix} -1 & \overline{x}_l^{p\mathrm{T}}(k\,|\,k) \\ \overline{x}_l^p(k\,|\,k) & -\overline{\varphi}_l^p \end{bmatrix} \leqslant 0 \tag{6-129}$$

其中，

$$\amalg_{11}^{pS} = \begin{bmatrix} \phi_{1w}^{pS} & 0 & (\varsigma_p^S)^{d_M} L_1^{pS} & 0 \\ * & -(\varsigma_p^S)^{d_M} S_1^{pS} & 0 & 0 \\ * & * & -(\varsigma_p^S)^{d_M}((M_4^{pS}) + (X_1^{pS})) & 0 \\ * & * & * & -(r^p)^2 I^p \end{bmatrix}$$

$$\amalg_{12}^{pS} = \begin{bmatrix} L_1^{pS} A_k^{p\mathrm{T}} + Y_1^{pS\mathrm{T}} \beta^{pS} B_k^{p\mathrm{T}} & L_1^{pS} A_k^{p\mathrm{T}} + Y_1^{pS\mathrm{T}} \beta^{pS} B_k^{p\mathrm{T}} - L_1^{pS} \\ S_1^{pS} A_{dk}^{p\mathrm{T}} & S_1^{pS} A_{dk}^{p\mathrm{T}} \\ 0 & 0 \\ G_k^{p\mathrm{T}} & G_k^{p\mathrm{T}} \end{bmatrix}$$

$$\amalg_{13}^{pS} = \begin{bmatrix} L_1^{pS} E_k^{p\mathrm{T}} & L_1^{pS}(Q^{pS})^{\frac{1}{2}} & Y_1^{pS\mathrm{T}}(R^{pS})^{\frac{1}{2}} \\ 0 & 0 & 0 \\ 0 & 0 & 0 \\ 0 & 0 & 0 \end{bmatrix},\ \amalg_{14}^{pS} = \amalg_{15}^{pS} = \begin{bmatrix} L_1^{pS} H_k^{p\mathrm{T}} & Y_1^{pS\mathrm{T}} \beta^{pS} \\ S_1^{pS} H_{dk}^{p\mathrm{T}} & 0 \\ 0 & 0 \\ 0 & 0 \end{bmatrix}$$

$$\amalg_{22}^{pS} = \begin{bmatrix} -L_1^{pS} + \varepsilon_1^{pS} N_k^p N_k^{p\mathrm{T}} + \varepsilon_2^{pS} B_k^p (\beta_0^{pS})^2 B_k^{p\mathrm{T}} & 0 \\ 0 & -X_1^{pS}(D_2^p)^{-1} + \varepsilon_1^{pS} N_k^p N_k^{p\mathrm{T}} + \varepsilon_2^{pS} B_k^p (\beta_0^{pS})^2 B_k^{p\mathrm{T}} \end{bmatrix}$$

$$\amalg_{33}^{pS} = \begin{bmatrix} -I^p & 0 & 0 \\ 0 & -\theta^p I^p & 0 \\ 0 & 0 & -\theta^p I^p \end{bmatrix},\ \amalg_{44}^{pS} = \amalg_{55}^{pS} = \begin{bmatrix} -\varepsilon_1^{pS} I^p & 0 \\ 0 & -\varepsilon_2^{pS} I^p \end{bmatrix}$$

$$
\text{Ш}_{11}^{pU}=\begin{bmatrix}
\phi_{1w}^{pU} & 0 & (\varsigma_p^U)^{d_{\max}}L_1^{(j-1)U} & 0\\
* & -(\varsigma_p^{\mathrm{U}})^{d_{\max}}S_1^{(p-1)U} & 0 & 0\\
* & * & -(\varsigma_p^U)^{d_{\max}}((M_4^{(p-1)U})+(X_1^{(p-1)U})) & 0\\
* & * & * & -(r^p)^2 I^j
\end{bmatrix}
$$

$$
\text{Ш}_{12}^{pU}=\begin{bmatrix}
L_1^{(p-1)U}A_k^{p\mathrm{T}}+L_1^{(p-1)U}\left((\Phi^{p-1})^{-1}\right)^{\mathrm{T}}\left(K^{p-1}\right)^{\mathrm{T}}B_k^{p\mathrm{T}} & L_1^{(p-1)U}A_k^{p\mathrm{T}}+L_1^{(p-1)U}\left((\Phi^{p-1})^{-1}\right)^{\mathrm{T}}\left(K^{p-1}\right)^{\mathrm{T}}B_k^{p\mathrm{T}}-L_1^{(p-1)U}\\
S_1^{(p-1)U}A_{dk}^{p\mathrm{T}} & S_1^{(p-1)U}A_{dk}^{p\mathrm{T}}\\
0 & 0\\
G_k^{p\mathrm{T}} & G_k^{p\mathrm{T}}
\end{bmatrix}
$$

$$
\text{Ш}_{13}^{pU}=\begin{bmatrix}
L_1^{(p-1)U}E_k^{p\mathrm{T}} & L_1^{(p-1)U}(Q^{(p-1)U})^{\frac{1}{2}} & L_1^{(p-1)U}\left((\Phi^{p-1})^{-1}\right)^{\mathrm{T}}\left(K^{p-1}\right)^{\mathrm{T}}(R^{(p-1)U})^{\frac{1}{2}}\\
0 & 0 & 0\\
0 & 0 & 0\\
0 & 0 & 0
\end{bmatrix}
$$

$$
\text{Ш}_{14}^{pU}=\text{Ш}_{15}^{pU}=\begin{bmatrix}
L_1^{(p-1)U}H_k^{p\mathrm{T}} & L_1^{(p-1)U}\left((\Re^{p-1})^{-1}\right)^{\mathrm{T}}\left(K^{p-1}\right)^{\mathrm{T}}\beta^{pU}\\
S_1^{(p-1)U}H_{dk}^{p\mathrm{T}} & 0\\
0 & 0\\
0 & 0
\end{bmatrix}
$$

$$
\text{Ш}_{22}^{pU}=\begin{bmatrix}
-L_1^{(p-1)U}+\varepsilon_1^{pU}N_k^pN_k^{p\mathrm{T}}+\varepsilon_2^{pU}B_k^p(\beta_0^{pU})^2B_k^{p\mathrm{T}} & 0\\
0 & -X_1^{(p-1)U}(D_2^p)^{-1}+\varepsilon_1^{pU}N_k^pN_k^{p\mathrm{T}}+\varepsilon_2^{pU}B_k^p(\beta_0^{pU})^2B_k^{p\mathrm{T}}
\end{bmatrix}
$$

$$
\text{Ш}_{33}^{pU}=\begin{bmatrix}
-I^p & 0 & 0\\
0 & -\theta^{p-1}I^{p-1} & 0\\
0 & 0 & -\theta^{p-1}I^{p-1}
\end{bmatrix},\quad
\text{Ш}_{44}^{pU}=\text{Ш}_{55}^{pU}=\begin{bmatrix}
-\varepsilon_1^{pU}I^p & 0\\
0 & -\varepsilon_2^{pU}I^p
\end{bmatrix}
$$

$$
\phi_{1w}^{pS}=-\varsigma_p^S L_1^{pS}+M_3^{pS}+D_1^pS_2^{pS}+S_2^{pS}-(\varsigma_p^S)^{d_M}X_2^{pS}
$$

$$
\phi_{1w}^{pU}=-\varsigma_p^U L_1^{(p-1)U}+M_3^{(p-1)U}+D_1^pS_2^{(p-1)U}+S_2^{(p-1)U}-(\varsigma_p^U)^{d_M}X_2^{(p-1)U}
$$

$$
D_1^p=(d_M-d_m+1)I^p,\ D_2^p=(d_M)^2I^p
$$

证明　当系统存在扰动时，即 $\overline{\omega}_k^p \neq 0$。引入如下 H_∞性能指标来保证系统的稳定性：

$$J_1^p = \sum_{k=0}^{\infty}[(z^{pS}(k))^{\mathrm{T}} z^{pS}(k) - (r^p)^2(\overline{\omega}_k^p(k))^{\mathrm{T}}\overline{\omega}_k^p(k)] \tag{6-130}$$

对于任意的 $\overline{w}(k)\in L_2[0,\ \infty]$，由于 $V(\hat{x}_1(0))=0$，$V(\hat{x}_1(\infty))\geqslant 0$，$\overline{J}_\infty > 0$，可得

$$\begin{aligned}J_\omega^p \leqslant \sum_{k=0}^{\infty}&\Big[\left(z^{pS}(k)\right)^{\mathrm{T}} z^{pS}(k) - (r^p)^2\left(\omega_k^p(k)\right)^{\mathrm{T}}\omega_k^p(k)\\&+(\theta^p)^{-1}\Delta V^p(\overline{x}_k^p(k)) + (\theta^p)^{-1}\overline{J}_1^{pS}(k)\Big]\end{aligned} \tag{6-131}$$

与定理 6.5 类似，可得如下表达式：

$$\begin{aligned}&\left(z^{pS}(k)\right)^{\mathrm{T}} z^{pS}(k) - (r^p)^2\left(\overline{\omega}_k^p(k)\right)^{\mathrm{T}}\overline{\omega}_k^p(k) + (\theta^p)^{-1}\Delta V^p(x_{1k}^p(k)) + (\theta^p)^{-1}J^{pS}(k)\\
&=\begin{bmatrix}\varphi_1^p(k)\\ \overline{\omega}_k^p(k)\end{bmatrix}^{\mathrm{T}}\left\{\begin{bmatrix}\phi_{12}^{pS} & 0 & (\varsigma_p^S)^{d_M}(X_1^{pS})^{-1} & 0\\ * & -(\varsigma_p^S)^{d_M}(S_1^{pS})^{-1} & 0 & 0\\ * & * & -(\varsigma_p^S)^{d_M}((M_2^{pS})^{-1}+(X_1^{pS})^{-1}) & 0\\ * & * & * & -(r^p)^2\end{bmatrix}\right.\\
&+\begin{bmatrix}\left(\Lambda_1^{pS}\right)^{\mathrm{T}}\\ G_k^{p\mathrm{T}}\end{bmatrix}(L_1^{pS})^{-1}\begin{bmatrix}\Lambda_1^{pS} & G_k^p\end{bmatrix} + \begin{bmatrix}\left(\Lambda_2^{pS}\right)^{\mathrm{T}}\\ G_k^{p\mathrm{T}}\end{bmatrix}(D_2^p)^{-1}(X_1^{pS})^{-1}\begin{bmatrix}\Lambda_2^{pS} & G_k^p\end{bmatrix}\\
&+\begin{bmatrix}E_k^{p\mathrm{T}}\\0\\0\\0\end{bmatrix}\begin{bmatrix}E_k^p & 0 & 0 & 0\end{bmatrix} + \begin{bmatrix}\lambda_1^{pS} & 0\end{bmatrix}^{\mathrm{T}}(\theta^p)^{-1}\begin{bmatrix}\lambda_1^{pS} & 0\end{bmatrix}\\
&\left.+\begin{bmatrix}\lambda_2^{pS} & 0\end{bmatrix}^{\mathrm{T}}(\theta^p)^{-1}\begin{bmatrix}\lambda_2^{pS} & 0\end{bmatrix}\right\}\begin{bmatrix}\varphi_1^p(k)\\ \overline{\omega}_k^p(k)\end{bmatrix}\end{aligned} \tag{6-132}$$

不稳定情况与稳定情况相类似，可得如下表达式：

$$\begin{aligned}&\begin{bmatrix}\phi_{12}^{pU} & 0 & (\varsigma_p^U)^{d_M}(X_1^{(p-1)U})^{-1} & 0\\ * & -(\varsigma_p^U)^{d_M}(S_1^{(p-1)U})^{-1} & 0 & 0\\ * & * & -(\varsigma_p^U)^{d_M}((M_2^{(p-1)U})^{-1}+(X_1^{(p-1)U})^{-1}) & 0\\ * & * & * & -(r^p)^2\end{bmatrix}+\\
&\begin{bmatrix}\left(\Lambda_1^{pU}\right)^{\mathrm{T}}\\ G_k^{p\mathrm{T}}\end{bmatrix}(L_1^{(p-1)U})^{-1}\begin{bmatrix}\Lambda_1^{pU} & G_k^p\end{bmatrix} + \begin{bmatrix}\left(\Lambda_2^{pU}\right)^{\mathrm{T}}\\ G_k^{p\mathrm{T}}\end{bmatrix}(D_2^p)^{-1}(X_1^{(p-1)U})^{-1}\begin{bmatrix}\Lambda_2^{pU} & G_k^p\end{bmatrix}\\
&+\begin{bmatrix}E_k^{p\mathrm{T}}\\0\\0\\0\end{bmatrix}\begin{bmatrix}E_k^p & 0 & 0 & 0\end{bmatrix} + \begin{bmatrix}\lambda_1^{pU} & 0\end{bmatrix}^{\mathrm{T}}(\theta^p)^{-1}\begin{bmatrix}\lambda_1^{pU} & 0\end{bmatrix}\end{aligned}$$

$$+\begin{bmatrix}\lambda_2^{pU} & 0\end{bmatrix}^{\mathrm{T}}(\theta^p)^{-1}\begin{bmatrix}\lambda_2^{pU} & 0\end{bmatrix}<0 \tag{6-133}$$

同时，H_∞性能指标$\|z^p\|\leqslant r^p\|\varpi^p\|$得到了保证。

6.5　仿真实验与结果

6.5.1　线性系统仿真

本部分采用与第 5 章相同的仿真模型。设计的鲁棒预测异步切换控制器的工作原理是根据稳定情况的最短运行时间和不稳定情况最长运行时间，在系统状态切换之前利用超前切换思想提前给出控制器的切换信号。为了验证所提方法的有效性，采用定理 5.2 提出方法与定理 6.3 提出方法进行对比。图 6-2～图 6-4 分别是在设定值不变、有时滞、有不确定性和有外界干扰的情况下两种方法的输出响应、控制输入和跟踪性能对比。图 6-5 为变设定值、有时滞、有不确定性和有外界干扰情况下两种方法的输出响应对比。图 6-6 为变设定值、有时滞、有不确定性和有外界干扰情况下两种方法的跟踪性能对比。

经过反复试验，注射阶段和保压阶段的控制器参数分别为$\partial^1=0.9025$，$Q_1^1=\mathrm{diag}[5,3,1.5,1]$，$R_1^1=0.1$，$\partial^2=0.9$，两阶段稳定情况的最短运行时间分别为$T^1=81\mathrm{s}$和$T^2=88\mathrm{s}$，不稳定情况的最大运行时间$T^{1,2}=3\mathrm{s}$。

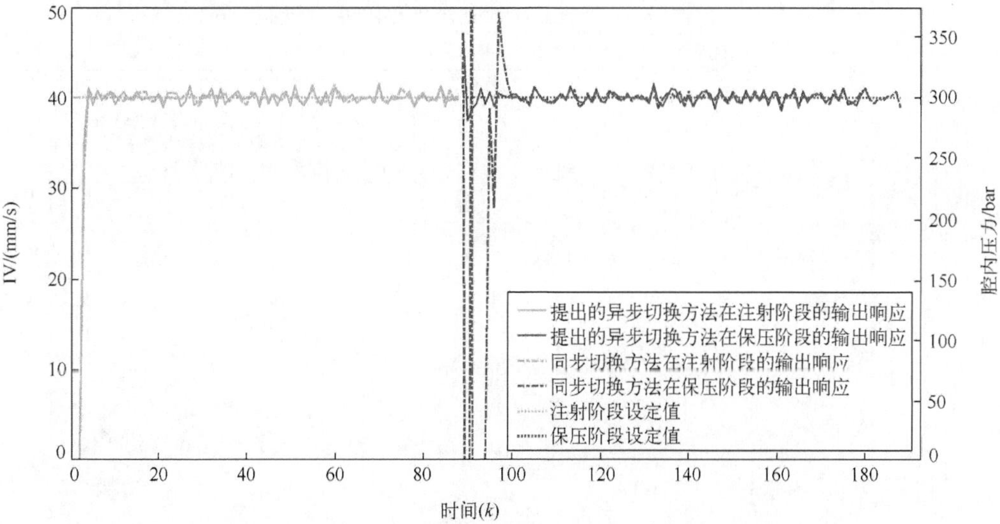

图 6-2　在异步切换情况下两种方法的输出响应

由图 6-2 可知，在受到不确定性、区间时变时滞和外界干扰的影响下两种方法都可以有效克服集总干扰的影响，但是同步切换方法无法避免系统状态和控制器不同步的情况出现失控。虽然同步切换方法在一段时间后控制系统又回归稳定，但失控的时间使得系统在保压阶段的运行时间明显变长。并且在实际生产中，失控的情况有可能造成不可挽回的损失甚至威胁工作人员的安全。而定理 6.3 所提鲁棒预测异步切换方法在系统状态切换之前给出控制器切换信号，有效地避免了不稳定情况的出现。

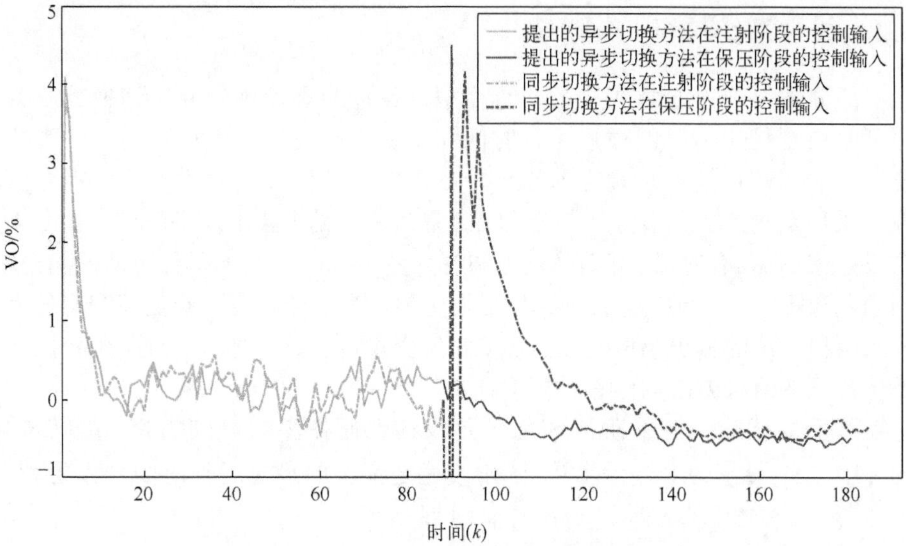

图 6-3　在异步切换情况下两种方法的控制输入

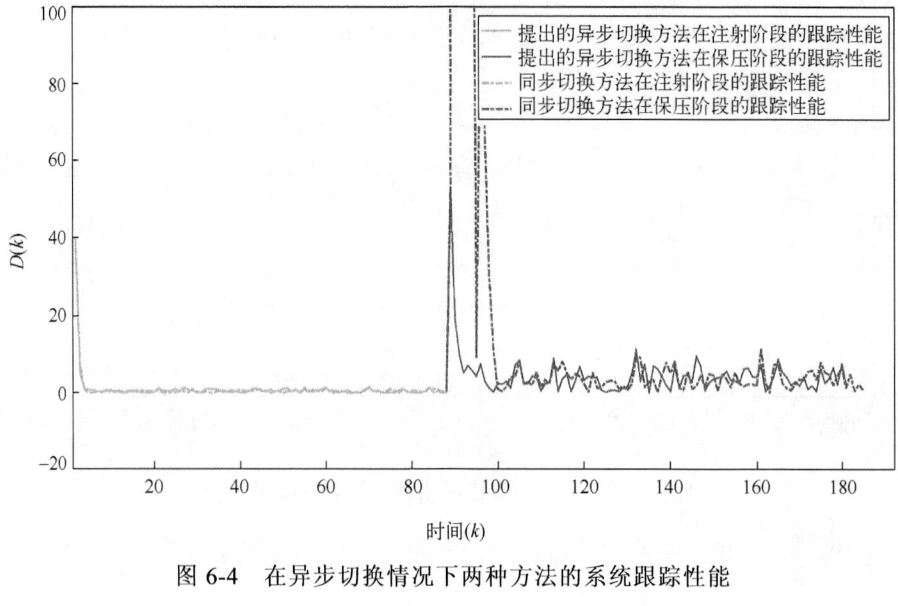

图 6-4　在异步切换情况下两种方法的系统跟踪性能

从图 6-3 可以看出在异步情况下，同步方法的控制输入出现明显失效情况，而所提鲁棒预测异步切换方法避免了这种情况的出现。图 6-4 在切换系统时，所提方法的系统误差明显小于使用同步切换方法的系统误差。

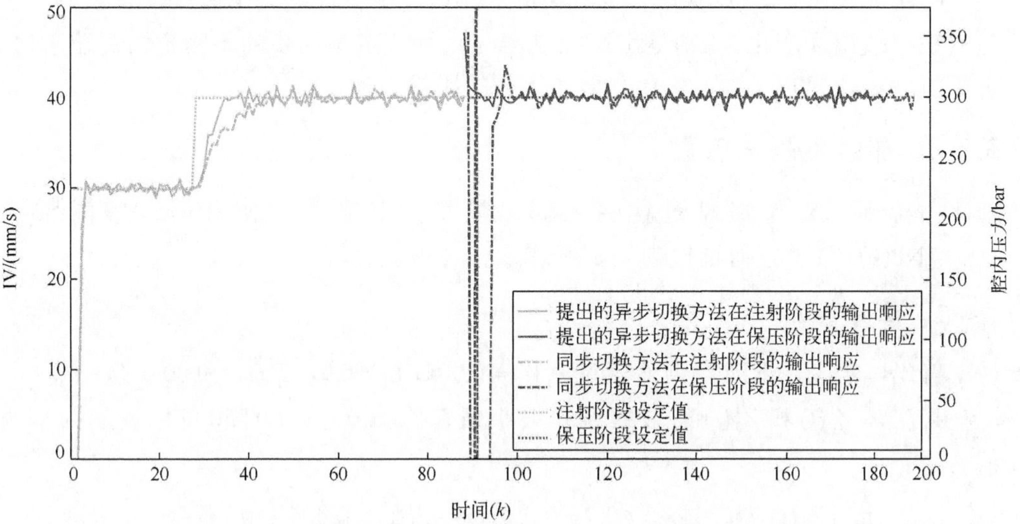

图 6-5　在设定值变化的情况下两种方法的输出响应

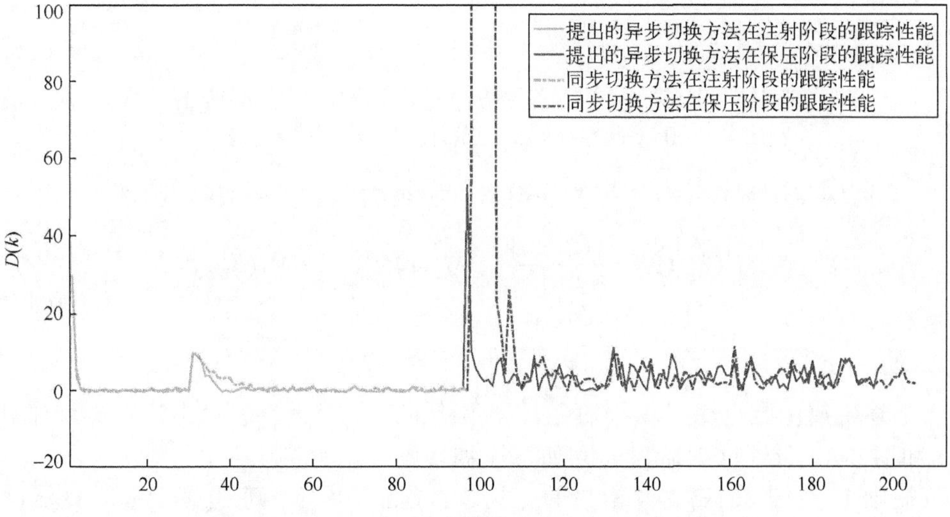

图 6-6　在设定值变化的情况下两种方法的系统跟踪性能

由图 6-5 可知，在设定值发生变化时，所提方法会使系统输出更快地跟踪变化的设定值。此外，在注射阶段由于变化的设定值导致两种方法的切换点都有相应的后移，因此仿真时间比图 6-2 中的仿真时间变得更长，增加了总的运行时间。但定理 6.3 所提方法可以让系统更快地跟踪设定值，并且切换时间要比定理 5.2 方法更靠前，增加设备的运行效率。

由图 6-6 可知，两种方法在系统稳定的情况下都能展现出较好的跟踪性能，但当设定值出现变化，特别是出现控制器与系统状态不同步的不稳定情况出现时，所提方法要比定理 5.2 方法具有更加优秀的跟踪性能。

6.5.2 非线性系统仿真

在上一章注塑成型过程输入输出模型的基础上，使得 $0 \leqslant \mathrm{IV}(k) \leqslant 50$，$200 \leqslant \mathrm{NP}(k) \leqslant 400$。通过模糊规则，建立 T-S 模型。

1. 注射阶段

首先，定义注射阶段前件变量 $Z_1^1(t) = 0.004x^1(k)+0.9$，$Z_2^1(t) = 0.004x^1(k)+1$；

其次，$Z_1^1(t)$ 和 $Z_2^1(t)$ 的最大值和最小值在范围 $0 \leqslant x^1(t) \leqslant 50$ 可以表示为如下形式：

$$\begin{aligned}
&\min_{x^1(t)} Z_1^1(t) = 0.004 \times 0 + 0.9 = 0.9, \quad \max_{x^1(t)} Z_1^1(t) = 0.004 \times 50 + 0.9 = 1.1 \\
&\min_{x^1(t)} Z_2^1(t) = 0.004 \times 0 + 1 = 1, \quad \max_{x^1(t)} Z_2^1(t) = 0.004 \times 50 + 1 = 1.2
\end{aligned} \tag{6-134}$$

因此，

$$\begin{aligned}
Z_1^1(t) &= 0.004x^1(k) + 0.9 = M_1^1(Z_1^1(t)) \times 0.9 + M_2^1(Z_1^1(t)) \times 1.1 \\
Z_2^1(t) &= 0.004x^1(k) + 1 = N_1^1(Z_2^1(t)) \times 1 + N_2^1(Z_2^1(t)) \times 1.2
\end{aligned} \tag{6-135}$$

其中，$M_1^1(Z_1^1(t))+M_2^1(Z_1^1(t)) = 1, N_1^1(Z_2^1(t)) + N_2^1(Z_2^1(t)) = 1$，隶属度函数如下：

$$\begin{aligned}
M_1^1(Z_1^1(t)) &= \frac{Z_1^1(t) - 1.1}{0.9 - 1.1}, \quad M_2^1(Z_1^1(t)) = 1 - M_1^1(Z_1^1(t)) \\
N_1^1(Z_2^1(t)) &= \frac{Z_2^1(t) - 1}{1 - 1.2}, \quad N_2^1(Z_2^1(t)) = 1 - N_1^1(Z_2^1(t))
\end{aligned} \tag{6-136}$$

上述隶属函数可由“积极的”，“消极的”，“大”和“小”定义，详见图 6-7 和图 6-8。针对注射阶段建立如下模糊规则。

规则 1：如果 $Z_1^1(k)$ 是“消极的”且 $Z_2^1(k)$ 是“小”，则 $x^1(k+1) = A^{11}(k)x^1(k) + A_d^{11}(k)x^1(k-d(k)) + B^{11}(k)u^1(k) + w^1(k)$。

规则 2：如果 $Z_1^1(k)$ 是“积极的”且 $Z_2^1(k)$ 是“小”，则 $x^1(k+1) = A^{12}(k)x^1(k) + A_d^{12}(k)x^1(k-d(k)) + B^{12}(k)u^1(k) + w^1(k)$。

规则 3：如果 $Z_1^1(k)$ 是“消极的”且 $Z_2^1(k)$ 是“大”，则 $x^1(k+1) = A^{13}(k)x^1(k) +$

$A_d^{13}(k)x^1(k-d(k))+B^{13}(k)u^1(k)+w^1(k)$。

规则 4：如果 $Z_1^1(k)$ 是“积极的”且 $Z_2^1(k)$ 是“大”，则 $x^1(k+1)=A^{14}(k)x^1(k)+A_d^{14}(k)x^1(k-d(k))+B^{14}(k)u^1(k)+w^1(k)$。

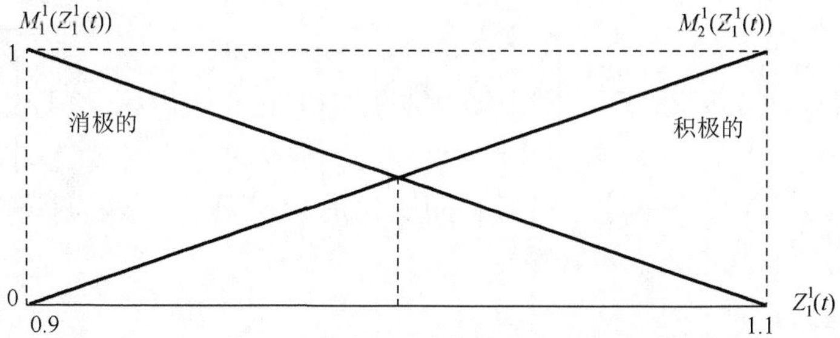

图 6-7　注射阶段“积极的”，“消极的”隶属度函数

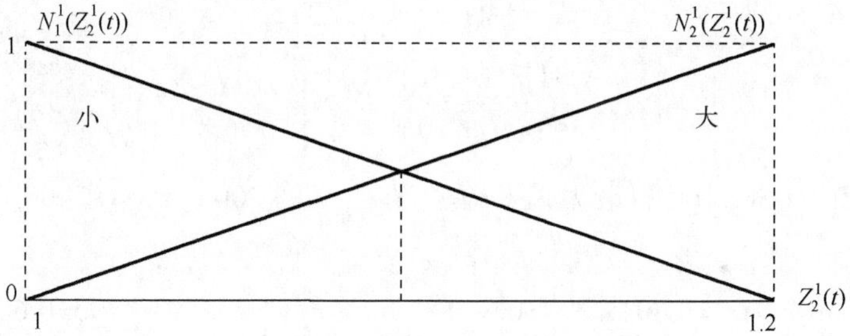

图 6-8　注射阶段“大”，“小”隶属度函数

注射阶段去模糊化后转化为如下线性模型：

$$\begin{cases} x^1(k+1)=\sum_{i=1}^{l}\hbar^i(x(k))(A^{1i}(k)x^1(k)+A_d^{1i}(k)x^1(k-d(k))) \\ \qquad\qquad +\sum_{i=1}^{l}\hbar^i(x(k))B^{1i}(k)u^1(k)+w^1(k) \\ y^1(k)=C^1x^1(k) \end{cases} \tag{6-137}$$

其中，$A^{11}(k)=A^{11}+\Delta_a^{11}(k)$，$A_d^{11}(k)=A_d^1(k)$，$B^{11}(k)=B^1(k)$，$\Delta_a^{11}(k)=\Delta_a^1(k)$，$A^{12}(k)=A^{12}+\Delta_a^{12}(k)$，$A_d^{12}(k)=A_d^1(k)$，$B^{12}(k)=B^1(k)$，$\Delta_a^{12}(k)=\Delta_a^1(k)$，$A^{13}(k)=A^{13}+\Delta_a^{13}(k)$，$A_d^{13}(k)=A_d^1(k)$，$B^{13}(k)=B^1(k)$，$\Delta_a^{13}(k)=\Delta_a^1(k)$，$A^{14}(k)=A^{14}+\Delta_a^{14}(k)$，$A_d^{14}(k)=A_d^1(k)$，$B^{14}(k)=B^1(k)$，$\Delta_a^{14}(k)=\Delta_a^1(k)$，$A^{11}=\begin{bmatrix}0.9291 & 0.9 & 0\\ 0.03191 & 0 & 0\\ 0.1054 & 0 & 1\end{bmatrix}$，$A^{12}=\begin{bmatrix}0.9291 & 1.1 & 0\\ 0.03191 & 0 & 0\\ 0.1054 & 0 & 1\end{bmatrix}$，$A^{13}=\begin{bmatrix}0.9291 & 0.9 & 0\\ 0.03191 & 0 & 0\\ 0.12648 & 0 & 1\end{bmatrix}$，

$A^{14}=\begin{bmatrix}0.9291 & 1.1 & 0\\ 0.03191 & 0 & 0\\ 0.12648 & 0 & 1\end{bmatrix}$，$B^{1}=\begin{bmatrix}8.687\\ -5.617\\ 0\end{bmatrix}$，$N^{1}=\begin{bmatrix}0.1 & 0 & 0\\ 0 & 0.1 & 0\\ 0 & 0 & 0\end{bmatrix}$，$H_d^{1}=\begin{bmatrix}0.04 & 0 & 0\\ 0.05 & 0 & 0\\ 0 & 0 & 0\end{bmatrix}$，$A_d^{1}=0.0005A^{1}$，$C^{1}(k)=\begin{bmatrix}1 & 0 & 0\end{bmatrix}$，$\begin{bmatrix}\Delta_a^{1}(k) & \Delta_d^{1}(k) & \Delta_b^{1}(k)\end{bmatrix}=N^{1}\Delta^{1}(k)\begin{bmatrix}H^{1} & H_d^{1} & H_b^{1}\end{bmatrix}$，$\Delta^{1\mathrm{T}}(k)\Delta^{1}(k)\leqslant I$，$H_b^{1}=0.005\times B^{1}$，$H^{1}=\begin{bmatrix}0.104 & 0 & 0\\ 0.5(0.004+1)\mathrm{IV}(k) & 0 & 0\\ 0 & 0 & 0\end{bmatrix}$，$w^{1}(k)=0.1\times\begin{bmatrix}\Delta^{3}(k)\\ \Delta^{4}(k)\\ \Delta^{5}(k)\end{bmatrix}$，$\Delta^{1}(k)$，$\Delta^{3}(k), \Delta^{4}(k), \Delta^{5}(k)$ 为 $(-1, 1)$ 之间随时间变化的随机数，$d(k)$ 为 $(1, 3)$ 之间随时间变化的随机数。

2. 保压阶段

与注射阶段类似，定义保压阶段前件变量 $Z_1^2(t)=0.001x^2(k)+0.6$，$Z_2^2(t)=0.001x^2(k)+0.6$，矩阵 A^2, B^2 可表示为

$$A^{2}=\begin{bmatrix}1.317 & 1\\ -0.3259Z_2^2(t) & 0\end{bmatrix}, B^{2}=\begin{bmatrix}171.8\\ -156.8Z_1^2(t)\end{bmatrix} \tag{6-138}$$

其次，$Z_1^2(t)$ 和 $Z_2^2(t)$ 的最大值和最小值在范围 $200\leqslant x^2(t)\leqslant 400$ 可表示为如下形式：

$$\begin{aligned}&\min_{x^2(t)} Z_1^2(t)=0.001\times 200+0.6=0.8,\ \max_{x^2(t)} Z_1^2(t)=0.001\times 400+0.6=1\\ &\min_{x^2(t)} Z_2^2(t)=0.001\times 200+0.6=0.8,\ \max_{x^2(t)} Z_2^2(t)=0.001\times 400+0.6=1\end{aligned} \tag{6-139}$$

因此，

$$\begin{aligned}&Z_1^2(t)=0.001x^2(k)+0.6=M_1^2(Z_1^2(t))\times 0.8+M_2^2(Z_1^2(t))\times 1\\ &Z_2^2(t)=0.001x^2(k)+0.6=N_1^2(Z_2^2(t))\times 0.8+N_2^2(Z_2^2(t))\times 1\end{aligned} \tag{6-140}$$

其中，$M_1^2(Z_1^2(t))+M_2^2(Z_1^2(t))=1$，$N_1^2(Z_2^2(t))+N_2^2(Z_2^2(t))=1$，隶属度函数如下：

$$\begin{aligned}&M_1^2(Z_1^2(t))=\frac{Z_1^2(t)-1}{0.8-1},\quad M_2^2(Z_1^2(t))=1-M_1^2(Z_1^2(t))\\ &N_1^2(Z_2^2(t))=\frac{Z_2^2(t)-1}{0.8-1},\quad N_2^2(Z_2^2(t))=1-N_1^2(Z_2^2(t))\end{aligned} \tag{6-141}$$

上述隶属函数可由“积极的”，“消极的”，“大”和“小”定义，详见图 6-9 和图 6-10。针对保压阶段建立如下模糊规则。

规则 1：如果 $Z_1^2(t)$ 是“消极的”且 $Z_2^2(t)$ 是“小”，则 $x^2(k+1)=A^{21}(k)x^2(k)+A_d^{21}(k)x^2(k-d(k))+B^{21}(k)u^2(k)+w^2(k)$。

规则 2：如果 $Z_1^2(t)$ 是“积极的”且 $Z_2^2(t)$ 是“小”，则 $x^2(k+1)=A^{22}(k)x^2(k)+$

$A_d^{22}(k)x^2(k-d(k))+B^{22}(k)u^2(k)+w^2(k)$。

规则3：如果 $Z_1^2(t)$ 是“消极的”且 $Z_2^2(t)$ 是“大”，则 $x^2(k+1)=A^{23}(k)x^2(k)+A_d^{23}(k)x^2(k-d(k))+B^{23}(k)u^2(k)+w^2(k)$。

规则4：如果 $Z_1^2(t)$ 是“积极的”且 $Z_2^2(t)$ 是“大”，则 $x^2(k+1)=A^{24}(k)x^2(k)+A_d^{24}(k)x^2(k-d(k))+B^{24}(k)u^2(k)+w^2(k)$。

保压阶段去模糊化后转化为如下线性模型：

$$\begin{cases} x^2(k+1)=\sum_{i=1}^{l}\hbar^i(x(k))(A^{2i}(k)x^2(k)+A_d^{2i}(k)x^2(k-d(k))) \\ \qquad\qquad +\sum_{i=1}^{l}\hbar^i(x(k))B^{2i}(k)u^2(k)+w^2(k) \\ y^2(k)=C^2x^2(k) \end{cases} \tag{6-142}$$

其中，$A^{21}(k)=A^{21}+\Delta_a^{21}(k)$，$A_d^{21}(k)=A_d^2(k)$，$B^{21}(k)=B^{21}+\Delta_b^{21}(k)$，$\Delta_a^{21}(k)=\Delta_a^2(k)$，$\Delta_b^{21}(k)=\Delta_b^2(k)$，$A^{22}(k)=A^{22}+\Delta_a^{22}(k)$，$A_d^{22}(k)=A_d^2(k)$，$B^{22}(k)=B^{22}+\Delta_b^{22}(k)$，$\Delta_a^{22}(k)=\Delta_a^2(k)$，$\Delta_b^{22}(k)=\Delta_b^2(k)$，$A^{23}(k)=A^{23}+\Delta_a^{23}(k)$，$A_d^{23}(k)=A_d^2(k)$，$B^{23}(k)=B^{23}+\Delta_b^{23}(k)$，$\Delta_a^{23}(k)=\Delta_a^2(k)$，$\Delta_b^{23}(k)=\Delta_b^2(k)$，$A^{24}(k)=A^{24}+\Delta_a^{24}(k)$，$A_d^{24}(k)=A_d^2(k)$，$B^{24}(k)=B^{24}+\Delta_b^{24}(k)$，$\Delta_a^{24}(k)=\Delta_a^2(k)$，$\Delta_b^{24}(k)=\Delta_b^2(k)$，$A^{21}=\begin{bmatrix}1.317 & 1\\ -0.26072 & 0\end{bmatrix}$，$B^{21}=\begin{bmatrix}171.8\\ -125.44\end{bmatrix}$，$A^{22}=\begin{bmatrix}1.317 & 1\\ -0.3259 & 0\end{bmatrix}$，$B^{22}=\begin{bmatrix}171.8\\ -125.44\end{bmatrix}$，$A^{23}=\begin{bmatrix}1.317 & 1\\ -0.26072 & 0\end{bmatrix}$，$B^{23}=\begin{bmatrix}171.8\\ -156.8\end{bmatrix}$，$A^{24}=\begin{bmatrix}1.317 & 1\\ -0.3259 & 0\end{bmatrix}$，$B^{24}=\begin{bmatrix}171.8\\ -156.8\end{bmatrix}$，$A_d^2=0.0005A^2$，$\begin{bmatrix}\Delta_a^2(k) & \Delta_d^2(k) & \Delta_b^2(k)\end{bmatrix}=N^2\Delta^2(k)\begin{bmatrix}H^2 & H_d^2 & H_b^2\end{bmatrix}$，$\Delta^{2\mathrm{T}}(k)\Delta^2(k)\leqslant I$，$N^2=\begin{bmatrix}1 & 0\\ 0 & 1\end{bmatrix}$，$H^2=\begin{bmatrix}0.0104 & 0\\ -0.0304(0.001\mathrm{NP}(k)+0.6) & 0\end{bmatrix}$，$H_d^2=\begin{bmatrix}0.001 & 0\\ 0.002 & 0\end{bmatrix}$，$H_b^2=0.005\times B^2$，$w^2(k)=0.1\times\begin{bmatrix}\Delta_6(k)\\ \Delta_7(k)\end{bmatrix}$，$\Delta_2(k),\ \Delta_6(k),\ \Delta_7(k)$ 为 $(-1,1)$ 随时间变化的随机数，$d(k)$ 为 $(1,3)$ 随时间变化的随机数。

在本部分仿真中分别采用定理5.2提出的同步切换方法、线性迭代学习异步切换方法[151]和定理6.4提出的非线性异步切换方法进行对比。使用试凑法来调整参数，确定注射阶段控制器参数为：$\bar{Q}^1=\mathrm{diag}[0.5,\ 0.8,\ 0.9,\ 1]$，$\bar{R}^1=0.1$；保压阶段控制器参数为：$\bar{Q}^2=\mathrm{diag}[10,\ 2.5,\ 9]$，$\bar{R}^2=0.1$；仿真运行步数为260步，当注射阶段腔内压力达到350bar时对控制系统进行切换。同时引入系统跟踪性能评价指标：$D(k)=\sqrt{e^{\mathrm{T}}(k)e(k)}$。

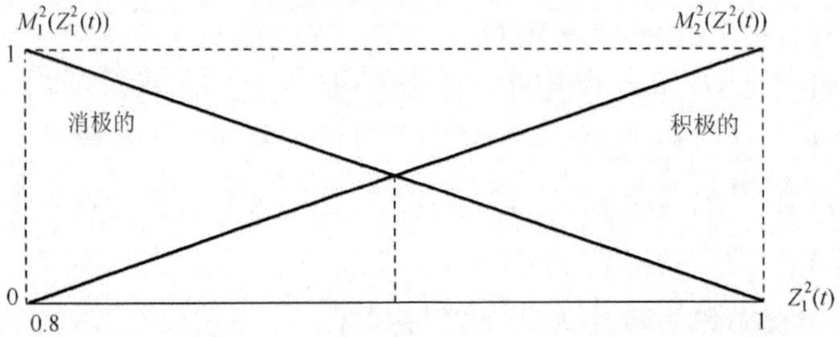

图 6-9　保压阶段“积极的”，“消极的”隶属度函数图

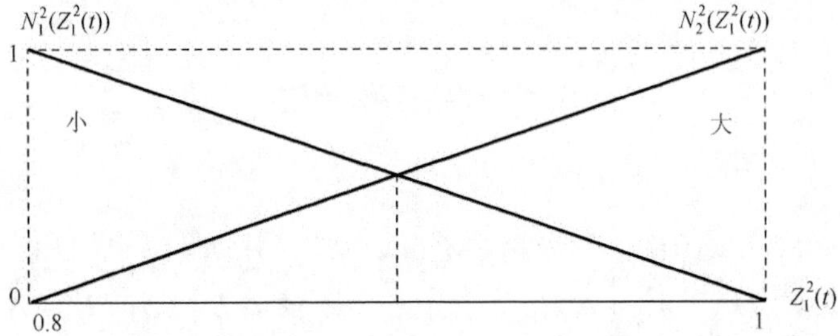

图 6-10　保压阶段“大”，“小”隶属度函数图

图 6-11 为第 30 批次同步切换方法的输出响应。由图可知，同步方法不能保证系统在异步情况下稳定，因此不再对其进行对比。其他两种方法的输出响应、控制输入和跟踪性能对比如图 6-12～图 6-14 所示。

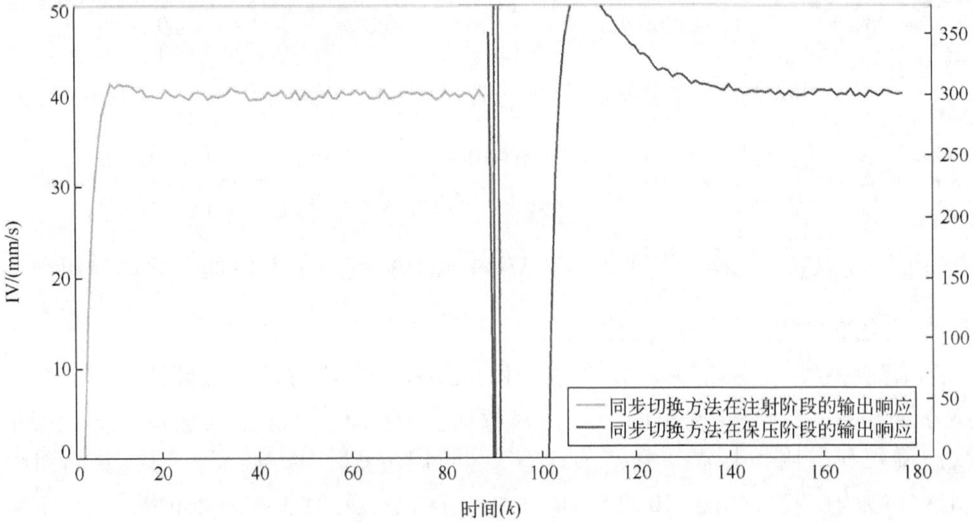

图 6-11　同步控制方法输出响应

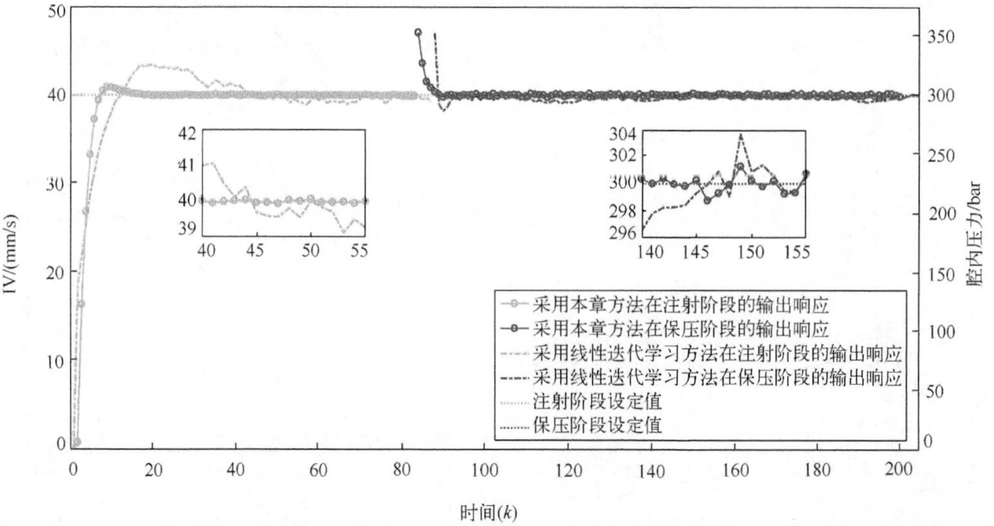

图 6-12　第 30 批次两种方法输出响应对比图

由图 6-12 可知，当腔内压力达到 350bar 的切换条件时，定理 6.4 所提方法和线性迭代学习方法都可以对被控对象实现有效的控制，同时避免异步现象的出现。但线性迭代学习方法采用的是将非线性系统单点线性化的模型，存在模型失配问题，使系统出现不必要的超调，且使控制系统具有较大的稳态时间。而所提方法采用的非线性模型有效地降低了模型失配的问题对系统的影响，大大降低系统的超调，使稳态时间更小。此外，定理 6.4 提出的鲁棒模糊预测异步切换控制器的切换时间为 82s，而传统线性迭代学习切换方法的切换时间 88s，相比之下，当企业需要大批量生产时，提前的 6s 可以提高企业的生产效率，为企业带来更丰厚的利润。

由于线性迭代学习方法使用的是单点线性化模型，模型失配导致计算出的控制律并不是系统的最优控制律。图 6-13 为控制输入对比，由图可知所提方法的控制输入比线性迭代学习控制器的控制输入变化更加平缓，这样的优点是可以使控制器在保证系统的输出响应跟踪设定值的前提下，减小执行器的跳变，达到节约能源、减少损耗的目的。并且当控制系统稳定后所提方法的控制输入波动更小，可以有效地避免短时间内大范围频繁动作导致的执行器损耗，增加执行器的使用时间，为企业减少不必要的损失。

跟踪性能对比图如图 6-14 所示，由图可以直观地看出采用所提方法的跟踪性能比线性控制器的跟踪性能更加优秀。此外，提出方法的误差平均值为 1.2823，而线性迭代学习方法的误差平均值为 2.6466。通过计算数值对比可以看出采用定理 6.4 方法系统的误差平均值更小，表明所提方法具有更优的控制性能。

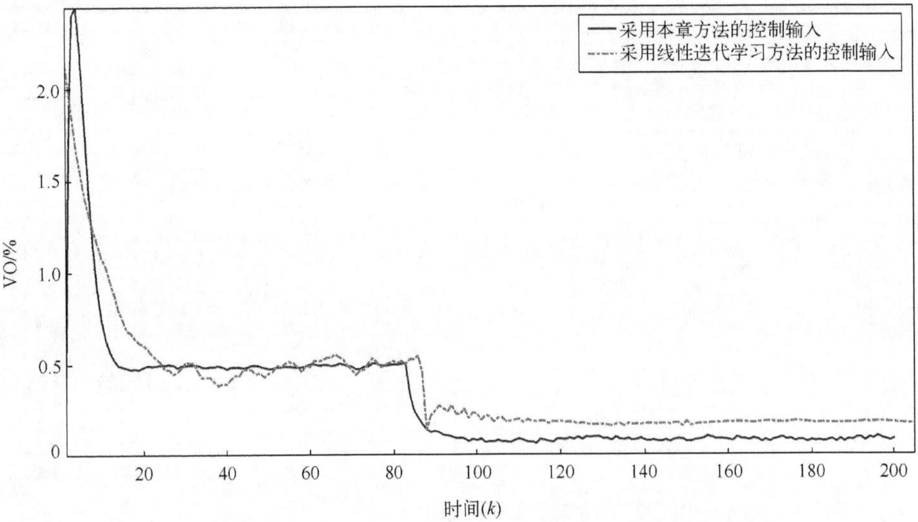

图 6-13　第 30 批次两种方法控制输入对比图

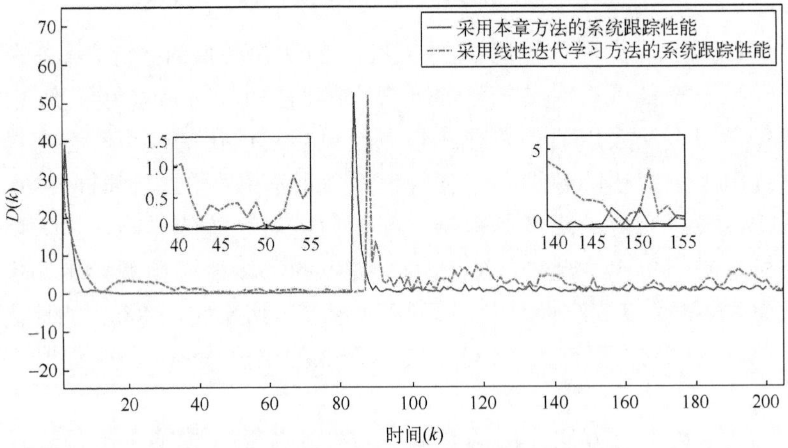

图 6-14　第 30 批次两种方法跟踪性能对比图

图 6-15 和图 6-16 为两种方法在多个批次的输出响应对比。由图可知，当系

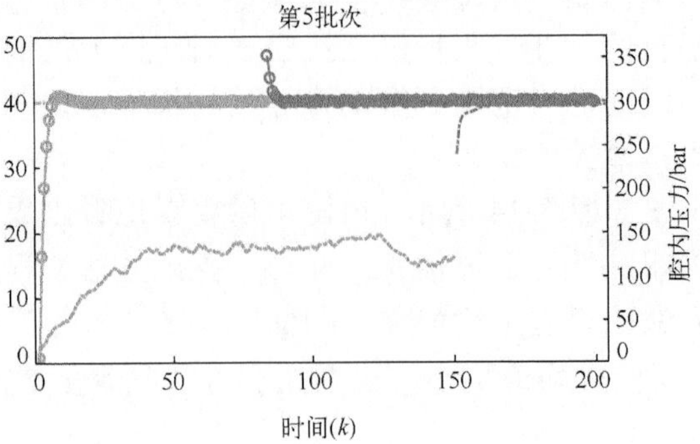

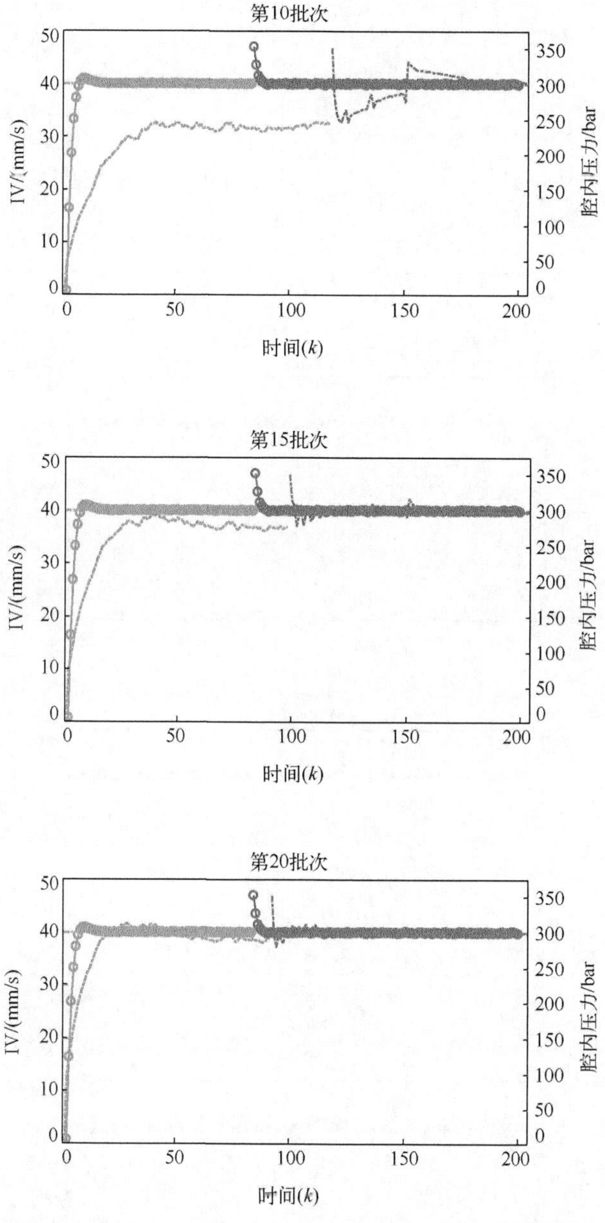

图 6-15　第 5、10、15、20 批次两种方法输出响应

统在前几个批次运行时，由于数据较少，导致迭代学习的控制效果不佳。而采用所提方法并不需要先前批次的信息，因此开始运行时系统就会有较好的控制效果。

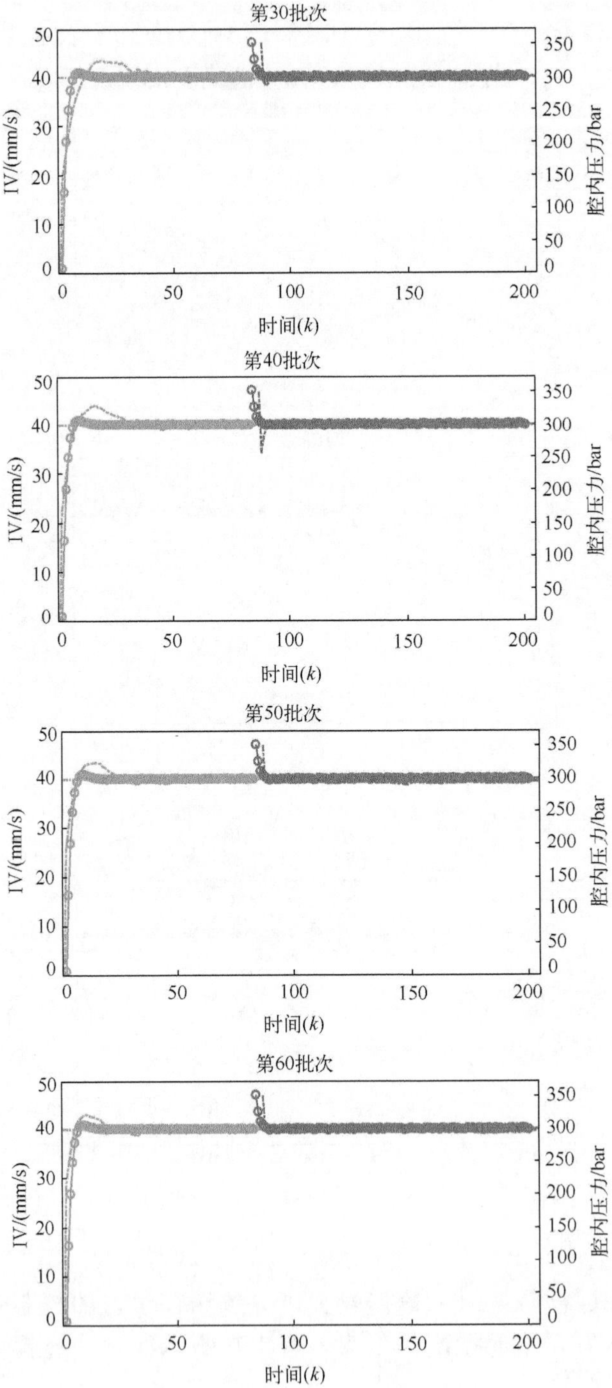

图 6-16　第 30、40、50、60 批次两种方法输出响应

6.5.3　执行器故障系统仿真

1. 仿真模型介绍

在上一章注塑成型过程基础上，考虑到部分执行器故障对系统的影响，系统的状态空间模型如下式所示：

$$\begin{cases} x^p(k+1) = A^p x^p(k) + B^p u^p(k) + \omega^p(k) \\ y^p(k) = C^p x^p(k) \end{cases} \quad p = 1,2 \tag{6-143}$$

其中，$A^1 = \begin{bmatrix} 0.9291 & 1 & 0 \\ 0.03191 & 0 & 0 \\ 0.1054 & 0 & 1 \end{bmatrix}$，$B^1 = \begin{bmatrix} 8.687 \\ -5.617 \\ 0 \end{bmatrix}$，$C^1 = \begin{bmatrix} 1 & 0 & 0 \end{bmatrix}$，$A^2 = \begin{bmatrix} 1.317 & 1 \\ -0.3259 & 0 \end{bmatrix}$，$B^2 = \begin{bmatrix} 171.8 \\ -156.8 \end{bmatrix}$，$C^2 = \begin{bmatrix} 1 & 0 \end{bmatrix}$。

当 p=1 时，系统工作在注入阶段。当 p=2 时，系统在保压阶段工作。两相的切换条件如下式所示：

$$\gamma^1(x(k)) = 350 - \begin{bmatrix} 0 & 0 & 1 \end{bmatrix} x^1(k) < 0 \tag{6-144}$$

考虑系统中存在时变时滞、不确定、未知有界扰动和执行器故障，将式(6-143)改写为如下形式：

$$\begin{cases} x^p(k+1) = A^p(k) x^p(k) + A_d^p(k) x^p(k-d(k)) \\ \qquad\qquad + B^p \alpha^p u^p(k) + \omega^p(k) \\ y^p(k) = C^p x^p(k) \end{cases} \quad p = 1,2 \tag{6-145}$$

其中，$1 \leqslant d(k) \leqslant 3$，$\omega^1(k) = 0.5 \times [\Delta_6 \quad \Delta_7 \quad \Delta_8]^{\mathrm{T}}$，$\omega^2(k) = 0.5 \times [\Delta_9 \quad \Delta_{10}]^{\mathrm{T}}$，$|\Delta_{ii}| \leqslant 1$，$ii = 1,2,\cdots,5$，$N^1 = \begin{bmatrix} 0.1 & 0 & 0 \\ 0 & 0.1 & 0 \\ 0 & 0 & 0 \end{bmatrix}$，$H^1 = \begin{bmatrix} 0.104 & 0 & 0 \\ 0.5 & 0 & 0 \\ 0 & 0 & 0 \end{bmatrix}$，$H_d^1 = \begin{bmatrix} 0.004 & 0 & 0 \\ 0.05 & 0 & 0 \\ 0 & 0 & 0 \end{bmatrix}$，$\Delta^1(k) = \begin{bmatrix} \Delta_1 & 0 & 0 \\ 0 & \Delta_2 & 0 \\ 0 & 0 & \Delta_3 \end{bmatrix}$，$N^2 = \begin{bmatrix} 1 & 0 \\ 0 & 1 \end{bmatrix}$，$H^2 = \begin{bmatrix} 0.0104 & 0 \\ -0.0304 & 0 \end{bmatrix}$，$H_d^1 = \begin{bmatrix} 0.001 & 0 \\ -0.002 & 0 \end{bmatrix}$，$\Delta^2(k) = \begin{bmatrix} \Delta_4 & 0 \\ 0 & \Delta_5 \end{bmatrix}$。

假设有一个未知的故障导致执行器失效。在这个仿真中，我们知道 $0.4 = \underline{\alpha}^p < \alpha^p < \overline{\alpha}^p = 1.2$。根据式（6-145），我们可以设定 $\beta^p = 0.8$，$\beta_0^p = 0.5$。注射阶段和保压阶段的设定值如下式所示：

$$\begin{cases} c^1(k)=40, & 0<k\leqslant T^1 \\ c^2(k)=300, & T^1<k<T^1+T^2 \end{cases} \tag{6-146}$$

为了更准确地描述系统的跟踪性能，定义如下公式：

$$D(k)=\begin{cases} \sqrt{e^{1\mathrm{T}}(k)e^1(k)}, & 0\leqslant k<T_1 \\ \sqrt{e^{2\mathrm{T}}(k)e^2(k)}, & T_1\leqslant k\leqslant T_1+T_2 \end{cases} \tag{6-147}$$

2. 仿真结果

为了验证 6.4 节中控制方法的有效性和可行性。以注塑成型过程中的注射和保压阶段为例进行仿真验证。经过反复试验，控制器在注射阶段和保压阶段的参数分别选择为 $Q_1^1=\mathrm{diag}[0.5,1,1,1]$，$R_1^1=0.1$ 和 $Q_1^2=\mathrm{diag}[10,2.6,9]$，$R_1^2=0.1$。注射阶段的最短运行时间为 $T^1=86\mathrm{s}$。保压阶段的最短运行时间为 $T^2=113\mathrm{s}$。注射阶段向保压阶段的切换时间为 $T^{1,2}=3\mathrm{s}$。系统稳定后在注入阶段和保压阶段的控制律增益分别为 $K_1=[-0.00874\ \ -0.0952\ \ 0\ \ -0.0476]$，$K_2=[-0.0084\ \ -0.0066\ \ -0.0032]$。上述参数是通过求解定理 6.6 中的线性矩阵不等式得到的。

图 6-17 显示了三种不同情况下所提方法的系统跟踪性能对比，这三种情况可用如下式表示。

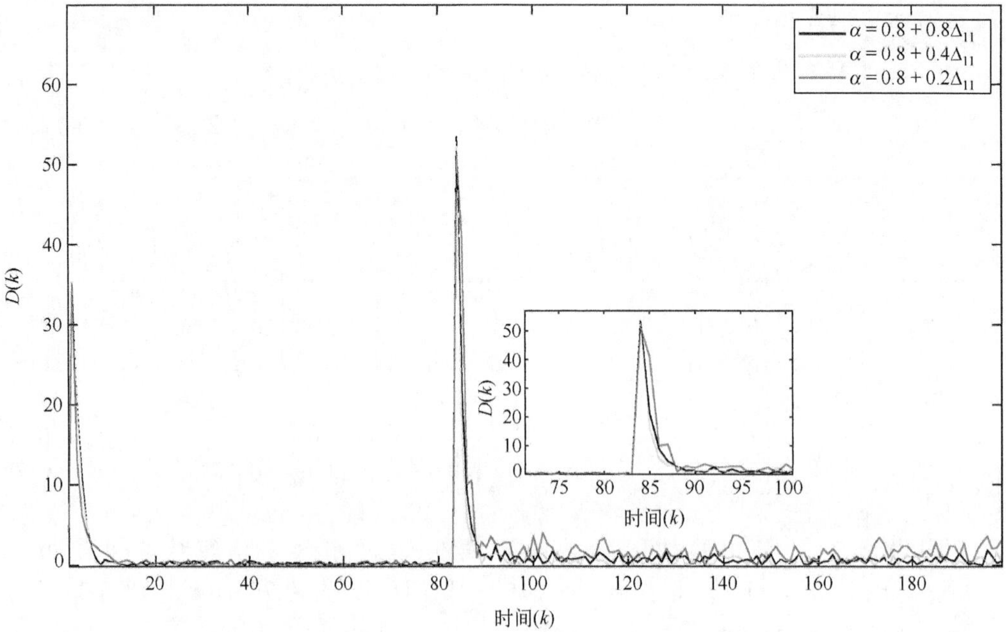

图 6-17　不同故障条件下的系统跟踪性能

$$\begin{cases} \text{情况1}: \alpha^{p} = 0.8 + 0.2\Delta_{11} \\ \text{情况2}: \alpha^{p} = 0.8 + 0.4\Delta_{11} \\ \text{情况3}: \alpha^{p} = 0.8 + 0.8\Delta_{11} \end{cases} \tag{6-148}$$

其中，Δ_{11}是一个介于 1 与−1 之间的随机数。

图 6-17 给出了系统在三种不同随机故障条件下的跟踪性能。可以看出，随着随机故障范围的增大，系统的跟踪性能也随之下降。但 6.4 节中提出的控制方法仍能够使系统的状态快速收敛。

为了直观反映 6.4 节所提控制方法的优越性，我们选择了传统控制方法进行比较。图 6-18（a）给出了 6.4 节所设计的异步切换控制器的系统输出响应（图 6-18（a）～图 6-18（d）中的小图是为了更加清晰地展示系统在切换位置的输出响应）。图 6-18（b）显示了第 5 章中的方法给出的同步切换控制器的系统输出响应。6.4 节中所设计的控制器的重要目的是使系统状态和控制器能够同时切换。避免因发生异步切换而导致系统状态出现“逃逸”现象。从输出响应曲线可以看出，所提出的异步控制方法可以实现从注射阶段到保压阶段的平滑切换。同时，也能够保证系统在注射阶段和保压阶段是渐近稳定的。第 5 章给出的同步切换控制器虽然保证注射阶段和保压阶段是渐近稳定的，但是在切换时系统状态出现了较大的波动，且保压阶段的响应时间过长，对实际生产的影响较大。

图 6-18（c）显示 6.4 节采用的异步切换控制器的系统控制输入。图 6-18（d）显示了第 5 章同步切换控制器时系统的控制输入。6.4 节所设计的异步切换控制

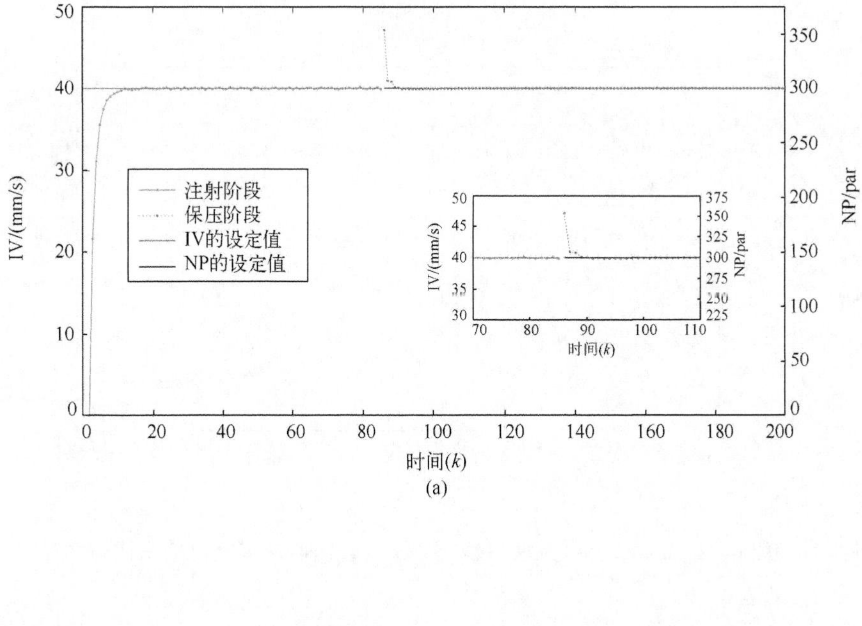

(a)

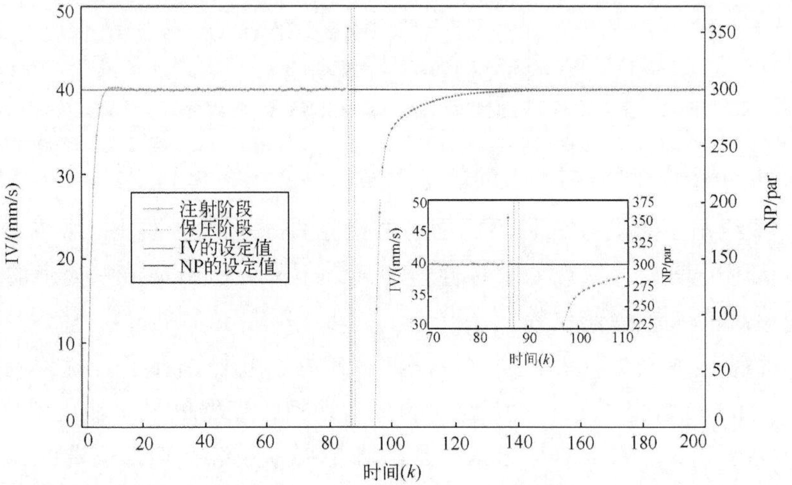

(b)

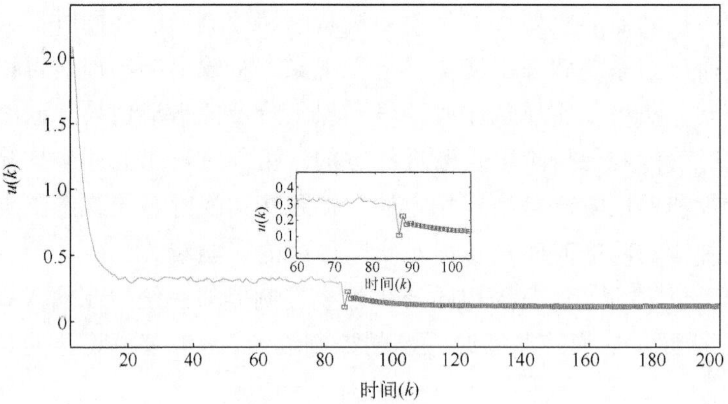

(c)

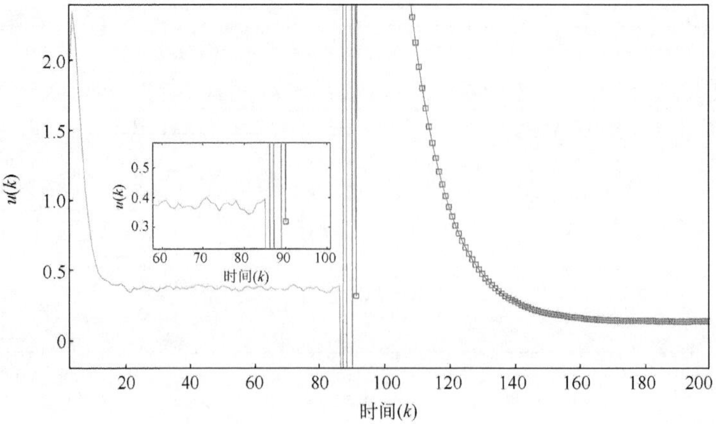

(d)

图 6-18　6.4 节提出方法与传统方法的输出响应与控制输出比较

器能够保证系统在切换时的平滑、稳定。而且在切换后，6.4 节所设计的异步切换控制器可以稳定并快速地跟踪系统的设定值。相比之下，第 5 章给出的同步切换控制器在其切换时系统的控制输入波动较大，且控制器的响应时间较长。如果应用到实际生产中，轻则可能会导致产品质量下降，重则可能会导致系统崩溃设备损坏，对实际生产的影响很大。

6.6　本 章 小 结

本章针对多阶段间歇过程存在的异步切换情况从线性系统和非线性系统两个角度分别给出控制器的设计方法。针对线性系统，考虑到多阶段异步切换过程存在的不确定性、区间时变时滞、外部干扰和时变设定值的情况，设计了一种鲁棒预测异步切换控制方法。首先，为提高控制器的自由度，将输出跟踪误差引入到传统的状态空间模型中。其次，使用 Lyapunov 稳定理论、LMI 理论、模态依赖的平均驻留时间等手段，证明了异步切换系统的指数稳定性。而对于非线性系统，则考虑了不确定性、区间时变时滞和外界未知干扰，并基于此提出了一种鲁棒模糊预测异步切换控制方法。该方法可以有效降低单点线性化造成的模型失配问题对控制效果的影响。此外，所提方法可以分别计算出稳定情况最短运行时间和不稳定情况最长运行时间，并利用超前切换思想提前给出控制器切换信号，避免异步切换中不稳定情况的出现。在本章的最后，以注塑成型过程中的注塑和保压两个阶段为对象分别进行线性系统、非线性系统和执行器故障情况的仿真实验。仿真结果表明所提方法在各自应用的环境下，不仅可以提高生产效率和产品质量，还可以有效地降低能源损失，提高工厂的经济效益。

第 7 章　总结与展望

7.1　总　　结

近几十年来，控制理论取得了很大的进展，对科学技术的发展起到了积极的推动作用。随着科学技术和生产的迅速发展，对大型、复杂和不确定性系统实行自动控制的要求不断提高，使得现代控制理论的局限性日益明显。因此，鲁棒控制引起了控制界的广泛关注。本书简要回顾了鲁棒预测控制当前的发展现状，并结合作者及作者所在团队的部分研究成果，针对线性、非线性、故障和多阶段的离散时滞系统，研究了基于 LMI 的时变时滞工业过程的鲁棒预测控制方法，进行了稳定性分析和控制器的设计，取得了一定的成果。这些内容在一定程度上反映了鲁棒预测控制在时变时滞工业过程中应用的发展水平，其主要研究成果可以概括如下。

（1）研究一种时滞依赖的鲁棒约束模型预测控制方法，解决具有不确定性、未知干扰、时变时滞、部分执行器故障和输入输出约束等一类工业过程的控制问题。采用扩展时滞不确定状态空间模型来设计控制器，在时滞存在的条件下，可以保证控制器单独调节系统的状态和输出误差，提供更多调节的自由度；给定新的、具有更小保守性和较为简单的基于 LMI 形式的时滞依赖稳定条件来求解系统的控制器增益，降低控制器的保守性；引入 H_∞性能指标到控制器设计中，克服任意有界干扰，降低控制成本。

（2）针对具有区间状态时变时滞的非线性工业过程，研究一种基于 T-S 模糊模型的鲁棒预测控制方法。该方法既能利用线性控制理论的研究成果又能兼顾工业过程强非线性特性的方法。利用 T-S 模糊模型描述系统的非线性特性，可以有效解决因非线性特性使其控制器设计的困难，使得一些线性理论方法得以应用；将区间状态时滞(时滞上界和下界)信息引入到构建的李亚普诺夫函数中，避免对差分不等式交叉项使用边界和模型转化技术，得到使系统渐近稳定的充分条件，降低控制器设计的保守性。

（3）研究了一种随机鲁棒预测容错控制方法，解决一类具有概率的执行器故障和区间时变时滞的问题。利用随机控制理论分析具有不同概率的执行器故障问题，并在扩展模型基础上，设计随机容错切换策略，利用故障概率实现了从常规控制器到故障控制器的平稳切换，克服传统容错控制策略的弊端，节约能源消耗和降低生产成本。

（4）研究了基于时变时滞的多阶段鲁棒预测切换方法，解决了相邻两个阶段切换运行中控制效果不佳的问题，保证生产的整体高效运行。利用鲁棒预测控制方法解决系统具有不确定性和时变时滞等现象，通过稳定性证明推导获得 LMI 形式的充分条件，从而求解每个阶段最优的控制律，使得每个阶段性能达到最优；通过模态依赖的平均驻留时间方法获得工业过程每个阶段最小运行时间，缩短工业过程实际运行所需要的时间，使得工业生产过程高效运行。

（5）针对非线性多阶段间歇过程在切换瞬间存在异步切换的问题，提出了一种鲁棒模糊预测异步切换控制方法。将多阶段间歇过程表示为具有稳定情况子系统和不稳定情况子系统的等效闭环扩展模型，在此基础上推导出基于 LMI 形式的稳定性条件。利用模态依赖的平均驻留时间方法和 LMI 稳定性条件来确保每个阶段渐近稳定且每个批次指数稳定，并获得稳定情况最短运行时间和不稳定情况最长运行时间。根据两个运行时间将控制器提前切换，避免异步切换中不稳定情况的出现，使得生产过程平稳高效运行，提高产品的合格率。

（6）在前 5 点的研究内容中，控制器的设计采用状态反馈，本书认为状态是已知的。但当状态未知时，往往需要设计状态观测器，对未知状态进行估计，必然会使控制器变得更加复杂，甚至影响控制品质。因此，本书在 3.4 节中采用输出反馈方式来进行控制器设计，并进行稳定性分析，从而使设计的控制器具有更加实际的应用价值的同时减少现场工程师的劳动强度。

7.2　展　　望

从过程控制工程的角度来看，鲁棒预测控制作为典型的计算机控制算法，随着计算机的不断进步，控制效果也在不断优化。鲁棒预测控制蕴含着丰富的方法论思想。近 30 年的理论研究和工业应用，充分证明了该理论具有强大的生命力，在未来，随着鲁棒预测控制的不断发展与完善，它将在复杂过程控制系统中占有主导地位。作者认为，在本书的基础上，从以下几个方面开展鲁棒预测控制方法的研究是十分有意义的。

（1）现有工作中时滞考虑的是状态时滞，而输入时滞现象也可能出现，并且更加符合工程实际，有时输入时滞可以转化为状态时滞。为此，针对具有输入时滞的系统，在上述的 RMPC 框架下怎么对系统的控制器进行设计和综合是值得研究的课题。

（2）本书处理的故障是部分执行器故障，通过 FTC 方法进行控制，该方法是一种被动容错的方法，虽然实施较为简单并且方便实际应用，但又存在一定缺陷，如在容许的故障范围内，其控制增益其实是一样的。如果能够对故障进行估计，对估计的状态进行有针对性的处理，必然会极大地改善控制性能，该类方法属于主动容错范畴。为此，在本书的研究基础上，如何设计主动容错控制器对系统出现的各种故障进行有效的处理是值得研究的主题。

（3）针对异步切换问题，通过计算稳定情况的最小运行时间和不稳定情况的最长运行时间来判断控制器提前切换的步长，此时对两个关键时间准确度有着较高的要求，当异步情况最长运行时间较小时，可能导致异步情况的补偿效果有限，而最长运行时间较大，则会产生新的异步切换情况。因此，在时间方向的基础上，结合批次方向的信息，不断优化运行时间的准确度，如何设计二维迭代学习鲁棒预测控制方法是值得深入研究的课题。

（4）本书设计的非线性控制方法主要采用将非线性系统进行多点线性化，建立 T-S 模糊模型，并针对每个模型设计相应控制器，再通过设计的加权系数对多个控制器进行加权求和实现非线性控制器的有效运行。但这种方式需要保证系统状态始终在多点线性化状态范围内，一旦系统状态超出这个范围，则会导致加权失效甚至造成控制失败。因此，打破 T-S 模糊的状态范围壁垒，设计状态全局可控的非线性控制器是十分重要的课题。

（5）书中第 4 章提到的概率故障问题，也就是一旦发生故障不能恢复到无故障的情况。而在实际生产中，可能会出现如下情况，注塑机会随着熔融状态的塑料凝固堵塞喷嘴，导致执行器故障存在；但当喷嘴压力过大时，凝固的塑料存在从喷嘴吹掉的可能，也就是执行器又恢复了正常，因此在概率故障的基础上，考虑故障可恢复的情况具有更大的实际应用价值。

（6）本书只考虑了控制系统中执行器故障问题，对于复杂的工业系统来说，传感器作为控制系统的重要组成部分同样容易发生故障，可以将该方法扩展到传感器故障的系统中做进一步研究。

（7）本书中仅对离散线性系统时滞依赖鲁棒预测控制算法应用到实际设备上进行验证，而其他设计的控制器算法则通过 MATLAB 仿真软件来验证可行性，更偏向于理论研究。而在以后具体运用到实际生产过程中还需要考虑更多情况，才能更加具有实际意义。

参 考 文 献

[1] 吴宏鑫, 沈少萍. PID 控制的应用与理论依据[J]. 控制工程, 2003, 10(1): 37-42.

[2] Ang K H, Chong G, Li Y. PID control system analysis, design, and technology[J]. IEEE Transactions on Control Systems Technology, 2005, 13(4): 559-576.

[3] Miccio M, Cosenza B. Control of a distillation column by type-2 and type-1 fuzzy logic PID controllers[J]. Journal of Process Control, 2014, 24(5): 475-484.

[4] 金晓明, 张泉灵, 苏宏业. 先进控制技术在纯碱生产碳化过程中的应用[J]. 化工学报, 2008, 59(7): 1761-1767.

[5] Locatelli A, Schiavoni N. Fault-tolerant pole-placement in double-integrator networks[J]. IEEE Transactions on Automatic Control, 2012, 57(11): 2912-2917.

[6] 毛志忠, 常玉清. 先进控制技术[M]. 北京: 科学出版社, 2012.

[7] Li H Y, Yu J Y, Hilton C, et al. Adaptive sliding-mode control for nonlinear active suspension vehicle systems using T-S fuzzy approach[J]. IEEE Transactions on Industrial Electronics, 2013, 60(8): 3328-3338.

[8] Brend O, Freeman C, French M. Multiple-model adaptive control of functional electrical stimulation[J]. IEEE Transactions on Control Systems Technology, 2014, 23(5): 1901-1913.

[9] Su C L, Shi H Y, Li P, et al. Advanced control in a delayed coking furnace[J]. Measurement and Control, 2015, 48(2): 54-59.

[10] Pao Y H, Phillips S M, Sobajic D J. Neural-net computing and the intelligent control of systems[J]. International Journal of Control, 2016, 56(2): 263-289.

[11] Wang L M, Shen Y T, Yu J X, et al. Robust iterative learning control for multi-phase batch processes: An average dwell-time method with 2D convergence indexes[J]. International Journal of Systems Science, 2018, 49(2): 324-343.

[12] 张泉灵, 王树青. 间歇化学反应温度先进控制系统[J]. 高校化学工程学报, 2001, 15(2): 195-198.

[13] 刘长远, 王振, 王建军, 等. 电站锅炉先进控制系统的开发与应用[J]. 化工自动化及仪表, 2012, 39(9): 1136-1142.

[14] Li P, Li T, Cao J T. Advanced process control of an ethylene cracking furnace[J]. Measurement and Control, 2015, 48(2): 50-53.

[15] 张启敏. 先进控制技术在对二甲苯装置的应用[J]. 石化技术, 2022, 29(9): 118-120, 137.

[16] Qin S J, Badgwell T A. A survey of industrial model predictive control technology[J]. Control Engineering Practice, 2003, 11(7): 733-764.

[17] Richalet J, Rault A, Testud J, et al. Model predictive heuristic control, application to industrial process[J]. Automatica, 1979, 14: 413-428.

[18] Cutler C R, Ramaker B L. Dynamic matrix control: A computer control algorithm[C]// Proceedings of the Joint Automatic Control Conference, San Francisco, 1980.

[19] Clarke D W, Mohtadi C, Tuffs P S. Generalized predictive control[J]. Automatica, 1987, 23(2): 137-160.

[20] Kuntze H B, Jacubasch A, Richalet J, et al. On the predictive functional control of an elastic industrial robot[C]// Proceedings of the 25th IEEE Conference on Decision and Control, Athens, Greece, 1986.

[21] 丁宝苍. 预测控制的理论与方法[M]. 北京: 机械工业出版社, 2008.

[22] Liu H X, Li S H. Speed control for PMSM servo system using predictive functional control and extended state observer[J]. IEEE Transactions on Industrial Electronics, 2011, 59(2): 1171-1183.

[23] 席裕庚, 李德伟, 林姝. 模型预测控制——现状与挑战[J]. 自动化学报, 2013, 39(3): 222-236.

[24] 席裕庚. 预测控制[M]. 北京: 国防工业出版社, 2013.

[25] 刘旭东, 李珂, 孙静, 等. 基于广义预测控制和扩展状态观测器的永磁同步电机控制[J]. 控制理论与应用, 2015, 32(12): 1613-1619.

[26] Bououden S, Chadli M, Karimi H R. An ant colony optimization-based fuzzy predictive control approach for nonlinear processes[J]. Information Sciences, 2015, 299: 143-158.

[27] Shi H Y, Su C L, Cao J T, et al. Nonlinear adaptive predictive functional control based on the Takagi-Sugeno model for average cracking outlet temperature of the ethylene cracking furnace[J]. Industrial & Engineering Chemistry Research, 2015, 54(6): 1849-1860.

[28] Salehinia S, Ghaffari A, Khodayari A, et al. Modelling and controlling of car-following behavior in real traffic flow using ARMAX identification and model predictive control[J]. International Journal of Automotive Technology, 2016, 17(3): 535-547.

[29] 谢亚军, 丁宝苍, 陈桥. 状态空间模型的双层结构预测控制算法[J]. 控制理论与应用, 2017, 34(1): 69-76.

[30] Shi H Y, Su C L, Cao J T, et al. Incremental multivariable predictive functional control and its application in a gas fractionation unit[J]. Journal of Central South University, 2015, 22(12): 4653-4668.

[31] 李少远. 工业过程系统的预测控制[J]. 控制工程, 2010, 17(4): 407-415.

[32] 邹志云, 郭宇晴, 王志甄, 等. 非线性 Hammerstein 模型预测控制策略及其在 pH 中和过程中的应用[J]. 化工学报, 2012, 63(12): 3965-3970.

[33] Chen Y F, Li Z W. Optimal Supervisory Control of Automated Manufacturing Systems[M]. Boca Raton: CRC Press, 2013.

[34] Yang T, Qiu W, Ma Y, et al. Fuzzy model-based predictive control of dissolved oxygen in activated sludge processes[J]. Neurocomputing, 2014, 136(1): 88-95.

[35] Pang Q, Zou T, Cong Q M, et al. Constrained model predictive control with economic optimization for integrating process[J]. Canadian Journal of Chemical Engineering, 2015, 93(8): 1462-1473.

[36] Rawlings J B, Risbeck M J. Model predictive control with discrete actuators: Theory and application[J]. Automatica, 2017, 78: 258-265.

[37] Zhang R D, Wu S, Gao F R. State space model predictive control for advanced process operation: A review of recent development, new results and insight[J]. Industrial & Engineering Chemistry Research, 2017, 56: 5360-5394.

[38] 李耀华, 苏锦仕, 秦辉, 等. 表贴式永磁同步电机多步预测控制简化算法[J]. 电机与控制学报, 2022, 26(11): 122-131.

[39] 孙猛, 杨洪. 输出非对称死区的非严格反馈非线性系统控制[J]. 控制理论与应用, 2022, 39(8): 1442-1450.

[40] Mayne D Q, Seron M M, Raković S V. Robust model predictive control of constrained linear systems with bounded disturbances[J]. Automatica, 2005, 41(2): 219-224.

[41] 苏宏业, 吴争光, 徐巍华. 鲁棒控制基础理论[M]. 北京: 科学出版社, 2010.

[42] 苏成利, 赵家程, 李平. 一类具有非线性扰动的多重时滞不确定系统鲁棒预测控制[J]. 自动化学报, 2013, 39(5): 644-649.

[43] Ding B C, Gao C B, Ping X B. Dynamic output feedback robust MPC using general polyhedral state bounds for the polytopic uncertain system with bounded disturbance[J]. Asian Journal of Control, 2016, 18(2): 699-708.

[44] 马宇, 蔡远利. 基于多 LPV 模型的调度离线鲁棒预测控制[J]. 控制与决策, 2016, 31(8): 1468-1474.

[45] Wu S, Jin Q B, Zhang R D, et al. Improved design of constrained model predictive tracking control for batch processes against unknown uncertainties[J]. ISA Transactions, 2017, 69: 273-280.

[46] 刘志林, 张军, 原新. 复杂系统的应用鲁棒预测控制[M]. 北京: 电子工业出版社, 2017.

[47] Pereida K, Brunke L, Schoellig A P. Robust adaptive model predictive control for guaranteed fast and accurate stabilization in the presence of model errors[J]. International Journal of Robust and Nonlinear Control, 2021, 31(18): 8750-8784.

[48] Khan S, Guivant J, Li X. Design and experimental validation of a robust model predictive control for the optimal trajectory tracking of a small-scale autonomous bulldozer[J]. Robotics and Autonomous Systems, 2022, 147: 103903.

[49] Campo P J, Morari M. Robust model predictive control[C]// American Control Conference, Minneapolis, MN, USA: IEEE, 1987: 1021-1026.

[50] Kothare M V, Balakrishnan V, Morari M. Robust con-strained model predictive control using linear matrix inequalities[J]. Automatica, 1996, 32(10): 1361-1379.

[51] Li Z J, Xia Y Q, Su C Y, et al. Missile guidance law based on robust model predictive control using neural-network optimization[J]. IEEE Transactions on Neural Networks & Learning Systems, 2017, 26(8): 1803-1809.

[52] 邓明聪，藤井涼平．基于粒子滤波的分布式时滞过程系统的分散控制器[J]．中南大学学报, 2019, 26(12): 143-150.

[53] Zhang J F, Yang H Y, Miao L, et al. Robust model predictive control for uncertain positive time-delay systems[J]. International Journal of Control, Automation and Systems, 2019, 17(2): 307-318.

[54] 蔡宏斌，李平，苏成利，等．带有随机网络丢包的工业信息物理系统的鲁棒模型预测控制器设计[J]．中南大学学报(英文版), 2019, 26(7): 1921-1933.

[55] Shi H Y, Li P, Wang L M, et al. Delay-range-dependent robust constrained model predictive control for industrial processes with uncertainties and unknown disturbances[J]. Complexity, 2019: 1-15.

[56] Shi H Y, Li P, Su C L, et al. Robust constrained model predictive fault-tolerant control for industrial processes with partial actuator failures and interval time-varying delays[J]. Journal of Process Control, 2019, 75: 187-203.

[57] Benattia S E, Tebbani S, Dumur D. Linearized min-max robust model predictive control: Application to the control of a bioprocess[J]. International Journal of Robust and Nonlinear Control, 2020, 30(1): 100-120.

[58] Rakovic S V, Kouvaritakis B, Cannon M, et al. Parameterized tube model predictive control[J]. Automatica, 2012, 67(11): 303-309.

[59] 王超，张胜修，秦伟伟，等．基于 Tube-RMPC 的受扰约束系统输出跟踪[J]．控制工程, 2016, 1: 138-144.

[60] Hu C F, Zhou X P, Ren Y L, et al. Output feedback polytopic LPV Tube-RMPC control for air-breathing hypersonic vehicles[J]. International Journal of Modelling, Identification and Control, 2017, 28(4): 336-348.

[61] Bumroongsri P, Kheawhom S. Robust model predictive control with time-varying tubes[J]. International Journal of Control Automation & Systems, 2017, 15: 1479-1484.

[62] Nikou A, Dimarogonas D V. Decentralized tube-based model predictive control of uncertain nonlinear multiagent systems[J]. International Journal of Robust and Nonlinear Control, 2019, 29(10): 2799-2818.

[63] 唐晓铭，丁宝苍. 具有有界时滞的网络控制系统的镇定[J]. 控制与决策，2013，28(1): 95-99.

[64] 赵占山，李晓蒙，张静，等. 一类时变时滞系统的稳定性分析[J]. 控制与决策，2016, 31(11): 2090-2094.

[65] Wang L M, Zhu C J, Yu J X, et al. Fuzzy iterative learning control for batch processes with interval time-varying delays[J]. Industrial & Engineering Chemistry Research, 2017, 56(14): 3993-4001.

[66] 张健，宿浩，王鲁昆，等. 含状态和输入时滞的离散时间系统的近似最优跟踪控制[J]. 控制与决策, 2017, 32(1): 157-162.

[67] Li Z C, Huang C Z, Yan H C. Stability analysis for systems with time delays via new integral inequalities[J]. IEEE Transactions on Systems Man & Cybernetics Systems, 2018, 48(12): 2495-2501.

[68] Yan H C, Yang Q, Zhang H, et al. Distributed H_∞ state estimation for a class of filtering networks with time-varying switching topologies and packet losses[J]. IEEE Transactions on Systems Man & Cybernetics Systems, 2018, 48(12): 2047-2057.

[69] Ding S B, Wang Z S, Zhang H W. Dissipativity analysis for stochastic memristive neural networks with time-varying delays: A discrete-time case[J]. IEEE Transactions on Neural Networks and Learning Systems, 2018, 29(3): 618-630.

[70] Wang L M, Liu B, Yu J X, et al. Delay-range-dependent-based hybrid iterative learning fault-tolerant guaranteed cost control for multi-phase batch processes[J]. Industrial & Engineering Chemistry Research, 2018, 57(8): 2932-2944.

[71] Meng W C, Liu X P. Guaranteed synchronization performance control of nonlinear time-delay MIMO multiagent systems with actuator faults[J]. IEEE Transactions on Cybernetics, 2021, 51(5): 2446-2456.

[72] Mori T, Kokame H. Stability of $x(t)=Ax(t)+Bx(t-\tau)$[J]. IEEE Transactions on Automatic Control, 2002, 34(4): 460-462.

[73] Ikeda M, Ashid T. Stability of linear systems with time-varying delay[J]. IEEE Transactions on Automatic Control, 1979, 24(2): 369-370.

[74] Razumikin B S. On the stability of systems with delay[J]. Prikladnava Matematikal Mekhanika, 1956, 20(4): 500-512.

[75] Krasovskii N N. Stability of Motion[M]. San Francisco: Stanford University Press, 1963.

[76] Zhang C K, He Y, Jiang L, et al. Delay-dependent stability criteria for generalized neural networks with two delay components[J]. IEEE Transactions on Neural Networks & Learning Systems, 2014, 25(7): 1263-1276.

[77] 刘晓磊. 区间变时滞离散系统的镇定与 H_∞控制[D]. 哈尔滨：哈尔滨工业大学, 2017.

[78] Kwon W H, Lee Y S, Han S H. General receding horizon control for linear time-delay systems[J]. Automatica, 2004, 40(9): 1603-1611.

[79] Jeong S C, Park P G. Constrained MPC algorithm for uncertain time-varying systems with state-delay[J]. IEEE Transactions on Automatic Control, 2005, 50(2): 257-263.

[80] 陈秋霞, 俞立. 不确定离散时滞系统的输出反馈鲁棒预测控制[J]. 控制理论与应用, 2007, 24(3): 401-406.

[81] 刘晓华, 于晓华. 多面体不确定系统时滞依赖鲁棒预测控制[J]. 控制与决策, 2008, 23(7): 808-812.

[82] Shi Y J, Chai T Y, Wang H, et al. Delay-dependent robust model predictive control for time-delay systems with input constraints[C]// 2009 American Control Conference, USA, 2009.

[83] 刘晓华, 王利杰. 带有状态和输入时滞的不确定广义系统的鲁棒预测控制[J]. 控制理论与应用, 2010, 27(4): 527-532.

[84] Li J X, Fang Y M, Shi S L. Robust MPC algorithm for discrete-time systems with time-varying delay and nonlinear perturbations[C]// Proceedings of the 29th Chinese Control Conference, Beijing, 2010.

[85] Lombardi W, Olaru S, Niculescu S I, et al. A predictive control scheme for systems with variable time-delay[J]. International Journal of Control, 2012, 85(7): 915-932.

[86] Liu Y, Zhang G S. Delay-dependent robust model predictive control for constrained LPV systems[C]// Proceedings of the 32th Chinese Control, Xi’an, 2013.

[87] Franzè G, Tedesco F, Famularo D. Model predictive control for constrained networked systems subject to data losses[J]. Automatica, 2015, 54: 272-278.

[88] 赵杰梅, 胡忠辉, 张利军. 区间时滞相关离散非线性系统的鲁棒模型预测控制[J]. 控制与决策, 2015, 30(1): 59-64.

[89] 周卫东, 郑兰, 廖成毅, 等. 多重时滞离散非线性系统的鲁棒预测控制[J]. 哈尔滨工业大学学报, 2015, 47(9): 24-30.

[90] Bououden S, Chadli M, Zhang L X, et al. Constrained model predictive control for time-varying delay systems: Application to an active car suspension[J]. International Journal of Control Automation & Systems, 2016, 14(1): 51-58.

[91] 盖俊峰, 赵国荣, 高超, 等. 多胞不确定时滞系统的输出反馈鲁棒预测控制[J]. 海军航空工程学院学报, 2019, 34(5): 423-429.

[92] Aguirre M, Kouro S, Rojas C A, et al. Enhanced switching frequency control in FCS-MPC for power converters[J]. IEEE Transactions on Industrial Electronics, 2021, 68(3): 2470-2479.

[93] Zafraratia E, Vazquez S, Alcaide A M, et al. K-Best sphere decoding algorithm for long prediction horizon FCS-MPC[J]. IEEE Transactions on Industrial Electronics, 2021, 69(8): 7571-7581.

[94] Takagi T, Sugeno M. Fuzzy identification of systems and its applications to modeling and control[J]. IEEE Transactions on Systems, Man, and Cybernetics, 1985, 15(1): 116-132.

[95] Wang H O, Tanaka K, Griffin M. Parallel distributed compensation of nonlinear systems by Takagi-Sugeno fuzzy model[C]// International Joint Conference of the Fourth IEEE International Conference on Fuzzy Systems and The Second International Fuzzy Engineering Symposium. IEEE, 1995: 531-538.

[96] Zhao L, Gao H, Karimi H R. Robust stability and stabilization of uncertain T-S fuzzy systems with time-varying delay: An input-output approach[J]. IEEE Transactions on Fuzzy Systems, 2013, 21(5): 883-897.

[97] Souza F O, Campos V C S, Palhares R M. On delay-dependent stability conditions for Takagi-Sugeno fuzzy systems[J]. Journal of the Franklin Institute, 2014, 351(7): 3707-3718.

[98] Nguyen A T, DambrinenM, Lauber J. Simultaneous design of parallel distributed output feedback and anti-windup compensators for constrained Takagi-Sugeno fuzzy systems[J]. Asian Journal of Control, 2016, 18(5): 1641-1654.

[99] Ding B, Pan H. Dynamic output feedback-predictive control of a Takagi-Sugeno model with bounded disturbance[J]. IEEE Transactions on Fuzzy Systems, 2017, 25(3): 653-667.

[100] Hellani D E, Hajjaji A E, Ceschi R. Finite frequency H_∞, filter design for T-S fuzzy systems: New approach[J]. Signal Processing, 2018, 143: 191-199.

[101] 张果, 李俊民. 一类带有时变时滞的模糊双线性系统的稳定控制[J]. 电子与信息学报, 2009, 31(9): 2132-2136.

[102] Wu L G, Su X J, Shi P, et al. A new approach to stability analysis and stabilization of discrete-time T-S fuzzy time-varying delay systems[J]. IEEE Transactions on Systems Man & Cybernetics, Part B: Cybernetics, 2011, 41(1): 273-286.

[103] Mao Y B, Zhang H B. Exponential stability and robust H_∞ control of a class of discrete-time switched non-linear systems with time-varying delays via T-S fuzzy model[J]. International Journal of Systems Science, 2014, 45(5): 1112-1127.

[104] Wu L G, Yang X Z, Lam H K. Dissipativity analysis and synthesis for discrete-time T-S fuzzy stochastic systems with time-varying delay[J]. IEEE Transactions on Fuzzy Systems, 2014, 22(2): 380-394.

[105] 黄丽杰. 基于 T-S 模糊模型的时变时滞系统的鲁棒控制研究[D]. 大庆：东北石油大学, 2015.

[106] Luo Y Q, Wang Z D, Liang J L, et al. H_∞ control for 2-D fuzzy systems with interval time-varying delays and missing measurements[J]. IEEE Transactions on Cybernetics, 2016, 47(2): 365-377.

[107] Du Z B, Qin Z K, Ren H J, et al. Fuzzy robust H_∞ sampled-data control for uncertain nonlinear systems with time-varying delay[J]. International Journal of Fuzzy Systems, 2017, 19(5): 1417-1429.

[108] Teng L, Wang Y Y, Cai W J, et al. Fuzzy model predictive control of discrete systems with time-varying delay and disturbances[J]. IEEE Transactions on Fuzzy Systems, 2018, 26(3):1192-1206.

[109] Chaibi R, Aiss H E, Hajjaji A E, et al. Stability analysis and robust H_∞ controller synthesis with derivatives of membership functions for T-S fuzzy systems with time-varying delay: Input-output stability approach[J]. International Journal of Control, Automation and Systems, 2020, 18: 1872-1884.

[110] Wang Y Q, Shi J, Zhou D H, et al. Iterative learning fault-tolerant control for batch processes[J]. Industrial & Engineering Chemistry Research, 2006, 45(26): 9050-9060.

[111] Wang Y Q, Zhou D H, Gao F R. Generalized predictive control of linear systems with actuator arrearage faults[J]. Journal of Process Control, 2009, 19(5): 803-815.

[112] 张绍杰, 刘春生, 胡寿松. 一类 MISO 最小相位系统的执行器故障自适应容错控制[J]. 控制与决策, 2010, 25(7): 1084-1087.

[113] Zhang R D, Lu R Q, Xue A K, et al. New minmax linear quadratic fault-tolerant tracking control for batch processes[J]. IEEE Transactions on Automatic Control, 2016, 61(10): 3045-3051.

[114] 陶洪峰, 邹伟, 杨慧中. 执行器故障重复过程的鲁棒迭代学习容错控制方法及应用[J]. 控制与决策, 2016, 31(5): 823-828.

[115] Wang L M, Sun L M, Yu J X, et al. Robust iterative learning fault-tolerant control for multiphase batch processes with uncertainties[J]. Industrial & Engineering Chemistry Research, 2017, 56(36): 10099-10109.

[116] 陈胜强. 执行器故障下的四旋翼无人机容错控制方法研究[D]. 长春: 长春工业大学, 2018.

[117] Khatibi M, Haeri M. A unified framework for passive–active fault-tolerant control systems considering actuator saturation and L_∞ disturbances[J]. International Journal of Control, 2019, 92(3): 653-663.

[118] 顾洲, 张建华, 杜黎龙. 一类具有间歇性执行器故障的时滞系统的容错控制[J]. 控制与决策, 2011, 26(12): 1829-1834.

[119] Zhang D F, Lu B C, Wang H, et al. Robust satisfactory fault-tolerant control of continuous-time interval systems with time-varying state and input delays[J]. Optimal Control Applications & Methods, 2012, 33(5): 531-551.

[120] Wang L M, Mo S Y, Zhou D H, et al. Robust delay dependent iterative learning fault-tolerant control for batch processes with state delay and actuator failures[J]. Journal of Process Control, 2012, 22(7): 1273-1286.

[121] Tao H F, Paszke W, Rogers E, et al. Iterative learning fault-tolerant control for differential time-delay batch processes in finite frequency domains[J]. Journal of Process Control, 2017, 56: 112-128.

[122] Gassara H, El Hajjaji A, Chaabane M. Adaptive fault tolerant control design for Takagi-Sugeno fuzzy systems with interval time-varying delay[J]. Optimal Control Applications & Methods, 2015, 35(5): 609-625.

[123] Li H, You F Q, Wang F L, et al. Robust fast adaptive fault estimation and tolerant control for T-S fuzzy systems with interval time-varying delay[J]. International Journal of Systems Science, 2017, 48(5/8): 1708-1730.

[124] Bakri A E, Boumhidi I. Finite-frequency observer-based fault estimation and fault-tolerant control for wind turbine[J]. International Journal on Electrical Engineering and Informatics, 2020, 12(3): 571-585.

[125] 张双红, 任俊超, 阚毅. 一类多时变时滞 T-S 模糊广义系统的容许控制[J]. 控制工程, 2014, 21(5): 740-743.

[126] Jing Y H, Yang G H. Neural-network-based adaptive fault-tolerant tracking control of uncertain nonlinear time-delay systems under output constraints and infinite number of actuator faults[J]. Neurocomputing, 2018, 272: 343-355.

[127] Wang L M, Li B Y, Yu J X, et al. Design of fuzzy iterative learning fault-tolerant control for batch processes with time-varying delays[J]. Optimal Control Applications & Methods, 2018, 39(6): 1887-1903.

[128] Chang S, Peng T. Adaptive guaranteed cost control of systems with uncertain parameters[J]. IEEE Transactions on Automatic Control, 2003, 17(4): 474-483.

[129] Xie C H, Yang G H. Approximate guaranteed cost fault-tolerant control of unknown nonlinear systems with time-varying actuator faults[J]. Nonlinear Dynamics, 2016, 83(1/2): 269-282.

[130] Xie C H, Yang G H. Cooperative guaranteed cost fault-tolerant control for multi-agent systems with time-varying actuator faults[J]. Neurocomputing, 2016, 214: 382-390.

[131] Wang L M, Shen Y T, Li B, et al. Hybrid iterative learning fault-tolerant guaranteed cost control design for multi-phase batch processes[J]. Canadian Journal of Chemical Engineering, 2018, 96: 521-530.

[132] Wang L M, Zhang R D, Gao F R. Iterative Learning Stabilization and Fault-Tolerant Control for Batch Processes[M]. Berlin: Springer-Verlag, 2020.

[133] Zhai G S, Hu B, Yasuda K, et al. Stability analysis of switched systems with stable and unstable subsystems: An average dwell time approach[J]. International Journal of Systems Science, 2001, 32(8): 1055-1061.

[134] Zhang L X, Shi P. Model reduction for switched LPV systems with average dwell time[J]. IEEE Transactions on Automatic Control, 2008, 53(10): 2443-2448.

[135] Li Z L, Gao H J, Agarwal R, et al. H_∞ control of switched delayed systems with average dwell time[J]. International Journal of Control, 2013, 86(12): 2146-2158.

[136] Niu B, Karimi H R, Wang H Q, et al. Adaptive output-feedback controller design for switched nonlinear stochastic systems with a modified average dwell-time method[J]. IEEE Transactions on Systems, Man, and Cybernetics: Systems, 2016, 47(7): 1371-1382.

[137] Cheng J, Zhu H, Zhong S, et al. Finite-time filtering for switched linear systems with a mode-dependent average dwell time[J]. Nonlinear Analysis Hybrid Systems, 2015, 15: 145-156.

[138] Su Q Y, Wang P P, Li J, et al. Stabilization of discrete-time switched systems with state constraints based on mode-dependent average dwell time[J]. Asian Journal of Control, 2017, 19(1): 67-73.

[139] Fei Z Y, Shi S, Wang Z H, et al. Quasi-time dependent output control for discrete-time switched system with mode-dependent average dwell time[J]. IEEE Transactions on Automatic Control, 2018, 63(8): 2647-2653.

[140] Li Y, Bo P, Qi J. Asynchronous H_∞ fixed-order filtering for LPV switched delay systems with mode-dependent average dwell time[J]. Journal of the Franklin Institute, 2019, 356(18): 11792-11816.

[141] Zhao L P, Zhao C H, Gao F R. Inner-phase analysis based statistical modeling and online monitoring for uneven multiphase batch processes[J]. Industrial & Engineering Chemistry Research, 2013, 52(12): 4586-4596.

[142] Zhao C H, Gao F R. Statistical modeling and online fault detection for multiphase batch processes with analysis of between-phase relative changes[J]. Chemometrics and Intelligent Laboratory Systems, 2014, 130: 58-67.

[143] Zhao C H, Sun Y X, Gao F R. Quality-relevant fault diagnosis with concurrent phase partition and analysis of relative changes for multiphase batch processes[J]. AICHE Journal, 2014, 60(6): 2048-2063.

[144] Wang Y Q, Zhou D H, Gao F R. Iterative learning model predictive control for multi-phase batch processes[J]. Journal of Process Control, 2008, 18(6): 543-557.

[145] 王通, 王青, 李玮, 等. 基于模型依赖平均驻留时间的线性切换系统有限时间 H_∞控制[J]. 控制与决策, 2015, 30(7): 1189-1194.

[146] Wang L M, He X, Zhou D H. Average dwell time-based optimal iterative learning control for multi-phase batch processes[J]. Journal of Process Control, 2016, 40: 1-12.

[147] Shen Y T, Wang L M, Yu J X, et al. A hybrid 2D fault-tolerant controller design for multi-phase batch processes with time delay[J]. Journal of Process Control, 2018, 69: 138-157.

[148] Luo W P, Wang L M, Zhang R D, et al. 2D switched model-based infinite horizon LQ fault-tolerant tracking control for batch process[J]. Industrial & Engineering Chemistry Research, 2019, 58: 9540-9551.

[149] Wang Y E, Sun X M, Wu B W. Lyapunov–Krasovskii functionals for switched nonlinear input delay systems under asynchronous switching[J]. Automatica, 2015, 61: 126-133.

[150] 黄金杰, 郝现志, 潘晓真. 基于模型依赖驻留时间的异步切换控制[J]. 控制与决策, 2021, 36(3): 609-618.

[151] Wang L M, Yu J X, Zhang R D, et al. Iterative learning control for multiphase batch processes with asynchronous switching[J]. IEEE Transactions on Systems, Man, and Cybernetics: Systems, 2021, 51(4): 2536-2549.

[152] Boyd S, Ghaoui L E, Feron E, et al. Linear Matrix Inequalities in System and Control Theory[M]. Philadelphia: Society for Industrial and Applied Mathematics, 1994.

[153] Qiu J, Xia Y, Yang H, et al. Robust stabilisation for a class of discrete-time systems with time-varying delays via delta operators[J]. IET Control Theory & Applications, 2008, 2(1): 87-93.

[154] Yu K W, Lien C H. Stability criteria for uncertain neutral systems with interval time-varying delays[J]. Chaos Solitons & Fractals, 2008, 38(3): 650-657.

[155] Shi H Y, Li P, Su C L. Robust predictive fault-tolerant control for multi-phase batch processes with interval time-varying delay[J]. IEEE Access, 2019, 7: 131148-131162.

[156] Li H, Chen B, Zhou Q, et al. A delay-dependent approach to robust H_∞, control for uncertain stochastic systems with state and input delays[J].Circuits Systems & Signal Processing, 2009, 28 (1): 169-183.

[157] Liu T, Gao F R. Robust two-dimensional iterative learning control for batch processes with state delay and time-varying uncertainties[J].Chemical Engineering Science, 2010, 65 (23): 6134-6144.

[158] Li H Y, Zhou Q, Chen B, et al. Parameter-dependent robust stability for uncertain Markovian jump systems with time delay[J]. Journal of the Franklin Institute, 2011, 348(4): 738-748.

[159] Wang L P, Young P C. An improved structure for model predictive control using non-minimal state space realisation[J]. Journal of Process Control, 2006, 16(4): 355-371.

[160] Tanaka K, Wang H O. Fuzzy Control Systems Design and Analysis: A Linear Matrix Inequality Approach[M]. New York: John Wiley & Sons, Inc., 2001: 229-257.

[161] Yang D D, Cai K Y. Reliable H-infinity nonuniform sampling fuzzy control for nonlinear systems with time delay[J]. IEEE Transactions on Systems Man & Cybernetics Part B, 2008, 38(6): 1606-1613.

[162] Morningred J D, Paden B E, Seborg D E, et al. An adaptive nonlinear predictive controller[J]. Chemical Engineering Science, 1992, 47(4): 755-762.

[163] Cao Y Y, Frank P M. Analysis and synthesis of nonlinear time-delay systems via fuzzy control approach[J]. IEEE Transactions on Fuzzy Systems, 2000, 8(2): 200-211.

[164] Lam H K, Leung F H F. Sampled-data fuzzy controller for time-delay nonlinear systems: Fuzzy-model-based LMI approach[J]. IEEE Transactions on Systems Man & Cybernetics Part B, 2007, 37(3): 617-629.

[165] Chang X H, Yang G H, Liu X P. H_∞ fuzzy static output feedback control of T-S fuzzy systems based on fuzzy Lyapunov approach[J]. Asian Journal of Control, 2009, 11(1): 89-93.

[166] Xie H F, Wang J, Tang X M. Robust model predictive control of uncertain discrete-time T-S fuzzy systems[C]// Proceedings of the 28th Chinese Control and Decision Conference (CCDC), Yinchuan, China, 2016.

[167] Wang T, Gao H J, Qiu J B. A combined fault tolerant and predictive control for network-based industrial processes[J]. IEEE Transactions on Industrial Electronics, 2016, 63(4): 2529-2536.